普通高等教育"十一五"国家级规划教材

工 程 力 学

（导 学 篇）
第 2 版

王斌耀　顾惠琳　编
冯　奇　虞爱民　审

机械工业出版社

本书与工程力学（教程篇）相辅相成，以满足工程力学课程的教学要求。本书的篇、章设置与工程力学（教程篇）相一致，以利于读者进行对照阅读。在每一章中，均由"内容提要""基本要求""典型例题""思考题""练习题"和"习题答案"组成。书中通过典型例题，阐述了解题的正确思路、分析方法和计算技巧，再通过例题中的"讨论"，达到举一反三和开拓思路的目的。书中所列习题类型多样，覆盖各章的基本要求，可使读者得到全面训练。

本书为适应普通工科院校机械专业（95～114学时）的教学需要而编写，也可作为非机械类专业的土建、桥梁的专科学生或其他专业（如建材、给排水、暖气通风等）的本科教材，同时可供有关工程技术人员参考。

图书在版编目（CIP）数据

工程力学（导学篇）/王斌耀，顾惠琳编 . —2版 . —北京：机械工业出版社，2007.6（2022.1重印）
普通高等教育"十一五"国家级规划教材
ISBN 978-7-111-11441-3

Ⅰ. 工… Ⅱ.①王…②顾… Ⅲ. 工程力学－高等学校－教学参考资料 Ⅳ. TB12

中国版本图书馆 CIP 数据核字（2007）第 100721 号

机械工业出版社（北京市百万庄大街22号 邮政编码100037）
策划编辑：郑 丹 李永联 责任编辑：张金奎 版式设计：冉晓华
责任校对：陈延翔 封面设计：姚 毅 责任印制：单爱军
北京虎彩文化传播有限公司印刷
2022 年 1 月第 2 版第 7 次印刷
169mm×239mm · 24.5 印张 · 475 千字
标准书号：ISBN 978-7-111-11441-3
定价：49.80 元

电话服务 网络服务
客服电话：010－88361066 机 工 官 网：www.cmpbook.com
010－88379833 机 工 官 博：weibo.com/cmp1952
010－68326294 金 书 网：www.golden-book.com
封底无防伪标均为盗版 机工教育服务网：www.cmpedu.com

第 2 版前言

本书与《工程力学教程篇》共同作为普通高等教育规划教材出版后，被许多学校作为工程力学课程的教材，或作为中等学时的理论力学、材料力学的教材使用，收到较好的社会效益。

根据教育部高等学校力学基础课程教学指导分委员会对课程教学基本要求的精神，编者认为：作为"十一五"国家级规划教材，本书的修订原则应是力求在概念上更加清晰；在公式推导中既要严密，又要简洁；在内容上不能求深，只能求广，这个广是指学习本课程的相关专业所必需掌握的知识。故作如下修订：

1. 将原运动学中第七章和第八章的教学顺序进行调整，即先进行刚体平面运动的学习。这样，刚体的三种运动（平动、定轴转动、平面运动）在概念和方法上的联系就更加紧密；同时这三种刚体运动作为点的合成运动中动坐标的模型，对学生的概念拓展是非常有利的。

2. 原教材缺少温度应力和装配应力等内容，而这些却与有工程应用背景的相关专业联系密切，所以在变形体静力学部分增加了超静定问题的温度应力和装配应力的计算，以拓宽知识面。

3. 将分析问题的方法一般化、规律化，突出解题的基本分析思路，根据新的教学要求适当降低习题的难度；这是因为原教材分析的表示方法不够统一，有些难度偏高，与相关专业的教学要求不适应。

作为本教材的配套，我们又编写了《工程力学练习册》，在练习册中，既有《工程力学导学篇》中的习题，又补充了许多典型习题，以方便学生学习。

由于编者的水平所限，错误在所难免，敬请广大教师、学生和读者批评指正，以求本书不断改进。

感谢机械工业出版社的领导和编辑对本书的出版给予的大力支持和付出的辛勤工作。

编　者

2007 年 5 月 20 日于同济园

第 1 版前言

　　工程力学是高等工科院校的一门重要的基础技术课，具有理论性强、内容丰富、题量大、题型多的特点。本书以学习中思维的逻辑流向为主线，按照学习、思考、初步理解、练习、反思的过程，来达到工程力学课程的教学要求。

　　以现行的教学要求和学时为基础，通过本书的学习，有利于读者巩固知识基础，抓住重点和难点，掌握分析方法和提高计算技能。本书既可与工程力学（教程篇）联用进行教学，也可作为教学参考书，适用于学习同类课程的读者。

　　本书作为"教"与"学"两个方面的联系，特别注重"导引"这个过程。在内容提要中，尽可能采用表格来对知识进行归纳和提炼，使读者易发现知识的内在联系及变化规律，以利于知识的掌握和巩固；在基本要求中，明确了读者必须掌握的知识点；在典型例题中，本书通过对有教学意义例题的解析，使读者领会正确的思路、基本的分析方法、规范化的解题步骤和计算技巧；在概念题中，通过重要的、易混淆的概念问题，来检查读者对知识学习的深入程度和理解上的偏差；在练习题中，精选了大量的、多类型的习题，使读者得到比较全面的训练。

　　本书由王斌耀负责编写刚体静力学、运动学和动力学部分，由顾惠琳负责编写变形体静力学和变形体动力学部分，并由王斌耀担任主编，负责统稿。

　　本书由冯奇教授、虞爱民教授担任主审，他们认真、细致、负责地审阅了全书，并在本书编写的整个过程中提出了许多宝贵意见和建议，在此表示由衷的感谢。

　　本书得到了机械工业出版社的大力支持，在编写过程中，还得到了张若京教授、唐寿高教授、仲政教授的热情帮助，在此一并致谢。

　　由于本书在诸多方面作了改革和探索，同时限于编者的水平，书中的缺点和不妥之处在所难免，敬请广大教师和读者批评指正。

编　者

2002 年 8 月 31 日于同济园

目　　录

第 2 版前言

第 1 版前言

第一篇　刚体静力学 ……………………………………………………………… 1

　第一章　基本概念及基本原理 ……………………………………………… 1

　第二章　力系的等效简化 …………………………………………………… 15

　第三章　力系的平衡 ………………………………………………………… 27

　第四章　刚体静力学应用问题 ……………………………………………… 55

第二篇　运动学 ……………………………………………………………… 74

　第五章　点的运动学 ………………………………………………………… 74

　第六章　刚体的基本运动 …………………………………………………… 83

　第七章　刚体的平面运动 …………………………………………………… 91

　第八章　点的合成运动 ……………………………………………………… 107

第三篇　动力学 ……………………………………………………………… 125

　第九章　质心运动定理　动量定理 ………………………………………… 125

　第十章　动量矩定理 ………………………………………………………… 137

　第十一章　动能定理 ………………………………………………………… 152

　第十二章　达朗贝尔原理 …………………………………………………… 168

　第十三章　虚位移原理 ……………………………………………………… 183

第四篇　变形体静力学 ……………………………………………………… 200

　第十四章　轴向拉伸与压缩 ………………………………………………… 200

　第十五章　连接件的工程实用计算 ………………………………………… 225

　第十六章　扭转 ……………………………………………………………… 234

　第十七章　弯曲内力 ………………………………………………………… 245

　第十八章　弯曲应力 ………………………………………………………… 262

　第十九章　弯曲变形 ………………………………………………………… 281

　第二十章　平面应力状态分析　强度理论 ………………………………… 297

　第二十一章　组合变形 ……………………………………………………… 321

　第二十二章　压杆稳定 ……………………………………………………… 341

第五篇　变形体动力学 ……………………………………………………… 357

　第二十三章　动载荷 ………………………………………………………… 357

附录 …………………………………………………………………………… 365

附录 A　平面图形几何性质 ………………………………………………… 365

附录 B　型钢规格表 ………………………………………………………… 371

　B-1　热轧等边角钢规格及截面特性 ……………………………………… 371

　B-2　热轧不等边角钢规格及截面特性 …………………………………… 376

Ⅵ

B-3　热轧普通工字钢规格及截面特性 ················· 380

B-4　热轧普通槽钢规格及截面特性 ················· 382

参考文献 ················· 384

第一篇　刚体静力学

刚体静力学的研究对象——刚体。所谓刚体，是指在外力的作用下不发生变形的物体。

刚体静力学的研究任务：①力系的简化，即力系的等效替换；②力系的平衡。

第一章　基本概念及基本原理

内　容　提　要

1. 力的概念

1）物体在力的作用下，一般情况下不仅有移动而且还有转动。这是因为力有大小、方向和作用点的缘故，因此力可用矢量描述。对刚体而言，力是滑移矢量，其三要素为：力的大小、力的作用线方位和力的指向。

2）作用在物体上同一点的两个分力 F_1 和 F_2，可以在此点合成为一个合力 F_R，合力等于两分力的矢量和，写成矢量式为

$$F_R = F_1 + F_2$$

2．静力学基本原理

（1）二力平衡原理　刚体上仅作用两个外力而平衡时，这两个力必须符合大小相等、作用于同一直线上、指向相反的条件。

（2）加减平衡力系原理　在刚体上加上或减去任意个平衡力系，不会改变刚体的原有运动状态。

（3）作用力与反作用力定律　作用力与反作用力大小相等，作用于同一直线上，指向相反，分别作用在两个物体上。此定律揭示了力的传递规律。

（4）刚化原理　当变形体在某一力系的作用下处于平衡时，可将此变形体硬化为刚体，其平衡状态不变。此原理架设了刚体的平衡条件适用于平衡的变形体问题的桥梁。

3．力的分解与力的投影

1）一个力必须在给定的条件下（见表1-1），才能分解出其确定的分力。

表1-1　力的分解

	已知两力的方位	已知一分力的大小与方位	力沿笛卡儿坐标系分解
图例	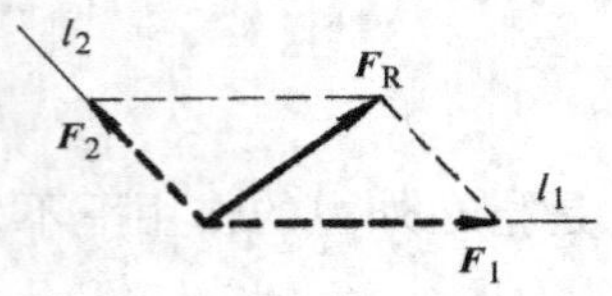	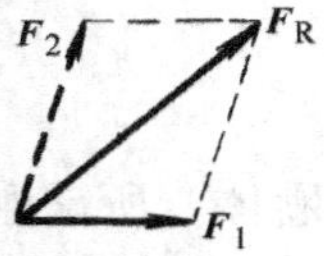	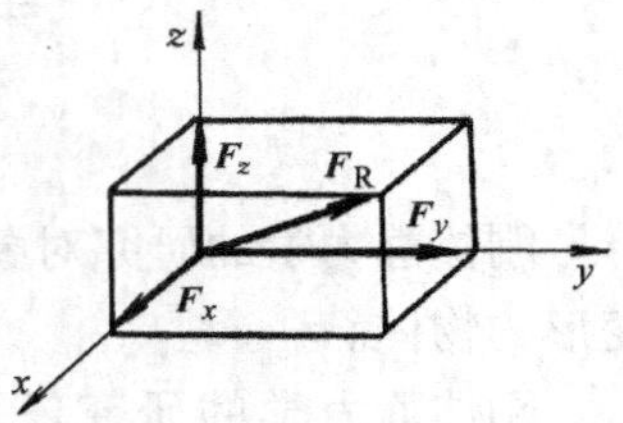
表达式	$F_R = F_1 + F_2$	$F_2 = F_R - F_1$	$F_R = F_x + F_y + F_z$

2）不同的已知条件，有不同的投影方法（见表1-2）。

表1-2　力的投影

	力在平面上的投影	力在笛卡儿坐标系上一次投影	力在笛卡儿坐标系上二次投影
图例	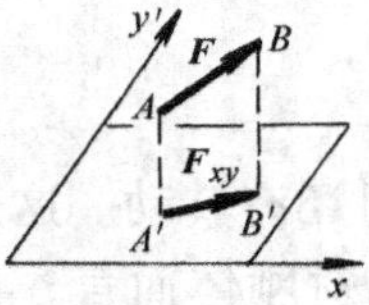	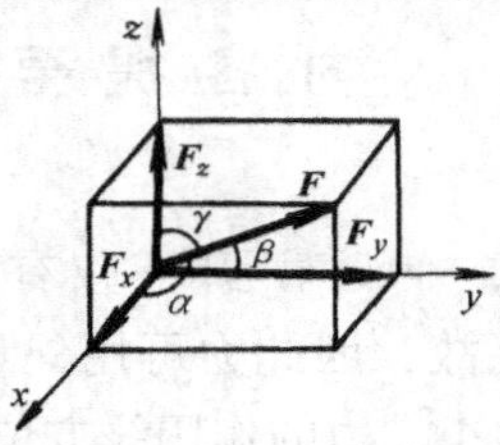	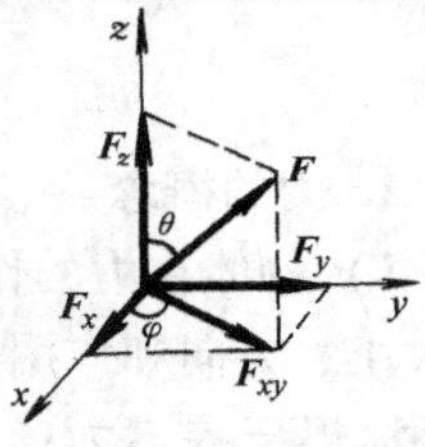
投影式	$F_{xy} = A'B'$ F_{xy}是矢量	$F_x = F\cos\alpha$ $F_y = F\cos\beta$ $F_z = F\cos\gamma$	$F_x = F\sin\theta\cos\varphi$ $F_y = F\sin\theta\sin\varphi$ $F_z = F\cos\theta$

4．力对点的矩、力对轴的矩及两者的关系

力对点的矩是定位矢量，力对轴的矩是代数量，其表达式及两者的关系如表1-3所示。

表1-3　力矩——定位矢量

	力对点的矩	力对轴的矩	力矩关系定理
图例	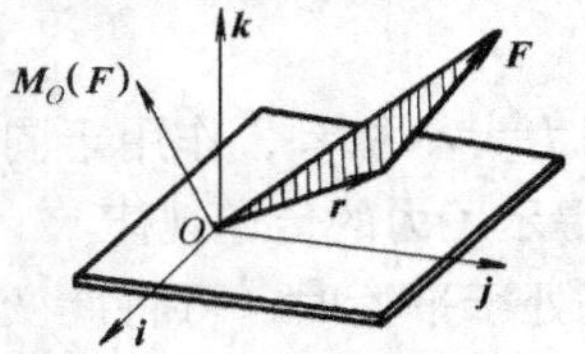	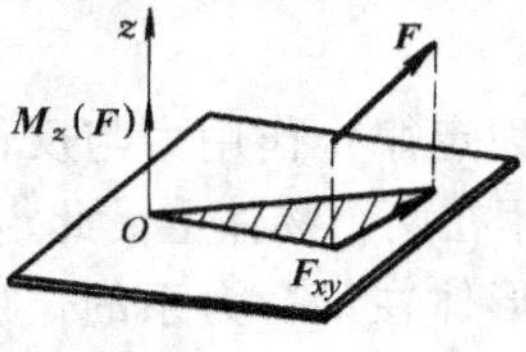	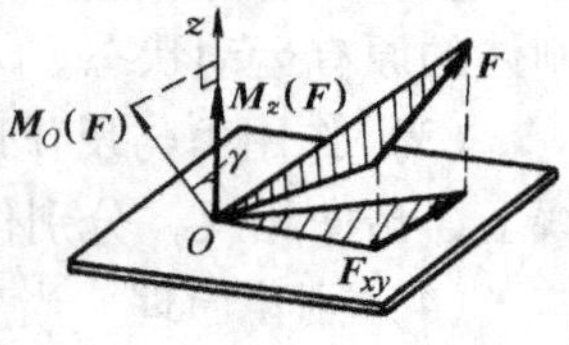
表达式	$M_O(F) = r \times F$ $= \begin{vmatrix} i & j & k \\ x & y & z \\ F_x & F_y & F_z \end{vmatrix}$	$M_z(F) = M_O(F_{xy})$ $= xF_y - yF_x$	$M_z(F) = M_O(F)\cos\gamma$

5．合力矩定理

合力（$F_R = \sum\limits_{i=1}^{n} F_i$）对一点（轴）的矩等于各分力对同一点（轴）的矩的矢量和（代数和），即

$$M_O(F_R) = \sum_{i=1}^{n} M_O(F_i) \qquad \left[M_z(F_R) = \sum_{i=1}^{n} M_z(F_i) \right]$$

6．力偶及力偶矩

1）力偶由反向、平行的二力构成，其合力为零，是对刚体只产生转动效应的最简力系。

2）力偶对刚体的作用效应，由力偶矩决定。力偶矩取决于力偶的作用平面（用法线表示）、在平面中的转向及大小，因此力偶矩是矢量。

3）力偶对刚体上任意点的矩，就等于力偶矩本身。力偶矩是自由矢量。

7．约束及约束力

被约束物体的运动之所以受到限制，是因为约束物体对被约束物体有作用力。

工程中常见的约束及约束力如表1-4所示。

表1-4　约束的类型及约束力

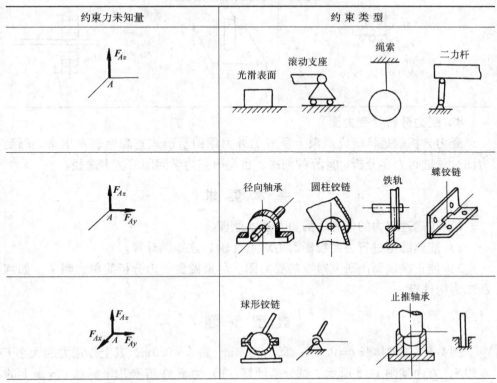

（续）

约束力未知量	约束类型
a) M_{Az} F_{Az} M_{Ay} A F_{Ay} b) F_{Ax} F_{Az} M_{Ay} F_{Ay}	导向轴承 　　万向接头 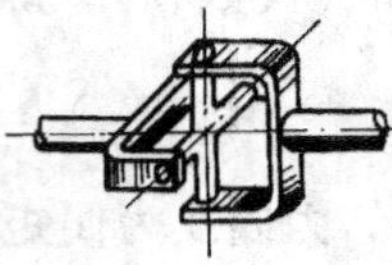 a)　　b)
a) M_{Az} F_{Az} M_{Ax} A F_{Ay} F_{Ax} b) F_{Az} M_{Az} M_{Ay} M_{Ax} A F_{Ay}	带有销子的夹板 　　导轨 a)　　b)
 F_{Az} M_{Az} M_{Ay} F_{Ax} A F_{Ay} M_{Ax}	空间的固定端支座 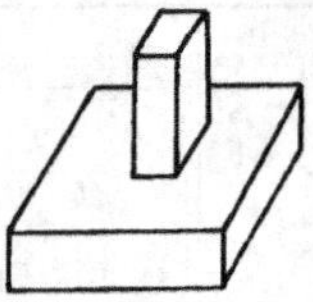 平面固定端 $F_{Ax}\equiv0$ $M_{Ay}\equiv0$ $M_{Az}\equiv0$ 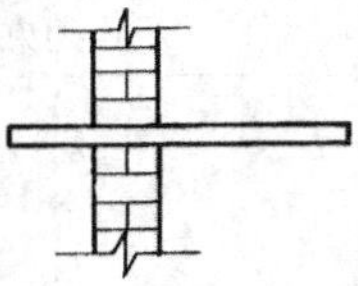

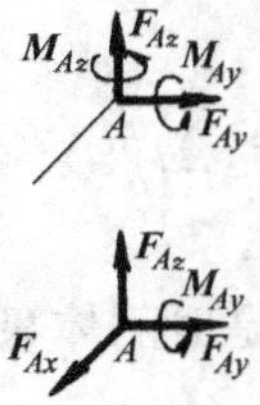

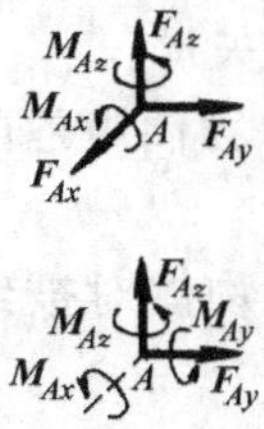

8．受力分析（受力图）

受力分析就是将研究对象上所有的外力用图示形式直观地表示出来。画受力图，是进行力学分析、计算的前提，也是研究力学问题的基本途径。

基 本 要 求

1）正确理解力的概念、静力学基本原理。

2）能熟练地进行力的投影、力对点（轴）之矩的计算。

3）能正确地画出研究对象的受力图。尽量做到受力分析简单、明了，如判断二力构件等。

典 型 例 题

例 1-1 长方体长 $l=0.5$m，宽 $b=0.4$m，高 $h=0.3$m，其上作用力的大小 $F=80$N，方向如图 1-1a 所示。试分别计算：1）力 F 在笛卡儿坐标轴 x,y,z 上的投影；2）力 F 对笛卡儿坐标轴 x,y,z 的矩；3）力 F 对 z_1 轴（沿 OB 方向）的矩。

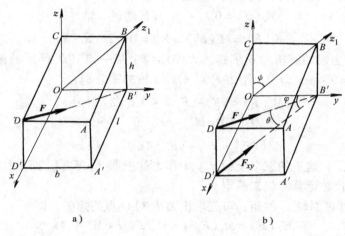

图 1-1

解 1）求力 F 在笛卡儿坐标系 x,y,z 上的投影。

a. 一次投影法。设力 F 与 x,y,z 轴正向之间夹角分别为 α,β,γ，其方向余弦分别为 $\cos\alpha \dfrac{-l}{\sqrt{l^2+b^2+h^2}}$，$\cos\beta=\dfrac{b}{\sqrt{l^2+b^2+h^2}}$，$\cos\gamma=\dfrac{-h}{\sqrt{l^2+b^2+h^2}}$，则力 F 在轴 x,y,z 上的投影分别为

$$F_x = F\cos\alpha = -40\sqrt{2}\ \text{N}$$

$$F_y = F\cos\beta = 32\sqrt{2}\ \text{N}$$

$$F_z = F\cos\gamma = -24\sqrt{2}\ \text{N}$$

b. 二次投影法。设力 F 与坐标平面 Oxy 的夹角为 θ，力 F 在 Oxy 上的投影 F_{xy} 与轴 Oy 的夹角为 φ，则 $F_{xy}=F\cos\theta=F\dfrac{\sqrt{l^2+b^2}}{\sqrt{l^2+b^2+h^2}}$，得

$$F_x = -F_{xy}\sin\varphi = -F_{xy}\frac{l}{\sqrt{l^2+b^2}} = -40\sqrt{2}\ \text{N}$$

$$F_y = F_{xy}\cos\varphi = F_{xy}\frac{b}{\sqrt{l^2+b^2}} = 32\sqrt{2}\ \text{N}$$

$$F_z = -F\sin\theta = -F\frac{h}{\sqrt{l^2+b^2+h^2}} = -24\sqrt{2}\ \text{N}$$

2）求力 F 对笛卡儿坐标 x,y,z 的矩。

a. 利用合力矩定理求解，即 $M_x(F)=M_x(F_x)+M_x(F_y)+M_x(F_z)$。注意到 F_x 平行于轴 Ox，F_z 通过轴 Ox，它们对该轴的矩都为零，则

$$M_x(\boldsymbol{F}) = M_x(\boldsymbol{F}_y) = -F_y h = -9.6\sqrt{2}\ \text{N}\cdot\text{m}$$

类似地，可求出力 $\boldsymbol{F}$ 对 y 与 z 轴的矩分别为

$$M_y(\boldsymbol{F}) = 0 \qquad (\boldsymbol{F}\ \text{通过}\ y\ \text{轴})$$

$$M_z(\boldsymbol{F}) = M_z(\boldsymbol{F}_y) = F_y l = 16\sqrt{2}\ \text{N}\cdot\text{m}$$

b. 利用力矩的解析形式求解，力作用线上某一点（B' 点）的坐标分别为：$x = 0$，$y = b = 0.4\text{m}$，$z = 0$，则力 $\boldsymbol{F}$ 对 x, y, z 轴的矩分别为

$$M_x(\boldsymbol{F}) = yF_z - zF_y = -9.6\sqrt{2}\ \text{N}\cdot\text{m}$$

$$M_y(\boldsymbol{F}) = zF_x - xF_z = 0\ \text{N}\cdot\text{m}$$

$$M_z(\boldsymbol{F}) = xF_y - yF_x = 16\sqrt{2}\ \text{N}\cdot\text{m}$$

值得指出的是，这里的三个坐标 x, y, z 和力的投影 F_x, F_y, F_z 都是代数量，力矩的正负号由代数运算结果来确定。

3）求力 $\boldsymbol{F}$ 对轴 z_1 的矩：可先求出力 $\boldsymbol{F}$ 对 O 点的矩矢，即

$$\boldsymbol{M}_O(\boldsymbol{F}) = M_x(\boldsymbol{F}_x)\boldsymbol{i} + M_y(\boldsymbol{F}_y)\boldsymbol{j} + M_z(\boldsymbol{F}_z)\boldsymbol{k}$$

再由力对点 O 的矩和对轴的矩的关系，可得力 $\boldsymbol{F}$ 对轴 z_1 的矩等于力 $\boldsymbol{F}$ 对该轴上的点 O 的矩矢在该轴 z_1 的投影。设 ψ 为轴 z_1 与轴 z 的夹角（见图1-1b），并注意到轴 x 与轴 z_1 垂直（即 $M_x(\boldsymbol{F})\boldsymbol{i} \perp z_1$）和 $M_y(\boldsymbol{F}) = 0$，则

$$M_{z_1}(\boldsymbol{F}) = \big[\boldsymbol{M}_O(\boldsymbol{F})\big]_{z_1} = M_z(\boldsymbol{F})\cos\psi = |M_z(\boldsymbol{F})| \cdot \frac{h}{\sqrt{b^2 + h^2}}$$

$$= 9.6\sqrt{2}\ \text{N}\cdot\text{m}$$

讨论

1）采用一次投影法还是二次投影法，主要取决于题给条件。

2）利用合力矩定理计算力对轴的矩，是力学计算中的基本方法。一般不去刻意寻找合力到矩轴的力臂。

例1-2 构件 AB 自重不计，在 C 点受一铅垂力 $\boldsymbol{F}$ 作用，如图1-2a 所示。试画出构件 AB 的受力图。

解 1）取出构件 AB（与外部约束脱离）为研究对象，并单独画出其简图。

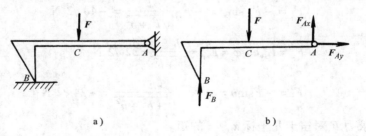

a)   b)

图 1-2

2）画出主动力，如题给出的条件，即照画力 F。

3）画约束力。因构件在 A 点受铰支座约束，其约束力通过铰链 A，但方向不能确定，可用两个大小未知的正交分力 F_{Ax} 和 F_{Ay} 表示。B 处为光滑接触面约束，其约束力应沿公法线方向。因构件 B 为一个点，则与约束面垂直的线即为公法线方向，用指向构件 B 点的 F_B 表示。

构件 AB 所受的力如图 1-2b 所示。

讨论

作示力分析（受力图）必须根据约束性质画约束力，而不需根据主动力去猜。

例 1-3 结构如图 1-3a 所示，构件自重不计，受分布载荷作用。试画出构件 AC 及 BD 的受力图。

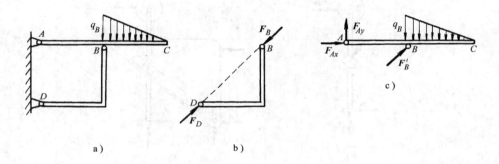

图 1-3

解 1）先取出构件 BD 加以分析。由于此构件仅在 B 和 D 二点受到铰链的约束力，而中间不受任何外力，所以构件处于平衡，符合二力平衡公理，因此，B 和 D 处的力必须共线、等值、反向，可用 F_B 及 F_D 表示，如图 1-3b 所示。只有两个力作用下而平衡的构件称为二力构件。

2）再取出构件 AC 进行分析。其所受的主动力为分布载荷，此载荷的合成结果待第二章中详细介绍，故在此仍照原图画；其约束力为：A 点受铰支座的约束用 F_{Ax} 和 F_{Ay} 这两个正交分力表示，B 点受到二力构件 BD 给它的反作用力 $F_{B'}$ 的作用，即 $F_{B'} = -F_B$。构件 AC 的受力如图 1-3c 所示。

讨论

在作多物体系统的受力分析时，若能发现二力杆（二力构件），就能使受力分析得以简化。

例 1-4 结构如图 1-4a 所示，构件自重不计，受水平力 F 作用。试画出板、杆连同滑块、滑轮及整体的受力图。

解 1）先取板为研究对象进行分析。主动力为 F；约束力为：在 A 处受铰支座约束，用两正交的分力 F_{Ax} 和 F_{Ay} 表示；在 C 处受到杆上滑块的光滑接触面

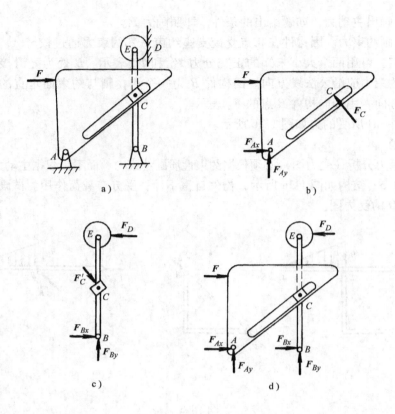

图 1-4

约束，则约束力沿公法线方向，即垂直板上的滑槽，用 F_C 表示（见图 1-4b）。

2）再取杆连同滑块和滑轮进行分析。虽然杆同滑块 C 和滑轮 E 均为铰接，但滑块 C 与滑轮 E 在 C 与 D 点均为光滑接触面的约束，故其力均应垂直光滑接触面，分别以 F'_C（$F_C = -F'_C$）及 F_D 表示；B 点受铰支座约束用两正交分力 F_{Bx} 和 F_{By} 表示（见图 1-4c）。

3）最后作整体受力分析。在整体图上只需画出全部外力，而此时滑块 C 处力为内力。内力成对出现，不会改变物体的运动效应，故不必画出。整体受力图如图 1-4d 所示。

讨论

在作受力分析时，对有轮（滑轮）的系统，若没有特定要求，不必将滑轮单独取出分析。研究对象可以是几个物体的组合。

例 1-5　结构如图 1-5a 所示，不计各构件自重。试画出结构中各物体及整体的受力图。

解　1）先取 CD 杆进行分析。此杆两端为铰链约束，中间不受外力，为二

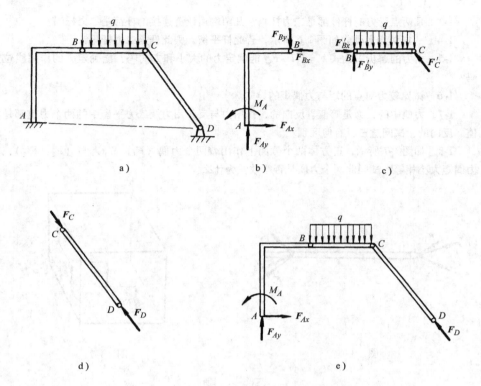

图 1-5

力杆，用 F_C 与 F_D 表示，如图 1-5d 所示。

2）取折杆 AB 进行分析。A 处为固定端约束，用正交的两个分力 F_{Ax} 和 F_{Ay} 及力偶矩 M_A 表示。B 处为铰链，用正交的两个分力 F_{Bx} 和 F_{By} 表示，如图 1-5b 所示。

3）再取杆 BC 进行分析。照画分布载荷 q，在 B 点及 C 点分别受到 F_{Bx}，F_{By} 及 F_C 的反作用力 F'_{Bx}，F'_{By} 及 F'_C，如图 1-5c 所示。

4）最后作整体受力图。去除全部外约束，画上约束力，如图 1-5e 所示。

讨论

固定端支座的约束力系中，含有力与力偶矩，所以在分析固定端约束时，切不要漏画约束力偶矩。

思 考 题

1-1 试说明下列式子的意义和区别：

(1) $F_1 = F_2$ (2) $\boldsymbol{F}_1 = \boldsymbol{F}_2$

1-2 两个共点力可以合成一合力，此合力的大小、方向都能惟一地确定。那么，一力 F_R 的大小、方向已知，能否确定其分力的大小和方向？

1-3 凡两点受力的杆件都是二力杆吗？凡两端用铰链连接的杆都是二力杆吗？

1-4 一杆两点上受力如图 1-6 所示，若此杆平衡，则此杆是二力杆吗？

1-5 由力的解析表达式 $F = F_x i + F_y j$ 能确定力的大小和方向吗？能确定力的作用线位置吗？

1-6 试比较力对点的矩与力偶矩的异同。

1-7 力偶中的二力是等值、反向的，作用力与反作用力及二力平衡中的两个力也都是等值、反向的，试问这三者有何区别？

1-8 如图 1-7 所示，正方体两个侧面上作用着两个力偶（F_1，F'_1）与（F_2，F'_2），其力偶矩大小相等。试问此两个力偶是否等效？为什么？

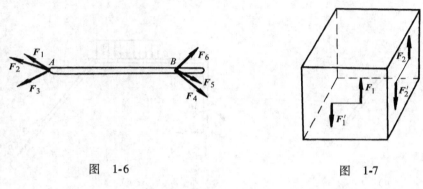

图 1-6　　　　　　　　　　　图 1-7

习　　题

1-1 已知力 F 在直角坐标轴 y, z 方向上（见图 1-8）的投影 $F_y = 12N$，$F_z = -5N$。若 F 与 x 轴正向的夹角 $\alpha = 30°$，试求此力 F 的大小和方向，并求此力 F 在 x 轴上的投影 F_x 的值。

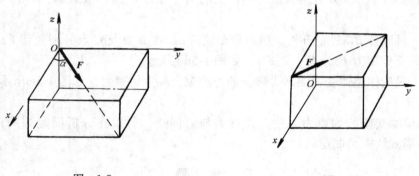

图　1-8　　　　　　　　　　　图　1-9

1-2 正立方体（见图 1-9）的边长 $l = 0.5m$，力 $F = 100N$。试求力 F 对 O 点矩的大小。

1-3 力 F 作用在边长为 l 的正立方体的对角线上（见图 1-10）。设 Oxy 平面与立方体的底面 $ABCD$ 相平行，两者之间的距离为 h。试求力 F 对 O 点的矩的矢量表达式。

1-4 力 F 作用于长方体的一棱边上（见图 1-11），已知长方体边长为 l_1, l_2, l_3。试求力 F

对 *OA* 轴的矩。

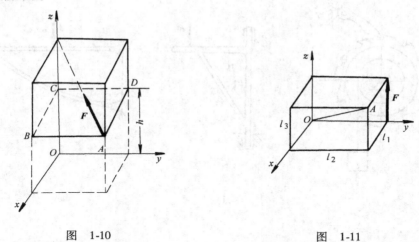

图　1-10　　　　　　　　　　　　图　1-11

1-5　试分别画出图 1-12 所示物体的受力图（物体的重量除图上注明外，均略去不计，所有接触处均为光滑）：

a) 圆柱体 *O*；b) 杆 *AD*；c) 滚子 *O*；d) 折杆 *AB*；e) 杆 *AB*；f) 曲杆 *AB*；g) 杆 *AB*；h) 杆 *AB*；i) 棘轮 *O*；j) 架子 *ABD*；k) 杆 *AB*；l) 折杆 *BC*。

1-6　试分别画出图 1-13 所示各物体系统中每个物体以及整体的受力图（物体的重量除图上注明外，均略去不计，所有接触处均为光滑）：

a) 组合梁；b) 组合梁；c) 曲柄连杆滑块机构；d) 三铰刚架；e) 三铰刚架；f) 四连杆机构；g) 圆柱和杆；h) 三铰拱；i) 三角形支架；j) 平台支承；k) 构架（*BCD* 为板）；l) 构架；m) 构架；n) 构架；o) 机构；p) 多跨拱架；q) 机构；r) 机构；s) 构架；t) 构架。

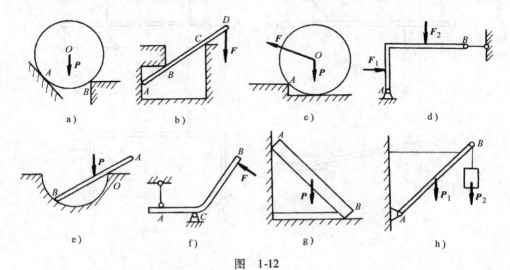

图　1-12

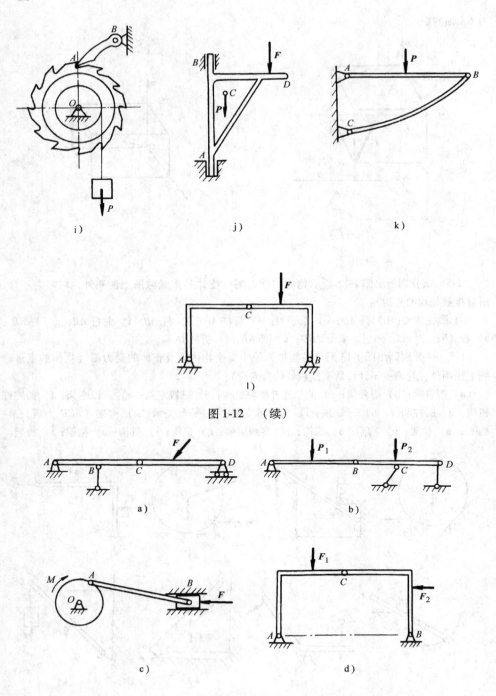

i)   j)   k)

l)

图 1-12 （续）

a)   b)

c)   d)

图 1-13

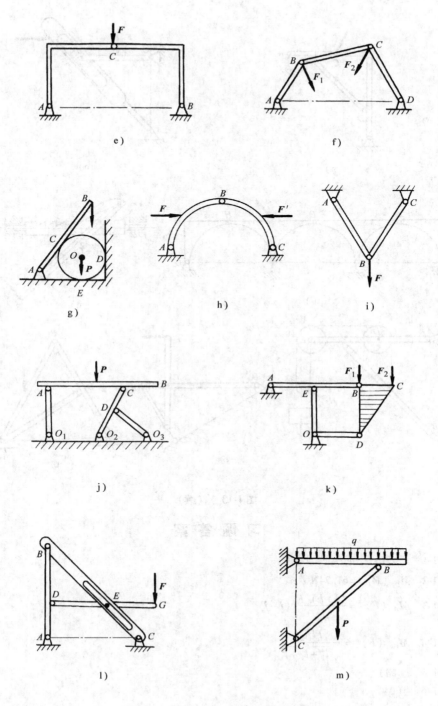

e)

f)

g)

h)

i)

j)

k)

l)

m)

图 1-13   （续）

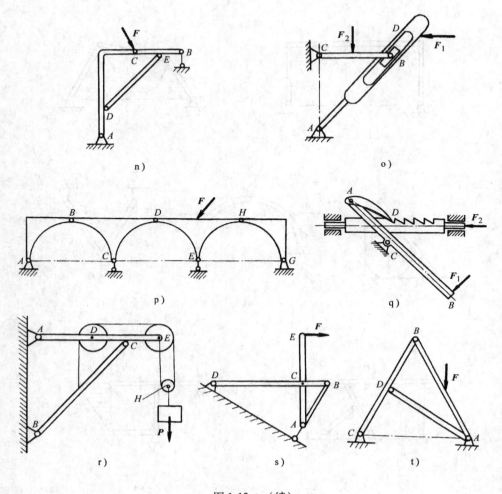

n)

o)

p)

q)

r)

s)

t)

图 1-13 （续）

习 题 答 案

1-1　$F = 26\text{kN}$，$F_x = 22.52\text{kN}$

1-2　$M_O(F) = 61.24\text{N} \cdot \text{m}$

1-3　$\boldsymbol{M_O}(\boldsymbol{F}) = \dfrac{(l+h)\ F}{\sqrt{3}}(\boldsymbol{i} - \boldsymbol{j})$

1-4　$M_{OA}(\boldsymbol{F}) = \dfrac{Fl_1l_2}{\sqrt{l_1^2 + l_2^2 + l_3^2}}$

1-5　（略）

1-6　（略）

第二章 力系的等效简化

内 容 提 要

力系的简化——用简单的力系来等效替代复杂的力系。

1. 力的平移定理

在刚体上，作用于 A 点的力 F 向任意一点 B 平移后，还必须附加一力偶，其力偶矩等于作用于 A 点的力对 B 点的矩，其大小为 $M = M_B (F)$，其矩矢 M 垂直于力 F。

反之，当 $M \cdot F = 0$ ($M \neq 0$，$F \neq 0$) 时，通过力 F 的平移，可以合成为一个合力 F，其平移的距离为 $d = \dfrac{|M|}{F}$。

2. 合力投影定理（矢量投影定理）

合力在一轴上的投影，等于各个分力在同一轴上投影的代数和。若投影轴为 x，有 $F_{Rx} = \sum\limits_{i=1}^{n} F_{ix}$。此定理适用于各种合矢量与分矢量之间的关系。

3. 力系的简化结果

各种力系简化的一般结果归纳为表 2-1 所示内容。

表 2-1 力系简化的一般结果

力系分类	简化结果的矢量表示	简化结果的标量表示
汇交力系	合力 $F_R = \sum\limits_{i=1}^{n} F_i$ 合力过汇交点	$F_{Rx} = \sum\limits_{i=1}^{n} F_{ix}$，$F_{Ry} = \sum\limits_{i=1}^{n} F_{iy}$，$F_{Rz} = \sum\limits_{i=1}^{n} F_{iz}$
力偶系	合力偶 $M = \sum\limits_{i=1}^{n} M_i$	$M_x = \sum\limits_{i=1}^{n} M_{ix}$，$M_y = \sum\limits_{i=1}^{n} M_{iy}$，$M_z = \sum\limits_{i=1}^{n} M_{iz}$
任意力系	主矢 （作用在简化中心 O） $F'_R = \sum\limits_{i=1}^{n} F_i$ 主矩 （相对于简化中心 O） $M_O = \sum\limits_{i=1}^{n} M_O(F_i)$	$F'_{Rx} = \sum\limits_{i=1}^{n} F_{ix}$，$F'_{Ry} = \sum\limits_{i=1}^{n} F_{iy}$，$F'_{Rz} = \sum\limits_{i=1}^{n} F_{iz}$ $M_{Ox} = \sum\limits_{i=1}^{n} M_{Ox}(F_i)$，$M_{Oy} = \sum\limits_{i=1}^{n} M_{Oy}(F_i)$， $M_{Oz} = \sum\limits_{i=1}^{n} M_{Oz}(F_i)$

4. 任意力系简化的一般结果和最终结果

空间任意力系向一点简化后,得到一般结果,如表 2-1 所示。进一步可简化为最终结果。力系简化的最终结果的分析如表 2-2 所示。

表 2-2　力系简化结果的分析

力系向任意一点 O 简化的情况			简化的最后结果	说　明
$M_O \cdot F_R = 0$	$F_R \neq 0$	$M_O = 0$	合　力	合力作用线通过简化中心
		$M_O \neq 0, M_O \perp F_R$		合力作用线至简化中心距离 $d = \dfrac{M_O}{F_R}$
	$F_R = 0$	$M_O = 0$	平　衡	
		$M_O \neq 0$	合力偶	合力偶矩与简化中心的选择无关
$M_O \cdot F_R \neq 0$		$M_O \parallel F_R$	力螺旋	中心轴通过简化中心
		$\angle(M_O \cdot F_R) = 0$		简化中心至中心轴的位矢 $r = \dfrac{F_R \times M_O}{F_R^2}$

5. 平行分布力的简化

水压力、风力、重力均属分布载荷,这些面力和体力通过具体问题的不同抽象方法,往往可以简化为线分布载荷(力),如表 2-3 所示。当载荷与受作用物体垂直时,合力的大小为载荷图的面积;当载荷与受作用物体不相垂直时,合力的大小不再是载荷图的面积。但合力的作用线位置仍由合力矩定理确定,均通过载荷图的形心。

表 2-3　几种常见的线分布载荷

	分布载荷的形式	合力的大小	合力作用线的位置	说　明
1	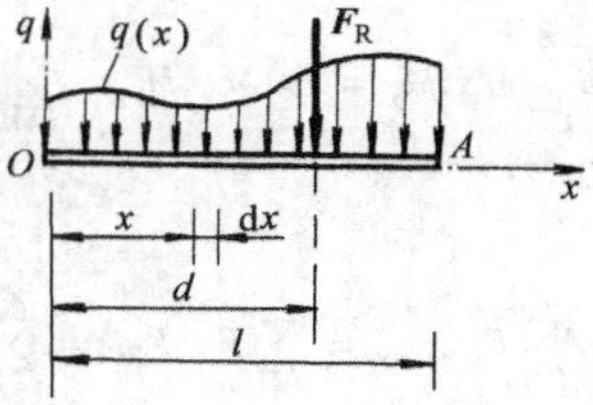	$F_R = \displaystyle\int_0^l q(x)\,\mathrm{d}x$	$d = \dfrac{\displaystyle\int_0^l q(x) \cdot x\,\mathrm{d}x}{\displaystyle\int_0^l q(x)\,\mathrm{d}x}$	
2	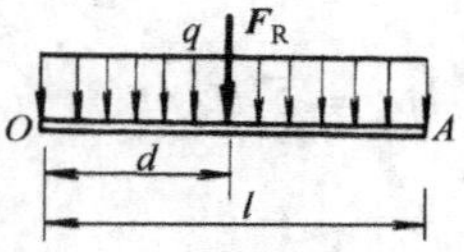	$F_R = ql$	$d = \dfrac{l}{2}$	

（续）

	分布载荷的形式	合力的大小	合力作用线的位置	说　明
3		$F_R = \dfrac{1}{2}q_0 l$	$d = \dfrac{l}{3}$	
4		$F_{R1} = q_1 l$ $F_{R2} = \dfrac{1}{2}(q_2 - q_1)l$	$d_1 = \dfrac{1}{2}l$ $d_2 = \dfrac{2}{3}l$	在研究物体的平衡时，一般不需再求出总合力和其位置
5		$F_R = \dfrac{1}{2}q\dfrac{l}{\sin\theta}$	$d = \dfrac{l}{3}$	此为力不垂直所作用的物体

6. 物体的重心与形心

（1）重心　对固体而言，其重力总是通过该物体或其延伸部分上一个确定点 C，该点称为物体的重心。

设 P_i 为微元体的重量，P 为总重量（见图2-1），则有

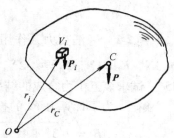

$$r_C = \frac{\sum\limits_{i=1}^{n} P_i r_i}{P}$$

（2）形心　匀质物体的重心与形心是同一个点，形心完全取决于物体的几何形状，而与物体的重量无关。

图　2-1

设 V_i 为微元体的体积，V 为总体积（参见图2-1），则有

$$r_C = \frac{\sum\limits_{i=1}^{n} V_i r_i}{V}$$

两种特殊形状物体的形心如表2-4所示。

表 2-4　匀质等厚薄壳、匀质等截面细杆的形心

匀质等厚薄壳		匀质等截面细杆	
图　例	公　式	图　例	公　式
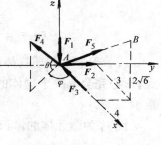	$r_C = \dfrac{\sum\limits_{i=1}^{n} S_i r_i}{S}$ S_i 为微元体表面积 S 为总表面积		$r_C = \dfrac{\sum\limits_{i=1}^{n} l_i r_i}{l}$ l_i 为微元体长度 l 为总长度

基 本 要 求

1）掌握力系等效替换的方法，熟悉力系的简化结果。

a. 能熟练应用力的平移定理、合力投影定理。

b. 正确理解力系简化的一般结果和最终结果，了解力、力偶、力螺旋三种基本作用量。

2）熟悉各种平行分布力的计算方法，掌握几种常用载荷图的合力大小和合力作用线的位置。

3）正确地建立物体重心、形心的概念，掌握重心、形心的一般计算公式。

a. 能利用对称性来简化形心的计算。

b. 能应用分割法、负体（面积）法进行复合形体的形心计算。

典 型 例 题

例 2-1　一汇交力系作用于 A 点，如图 2-2 所示。已知：$F_1 = 2\sqrt{6}\,\text{N}$，$F_2 = 2\sqrt{3}\,\text{N}$，$F_3 = 1\,\text{N}$，$F_4 = 4\sqrt{2}\,\text{N}$，$F_5 = 7\,\text{N}$，$\varphi = 60°$，$\theta = 45°$。试求该五个力合成的结果。

解　为了计算力 $\boldsymbol{F}_5$ 的投影，先求出

$$\overline{AB} = \sqrt{3^2 + 4^2 + (2\sqrt{6})^2} = 7$$

则 $F_x = \sum\limits_{i=1}^{5} F_{ix} = -F_3 + F_4\cos\theta\cos\varphi + F_5 \times \dfrac{3}{7} = 4\,\text{N}$

$F_y = \sum\limits_{i=1}^{5} F_{iy} = F_2 - F_4\cos\theta\sin\varphi + F_5 \times \dfrac{4}{7} = 4\,\text{N}$

$F_z = \sum\limits_{i=1}^{5} F_{iz} = -F_1 + F_4\sin\theta + F_5 \times \dfrac{2\sqrt{6}}{7} = 4\,\text{N}$

图　2-2

合力的大小 $F_R = \sqrt{F_x^2 + F_y^2 + F_z^2} = 4\sqrt{3}\mathrm{N}$

合力的方向 $\cos(\boldsymbol{F}_R, x) = \cos(\boldsymbol{F}_R, y) = \cos(\boldsymbol{F}_R, z) = \dfrac{\sqrt{3}}{3}$

即 $\angle(\boldsymbol{F}_R, x) = \angle(\boldsymbol{F}_R, y) = \angle(\boldsymbol{F}_R, z) = 54°44'$

讨论

力的一次投影和二次投影方法都是常用的方法，在解题时采用哪种方法，取决于题目给出的条件。

例 2-2 用组合钻钻孔时，对部件作用的力偶矩如图 2-3a 所示。已知：$M_1 = M_3 = M_4 = M$，$M_2 = \sqrt{2}M$，$\theta = 45°$。试求组合钻对工件的合力偶矩的大小和方位。

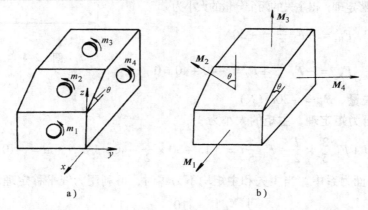

a)　　　　　　　　　　b)

图 2-3

解 设笛卡儿坐标系如图，将各力偶矩用矢量表示为如图 2-3b 所示，则有

$$M_x = \sum_{i=1}^{4} M_{ix} = M_1 + M_2\sin\theta = 2M$$

$$M_y = \sum_{i=1}^{4} M_{iy} = M_4 = M$$

$$M_z = \sum_{i=1}^{4} M_{iz} = M_2\cos\theta + M_3 = 2M$$

合力偶的大小 $M_R = \sqrt{M_x^2 + M_y^2 + M_z^2} = 3M$

合力偶的方向 $\cos(\boldsymbol{M}_R, \boldsymbol{i}) = \dfrac{\sum\limits_{i=1}^{4} M_{ix}}{M_R} = \dfrac{2}{3} = \cos(\boldsymbol{M}_R, \boldsymbol{k})$

$$\angle(\boldsymbol{M}_R, \boldsymbol{i}) = \angle(\boldsymbol{M}_R, \boldsymbol{k}) \approx 48°11'$$

$$\cos(\boldsymbol{M}_R, \boldsymbol{j}) = \dfrac{\sum\limits_{i=1}^{4} M_{iy}}{M_R} = \dfrac{1}{3}$$

$$\angle(\boldsymbol{M}_R, \boldsymbol{j}) \approx 70°32'$$

讨论

对空间力偶系，一旦以矢量表示时，其解法就类同于空间汇交力系。

例 2-3 在矩形薄板 $OABC$ 平面内受力和力偶的作用如图 2-4 所示。已知：$F_1 = 50\text{N}$，$F_2 = 40\text{N}$，$M = 15\text{N·m}$，$l = 1\text{m}$。试求：（1）该力系向 O 点简化的结果；（2）若将该力系简化为一个合力，写出其作用线方程。

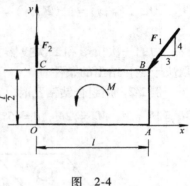

图 2-4

解 1）平面任意力系向平面内一点 O 的简化，利用合力投影定理，得主矢的两个分量的大小为

$$F_{Rx} = -F_1 \frac{3}{5} = -30\text{N}$$

$$F_{Ry} = -F_1 \frac{4}{5} + F_2 = -40 + 40 = 0$$

则主矢量 $\boldsymbol{F}_R = -30\boldsymbol{i}$（N）

利用合力矩定理，主矩的大小为

$$M_O = M + F_1 \frac{3}{5} \times \frac{l}{2} - F_1 \frac{4}{5} l = \left(15 + 30 \times \frac{1}{2} - 40 \times 1\right)\text{N·m} = -10\text{N·m}$$

2）平面力系中，当主矢和主矩均不为零时，可利用力线平移定理，有

$$y(x) = \frac{|M_O|}{F_{Rx}} = \frac{10}{-30}\text{m} = -\frac{1}{3}\text{m} = \text{const}$$

讨论

本题是指明向 O 点简化。若不指明力系向哪一点简化，可任取一点为简化中心，而不会影响最终的简化结果。就计算的简繁而言，简化中心的选取，应有利于力矩的计算。

例 2-4 在边长为 l_1，l_2，l_3 的长方体顶点 AB 处，分别作用有大小均为 F 的力 $\boldsymbol{F}_1$ 和 $\boldsymbol{F}_2$，如图 2-5 所示。试求其简化结果。

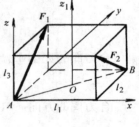

解 将力 F_1 和 F_2 分别用基矢量表示为

$$\boldsymbol{F}_1 = F(l_2\boldsymbol{j} + l_3\boldsymbol{k}) / \sqrt{l_2^2 + l_3^2}$$

$$\boldsymbol{F}_2 = F(-l_2\boldsymbol{j} + l_3\boldsymbol{k}) / \sqrt{l_2^2 + l_3^2}$$

图 2-5

两力作用点 A，B 相对 A 的矢径分别为

$$\boldsymbol{r}_1 = 0, \quad \boldsymbol{r}_2 = \overline{AB} = l_1\boldsymbol{i} + l_2\boldsymbol{j}$$

将两力向 A 点简化，得到主矢 $\boldsymbol{F}_{R'}$ 和主矩 $\boldsymbol{M}_A$

$$F_{R'} = \sum_{i=1}^{2} F_i = \frac{2Fl_3 \boldsymbol{k}}{\sqrt{l_2^2 + l_3^2}}$$

$$M_A = \sum_{i=1}^{2} \boldsymbol{r}_i \times \boldsymbol{F}_i = \frac{F(l_2 l_3 \boldsymbol{i} - l_1 l_3 \boldsymbol{j} - l_1 l_2 \boldsymbol{k})}{\sqrt{l_2^2 + l_3^2}}$$

由于 $\boldsymbol{F}_{R'} \cdot \boldsymbol{M}_A = -\dfrac{2F^2 l_1 l_2 l_3}{l_2^2 + l_3^2} < 0$，因此两力可简化为一左螺旋。力螺旋中的力即为

$\boldsymbol{F}_{R'}$，力偶矩为 $\boldsymbol{M} = \dfrac{(\boldsymbol{M}_A \cdot \boldsymbol{F}_{R'})\boldsymbol{F}_{R'}}{\boldsymbol{F}_{R'}^2} = -\dfrac{Fl_1 l_2 \boldsymbol{k}}{\sqrt{l_2^2 + l_3^2}}$。力螺旋中心通过点 O，O 点相对 A

点的矢径为 $\boldsymbol{r} = \overline{AO} = \dfrac{\boldsymbol{F}_{R'} \times \boldsymbol{M}_A}{\boldsymbol{F}_{R'}^2} = \dfrac{1}{2}(l_1 \boldsymbol{i} + l_2 \boldsymbol{j})$，即 $\boldsymbol{F}_1$ 和 $\boldsymbol{F}_2$ 构成一中心轴为 Oz_1 轴

的左力螺旋。

例 2-5　振动器中的偏心块几何形状如图 2-6 所示。已知：$R = 100$mm，$r = 13$mm，$b = 17$mm。试求偏心块截面（阴影部分）的重心位置。

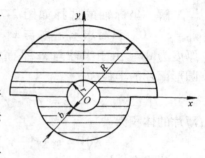

解　本题属求平面图形的重心问题，由于有挖去的部分，所以可结合分割法和负面积法求解。

在图示坐标系下，根据对称性，偏心块重心 C 在对称轴线上，所以

图　2-6

$$x_C = 0$$

将偏心块分割成三个部分：半径为 R 的半圆、半径为 $(r+b)$ 的半圆以及半径为 r 的小圆，最后的小圆是挖掉部分，其面积为负值。这三部分的面积及其坐标为

$$A_1 = \frac{\pi R^2}{2}, y_1 = \frac{4R}{3\pi}$$

$$A_2 = \frac{\pi(r+b)^2}{2}, y_2 = -\frac{4(r+b)}{3\pi}$$

$$A_3 = -\pi r^2, y_3 = 0$$

代入形心公式后可得

$$y_C = \frac{\sum\limits_{i=1}^{3} A_i y_i}{A} = \frac{A_1 y_1 + A_2 y_2 + A_3 y_3}{A_1 + A_2 + A_3}$$

$$= \frac{\dfrac{\pi R^2}{2} \times \dfrac{4R}{3\pi} + \dfrac{\pi(r+b)^2}{2} \times \dfrac{-4(r+b)}{3\pi} + (-\pi r^2) \times 0}{\dfrac{\pi R^2}{2} + \dfrac{\pi(r+b)^2}{2} + (-\pi r^2)}$$

$$= \frac{4[R^2 - (r+b)^2]}{3\pi[R^2 + (r+b)^2 - r^2]}$$

$$= \frac{4[100^2 - 30^2]}{3\pi[100^2 + 30^2 - 13^2]}\text{mm} = 39\text{mm}$$

偏心块重心（即形心）C 的坐标分别为

$$x_C = 0$$

$$y_C = 39\text{mm}$$

讨论

在求解重心与形心坐标时，要尽量利用物体的对称性，重心与形心坐标必在匀质物体的对称轴上。

例 2-6 试求半径为 r 的半球体（见图 2-7）其形心 C 相对球心的位置。

解 坐标轴的选择如图 2-7 所示。由对称性知：$x_C = z_C = 0$。只需求 y_C。取与 xz 平面平行的圆形薄片，厚度为 dy，由于半球与 xz 平面相交于圆 $y^2 + z^2 = r^2$，圆形薄片的半径为

$$z = \sqrt{r^2 - y^2}$$

薄片的体积为

$$dV = \pi(r^2 - y^2)\,dy$$

代入公式有

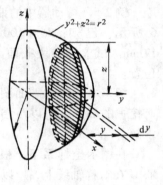

图 2-7

$$y_C = \frac{\int_0^r \pi(r^2 - y^2)y\,dy}{\int_0^r \pi(r^2 - y^2)\,dy} = \frac{\frac{1}{4}\pi r^4}{\frac{2}{3}\pi r^3} = \frac{3}{8}r$$

讨论

这半球体可看作由 $\frac{1}{4}$ 圆板平面绕 y 轴旋转而成，最适宜用积分求解。

思 考 题

2-1 由平面汇交力系 F_1, F_2, F_3 和 F_4 组成的力多边形如图 2-8 所示。试用矢量式来表示这四个力之间的关系。

2-2 平面汇交力系向汇交点以外一点简化，其结果可能是一个力吗？可能是一个力偶吗？可能是一个力和一个力偶吗？

2-3 某平面力系向同平面内任一点简化的结果都相同，此力系简化的最终结果可能是什么？

2-4 有两个相同的圆盘如图 2-9a、b 所示，图 2-9a 所示圆盘上作用一力偶，图 2-9b 所示圆盘上作用一力，若用 $Fr = M$，试问它们对圆盘的作用效果是否一样？能否说一个力与一个

力偶等效？为什么？

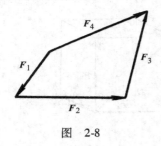

图 2-8

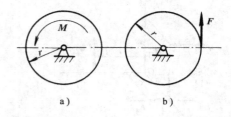

图 2-9

2-5 一平面任意力系，已知 x 轴与 A 点在此力系平面内，并有 $\sum\limits_{i=1}^{n} F_{ix} = 0$, $\sum\limits_{i=1}^{n} M_B(F_i) = 0$。则此力系简化的结果有几种可能？

2-6 一平面任意力系，已知 A 和 B 两点在此力系平面内，并有 $\sum\limits_{i=1}^{n} M_A(F_i) = 0$, $\sum\limits_{i=1}^{n} M_B(F_i) = 0$。则此力系简化的结果有几种可能？

2-7 空间平行力系简化的最后结果有哪些可能？有否可能简化为一个力螺旋？为什么？

2-8 设一空间任意力系向 O 点简化的主矢为 F_R、主矩为 M_O，试问该力系向另一简化中心 A 简化，所得的主矩 M_A 与 M_O 之间的关系如何？在什么条件下，M_A 与 M_O 才是一样的？

2-9 空间任意力系向两个不同的点简化。试问下述情况是否可能：(1) 主矢相等、主矩也相等；(2) 主矢不相等、主矩相等；(3) 主矢相等、主矩不相等；(4) 主矢、主矩都不相等。

2-10 物体的重心是否一定在物体上？为什么？

2-11 计算物体重心时，如果选取两个不同的坐标，则得出的重心坐标是否不同？如果不同，是否意味着物体的重心相对物体的位置不是确定的？

2-12 "物体的重心即是形心"，这句话正确吗？在什么条件下重心与形心重合？

习 题

在本节内若不特别指明，则物体的自重不计。

2-1 图 2-10 所示的力系由 F_1, F_2, F_3, F_4 和 F_5 组成，其作用线分别沿六面体棱边。已知：$F_1 = F_3 = F_4 = F_5 = 5\text{kN}$，$F_2 = 10\text{kN}$，$\overline{OA} = \dfrac{\overline{OC}}{2} = 1.2\text{m}$。试求力系的简化结果。

2-2 力系如图 2-11 所示。已知 $F_1 = F_4 = F_5 = 10\text{kN}$，$F_2 = 11\text{kN}$，$F_3 = 9\text{kN}$，$F_1 /\!/ F_2 /\!/ F_3$，$F_4 /\!/ F_5$，$l = 4\text{m}, b = h = 3\text{m}$。试求力系的简化结果。

2-3 图 2-12 所示边长为 l 的正六面体上作用有六个力，大小为 $F_1 = F_2 = F_3 = F_4 = F$，$F_5 = F_6 = \sqrt{2}F$。试求力系的简化结果。

2-4 一空间力系如图 2-13 所示。已知：$F_1 = F_2 = 100\text{N}$，$M = 20\text{N} \cdot \text{m}$，$b = 300\text{mm}$，$l = h = 400\text{mm}$。试求力系的简化结果。

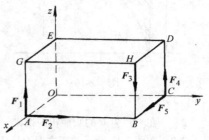

图 2-10

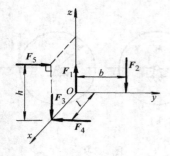

图　2-11

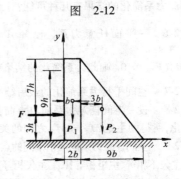

图　2-12

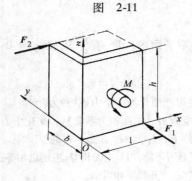

图　2-13

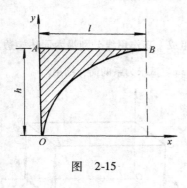

图　2-14

2-5　重力坝受力如图 2-14 所示。已知：坝体自重分别为 $P_1 = 9600$kN，$P_2 = 21600$kN，水压力 $F = 10120$kN，$b = 4$m，$h = 5$m。试求此力系的合力。

2-6　已知图 2-15 所示的抛物线方程为 $y^2 = \dfrac{h^2}{l}x$。试求面积 OAB 的重心坐标。

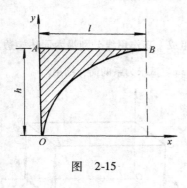

图　2-15

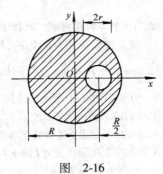

图　2-16

2-7　在半径为 R 的圆面积内挖去一半径为 r 的圆孔(见图 2-16)。试求剩余面积的重心。

2-8　在图 2-17 所示的正方形 $OABD$ 中，已知其边长为 l。试在其中求出一点 E，使此正方形在被截去等腰三角形 OEB 后，E 点即为剩余面积的重心。

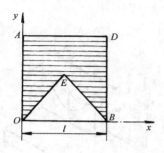

图 2-17

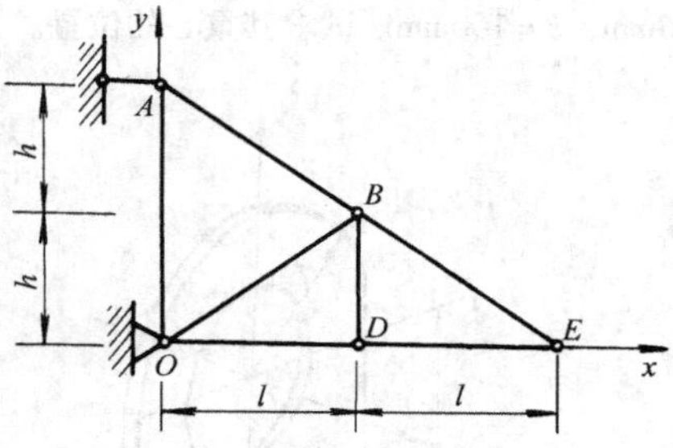

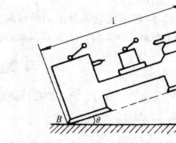

图 2-18

2-9 平面桁架（见图2-18）由七根直杆构成，已知 $l=2$m，$h=1.5$m，各杆单位长度的重量相等。试求该桁架的重心坐标。

2-10 平面图形如图 2-19 所示。已知：$l=30$cm，$h=20$cm，$d=3$cm。试求平面图形的重心。

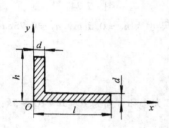

图 2-19

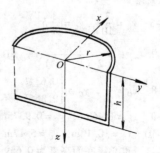

图 2-20

2-11 图 2-20 所示的机床重 $P=50$kN，宽 $l=2.4$m。当水平放置时（$\theta=0°$）秤上读数 $F_1=15$kN；当 $\theta=20°$ 时，秤上读数 $F_2=10$kN。试确定机床的重心位置。

2-12 将图 2-21 所示的梯形板 ABED 在点 E 挂起，设 $AD=l$。欲使 AD 边保持水平，试求 BE 应等于多少？

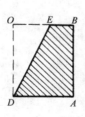

图 2-21

图 2-22

2-13 已知：$h=15$cm，$r=20$cm。试求图 2-22 所示匀质细杆的重心。

2-14 图 2-23 所示支架由等厚度的匀质板料所制成，尺寸为 $r=40$mm，$R=80$mm，$h=$

80mm，$b = 100$mm。试求其重心的位置。

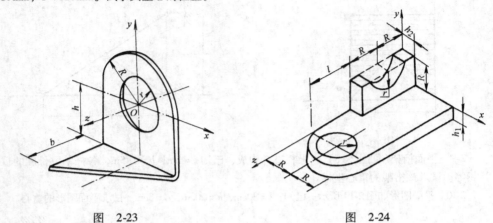

| 图 2-23 | 图 2-24 |

2-15 图 2-24 所示机械元件由匀质材料所制成，尺寸为 $h_1 = 0.5$cm，$h_2 = 0.75$cm，$r = 0.95$cm，$R = 1.5$cm，$l = 2.55$cm。试求其重心的 y 坐标。

习 题 答 案

2-1 力系简化为一合力，合力作用线通过 O 点，其大小和方向为 $\boldsymbol{F} = 5\boldsymbol{i} + 10\boldsymbol{j} + 5\boldsymbol{k}$；合力作用线方程为 $x = \dfrac{y}{2} = z$。

2-2 力系的简化结果为一不通过 O 点的合力 F。其大小与方向为 $\boldsymbol{F} = -10\boldsymbol{k}$；其作用线与 Oxy 坐标面的交点坐标为 $x = 3.6$m，$y = -6.3$m。

2-3 力系的简化结果为一合力偶，其矩矢的大小与方向为 $\boldsymbol{M} = -Fl\ (\boldsymbol{i} + \boldsymbol{j})$。

2-4 力系的简化结果为一力螺旋，其力为 $\boldsymbol{F} = 100\boldsymbol{i} + 100\boldsymbol{j}$（N），力偶为 $\boldsymbol{M}' = 10\boldsymbol{i} + 10\boldsymbol{j}$（N·m），力螺旋的轴与 O 点的距离 $OO' = 122.5$mm。

2-5 合力大小为 $F_R = 32800$kN，合力与 x 轴的交点距 O 点的距离为 $d = 19.94$m，合力与 x 轴的夹角 $\varphi = -72.03°$。

2-6 $x_C = \dfrac{3}{10}l$，$y_C = \dfrac{3}{4}h$

2-7 $x_C = -\dfrac{r^2 R}{2\ (R^2 - r^2)}$，$y_C = 0$

2-8 $x_C = \dfrac{l}{2}$，$y_C = \begin{cases} 0.634l \\ 2.366l\ (\text{不合}) \end{cases}$

2-9 $x_C = 1.469$m，$y_C = 0.9375$m

2-10 $x_C = 10.12$m，$y_C = 5.17$m

2-11 重心离底面高度为 0.659m，离 B 端距离为 1.68m。

2-12 $BE = 0.366l$

2-13 $x_C = 6.8$cm，$y_C = 2.5$cm，$z_C = 6$cm

2-14 $x_C = 8.26$mm，$y_C = -31.4$mm，$z_C = 10.33$mm

2-15 $y_C = -0.0656$cm

第三章 力系的平衡

力系的平衡是静力学研究的主要问题。静平衡问题在建筑结构和机械设备基础中是常见的问题。

内 容 提 要

1. 单个刚体的受力平衡

（1）汇交力系的平衡方程 当力系中各个力的作用线均交于一点时，形成汇交力系。而有些平面汇交力系的形成，可依据三力平衡汇交定理得出。汇交力系平衡方程的各种表达形式如表 3-1 所示。

表 3-1 汇交力系平衡方程的形式

汇交力系	表 达 式	特 点
空间 （矢量式）	$$\sum_{i=1}^{n} \boldsymbol{F}_i = 0$$	力多边形自行闭合
空间 （标量式）	$$\sum_{i=1}^{n} F_{ix} = 0, \sum_{i=1}^{n} F_{iy} = 0, \sum_{i=1}^{n} F_{iz} = 0$$	有三个独立的平衡方程，可求解 3 个未知量
平面	若当力系位于 Oxy 平面时，$\sum_{i=1}^{n} F_{iz} \equiv 0$，则有 $$\sum_{i=1}^{n} F_{ix} = 0, \sum_{i=1}^{n} F_{iy} = 0$$	有二个独立的平衡方程，可求解 2 个未知量

（2）三力平衡定理 共面不平行的三力作用于刚体上，若其平衡，则三力必汇交于一点。

（3）力偶系的平衡方程 当力系均由力偶构成时，称为力偶系。因力偶矩矢是自由矢量，若将力偶矩矢类比于力，则力偶系的平衡条件类似于汇交力系。但必须注意：平面力偶系的平衡方程只有一个。力偶系平衡方程的各种表达形式如表 3-2 所示。

表 3-2　力偶系平衡方程的形式

力偶系	表　达　式	特　　点
空间（矢量式）	$$\sum_{i=1}^{n} M_i = 0$$	力偶矩矢多边形自行闭合
空间（标量式）	$$\sum_{i=1}^{n} M_{ix} = 0, \sum_{i=1}^{n} M_{iy} = 0, \sum_{i=1}^{n} M_{iz} = 0$$	有三个独立的平衡方程，可求解 3 个未知量
平面	若当各力偶位于 Oxy 平面时，其矩矢平行 z 轴，$$\sum_{i=1}^{n} M_{ix} = 0, \sum_{i=1}^{n} M_{iy} = 0,$$则有 $$\sum_{i=1}^{n} M_{iz} = 0,$$简记为 $$\sum_{i=1}^{n} M_i = 0$$	有一个独立的平衡方程，可求解 1 个未知量

（4）任意力系的平衡方程　当力系中的力呈任意分布时，称为任意力系。工程中的绝大部分问题都属于任意力系问题，且较多地属于空间任意力系问题。而大部分平面力系问题都是从空间力系中略去一些次要因素简化而得的。任意力系平衡方程的各种表达形式如表 3-3 所示。

表 3-3　任意力系平衡方程的形式

任意力系	基本形式	多力矩形式	特　　例
空间（矢量式）	$$\sum_{i=1}^{n} \boldsymbol{F}_i = 0$$ $$\sum_{i=1}^{n} \boldsymbol{M}_i = 0$$		平行力系
空间（标量式）	$$\sum_{i=1}^{n} F_{ix} = 0, \sum_{i=1}^{n} F_{iy} = 0$$ $$\sum_{i=1}^{n} F_{iz} = 0, \sum_{i=1}^{n} M_{ix} = 0$$ $$\sum_{i=1}^{n} M_{iy} = 0, \sum_{i=1}^{n} M_{iz} = 0$$ 有六个独立的平衡方程，可求解六个未知量	有四至六力矩式。若用六矩式，则六个矩轴必须满足： 1）不全交于一点 2）不全平行 3）不全共面	若各力平行于 z 轴时，$\sum_{i=1}^{n} F_{ix} = 0$, $$\sum_{i=1}^{n} F_{iy} = 0, \sum_{i=1}^{n} M_{iz} = 0,$$则 $$\sum_{i=1}^{n} F_{iz} = 0, \sum_{i=1}^{n} M_{ix} = 0,$$ $$\sum_{i=1}^{n} M_{iy} = 0$$ 有三个独立的平衡方程，可求解三个未知量

（续）

任意力系	基 本 形 式	多力矩形式	特 例
平面	若当力系位于 Oxy 平面时， $\sum_{i=1}^{n} F_{iz} = 0,\ \sum_{i=1}^{n} M_{ix} = 0$ $\sum_{i=1}^{n} M_{iy} = 0$，则 $\sum_{i=1}^{n} F_{ix} = 0,\ \sum_{i=1}^{n} F_{iy} = 0$ $\sum_{i=1}^{n} M_{iz} = 0$ 记作 $\sum M_{io} = 0$ 有三个独立的平衡方程，可求解三个未知量	限制条件： 二力矩形式必须满足： 两矩心的连线不垂直力的投影轴 三力矩形式必须满足： 三矩心不共线	若当各力平行 y 轴时， $\sum_{i=1}^{n} F_{ix} = 0$，则 $\sum_{i=1}^{n} F_{iy} = 0,\ \sum M_{io} = 0$ 有二个独立的平衡方程，可求解二个未知量

2. 刚体系统的受力平衡

（1）静定与超静定的概念　平衡系统静定性的判别如表3-4所示。

表3-4　平衡系统静定性的判别

	未知量的个数	判 据	独立的平衡方程个数
静定	未知量的个数	=	独立的平衡方程个数
超静定	未知量的个数	>	独立的平衡方程个数

（2）刚体系统平衡问题的求解方法

1）首先作系统的整体受力分析（在整体图上画出所有的外力）。观察取整体为研究对象时，能求出哪些未知量，这些未知量与题目要求的未知量是否有关，若有关，则可求出与此有关的未知量。

2）选取分部作为研究对象。分部研究对象的选取一般要包含所要求的未知量，且一般先选取未知量个数应不多于相应力系的独立平衡方程个数的物体。研究对象确定后，则从整体图中脱离出来（单独画出），并在其上画出所有的外力。

3）当欲选取的研究对象上未知量个数均超过相应力系的独立平衡方程个数时，在没有未知力偶的前提下，应先选取未知力的作用点少的物体作为研究对象。

4）分部研究对象不一定是一个物体，也可以是若干个物体的组合。

5）平衡方程的列写应根据不同的力系，选取适当形式的平衡方程，既可以用力矩投影式，也可以用力的投影式；既可用基本形式，也可以用多力矩形式。一般而言，最适当的平衡方程应是：列写一个平衡方程，就解出一个未知量。

基 本 要 求

1）掌握各种力系独立平衡方程的个数和形式。

2）会选取适宜的力的投影轴和矩心，尽量做到列写出一个平衡方程就求解出一个未知量。

3）能利用不独立的平衡方程进行校核。

4）对物体系统平衡问题，能正确地根据所要求解的内容，选取研究对象和确定简便解题步骤，不列写不必要的平衡方程。

典 型 例 题

例 3-1 一对称的三角架，如图 3-1a 所示。A, B, C 三点在半径 $r = l/2$ 的圆上，$l = 1\mathrm{m}$。在 O 处受一水平力 $F = 400\mathrm{N}$ 作用。试求每根杆上的力。

解 本题为空间汇交力系，选坐标轴 x, y, z 和受力分析如图 3-1b 所示。

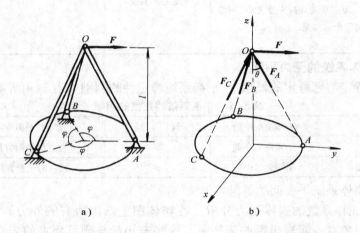

a)   b)

图 3-1

$$\sum F_{ix} = 0 \qquad (F_B - F_C)\ \sin\theta\cos30° = 0$$

得 $F_C = F_B$

$$\sum F_{iz} = 0 \qquad (F_B + F_C)\ \cos\theta + F_C\cos\theta = 0$$

即 $F_A = -2F_B$

$$\sum F_{iy} = 0 \qquad (F_B + F_C)\ \sin\theta\sin30° + F_A\sin\theta + F = 0$$

将 F_C 及 F_A 代入，并有 $\sin\theta = \dfrac{r}{\sqrt{r^2 + l^2}} = \dfrac{1}{\sqrt{5}}$，得

$$F_B = F_C = -\frac{F}{3\sin\theta} = -298.14\mathrm{N}$$

$$F_A = -2 \times (-298.14)\ \mathrm{N} = 596.28\mathrm{N}$$

讨论

本题结构对称，但受力（主动力）不对称，所以杆中力不完全相同。

例 3-2　平面刚架在 B 点受到一水平力 F 如图 3-2a 所示。已知：$F = 20\text{kN}$，$l = 4\text{m}$。试求 A 和 D 处的约束力。

解　方法一（解析法）　已知 F_D 与 F 交于点 C，利用三力平衡汇交定理，F_A 必交于 C（见图 3-2b）。

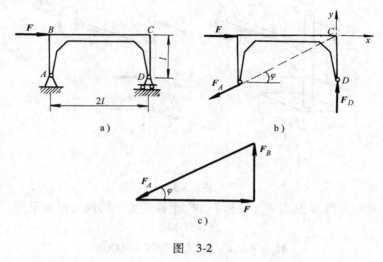

图　3-2

$$\sum F_{ix} = 0 \qquad -F_A\cos\varphi + F = 0$$

因为　$\cos\varphi = \dfrac{2}{\sqrt{5}}$，所以　$F_A = \dfrac{\sqrt{5}}{2}F = 22.4\text{kN}$

$$\sum F_{iy} = 0 \qquad -F_B - F_A\sin\varphi = 0$$

因为　$\sin\varphi = \dfrac{1}{\sqrt{5}}$，所以　$F_B = \dfrac{1}{2}F = 10\text{kN}$

方法二（几何法）　当汇交力系平衡时，力多边形自行闭合（见图3-2c），则

$$F_A = \frac{F}{\cos\varphi} = 22.4\text{kN}$$

$$F_B = F\tan\varphi = 10\text{kN}$$

讨论

1）本题若不采用三力平衡汇交定理，而是将 A 处的力分解为 F_{Ax} 和 F_{Ay}，则此时力系成为平面任意力系。若从三力平衡汇交定理出发，则可转化为平面汇交力系问题。三力平衡汇交定理相当于一个平衡方程。

2）物体只受三力平衡时，用几何法解往往比较简便。

3）当用解析法解时，F_A 的指向可假定；用几何法解时，F_A 的指向必须由矢量相加的原则来确定（即平衡时，各力首尾相连，力多边形自行闭合）。

例 3-3 悬杆 CD 与立柱垂直，如图 3-3a 所示。在圆轮 D 平面内作用一矩 M $=3000\text{N} \cdot \text{m}$ 的力偶，$F_1 = F_1' = 50\text{N}$，$F_2 = F_2' = 75\text{N}$，$l_1 = 20\text{cm}$，$l_2 = 12\text{cm}$，$l_3 =$ 15cm。试求固定端 A 处的约束力偶。

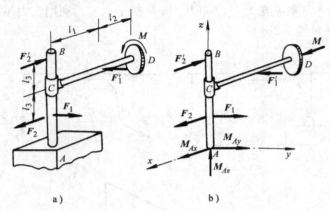

图 3-3

解 主动力偶 M 及力 F_1，F_1' 和 F_2，F_2' 组成的力矩均用矢量表示为

$$M = 3000i$$

$$M_1 = F_1 l_3 i + F_1 l_1 k = 750i + 1000k$$

$$M_2 = -F_2 \cdot 2l_3 j = -2250j$$

即其合力偶矩 $\quad M_R = M + M_1 + M_2 = 3750i - 2250j + 1000k$

约束力偶矩用矢量表示为

$$M_A = M_{Ax}i + M_{Ay}j + M_{Az}k$$

平衡 $\qquad\qquad\qquad M_A + M_R = 0$

即得 $\qquad\qquad M_A = -M_R = -3750i + 2250j - 1000k$

讨论

1）M_1 的力偶臂为 $\sqrt{l_1^2 + l_3^2}$，可先写出其大小 $M_1 = F_1 \sqrt{l_1^2 + l_3^2}$，力偶矩矢量方位垂直力偶平面，与 x 轴夹角 $\cos\alpha = \dfrac{l_3}{\sqrt{l_1^2 + l_3^2}}$，与 y 轴夹角 $\beta = 90°$，与 z 轴夹角 $\cos\gamma = \dfrac{l_1}{\sqrt{l_1^2 + l_3^2}}$，$M_1$ 矢量投影后，即得题解中的表达式。待熟练后，可直接用力偶对轴取矩就等于力偶在此轴上投影来得到。

2）解空间力偶系，直接用矢量方法比用解析方法容易表达。

例 3-4 AB 杆与套筒 E，D 铰接，套筒可在铅直固定杆 OO' 与 O_1O_1' 上滑动，如图 3-4a 所示。已知：竖直力 $F = 300\text{N}$，$l = 10\text{cm}$。试求平衡时 E 与 D 处的力。

解 取杆与套筒一起作为研究对象，套筒与竖杆间为光滑接触，受力图如

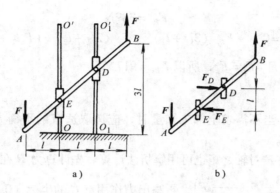

图 3-4

图 3-4b 所示。因为主动力系是力偶系，根据力偶只能与力偶等效的规律，则 E，D 处的约束力必形成一个力偶。

$$\sum M_i = 0 \qquad -F_E l + F \cdot 3l = 0$$
$$F_E = F_D = 3F = 900\text{N}$$

讨论

若将 D 处支座换成铰链支座，则铰链支座的力也必须与 E 处的力平衡，形成力偶与主动力偶平衡。所以两处支座只要一处支座约束力方位确定，则另一处支座约束力也随之确定。

例 3-5 杆状物在 A 端用球形铰支承，B 处用光滑圆环支承，并在 C 端用绳子系于 D 点，如图 3-5a 所示。已知小球 G 重 $P = 500\text{N}$，$l_1 = 20\text{cm}$，$l_2 = 30\text{cm}$。试求圆环 B 对支架的约束力。

解 本题属空间一般力系，由受力分析（见图 3-5b）知，共有六个未知量。根据题意需求圆环 B 的约束力，尽量使 A 球铰约束力不出现在方程中，所以选坐标如图，这样采用三个力矩投影方程就可以解出需求的未知力。

以整体为研究对象

$$\sum M_{iz} = 0 \qquad F_x l_2 - P l_2 = 0$$

得

$$F_x = P$$

因为

$$F_x = F \frac{l_1}{\sqrt{l_1^2 + l_1^2 + l_2^2}} = \frac{2}{\sqrt{17}} F$$

所以

$$F = \frac{\sqrt{17}}{2} P = 1031\text{N}$$

$$\sum M_{iy} = 0 \qquad F_{Bx} (3l_1 + l_2) - F_x (2l_1 + l_2) = 0$$

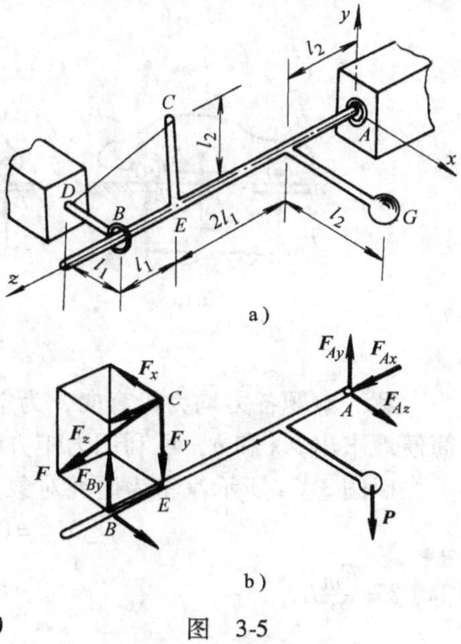

图 3-5

$$F_{Bx} = 389\text{N}$$

$$\sum M_{ix} = 0 \qquad - F_{By}(3l_1 + l_2) + F_y(2l_1 + l_2) + F_z l_2 + P l_2 = 0$$

因为 $\quad F_y = \dfrac{3}{\sqrt{17}} F \quad F_z = F_x$，所以 $F_{By} = 917\text{N}$

讨论

1）据题意，当不需求全部未知量时，应选取适宜的平衡方程，尽量避免求不必求的未知量。

2）绳的拉力 F 对轴之矩也可用解析法计算。先计算力 F 在 x,y,z 轴上的投影 $\left(-\dfrac{2}{\sqrt{17}} F, \ -\dfrac{3}{\sqrt{17}} F, \ \dfrac{2}{\sqrt{17}} F \right)$，再写出力作用点 C 的坐标 $(0,30,70)$。则

$$M_x(\boldsymbol{F}) = 30 \times \frac{2}{\sqrt{17}} F - 70\left(-\frac{3}{\sqrt{17}} F \right) = \frac{270}{\sqrt{17}} F$$

$$M_y(\boldsymbol{F}) = 70\left(-\frac{2}{\sqrt{17}} F \right) = -\frac{140}{\sqrt{17}} F$$

$$M_z(\boldsymbol{F}) = -30 \times \left(-\frac{2}{\sqrt{17}} F \right) = \frac{60}{\sqrt{17}} F$$

例 3-6 研究汽车的行驶性能时，必须确定汽车重心的位置。通常采用称重法，如图 3-6 所示。用磅秤分别称得 F_{N1}，F_{N3} 和 F_{N5}，若已知车重 P，轴距 L，轮距 S，后桥抬高高度 H。试求汽车重心 C 的位置，以重心 C 距后轮和左前轮的距离 l 和 s 以及高度 h 表示。

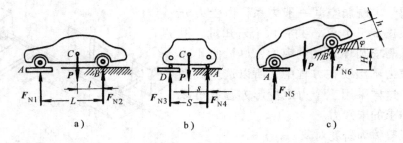

a)　　　　　　　b)　　　　　　　c)

图 3-6

解 本题各力均为铅直向，为空间平行力系，F_{N2}，F_{N4} 和 F_{N6} 是未知量，为了简便地求出 l,s 和 h，可利用力矩方程求解。

以图 3-6a 所示汽车为研究对象

$$\sum M_{iB} = 0 \qquad P l - F_{N1} L = 0$$

得 $\quad l = \dfrac{F_{N1}}{P} L$

以图 3-6b 所示汽车为研究对象

$$\sum M_{iA} = 0 \qquad Ps - F_{N3}S = 0$$

得 $s = \dfrac{F_{N3}}{P}S$

以图 3-6c 所示汽车投影为研究对象

$$\sum M_{iB} = 0 \qquad P\sin\varphi\, h + P\cos\varphi\, l - F_{N5}\cos\varphi L = 0$$

因为

$$\cot\varphi = \frac{\sqrt{L^2 - H^2}}{H}$$

所以

$$h = \frac{\sqrt{L^2 - H^2}}{H}\frac{F_{N5}L - Pl}{P}$$

讨论

1）本题通过对汽车的旋转，使本来为空间力系的力对轴之矩转化为平面力系的力对点之矩，这种分析方法在实际应用中有方便之处。

2）汽车外形是对称的，但由于内部零部件不对称，故重心与形心不重合。

例 3-7 梁 AC 用三根链杆支承，如图 3-7a 所示。已知：$F_1 = 20\text{kN}$，$F_2 = 40\text{kN}$，$l = 2\text{m}$，$\varphi = 45°$，$\theta = 30°$。试求每根链杆所受的力。

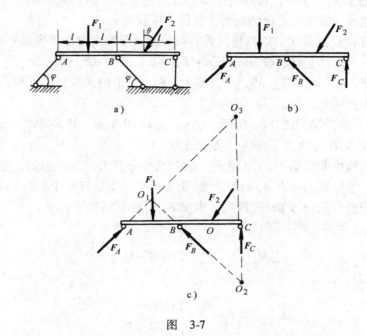

图 3-7

解 作受力如图 3-7b 所示。此为平面任意力系，可建立三个平衡方程。

$$\sum F_{ix} = 0 \quad F_A\cos\varphi - F_B\cos\varphi - F_2\sin\theta = 0 \qquad (1)$$

$$\sum F_{iy} = 0 \quad F_A\sin\varphi + F_B\sin\varphi + F_C - F_1 - F_2\cos\theta = 0 \qquad (2)$$

$$\sum M_{iA} = 0 \quad F_B\sin\varphi \cdot 2l + F_C \cdot 4l - F_1 l - P_2\cos\theta \cdot 3l = 0 \qquad (3)$$

三式联立，求得

$$F_A = 31.8\text{kN}, \quad F_B = 3.5\text{kN}, \quad F_C = 29.8\text{kN}$$

讨论

1）本例解是通过解联立方程求得。也可通过改变方程形式，避免联立求解方程。如对各未知力交点用力矩方程（见图 3-7c）表示，即

$$\sum M_{iO_1} = 0 \quad F_C \cdot 3l - F_2\cos\theta \cdot 2l - F_2\sin\theta l = 0$$

得

$$F_C = 29.8\text{kN}$$

$$\sum M_{iO_2} = 0 \quad -F_A\cos\varphi \cdot 2l - F_A\sin\varphi \cdot 4l + F_1 \cdot 3l + F_2\cos\theta l + F_2\sin\theta \cdot 2l = 0$$

得

$$F_A = 31.8\text{kN}$$

再建立 $\sum F_{ix} = 0$，同式（1），求出 F_B。这就是二力矩形式。

若将第三式也改为力矩方程，有

$$\sum M_{iO_3} = 0 \quad -F_B\cos\varphi \cdot 6l - F_1 \cdot 3l + F_2\cos\theta l - F_2\sin\theta \cdot 4l = 0$$

得

$$F_B = 3.5\text{kN}$$

2）对求得的结果可以再建立平衡方程进行校核。但必须指出，这个平衡方程是不独立的，即不能求出约束力，仅仅作校验用。

本题可对 O 点采用力矩方程，观察求出的三个约束力是否满足平衡。即

$$\sum M_{iO} = F_A\sin\varphi \cdot 3l - F_B\cos\varphi l + F_C l + F_1 \cdot 3l$$

将 F_A, F_B, F_C 代入后，若 $\sum M_{iO} = 0$，即 F_A, F_B, F_C 正确无误；若 $\sum M_{iO} \neq 0$，则三个力中至少有一个出错。

例 3-8 多跨梁如图 3-8a 所示。已知：$q = 10\text{kN/m}$，$M = 40\text{kN} \cdot \text{m}$，$l = 2\text{m}$。试求支座 A, B, D 处的力及铰链 C 所受的力。

解 结构由两段梁 AC, CD 组成，梁上既有分布力，又有力偶，应看作平面一般力系。整体在三个点 A, B, D 上受到约束（未知量有 4 个），所以应选其中未知力作用点少的物体 CD 先研究，求出 F_D 后再回到整体。

由 CD（见图 3-8b）得

$$\sum M_{iC} = 0 \quad F_D \cdot 2l - M - Q\frac{l}{2} = 0$$

式中 $Q = 20\text{kN}$

得

$$F_D = 15\text{kN}$$

$$\sum F_{ix} = 0 \quad F_{Cx} = 0$$

$$\sum F_{iy} = 0 \quad -F_{Cy} - Q + F_D = 0$$

得 $\qquad F_{Cy} = -5\text{kN}\ (\uparrow)$

由整体（见图3-8c）得

$$\sum F_{ix} = 0 \qquad F_{Ax} = 0$$

$$\sum M_{iA} = 0 \qquad F_B l - 2Q \cdot 2l - M + F_D \cdot 4l = 0$$

得 $\qquad F_B = 40\text{kN}$

$$\sum F_{iy} = 0 \qquad F_{Ay} + F_B - 2Q + F_D = 0$$

得 $\qquad F_{Ay} = -15\text{kN}\ (\downarrow)$

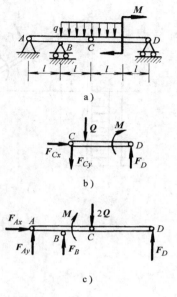

讨论

1）以 CD 为研究对象时，应将此研究对象上的主动力系照原题画上。如分布载荷 q 有一部分作用在 CD 梁上，则力偶 M 也作用在 CD 梁上（见图3-8b）。而以整体作为研究对象时，整个分布力的合力作用在 C 点，力偶可在此刚体平面上移动。

2）研究对象的选择不是惟一的，本题求 F_B 及 F_{Ax}，F_{Ay} 时，也可取 AC 梁为研究对象，但前提是必须先求出 C 处的力。若不需求 C 处的力，为减少方程数，应取整体为研究对象。

图 3-8

3）本题也可看作平面平行力系。因分布力及 B，C 处的力均铅直，力偶无合力，则 C 与 A 处的力必定铅直，可用 F_A 和 F_C 表示，这样相应的平衡方程个数也减少。

例3-9 结构如图3-9a所示。已知：$q = 3\text{kN/m}$，$F = 4\text{kN}$，$M = 2\text{kN} \cdot \text{m}$，$l = 2\text{m}$，$CD = BD$，$\varphi = 30°$。试求固定端 A 和支座 B 的力。

解 由 CB（见图3-9b）得

$$\sum M_{iC} = 0 \qquad F_B l \cot\varphi - F \frac{l}{2\sin\varphi} - M = 0$$

得 $\qquad F_B = 2.89\text{kN}$

由整体（见图3-9c）得

$$\sum F_{ix} = 0 \qquad F_{Ax} + ql - F\sin\varphi = 0$$

得 $\qquad F_{Ax} = -4\text{kN}$

$$\sum F_{iy} = 0 \qquad F_{Ay} + F_B - F\cos\varphi = 0$$

得 $\qquad F_{Ay} = 0.58\text{kN}$

$$\sum M_{iA} = 0 \qquad M_A + F_B l\cot\varphi - M - ql\frac{l}{2} = 0$$

得 $\qquad M_A = -2\text{kN} \cdot \text{m}\ (顺时针)$

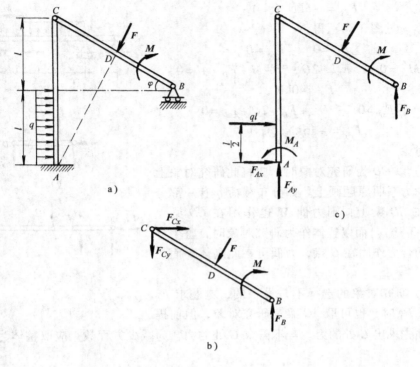

图　3-9

讨论

题目中求 A 处的力是广义的提法。由于固定端上受力情况如一任意力系，它们向一点简化后，得一合力与一合力偶，因此固定支座上的约束力系由一约束力和一约束力偶组成。

例 3-10　结构如图 3-10a 所示。已知：F,q,l。试求 A,B 两处的力。

解　由图 3-10b 所示可知，整体虽有 4 个未知量，但只有 2 个作用点，两个未知力共线，所以可先求出两个未知量。

$$\sum M_{iA} = 0 \qquad F_{By}R - 2qll - F \cdot 3l = 0$$

得

$$F_{By} = ql + \frac{3}{2}F$$

$$\sum M_{iB} = 0 \qquad F_{Ay}R + 2qll + Fl = 0$$

得

$$F_{Ay} = -\left(ql + \frac{1}{2}F\right)$$

由 CD（见图 3-10c）知，D 处为光滑接触，此力 F_D 沿圆的法向（过 A 点），对 F_D 与 F_{Cy} 的交点取矩

$$\sum M_{iA} = 0 \qquad F_{Cx}l + F \cdot 3l = 0$$

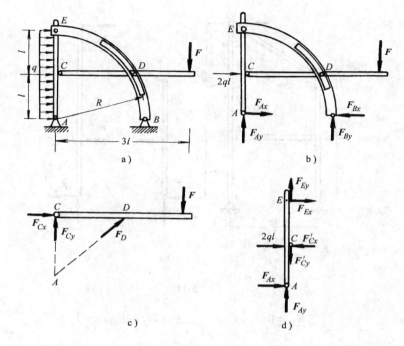

图 3-10

得
$$F_{Cx} = -3F$$

由 AE（见图 3-10d）得
$$\sum M_{iE} = 0 \qquad F_{Ax} \cdot 2l + 2qll + F_{Cx}l = 0$$

得
$$F_{Ax} = -\left(ql + \frac{3}{2}F\right)$$

由整体得
$$\sum F_{ix} = 0 \qquad -F_{Bx} + F_{Ax} + 2ql = 0$$

得
$$F_{Bx} = ql - \frac{3}{2}F$$

讨论

1）以整体为研究对象时，$\boldsymbol{F}_{Ax}$ 与 $\boldsymbol{F}_{Bx}$ 是共线的未知量，这两个未知量无论用什么平衡方程，均不可能在此研究对象中求得。

2）虽然只要求 A 与 B 处的力，但如果不求出 $\boldsymbol{F}_{Cx}$ 的值，则问题不能求解。所以有时建立的平衡方程个数要比题目中需求的未知量多。

例 3-11 结构如图 3-11a 所示。已知：$F = 10\text{kN}$，$l_1 = 2\text{m}$，$l_2 = 3\text{m}$。试求 CD 杆、EO 杆的力。

解 CD 杆、EO 杆均是二力杆。

由 AE（见图 3-11b）得

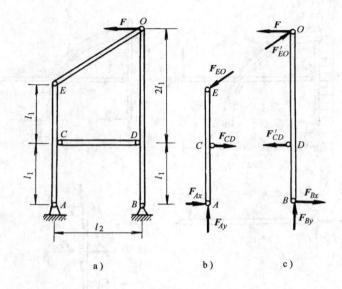

图 3-11

$$\sum M_{iA} = 0 \qquad F_{EO} \frac{l_2}{\sqrt{l_1^2 + l_2^2}} \cdot 2l_1 - F_{CD} l_1 = 0$$

即
$$F_{CD} = \frac{6}{\sqrt{13}} F_{EO} \qquad (1)$$

由 BO（见图 3-11c）得

$$\sum M_{iB} = 0$$

$$-F'_{EO} \frac{l_2}{\sqrt{l_1^2 + l_2^2}} \cdot 3l_1 + F_{CD} l_1 + F \cdot 3l_1 = 0$$

即
$$F_{CD} = \frac{9}{\sqrt{13}} F_{EO} - 30 \qquad (2)$$

式（1）、式（2）联立得 $F_{EO} = 36.06 \text{kN}$

$$F_{CD} = 60 \text{kN}$$

讨论

对于此类题目，每个构件（AE 杆和 BO 杆）的未知力均有两个以上作用点，所以不能建立一个方程求解一个未知量，只能用联立方程求解。

例 3-12 机构如图 3-12a 所示。滑道用铰链支座 O_1 支承，O,B,O_1 三点在一水平线上。已知：$q = 15\sqrt{3} \text{N/cm}$，$OA$ 杆长 $l = 10 \text{cm}$，$\overline{AB} = \overline{BD}$。试求当 OA 杆竖直，$\varphi = 30°$ 位置机构平衡时，O 和 O_1 处的力及外力的力偶矩 M 的大小。

解 由滑道 O_1D（见图 3-12c）得

$$\sum M_{iO_1} = 0 \qquad -M + F_D \overline{O_1D} = 0 \qquad (1)$$

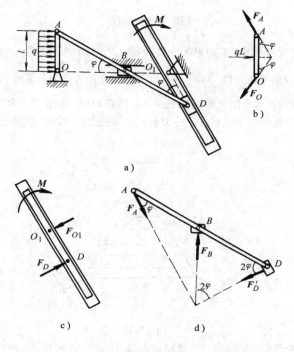

图 3-12

式中 $\overline{O_1D} = \dfrac{2\sqrt{3}}{3}l$

由杆 AD（见图 3-12d）得

$$\sum F_{ix} = 0 \qquad -F_D\sin2\varphi + F_A\sin\varphi = 0 \tag{2}$$

由杆 OA（见图 3-12b）得

利用对称性或 $\sum F_{iy} = 0$ $F_A = F_O$

$$\sum F_{ix} = 0 \qquad -2F_O\sin\varphi + ql = 0 \tag{3}$$

得 $$F_O = ql = 150\sqrt{3}\,\text{N}$$

代入式（2）得 $F_D = \dfrac{F_A}{2\cos\varphi} = 150\text{N} = F_{O_1}$

代入式（1）得 $M = 1732\text{N}\cdot\text{cm}$

讨论

1）本题可作平面任意力系求解。但若某些构件受的力为特殊力系，或利用三力平衡汇交定理，则可起到简化计算的效果。

2）本例的约束未知量数为 8 个，3 个物体受完全约束的未知量应为 9 个。所以本例受到的是不完全约束，故称为机构。机构要处于平衡，则力偶矩 M 与载荷 q 在图示位置必须满足一定关系（即上面解的结果）。

思 考 题

3-1 用解析法求解平面汇交力系的平衡问题时，x 与 y 两轴是否一定要相互垂直？当 x 与 y 不垂直时，建立的平衡方程 $\sum_{i=1}^{n} F_{ix} = 0$，$\sum_{i=1}^{n} F_{iy} = 0$ 能否作为力系的平衡条件？

3-2 不计自重的三角板用三根链杆连接，各链杆的中心线的延长线相交于 O 点，如图 3-13 所示。若在三角板平面 ABC 内加上一力偶，试问三角板在图示位置能否保持平衡？为什么？

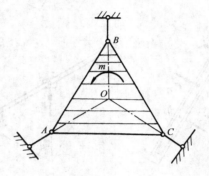

图 3-13

3-3 在图 3-14 所示的结构中，均作用一力偶（$\boldsymbol{F}, \boldsymbol{F'}$），构件 AC、BC 的自重不计。试确定 A, B 处约束力的方向。其依据是什么？

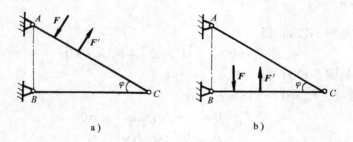

a)   b)

图 3-14

3-4 刚体上 A, B, C, D 四点组成一个平行四边形，如在其四个顶点作用有四个力，此四个力沿四条边恰好组成封闭的力多边形，如图 3-15 所示，则此刚体是否平衡？

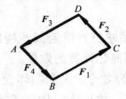

图 3-15

3-5 人字架的构造如图 3-16a 所示。若把作用于 D 点的力 **F** 平移到销钉 B 上，并附加一力偶矩为 M = Fl 力偶（见图 3-16b），试问这种方法对不对？为什么？

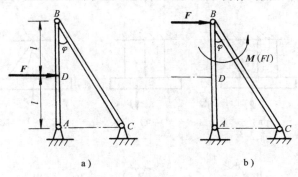

a) b)

图 3-16

3-6 一平面平行力系如图 3-17 所示。已知 $\sum\limits_{i=1}^{n} F_{ix} = 0$、$\sum\limits_{i=1}^{n} F_{iy} = 0$。试问此力系是否平衡？

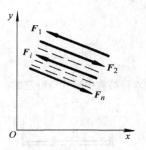

图 3-17

3-7 平面任意力系的平衡方程能不能全部采用力的投影方程？为什么？

3-8 为什么说平面力系最多只能列出三个独立的平衡方程？为什么说任何第四个方程只是前三个方程的线性组合，不可能用第四个方程求解出未知量？

3-9 对由 n 个物体组成的物体系，便可列出 3n 个独立的平衡方程，这样的提法对吗？

3-10 组合梁上作用均布载荷 q（见图 3-18a），在求 A, B, D 处约束力时，可否用作用线通过 C 点的合力 Q = 2ql 来替代（见图 3-18b）？为什么？

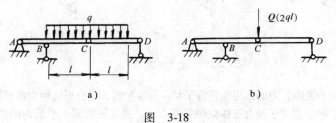

a) b)

图 3-18

44

3-11 怎么判断静定与超静定（静不定）问题？试判别图 3-19 所示的六种结构中哪些是静定的？哪些是超静定的？

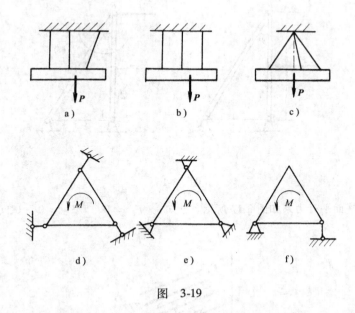

图 3-19

3-12 试判别图 3-20 所示的六种结构中哪些是静定的？哪些是超静定的？

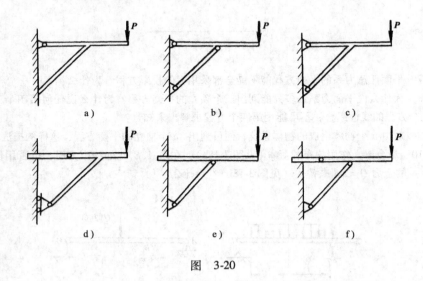

图 3-20

3-13 空间力系中各力的作用线平行于某一固定平面，试分析这种力系有几个平衡方程。

3-14 为了建立空间任意力系独立的平衡方程，选取不在同一平面内的相平行的矩轴不可多于三根，为什么？

习 题

在本节内若不特别指明，则物体的自重不计，接触处的摩擦不计。

3-1 挂物架如图 3-21 所示。已知 $P = 10\text{kN}$，$\varphi = 45°$，$\theta = 15°$。试求三杆的力。

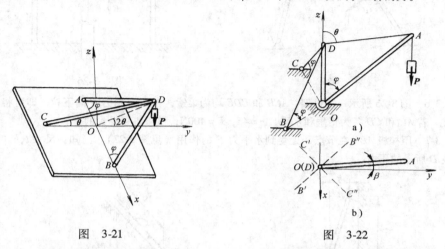

图 3-21 图 3-22

3-2 起重机的桅杆 OD 支于 O 点，并用索 BD 及 CD 系住，如图 3-22a 所示。图 3-22b 所示表示其在水平面上的投影。起重机所在平面 OAD 可在 $\angle C''OB'' = 90°$ 的范围内任意转动，y 轴平分 $\angle BOC$。已知：物重为 P，角 $\varphi = 45°$，$\theta = 75°$。试求当 OAD 平面与 yz 平面成 β 角时，索 DB，DC 的力及桅杆所受的力。

3-3 支承由六根杆铰接而成，如图 3-23 所示。等腰三角形 $A'AA''$、$B'BB''$ 和 ODB 在顶点 A，B 和 D 处成直角，且 $\triangle A'AA'' = \triangle B'BB''$。若节点 A 上在 $ABCD$ 平面内作用一力 $F = 20\text{kN}$，试求各杆的力。

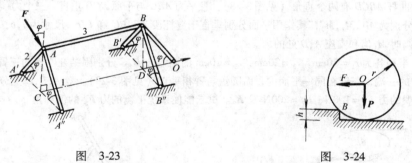

图 3-23 图 3-24

3-4 压路机的碾子重 $P = 20\text{kN}$，半径 $r = 40\text{cm}$。如用一通过其中心的水平力 F 将此碾子拉过高 $h = 8\text{cm}$ 的石块（见图 3-24），试求此 F 力的大小。如果要使作用的力为最小，试问应沿哪个方向拉？并求此最小力的值。

3-5 铰接四连杆机构 $CABD$ 如图 3-25 所示，在节点 A，B 上分别作用着力 F_1，F_2。已知：$\varphi = 45°$，$\theta = 30°$。试求当机构处于平衡时力 F_1 和 F_2 的关系。

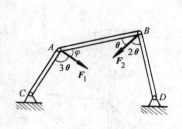

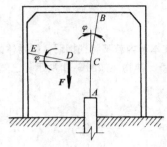

图 3-25　　　　　　　　　　　　　　图 3-26

3-6　图 3-26 所示一拔桩架，ACB 和 CDE 均为柔索，在 D 点用力 F 向下拉，即可将桩向上拔。若 AC 和 CD 各为铅垂和水平，$\varphi = 4°$，$F = 400N$，试求桩顶受到的力。

3-7　压榨机 ABC 在节点 A 处受到水平力 F 的作用（见图 3-27）。已知：尺寸 l,h。试求物块 D 所受的压力。

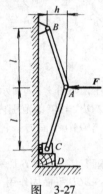

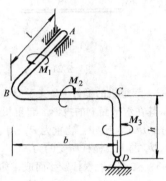

图　3-27　　　　　　　　　　　　　图　3-28

3-8　曲杆 $ABCD$ 有两个直角（见图 3-28），且平面 ABC 与平面 BCD 垂直。三个力偶的力偶矩大小分别为 M_1, M_2, M_3，其作用平面分别垂直于直杆段 AB, BC 和 CD，尺寸为 l, b, h。试求曲杆平衡时 M_1 值和支座 A, D 处的力。

3-9　半径各为 $r_1 = 30cm$，$r_2 = 20cm$，$r_3 = 10cm$ 的圆盘 A, B, C 分别固结在刚连的三臂 OA，OB 及 OC 的一端，三臂在同一平面内，而圆盘与臂相垂直（见图 3-29）。盘 A, B, C 上分别作用组成力偶的力 $F_1 = 100N$、$F_2 = 200N$ 及 F_3。试求能使系统平衡的力 F_3 的值和角 φ。

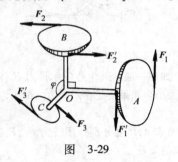

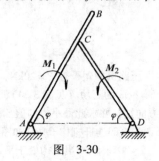

图　3-29　　　　　　　　　　　　　图　3-30

3-10　杆 *AB* 与杆 *DC* 在以 *C* 处为光滑接触（见图3-30），两杆分别受力偶矩 M_1 与 M_2 作用。试问 M_1 与 M_2 的比值为多大，才能在 $\varphi = 60°$ 位置平衡？

3-11　三铰刚架如图3-31所示。已知：$M = 50\text{kN} \cdot \text{m}$，$l = 2\text{m}$。试求：（1）支座 *A*，*B* 的力；（2）如将该力偶移到刚架左半部，两支座的力是否改变？为什么？

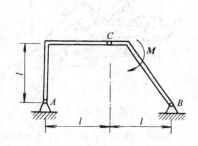

图　3-31

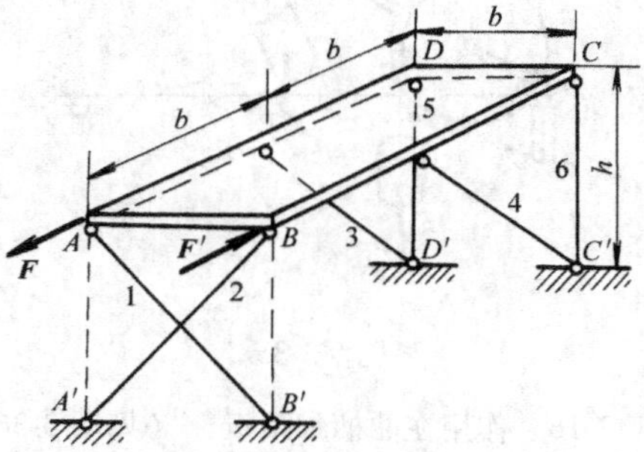

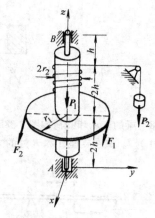

图　3-32

3-12　矩形板用六根杆支承于水平位置（见图3-32），在点 *A*，*B* 分别作用一力 **F**（沿 *DA* 向）与 **F**'（沿 *BC* 向）。已知：$F = F' = 1\text{kN}$，$b = 1.5\text{m}$，$h = 2\text{m}$。试求各杆的力。

3-13　一等边三角形板，边长为 *l*，用六根杆支承于水平位置，如图3-33所示。已知力偶矩 **M**，$\varphi = 30°$。试求各杆的力。

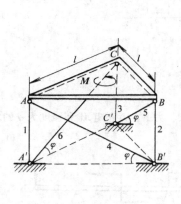

图　3-33

图　3-34

3-14　一起重装置如图3-34所示。已知：链轮的半径为 r_1，鼓轮的半径为 r_2（链轮与鼓轮固结成一体），且 $r_1 = 2r_2$；链轮和鼓轮共重 $P_1 = 2\text{kN}$，被吊物体重 $P_2 = 10\text{kN}$，$F_1 /\!/ F_2$ 并沿 *x* 轴向，且 $F_1 = 2F_2$，尺寸 *h*。试求平衡时链条的拉力及 *A*，*B* 轴承处的约束力。

3-15　水平轴放置在轴承 *A*，*B* 上，如图3-35所示，轮子 *C* 和重锤 *E* 与轴固结。已知：$r = 200\text{mm}$，$P_1 = 1000\text{N}$，$P_2 = 250\text{N}$，$l = 100\text{mm}$，在平衡时 $\varphi = 30°$。试求重锤 *E* 的重心到轴 *AB* 的距离 *b* 以及轴承处的约束力。

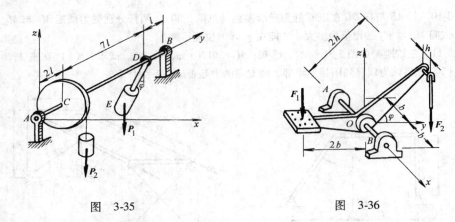

图　3-35　　　　　　　　　　　　　　图　3-36

3-16　作用在曲柄脚踏板上（见图 3-36）的力 $F_1 = 300$N，已知：$b = 15$cm，$h = 9$cm，$\varphi = 30°$。试求拉力 F_2 及轴承 A 与 B 处的约束力。

3-17　起重机用三轮小车 ABC 支承在水平轨道上，如图 3-37 所示。已知：$l = 1$m，$b = 0.5$m，起重机由平衡锤 D 所平衡，机身连同平衡锤总重 $P_1 = 100$kN，作用在重心 G 点。被起吊物体重 $P_2 = 30$kN。试求当起重机平面平行于 AB（$x_G = y_G = 0.5$m）时，车轮对轨道的压力。

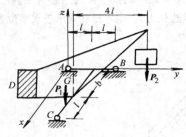

图　3-37

3-18　梁的支承和载荷如图 3-38a、b 所示。已知：力 F、力偶矩 M 和强度为 q 的均布载荷，尺寸为 l。试求支座 A 和 B 处的力。

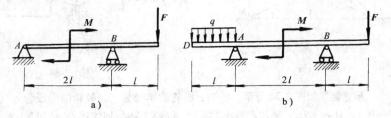

图　3-38

3-19　刚架 $ABCD$ 的载荷及支承情况如图 3-39a、b 所示。已知：$q = 1.2$kN/m，$P = 3$kN，$M = 6$kN·m，$l = 2$m，$h = 3$m。试求支座 A 与 B 的力。

3-20　在图 3-40 所示刚架中，已知：$q = 3$kN/m，$F = 6\sqrt{2}$kN，$M = 10$kN·m，$l = 3$m，$h = 4$m，$\varphi = 45°$。试求支座 A 处的力。

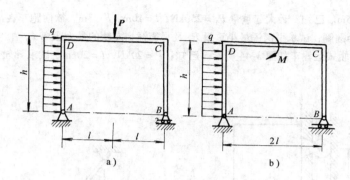

图 3-39

3-21 挡水闸门板 AB 的长 $l=2\text{m}$，宽 $b=1\text{m}$，如图 3-41 所示。已知：$\varphi=60°$，水的密度 $\rho=1000\text{kg/m}^3$。试求能拉开闸门板的铅垂力 F 的值。

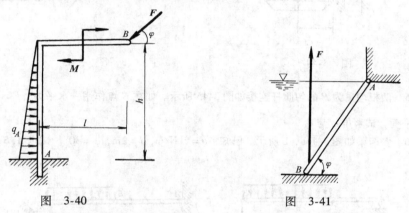

图 3-40   图 3-41

3-22 匀质细杆 AB 长 $l=100\text{cm}$，重 $P=20\text{N}$，在 A 端附近有一螺旋弹簧（见图 3-42），弹簧的刚度系数 $k=800\text{N}\cdot\text{cm/rad}$。当 $\varphi=0$ 时，弹簧没有变形。试求平衡时的角 φ。

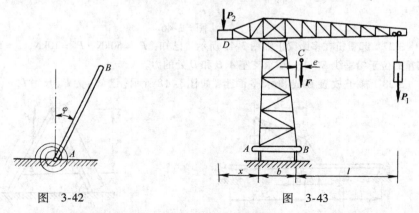

图 3-42   图 3-43

3-23 移动式起重机（见图 3-43），不计平衡锤 D 的重为 $F=500\text{kN}$，作用在 C 点，它距

右轨为 $e=1.5\mathrm{m}$。已知：最大起重量 $P_1=250\mathrm{kN}$，$l=10\mathrm{m}$，$b=3\mathrm{m}$。欲使跑车在满载或空载时起重机均不会翻倒，试求平衡锤最小重量 P_2 及平衡锤到左轨的最大距离 x。

3-24 导轨式运输车如图 3-44 所示。已知：$P=20\mathrm{kN}$，$l=20\mathrm{cm}$。试求导轨对轮 A、轮 B 的约束力。

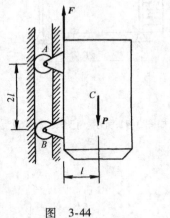

图 3-44

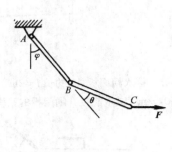

图 3-45

3-25 两根均重为 P 的匀质杆连接如图 3-45 所示。如在 C 点作用一水平力，$F=\dfrac{\sqrt{3}}{2}P$，系统处于平衡，试求角 φ 与 θ。

3-26 多跨梁如图 3-46a、b 所示。已知：$q=5\mathrm{kN/m}$，$l=2\mathrm{m}$，$\varphi=30°$。试求 A,B,C 处的约束力。

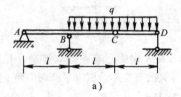

a)

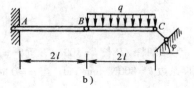

b)

图 3-46

3-27 起重机在多跨梁上如图 3-47 所示。已知：$P_1=50\mathrm{kN}$，$P_2=10\mathrm{kN}$，$b=1\mathrm{m}$，$l=2\mathrm{m}$，其重心位于铅垂线 EC 上。试求支座 A,B 和 D 处的力。

3-28 梯子放置在光滑水平面上，如图 3-48 所示。已知：力 F，尺寸 l,h,b，角度 φ。

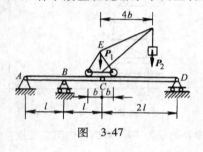

图 3-47

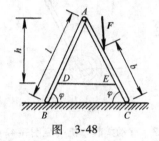

图 3-48

试求绳 *DE* 的拉力。

3-29 构架如图 3-49 所示。已知：$q = 10\mathrm{kN/m}$，$b = 0.4\mathrm{m}$，$h = 1.5\mathrm{m}$。试求支座 *A* 的力及 1、2、3 各杆的力。

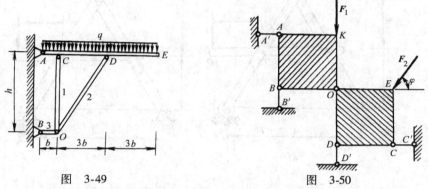

图 3-49　　　　　　　　　图 3-50

3-30 结构由两块正方形板组成（见图 3-50）。已知：力 F_1，F_2 及角 φ。试求 A,B,C,D 处的约束力。

3-31 曲柄连杆活塞机构在图 3-51 所示 *l* 位置时，活塞上受力 $F = 400\mathrm{N}$，试问在曲柄上应加多大的力偶矩 *M* 才能使机构平衡。

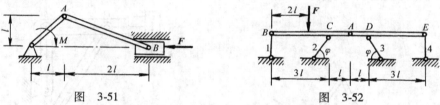

图 3-51　　　　　　　　　图 3-52

3-32 多跨梁如图 3-52 所示。已知：$l = 2\mathrm{m}$，$\varphi = 60°$，$F = 150\mathrm{kN}$。试求 1、2、3、4 杆的力。

3-33 构架如图 3-53a、b 所示。已知：力 $F = 10\mathrm{kN}$，$l = 2.5\mathrm{m}$，$h = 2\mathrm{m}$。试求支座 *A* 的力。

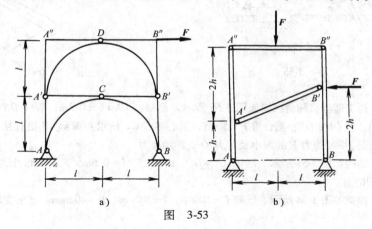

a）　　　　　　　　b）

图 3-53

3-34 构架如图 3-54a、b 所示。已知：$F = 8$kN，$l = 2$m，$b = 1.5$m。试求 A, E 处的力。

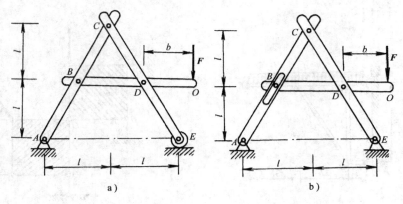

图 3-54

3-35 在图 3-55 所示构架中，$AC = BC = l$，集中力 F 作用于 BC 的中点且与 BC 垂直，$\varphi = 30°$。试求支座 A, B 处的力。

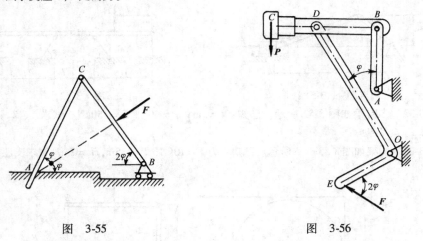

图 3-55   图 3-56

3-36 铸工造型机翻台机构如图 3-56 所示。已知：$BD = b = 0.3$m，$CD = OE = h = 0.4$m，$OD = l = 1$m，且 $OD \perp OE$；翻台重 $P = 500$N，重心在点 C。试求在图示 AB 铅直且 $AB \perp BC$、$\varphi = 30°$位置保持平衡的力 F 的大小及 A, D, O 处的约束力。

3-37 结构如图 3-57 所示。已知 $AB = DO$，$\theta = 30°$，$l = 0.5$m，$F = 4$kN。试求平台在 B, C, D 处受到的力。

3-38 构架如图 3-58 所示。已知 $F = 1000$N，$l = 300$mm，$h = 400$mm。试求支座 A, D 处的力。

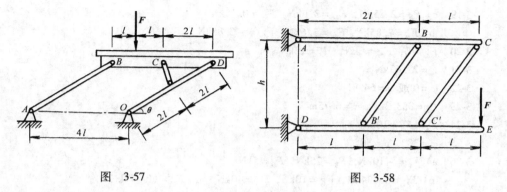

图 3-57   图 3-58

习 题 答 案

3-1 $F_{DA} = F_{DB} = -26.4\text{kN}$ （压），$F_{DC} = 33.5\text{kN}$ （拉）

3-2 $F_{DB} = 1.366P$ （$\cos\beta + \sin\beta$），$F_{DC} = 1.366P$ （$\cos\beta - \sin\beta$）

　　　$F_{OD} = P$ （$-1.93\cos\beta + 0.366$）

3-3 $F_1 = F_2 = -10\text{kN}$，$F_3 = -10\sqrt{2}\text{kN}$，$F_4 = F_5 = 10\text{kN}$，$F_6 = -20\text{kN}$

3-4 $F = 15\text{kN}$，$F_{\min} \perp OB$ 时，$F_{\min} = 12\text{kN}$

3-5 $\dfrac{F_1}{F_2} = 0.612$

3-6 $F_A = 81.8\text{kN}$

3-7 $F_D = \dfrac{l}{2h}F$

3-8 $M_1 = \dfrac{b}{l}M_2 + \dfrac{h}{l}M_3$，$F_{Ay} = \dfrac{M_3}{l}$，$F_{Az} = \dfrac{M_2}{l}$，$F_{Dx} = 0$，$F_{Dy} = -\dfrac{M_3}{l}$，$F_{Dz} = -\dfrac{M_2}{l}$

3-9 $F_3 = 500\text{N}$，$\varphi = 143.13°$

3-10 $\dfrac{M_1}{M_2} = 2$

3-11   （1）$F_A = F_B = 17.68\text{kN}$；（2）略

3-12 $F_1 = F_2 = 0$，$F_3 = 1.667\text{kN}$，$F_4 = -1.667\text{kN}$，$F_5 = -1.333\text{kN}$，$F_6 = 1.333\text{kN}$

3-13 $F_1 = F_2 = F_3 = \dfrac{2M}{3l}$，$F_4 = F_5 = F_6 = -\dfrac{4M}{3l}$

3-14 $F_1 = 10\text{kN}$，$F_2 = 5\text{kN}$，$F_{Ax} = -9\text{kN}$，$F_{Ay} = -2\text{kN}$，$F_{Az} = 2\text{kN}$，$F_{Bx} = -6\text{kN}$，$F_{By} = -8\text{kN}$

3-15 $b = 100\text{mm}$，$F_{Ax} = F_{Bx} = 0$，$F_{Az} = 300\text{N}$，$F_{Bz} = 950\text{N}$

3-16 $F_2 = 577.4\text{N}$，$F_{Az} = 265.5\text{N}$，$F_{Bz} = 611.9\text{N}$

3-17 $F_{Az} = 8.33\text{kN}$，$F_{Bz} = 78.34\text{kN}$，$F_{Cz} = 43.33\text{kN}$

3-18   a）$F_{Ax} = 0$，$F_{Ay} = -\dfrac{1}{2}\left(F + \dfrac{M}{l}\right)$，$F_B = \dfrac{1}{2}\left(3F + \dfrac{M}{l}\right)$

　　　b）$F_{Ax} = 0$，$F_{Ay} = -\dfrac{1}{2}\left(F + \dfrac{M}{l} - \dfrac{5}{2}ql\right)$，$F_B = \dfrac{1}{2}\left(3F + \dfrac{M}{l} - \dfrac{1}{2}ql\right)$

3-19　a) $F_B = 2.85\text{kN}$，$F_{Ax} = 3.6\text{kN}$，$F_{Ay} = 0.15\text{kN}$

　　　b) $F_B = 2.85\text{kN}$，$F_{Ax} = 3.6\text{kN}$，$F_{Ay} = -2.85\text{kN}$

3-20　$F_{Ax} = 0$，$F_{Ay} = 6\text{kN}$，$M_A = 12\text{kN} \cdot \text{m}$

3-21　$F = 22.63\text{kN}$

3-22　$\varphi = 0$ 或 $\varphi = 64.81°$

3-23　$P_2 = 333.3\text{kN}$，$x = 6.75\text{m}$

3-24　$F_A = F_B = 10\text{kN}$

3-25　$\varphi = 30°$，$\theta = 30°$

3-26　a) $F_A = -10\text{kN}$，$F_B = 25\text{kN}$，$F_D = 5\text{kN}$

　　　b) $F_{Ax} = 5.774\text{kN}$，$F_{Ay} = 10\text{kN}$，$M_A = 40\text{kN} \cdot \text{m}$，$F_C = 11.547\text{kN}$

3-27　$F_A = -48.4\text{kN}$，$F_B = 100\text{kN}$，$F_D = 8.33\text{kN}$

3-28　$F_{DE} = \dfrac{b\cos\varphi}{2h} F$

3-29　$F_{Ax} = -26.1\text{kN}$，$F_{Ay} = 28\text{kN}$，$F_1 = 32.6\text{kN}$（拉），$F_2 = -41.8\text{kN}$（压），$F_3 = -26.1\text{kN}$（压）

3-30　$F_A = 18.3\text{N}$，$F_B = -18.3\text{N}$（压），$F_C = 43.3\text{N}$，$F_D = 55\text{N}$（压）

3-31　$M = 6000\text{N} \cdot \text{cm}$

3-32　$F_1 = 62.5\text{kN}$，$F_2 = 57.7\text{kN}$，$F_3 = 57.7\text{kN}$，$F_4 = -12.5\text{kN}$（压）

3-33　a) $F_{Ax} = -5\text{kN}$，$F_{Ay} = -10\text{kN}$

　　　b) $F_{Ax} = 13\dfrac{1}{3}\text{kN}$，$F_{Ay} = 13\text{kN}$

3-34　a) $F_{Ax} = 0$，$F_{Ay} = -1\text{kN}$，$F_E = 9\text{kN}$

　　　b) $F_{Ax} = 7\text{kN}$，$F_{Ay} = -1\text{kN}$，$F_{Ex} = -7\text{kN}$，$F_{Ey} = 9\text{kN}$

3-35　$F_{Ax} = \dfrac{\sqrt{3}}{2}F$，$F_{Ay} = -\dfrac{1}{2}F$，$M_A = -Fl$，$F_B = F$

3-36　$F = 1684\text{N}$，$F_{AB} = 666.7\text{N}$，$F_{Dx} = 0$，$F_{Dy} = 1167\text{N}$，$F_{Ox} = 1459\text{N}$，$F_{Oy} = 325\text{N}$

3-37　$F_B = 928.2\text{N}$，$F_C = -7173\text{N}$，$F_{Dx} = 2660\text{N}$，$F_{Dy} = -2464\text{kN}$

3-38　$F_{Ax} = -2250\text{N}$，$F_{Ay} = -3000\text{N}$，$F_{Dx} = 2250\text{N}$，$F_{Dy} = 4000\text{N}$

第四章　刚体静力学应用问题

内 容 提 要

1. 平面桁架

平面桁架是由链杆连接而成的承载结构。实际桁架经理想化后得到分析桁架的受力简图，即桁架均为二力杆经铰接构成。

平面静定桁架的杆件数 m 与铰链数 n 必须满足

$$2n = m + 3$$

但也必须指出：此条件是必要条件，而不是充分条件。

2. 平面静定桁架的计算方法

（1）节点法　由于桁架受力简图中各杆均为二力杆，故依此取各杆件的连接点（节点）研究，它们均为平面汇交力系，即对每一个节点，可建立两个平衡方程，则 n 个节点就可列出 $2n$ 个独立的平衡方程，以此可求解出 $2n$ 个未知量，其中杆件未知量为 $2n-3$ 个，另 3 个为外约束的未知量。

（2）截面法　根据问题的要求，用一截面（任意曲面）截出一部分桁架为研究对象，选取合适的方程，求出所需求的未知量。

一般用截面法求解的问题，不是计算整个桁架各杆件的内力，而是求桁架中被关注杆件的内力，且一般每一次截出的截面，未知量尽量不超过 3 个。当截出的截面中未知量不可避免地超出 3 个时，则利用选取适当的投影轴或选取适当的矩心，先求出部分未知量，进而再取其他截面，求出其他的未知量。

3. 零杆的判断

桁架在特定的外载情况下有一些杆件的内力为零，这些不受力的杆件往往可以不经过计算而直接用分析的方法得出，从而使计算得以大大地简化。零杆的判断应以节点为考察对象。平面桁架的零杆表现形式通常有以下两种：

1）当节点只有两个力（不共线）作用时，欲平衡，此两个力必须均为零。

2）当节点只有三个力作用而平衡时，若其中有两个力共线，则不在此线上的第三个力必须为零。

4. 滑动摩擦

1）滑动摩擦力的指向恒与物体间相对运动的趋势相反。

2）粗糙的接触面上不一定存在摩擦力，摩擦力随物体间的相对运动趋势而产生，最终达到极限值。求解静滑动摩擦问题，关键在于判别物体处于哪一种平衡状态。滑动摩擦力的产生、变化、极限的关系如表 4-1 所示。

表 4-1 滑动摩擦的各种状态及相应的表达形式

态 势	静滑动摩擦			动滑动摩擦
	无滑动趋势	有滑动趋势	将动未动	滑 动
图 例				
主动力 F 的大小	$F = 0$	F 力较小	F 力达到一定值	$F > F_d$
摩擦力大小	$F_S = 0$	$F_S = F$	$F_{Smax} = f_S F_N$	$F_d = f_d F_N$
	由平衡方程求得		库仑定律	
不同点	静滑动摩擦力有范围		动滑动摩擦力为一定值	

3）摩擦因数（量纲为一的常数）：摩擦因数的大小与接触物体的表面状况（粗糙度、温度、湿度）有关。可由实验确定或在工程手册中查得。常用工程材料的静摩擦因数如表 4-2 所示。

表 4-2 常用工程材料的静摩擦因数

材 料	静摩擦因数 f_S	材 料	静摩擦因数 f_S
钢对钢	0.10 ~ 0.20	混凝土对岩石	0.50 ~ 0.80
铸铁对木材	0.40 ~ 0.50	混凝土对砖	0.70 ~ 0.80
铸铁对橡胶	0.50 ~ 0.70	混凝土对土	0.30 ~ 0.40
铸铁对石棉基材	0.30 ~ 0.40	土对土	0.25 ~ 1.00
木材对木材	0.40 ~ 0.60	土对木材	0.30 ~ 0.70

可见静滑动摩擦因数恒为正值，且

$$0 \leqslant f_S \leqslant 1$$

4）摩擦角（休止角）与自锁条件：当静滑动摩擦力达到最大值 F_{Smax} 时，全约束力 $F_R = F_N + F_S$ 亦达到最大值。此时全约束力与正压力的夹角即为摩擦角 φ_m，且有 $\tan\varphi_m = f_S$。

摩擦自锁的几何条件是 $\varphi < \varphi_m$，即主动力合力的作用线落在摩擦锥（角）以内，不论此合力多大，物体的平衡不被打破，这种现象称为摩擦自锁。

5）动滑动摩擦：动滑动摩擦力略小于静滑动摩擦力，即

$$F_d = f_d F_N$$

动滑动摩擦因数也略小于静滑动摩擦因数，即

$$f_d < f_S$$

6）有滑动摩擦时的平衡求解：

a. 在静滑动摩擦情况下物体平衡，由于静滑动摩擦力在 $0 \leqslant F_S \leqslant F_{Smax}$ 中变

化，即静滑动摩擦力不一定达到极限，因此要注意到库仑定律适用的状态。

b. 因为静滑动摩擦力有变化范围，所以相应的主动力或位置的变动也存在着范围，不是一个定值。

c. 在物体的重心相对于摩擦力作用面较高时，存在着物体倾覆（翻倒）的可能。此时是先滑动还是先倾覆，与主动力的大小及作用位置有关。

d. 在动滑动摩擦情况下，动滑动摩擦力是一定值。

基 本 要 求

1. 平面桁架

1）了解桁架的构成，会运用平衡条件判断零杆，使桁架的求解得以简化。

2）掌握节点法解题的步骤（选取节点时的顺序），正确地画出所取节点的受力图。

3）掌握截面法解题的步骤（灵活地选取截面），正确地画出所取截面的受力图。

2. 滑动摩擦

1）正确分析物体的相对运动趋势和确定滑动摩擦力的指向。

2）掌握静滑动摩擦力的取值方法以及平衡范围的概念。

3）理解极限摩擦力的概念，正确地应用库仑定律。

4）掌握自锁的概念。在简单的平面情况（物体受二力或三力时的平衡）下，能用几何条件求解摩擦平衡问题。

典 型 例 题

例 4-1 一屋架受力如图 4-1a 所示。已知：$F_1 = 15\text{kN}$，$F_2 = 20\text{kN}$，$l = 4\text{m}$，$h = 3\text{m}$。试求各杆的力。

解 首先找出零杆。EI 杆、JG 杆、GD 杆、DJ 杆、JO 杆均为零杆，这样，所要进行计算的杆件数大为减少（见图 4-1b）。其次，求支座 A 与 B 的约束力。

$$\sum F_{ix} = 0 \qquad F_{Ax} + F_1 \sin\varphi = 0$$

因为
$$\sin\varphi = \frac{h}{\sqrt{h^2 + l^2}} = \frac{3}{5}$$

得
$$F_{Ax} = -9\text{kN}(\leftarrow)$$

$$\sum M_{iA} = 0 \qquad F_B \cdot 4l - F_1\sqrt{h^2 + l^2} - F_2 \cdot 2l = 0$$

$$F_B = 14.69\text{kN}$$

$$\sum F_{iy} = 0 \qquad F_{Ay} + F_B - F_1\cos\varphi - F_2 = 0$$

$$F_{Ay} = 17.31\text{kN}$$

接下来依 A, E, C, I, D, B, G 次序选取节点作为研究对象。注意到 I, G 节点均

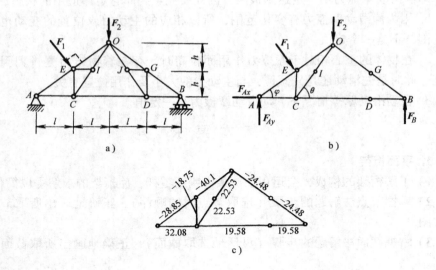

图　4-1

是二力平衡的节点，即 $F_{CI} = F_{OI}$，$F_{BG} = F_{OG}$，$F_{CD} = F_{BD}$，因此实际上只要研究 A，E，C，B 四个节点，现列表（见表4-3）计算如下（力中两同字母，不同顺序的下标表示作用力与反作用力，如 $\boldsymbol{F}_{AE} = -\boldsymbol{F}_{EA}$）。

表4-3　节点法计算表

节点	示力图	平衡方程（$\sum F_{ix} = 0$、$\sum F_{iy} = 0$）	杆件受力/kN
A		$F_{AE}\cos\varphi + F_{AC} + F_{Ax} = 0$ $F_{AE}\sin\varphi + F_{Ay} = 0$	$F_{AC} = 32.08$ $F_{AE} = -28.85$
E		$F_{EO} - F_{EA} - F_{EC}\sin\varphi = 0$ $-F_{EC}\cos\varphi - F_1 = 0$	$F_{EO} = -40.1$ $F_{EC} = -18.75$
C		$F_{CI}\cos\theta + F_{CD} - F_{CA} = 0\left(\cos\theta = \dfrac{2}{\sqrt{13}}\right)$ $F_{CI}\sin\theta + F_{CE} = 0\left(\sin\theta = \dfrac{3}{\sqrt{13}}\right)$	$F_{CD} = 19.58$ $F_{CI} = 22.53$

（续）

节点	示力图	平衡方程（$\sum F_{ix}=0$、$\sum F_{iy}=0$）	杆件受力/kN
B	F_{BG} φ B F_{BD} F_B	x 向平衡方程省略 $F_{BG}\sin\varphi + F_B = 0$	$F_{BG} = -24.48$

讨论

1）本题桁架有 15 根杆件，3 个支座约束力，共 18 个未知量。节点为 9 个，因此分别取 9 个节点为研究对象，每个节点有两个平衡方程，故问题可解。但对于简支形式（两个支座不在一根杆上）的桁架，如此求，每个节点就有三个以上未知量，势必解联立方程。因此，对简支形式的桁架，一般先求支座约束力。求出约束力后，不但不需解联立方程，且相应的研究对象——节点也减少。本例省去 O 节点及 B 节点中不需建立 $\sum F_{ix} = 0$ 方程，若建立 $\sum F_{ix} = 0$ 可作校核用。

2）本题解中，一般设杆的力为拉力，当求出为负值时，即为压力。

3）将求出的结果标在桁架上（见图 4-1c）

例 4-2 一桁架如图 4-2a 所示。已知：F 和 l。试求杆 68 的力。

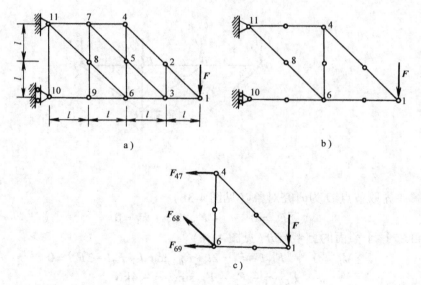

图　4-2

解 首先找出零杆。杆 98、杆 87、杆 23、杆 35、杆 57 是零杆。去掉零杆后桁架如图 4-2b 所示。

其次取截面（见图4-2c），得桁架的一部分为平面任意力系。

$$\sum F_{iy} = 0 \qquad F_{68}\sin45° - F = 0 \qquad 得 F_{68} = \sqrt{2}F$$

讨论

1）悬臂型（两个支座在同一根杆件上）的桁架，不需要求解支座约束力也可方便地求出杆件力。

2）只需求较少数杆件力的问题，一般用截面法。

3）本题选取的截面上，还可再建立两个独立的平衡方程，若需求 F_{47} 及 F_{69}，还可建立两个适宜的方程，即可求出。

例4-3 一桁架如图4-3a所示。已知：$F_1 = 8$kN，$F_2 = 12$kN，$l = 2$m，$h_1 = 1$m，$h_2 = 1.5$m。试求 CG 杆的力。

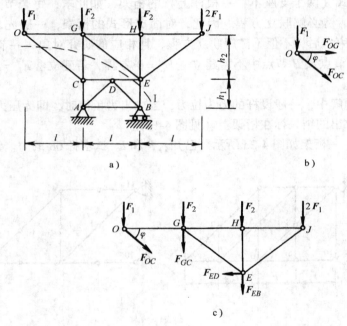

图 4-3

解 先取节点 O 为研究对象（见图4-3b）

$$\sum F_{iy} = 0 \qquad -F_{OC}\sin\varphi - F_1 = 0$$

再取 Ⅰ-Ⅰ 截面的上半部分（见图4-3c）

$$\sum M_{iE} = 0 \qquad F_{GC}l + F_1 \cdot 2l + F_{OC}\sin\varphi\, l + F_2 l - 2F_1 l = 0$$

$$F_{GC} = -F_2 - F_{OC}\sin\varphi = -4\text{kN}$$

讨论

在求解桁架时，可联合应用截面法及节点法，使求解简捷。

例4-4 图4-4a所示的是一起重机制动装置。已知：鼓轮半径为 r，制动轮

半径为 R，制动杆长为 l，制动块与制动轮间的静滑动摩擦因数为 f_S，起重量为 P，其他尺寸如图示。试求制动鼓轮在手柄上所需加的力 F 的最小值。

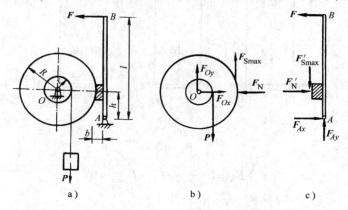

图 4-4

解 鼓轮之所以能被制动，是由于制动块与制动轮间的摩擦力的作用。当鼓轮恰能被制动时，此时 F 有最小值，静摩擦力达到最大值 F_{Smax}。

先取鼓轮为研究对象。其受力图如图 4-4b 所示。此为平面任意力系，列写出平衡方程

$$\sum M_O(\boldsymbol{F}_i) = 0 \qquad F_{Smax}R - Pr = 0 \qquad (1)$$

因

$$F_{Smax} = f_S F_N$$

故得

$$F_N = \frac{rP}{f_S R} \qquad (2)$$

再取制动杆为研究对象，作受力图如图 4-4c 所示。此也为平面任意力系，列出平衡方程

$$\sum M_A(\boldsymbol{F}_i) = 0 \qquad Fl + F'_{Smax}b - F'_N h = 0 \qquad (3)$$

代入 $F'_{Smax} = F_{Smax} = \dfrac{r}{R}P$，$F'_N = F_N$，即得

$$F_{min} = \frac{rP}{Rl}\left(\frac{h}{f_S} - b\right)$$

讨论

若将重物改吊于鼓轮的左侧，则力 F 的最小值为多少？哪一种省力？

例 4-5 一矩形匀质物体，重 $Q = 480\text{N}$，置于水平面上，力 $\boldsymbol{F}_1$ 的作用方位如图 4-5a 所示。已知接触面间的静摩擦因数 $f_S = \dfrac{1}{3}$，$l = 1\text{m}$。试问此物体在 $\boldsymbol{F}_1$ 作用下是先滑动还是先倾倒，并计算物体保持平衡的最大拉力。

解 先设物体即将滑动，受力分析如图 4-5b 所示。

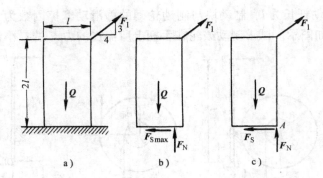

图 4-5

$$\sum F_{ix} = 0 \qquad \frac{4}{5}F_1 - F_{S\max} = 0 \qquad (1)$$

$$\sum F_{iy} = 0 \qquad F_N + \frac{3}{5}F_1 - Q = 0 \qquad (2)$$

$$F_{S\max} = f_S F_N \qquad (3)$$

式(1)、式(2)、式(3)联立解得 $F_1 = \frac{1}{3}Q = 160\text{N}$

再设物体将发生倾倒,受力分析如图 4-5c 所示,力 F_N 挪至 A 点。

$$\sum M_A(F_i) = 0 \qquad -F_1\frac{4}{5}2l + Q\frac{l}{2} = 0$$

$$F_1 = \frac{5}{16}Q = 150\text{N}$$

物体保持平衡的最大拉力应 $F_1 \leqslant 150\text{N}$

讨论

对于重心相对滑动面较高的物体,不但要考虑是否会滑动,还要考虑是否会倾覆,也就是其平衡受到两个方面的制约。

例 4-6 一重为 $P = 890\text{N}$ 的物块 E,用一根重为 $Q = 223\text{N}$ 的匀质杆支撑,物块 E 位于光滑、竖直的导槽内(见图 4-6a)。已知杆两端 A 与 B 处的静摩擦因数 $f_{SA} = f_{SB} = 0.5$。试求杆 AB 能保持平衡的最大角度 θ。

解 这是一个物体系统的平衡问题,分别作受力分析如图 4-6b、c 所示。当物块大小不计时,可视为受平面汇交力系的作

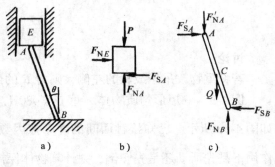

图 4-6

用；杆受平面任意力系的作用，根据题意的运动趋势，定出摩擦力的指向。

以物块 E 为研究对象（见图 4-6b），列出

$$\sum F_{iy} = 0 \qquad F_{NA} = P \tag{1}$$

再以杆 AB 为研究对象（见图 4-6c），设杆长为 l，杆质心为 C 点，列出

$$\sum F_{iy} = 0 \qquad F_{NB} - F_{NA} - Q = 0$$

得

$$F_{NB} = F_{NA} + Q = P + Q \tag{2}$$

$$\sum F_{ix} = 0 \qquad F_{SA} = F_{SB} \tag{3}$$

根据题意是求系统处于临界平衡状态时的最大角 θ，但对于杆 AB 的两端，摩擦力是否同时都达到最大值是求解的关键。在一下子判断不出的情况下，可按如下方法求解。

设仅 A 处的摩擦力达到极限值，对应的角为 θ_1，即有

$$F_{SA\max} = f_{SA} F_{NA} \tag{4}$$

由

$$\sum M_B(\boldsymbol{F}_i) = 0 \qquad -F_{SA\max} l\cos\theta_1 + F_{NA} l\sin\theta_1 + Q\frac{l}{2}\sin\theta_1 = 0$$

即

$$-f_{SA} P\cos\theta_1 + P\sin\theta_1 + \frac{1}{2}Q\sin\theta_1 = 0 \tag{5}$$

得

$$\tan\theta_1 = \frac{2f_{SA}P}{2P + Q}$$

再设仅 B 处的摩擦力达到极限值，对应的角为 θ_2，即有

$$F_{SB\max} = f_{SB} F_{NB} \tag{6}$$

由

$$\sum M_A(\boldsymbol{F}_i) = 0 \qquad -F_{SB\max} l\cos\theta_2 - Q\frac{l}{2}\sin\theta_2 + F_{NB} l\sin\theta_2 = 0$$

即

$$-f_{SB}(P + Q)\cos\theta_2 - \frac{1}{2}Q\sin\theta_2 + (P + Q)\sin\theta_2 = 0 \tag{7}$$

得

$$\tan\theta_2 = \frac{2f_{SB}(P + Q)}{2P + Q}$$

因为

$$f_{SA} = f_{SB}$$

所以当 $\theta_2 > \theta_1$ 时，欲使系统处于平衡，应取两者中小的值，即 A 处的摩擦力达到最大值，则 θ 的最大值为

$$\theta_{\max} = \theta_1 = \arctan\frac{2f_{SA}P}{2P + Q} = 23.957°$$

讨论

当 A 处已处于将动未动的极限状态，而 B 处的摩擦力尚未达到极限时，摩擦力可用平衡方程求出。这种情况在多个物体所组成的系统或一个滚子有多个面受摩擦力时，均可能出现。

例 4-7 螺旋式千斤顶用矩形螺纹的螺杆来提升重物 Q（见图 4-7a），当螺

杆的平均半径为 r，螺杆与螺母接触面之间的静滑动摩擦因数为 f_S 时，试求：（1）当螺杆上没有外力偶作用时，能保持平衡的螺杆的螺距 P；（2）提升重物和放下重物所需的外力偶矩。

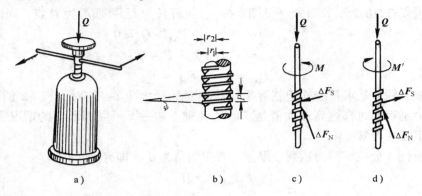

图 4-7

解 1）求螺距 P。设螺纹升角（即螺纹与水平面的夹角）为 ψ，则螺纹升角与螺距 P 之间有以下关系：$\tan\psi = \dfrac{P}{2\pi r}$，式中螺杆的平均半径 $r = \dfrac{r_1 + r_2}{2}$（见图 4-7b）。

当螺杆上无外力偶作用时能保持平衡，即处于自锁状态，则螺纹升角 ψ 应小于静摩擦角，有 $\psi < \varphi_m = \arctan f_S$，得 $h < 2\pi r f_S$。

2）求提升重物和放下重物的外力偶矩。以螺杆为研究对象。顶升时（见图 4-7c）

$$\sum F_{iz} = 0 \qquad \sum \Delta F_N \cos\psi - \sum \Delta F_S \sin\psi - Q = 0 \qquad (1)$$

$$\sum M_{iz} = 0 \qquad M - \sum (\Delta F_N \sin\psi)r - \sum (\Delta F_S \cos\psi)r = 0 \qquad (2)$$

$$\Delta F_S = f_S \Delta F_N \qquad (3)$$

式(1)、式(2)、式(3)联立解得

$$\frac{M}{Qr} = \frac{\sin\psi + f_S\cos\psi}{\cos\psi - f_S\sin\psi} = \frac{\tan\psi + f_S}{1 - f_S\tan\psi} = \tan(\psi + \varphi_m)$$

放下时（见图 4-7d），力偶矩 M 及摩擦力均反向，即将式(1)、式(2)中 M 及 $\sum \Delta F_S$ 前面的符号改变，就可得

$$\frac{M'}{Qr} = \tan(\varphi_m - \psi)$$

讨论

螺杆千斤顶、螺杆式闸门、阀门启闭机之类的螺旋摩擦，类同于楔块的摩擦形式。

例 4-8 软绳绕过一固定圆截面横梁，以拉起 $Q = 1\text{kN}$ 的重物（见图 4-8a），拉

力 F 与水平线成 $\varphi = 60°$ 角，绳与梁间的静滑动摩擦因数均为 $f_S = 0.3$。试问至少需多大力才能将该物体拉起？若仅能维持物体不下落，则相应的拉力又为多大？

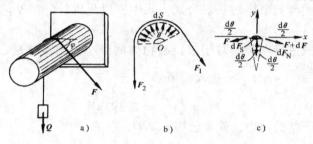

图 4-8

解 柔性绳、带之类，用作动力传动或制动方面，也是摩擦在机械上的应用之一。

由于软绳与横梁之间存在滑动摩擦力，所以绳两边的张力不相等。张力大的一边称为紧边，其力以 F_1 表示；张力小的一边称为松边，其力以 F_2 表示。在软绳与圆截面梁接触部分，柔绳内的拉力以及软绳与梁体之间的压力也处处不同。取圆弧段软绳为研究对象（见图 4-8b），设紧边的张力为 F_1，松边的张力为 F_2。为了研究软绳两边张力之间的关系，从与圆梁接触部分的软绳上取一微小弧长 $\mathrm{d}s = r\mathrm{d}\theta$ 来分析其平衡（见图 4-8c）。在该微小弧段的软绳上，除作用着软绳张力外，还有正压力与摩擦力，此微段上正压力和摩擦力可视为均匀分布，其合力 $\mathrm{d}F_N$ 的作用线平分 $\mathrm{d}\theta$ 角；摩擦力的大小 $\mathrm{d}F = f_S\mathrm{d}F_N$。向图示投影轴投影，列平衡方程，有

$$\sum F_{ix} = 0 \qquad -F\cos\frac{\mathrm{d}\theta}{2} - f_S\mathrm{d}F_N + (F + \mathrm{d}F)\cos\frac{\mathrm{d}\theta}{2} = 0 \qquad (1)$$

$$\sum F_{iy} = 0 \qquad \mathrm{d}F_N - (F + \mathrm{d}F)\sin\frac{\mathrm{d}\theta}{2} - F\sin\frac{\mathrm{d}\theta}{2} = 0 \qquad (2)$$

因为 $\mathrm{d}\theta$ 为微量，所以 $\sin\dfrac{\mathrm{d}\theta}{2} \approx \dfrac{\mathrm{d}\theta}{2}$，$\cos\dfrac{\mathrm{d}\theta}{2} \approx 1$，而 $\mathrm{d}F\sin\dfrac{\mathrm{d}\theta}{2}$ 为二阶微量，可以略去。于是式（1）、式（2）变为

$$\mathrm{d}F - f_S\mathrm{d}F_N = 0 \qquad\qquad (1)'$$
$$\mathrm{d}F_N - F\mathrm{d}\theta = 0 \qquad\qquad (2)'$$

从式（1）′及式（2）′中消去 $\mathrm{d}F_N$，得

$$\frac{\mathrm{d}F}{F} = f_S\mathrm{d}\theta$$

对全部接触长度积分，得两边张力 F_1 与 F_2 关系为

$$\int_{F_2}^{F_1} \frac{\mathrm{d}F}{F} = \int_0^\theta f_S\mathrm{d}\theta$$

得
$$\ln \frac{F_1}{F_2} = f_s\theta \qquad 或 \qquad \frac{F_1}{F_2} = e^{f_s\theta}$$

上式就是柔绳类摩擦的一般公式，式中 θ 以弧度计。当 $\theta > 2\pi$ 时，此式仍适用。

现利用此式进行求解。对于求拉起物体的最小拉力，就是已知 $F_2 = Q$，求 F_1 的值，由 $\theta = \frac{\pi}{2} + \varphi = \frac{5}{6}\pi$ 代入，得

$$F_1 = Q e^{f_s\theta} = 2.193\text{kN}$$

对于求维持不下落的拉力，就是已知 $F_1 = Q$，求 F_2，则

$$F_2 = \frac{Q}{e^{f_s\theta}} = 0.456\text{kN}$$

讨论

在求解这类问题时，主要是分清哪一边张力大和张力大的对应公式中的 F_1。

思 考 题

4-1　对于平面桁架，节点受力处于何种条件下才能作出零杆的判断？

4-2　在分析桁架杆件的内力时，能否利用力的可传性，将作用在某一节点上的载荷沿其作用线移至另一节点？

4-3　能否说"只要物体处于平衡状态，静滑动摩擦力的大小就为 $F_s = f_s F_N''$？

4-4　在图4-9中，物块 A 重为 P，它与水平面间的静摩擦因数为 f_s。图4-9a所示表示施加的是推力，图4-9b所示表示施加的是拉力。试分析哪一种施力更省力？为什么？

4-5　带轮分别用平带和 V 带传动（见图4-10）。已知两种带都承受相同的径向力 F，且摩擦因数相同，V 带的轮槽角为 θ。试画出两种带的正压力，并分析哪一种所能得到的摩擦力较大？为什么？

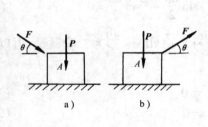

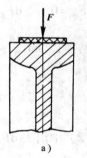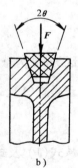

图 4-9　　　　　　　　　　　　　　图 4-10

4-6　试分析后轮驱动的汽车在行驶时，地面对前轮（从动轮，相当于在轮心上作用有一水平推力）和后轮（驱动轮，相当于在轮上作用有一力偶矩）摩擦力的方向。

4-7　物块 A 重为 P，放在粗糙的水平面上，其摩擦角 $\varphi = 20°$。已知一力 F 作用于摩擦角

之外（见图4-11），并且 $\theta = 30°$，$F = P$，试问物块能否保持平衡？为什么？

4-8 钢楔劈物（见图4-12），钢楔自重不计，接触面间的摩擦角为 φ。劈入后欲使钢楔不滑出，试问钢楔两个平面间的夹角应为多大？

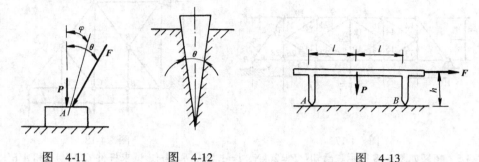

图 4-11   图 4-12   图 4-13

4-9 已知 π 形物体重为 P，尺寸如图4-13所示。现以水平力 F 拉此物体，当刚开始拉动时，A 与 B 两处的摩擦力是否都达到最大值？如 A 与 B 两处的静摩擦因数均为 f_s，此两处最大静摩擦力是否相等？又，如力 F 较小而未能拉动物体时，能否分别求出 A 与 B 两处的静摩擦力？

习　题

在本节内若不特别指明，则物体的自重不计，接触处的摩擦不计。

4-1 桁架如图4-14所示。已知：$l = 2\text{m}$，$h = 3\text{m}$，$F = 10\text{kN}$。试用节点法计算各杆的力。

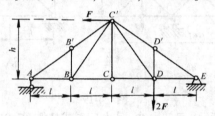

图 4-14

4-2 桁架如图4-15所示。已知：$F = 3\text{kN}$，$l = 3\text{m}$。试用节点法计算各杆的力。

4-3 桁架如图4-16所示。已知力 P，尺寸 l。试求杆件 $D'B'$、DC'、CC' 及 CD 的力。

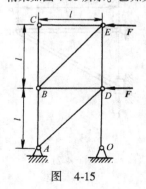

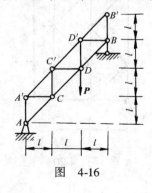

图 4-15   图 4-16

4-4 桁架如图 4-17 所示。已知：$F_1 = 50\text{kN}$，$F_2 = 60\text{kN}$，$F_3 = 20\text{kN}$，$l = 3\text{m}$，$h = 2\text{m}$。试求杆件 8、14、16 的力。

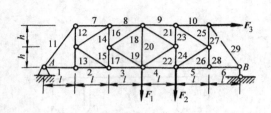

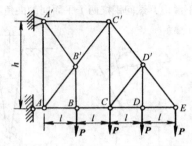

图 4-17   图 4-18

4-5 桁架如图 4-18 所示。已知：$P = 20\text{kN}$，$l = 1.5\text{m}$，$h = 4\text{m}$。试求杆件 CC'，AA' 和 $A'B'$ 的力。

4-6 桁架如图 4-19a、b 所示。已知力 F、尺寸 l。试求杆件 AB 的力。

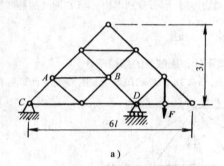

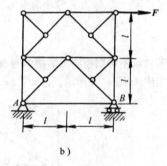

a)   b)

图 4-19

4-7 桁架如图 4-20 所示。已知力 F，尺寸 l。试求杆件 BC，DE 的力。

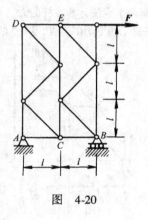

图 4-20

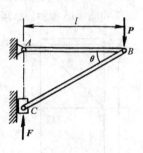

图 4-21

4-8 在图 4-21 所示机构中，已知：$P = 200\text{N}$，$F = 200\text{N}$，$l = 0.5\text{m}$，$\theta = 30°$，物块 C 与墙面间的静摩擦因数 $f_s = 0.5$。试求静摩擦力的大小。

4-9 图 4-22 所示物块 A 与 B 的重量相等，与接触面的静摩擦因数均为 $f_s = 0.5$。试求当系统平衡时的最小角度 $\theta_{\min}$。

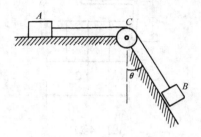

<table>
<tr><td>图 4-22</td><td>图 4-23</td></tr>
</table>

4-10 楔块顶重装置如图 4-23 所示。已知重块 B 重为 Q，与楔块之间的静摩擦因数为 f_s，楔块顶角为 θ。试求：（1）顶住重块所需力 F 的大小；（2）使重块不向上滑所需力 F 的大小；（3）不加力 F 能处于自锁的角 θ 的值。

4-11 机构如图 4-24 所示。已知物块 A、B 均重 $Q = 100\text{N}$，杆 AC 平行于倾角 $\theta = 30°$ 的斜面，杆 CB 平行于水平面；两物块与支承面间的静摩擦因 $f_s = 0.5$。试求不致引起物块移动的最大竖直力 P 的大小。

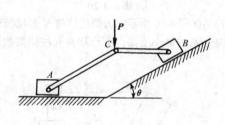

<table>
<tr><td>图 4-24</td><td>图 4-25</td></tr>
</table>

4-12 图 4-25 所示匀质梯子 AB 重为 Q，一端靠在光滑的竖直墙上，另一端置于不光滑的水平地面上，其静摩擦因数为 f_s。当重为 P 的人爬到梯端 A 时，而梯子不滑动，试问角 θ 应为多大？

4-13 杆 AB 的搁置如图 4-26 所示。已知两端的静摩擦因数均为 $f_s = 0.25$，杆长为 l，$\theta = 60°$。试求荷载 Q 的最大作用距离 b。

4-14 用砖夹夹砖，如图 4-27 所示。已知：$l = 25\text{cm}$，$h = 3\text{cm}$，砖重 Q 与提砖合力 P 共线，并作用在砖夹的对称中心线上，且 $P = Q$。若砖与砖夹间的静摩擦因数均为 $f_s = 0.5$，试问距离 b 应为多大才能将砖提起？

4-15 物块 A 与 B（见图 4-28）的重量均为 $Q = 5\text{N}$，杆 AD、BD 的重量均为 $P = 20\text{N}$，物块与地面间的静摩擦因数为 $f_s = 0.4$，杆长 $AD = BD$。试求系统平衡时最大的角度 $\theta_{\max}$。

4-16 半径为 r、重量为 Q 的匀质圆盘如图 4-29 所示，其与固定面间的静摩擦因数均为 f_s。试求保持圆盘静止不动的最大力偶矩 M_{max}。

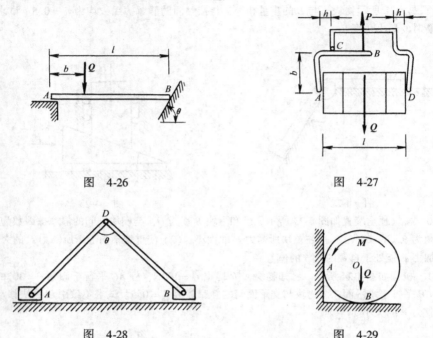

图 4-26　　　　　　　　　　　　　　　图 4-27

图 4-28　　　　　　　　　　　　　　　图 4-29

4-17 放在 V 形槽内半径为 R、重为 Q 的圆柱体如图 4-30 所示。若圆柱体与 V 形槽面间的摩擦角 $\varphi_m < \theta$，试求：（1）使圆柱体滑动的轴向力 F 的最小值；（2）作用在圆柱体横截面使其转动的力偶矩 M 的最小值。

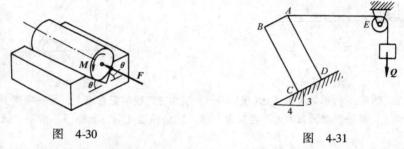

图 4-30　　　　　　　　　　　　　　　图 4-31

4-18 匀质矩形物体 *ABCD* 如图 4-31 所示。已知：*AB* 宽 $b = 10$cm，*BC* 高 $h = 40$cm，重 $P = 50$N，与斜面间的静摩擦因数 $f_s = 0.4$，斜面的斜率为 3/4，绳索 *AE* 段为水平。试求使物体保持平衡的最小重量 Q_{min}。

4-19 边长为 b 与 h 的匀质物块放在静摩擦因数 $f_s = 0.4$ 的斜面上（见图 4-32），当斜面倾角 θ 逐渐增大时，物块在斜面上翻倒与滑动将同时发生。试求 b 与 h 的关系。

4-20 图 4-33 所示为一制动系统。已知：$l = 6$cm，$r = 10$cm，静滑动摩擦因数 $f_s = 0.4$，在鼓轮上作用有一力偶矩 $M = 500$N·cm 的力偶。试求鼓轮未转时 B 处液压缸施加的最小力：

（1）施加的力偶为顺时针转向；（2）施加的力偶为逆时针转向。

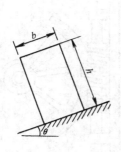
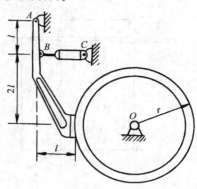

图 4-32   图 4-33

4-21 汽车（见图 4-34）重 $P=15\text{kN}$，车轮直径 $r=600\text{mm}$，轮与质心间距离 $l=1200\text{mm}$。试求发动机应给予后轮多大的力偶矩，方能使前轮越过高 $h=80\text{mm}$ 的障碍物，并求此后轮与地面的静摩擦因数 f_s 应为多大才不致打滑。

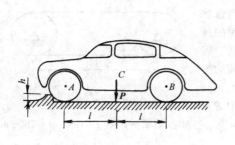
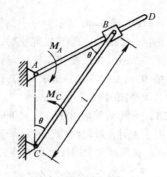

图 4-34   图 4-35

4-22 机构如图 4-35 所示。已知在 AD 杆上作用有一力偶矩 $M_A=40\text{N}\cdot\text{m}$ 的力偶，滑块和 AD 杆间的摩擦因数 $f_s=0.3$。试求系统在 $\theta=30°$ 位置保持平衡时的力偶矩 M_C 的值。

4-23 物块 A 重 $P_A=300\text{N}$，匀质轮 B 重 $P_B=600\text{N}$，物块 A 与轮 B 接触处（见图 4-36）的静摩擦因数 $f_{S1}=0.3$，轮与地面间的静摩擦因数 $f_{S2}=0.5$。试求能拉动轮 B 的水平拉力 F 的最小值。

4-24 由两个内径与水平杆外径相同的钩子所挂住的金属板如图 4-37 所示。已知：$l=16\text{cm}$，$h=24\text{cm}$，钩子与杆之间的静摩擦因数 $f_s=0.4$。若在 C 点作用一力 F，试求能使金属板保持静止的角 θ。

4-25 矩形螺纹螺杆传动装置如图 4-38 所示。已知：螺杆平均半径 $r=2\text{cm}$，齿距 $P=0.5\text{cm}$，齿轮半径 $R=16\text{cm}$，其上作用一力偶矩 $M=9600\text{N}\cdot\text{cm}$ 的力偶，螺牙间的静摩擦因数 $f_s=0.12$。试求使大齿轮逆时针方向旋转时应施加于轴 AB

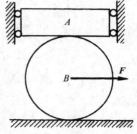

图 4-36

的扭矩。

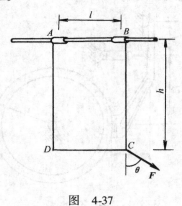

图 4-37

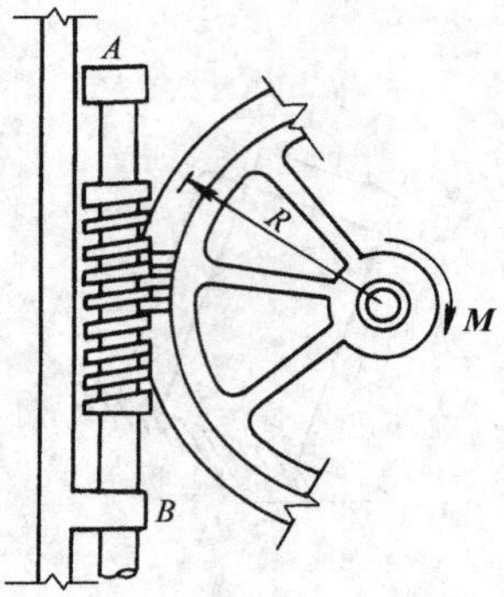

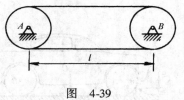

图 4-38

4-26 用一传动带将转矩从轮 A 传至轮 B，如图 4-39 所示。已知每轮的半径均为 $r=$ 50mm，轮距 $l=200$mm，静摩擦因数 $f_s=0.3$。试求传动带允许张力 $F=3$kN 时可传动的最大力偶矩。

4-27 图 4-40 所示为一小涡轮机出力测量装置。已知：$r=225$mm。当飞轮静止时，每个弹簧的读数均为 $F_0=70$N。如果要使飞轮顺时针匀速旋转，需要力偶矩 $M=12.6$N·m。试求（1）此时各弹簧的读数；（2）动摩擦因数 f。

4-28 一制动鼓轮半径 $r=150$mm，当一力 $P=$ 60N 作用于 A 时，鼓轮将作逆时针旋转（图 4-41）。已知：动摩擦因数 $f=0.4$，$l=250$mm，$b=300$mm。试求鼓轮上摩擦力对 O 点之矩。

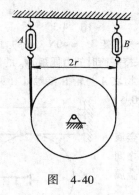

图 4-40

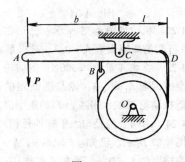

图 4-39

图 4-41

习 题 答 案

4-1 $F_{BB'}=F_{BC'}=F_{CC'}=F_{DD'}=0$，$F_{AB'}=F_{B'C'}=-14.58$kN

$F_{AB}=F_{BC}=F_{CD}=11.66$kN，$F_{DC'}=24$kN，$F_{DE}=25$kN

$$F_{C'D'} = F_{D'E} = -18.75\text{kN}$$

4-2 $F_{BC} = F_{CE} = 0$, $F_{BE} = -4.24\text{kN}$, $F_{DE} = 3\text{kN}$, $F_{AD} = -8.49\text{kN}$

$F_{BD} = 3\text{kN}$, $F_{AB} = -3\text{kN}$, $F_{CD} = 9\text{kN}$

4-3 $F_{D'B'} = 0$, $F_{DC'} = 0.333\text{P}$, $F_{CC'} = -0.333\text{P}$, $F_{CD} = 0.171\text{P}$

4-4 $F_8 = -60.8\text{kN}$, $F_{14} = -36.6\text{kN}$, $F_{16} = 20.3\text{kN}$

4-5 $F_{OC'} = 30\text{kN}$, $F_{A'B'} = 12.5\text{kN}$, $F_{AA'} = 70\text{kN}$

4-6 a) $F_{AB} = -\dfrac{1}{2}F$;   b) $F_{AB} = \dfrac{1}{2}F$

4-7 $F_{BC} = \dfrac{F}{2}$, $F_{DE} = \dfrac{F}{2}$

4-8 $F = 0$

4-9 $\theta_{\min} = 36.87°$

4-10 (1) $F = \dfrac{\sin\theta - f_S\cos\theta}{\cos\theta + f_S\sin\theta}Q$;   (2) $F = \dfrac{\sin\theta + f_S\cos\theta}{\cos\theta - f_S\sin\theta}Q$;

(3) $\theta \leqslant \arctan f_S$

4-11 $P_{\max} = 40.6\text{N}$

4-12 $\theta \geqslant \text{arccot}\dfrac{2f_S(P+Q)}{2P+Q}$

4-13 $b_{\max} = 0.1947l$

4-14 $b \leqslant 11\text{cm}$

4-15 $\theta_{\max} = 90°$

4-16 $M_{\max} = \dfrac{f_S + f_S^2}{1 + f_S^2}rQ$

4-17 (1) $F_{\min} = \dfrac{\tan\varphi_m}{\cos\theta}Q$;   (2) $M_{\min} = \dfrac{\sin2\varphi_m}{2\cos\theta}QR$

4-18 $Q_{\min} = 13.46\text{N}$

4-19 $b = f_S h > 0.4h$

4-20 (1) $F_B = 325\text{N}$;   (2) $F_B = 425\text{N}$

4-21 $M = 1.867\text{kN} \cdot \text{m}, f_S \geqslant 0.752$

4-22 $49.61\text{N} \cdot \text{m} \leqslant M_C \leqslant 70.39\text{N} \cdot \text{m}$

4-23 $F_{\min} = 180\text{N}$

4-24 $21.8° \leqslant \theta \leqslant 63.43°$

4-25 $M_{AB} = 192.72\text{N} \cdot \text{cm}$

4-26 $M = 91.55\text{N} \cdot \text{m}$

4-27 (1) $F_A = 42\text{N}, F_B = 98\text{N}$; (2)$f = 0.27$

4-28 $M_O = 91.32\text{N} \cdot \text{m}$

第二篇 运 动 学

运动学是从纯几何角度来研究物体的时空关系。其参考系可取静止坐标（绝对坐标），也可取运动坐标（相对坐标）；其观测的对象，既有动点或视为动点的物体，也有刚体或视为刚体的物体。

第五章 点的运动学

内 容 提 要

本章是在静坐标系中观察可作为动点的物体的绝对运动规律。

1. 矢量法

矢量法表达最为简捷，在推导公式时往往采用矢量法。

矢量法中的运动、速度、加速度的关系由表 5-1 确定。

表 5-1 矢量法的表达方式

图 例	运动方程	速度方程	加速度方程
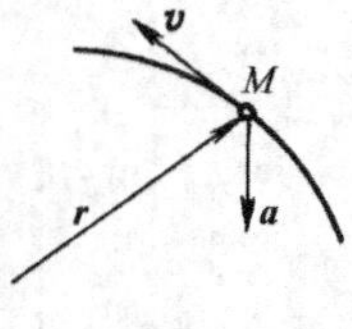	$r = r(t)$	$v = \dfrac{\mathrm{d}r}{\mathrm{d}t} = \dot{r}$	$a = \dfrac{\mathrm{d}v}{\mathrm{d}t} = \dot{v}$ $= \dfrac{\mathrm{d}^2 r}{\mathrm{d}t^2} = \ddot{r}$

2. 笛卡儿坐标法

笛卡儿坐标法是点的运动学中最常用的方法之一。当点运动轨迹未知时，往往采用笛卡儿坐标法。

笛卡儿坐标法中的运动、速度、加速度分别是矢量法中各个运动量在笛卡儿坐标中的投影。笛卡儿坐标系中的 i, j, k 均为单位常矢量。

笛卡儿坐标法中的运动、速度、加速度的关系由表 5-2 确定。

3. 自然坐标法

当点的运动轨迹已知时，采用自然坐标法往往比较方便。

自然坐标中的运动、速度、加速度分别是矢量法中各个运动量在自然轴系中的投影。自然坐标系中的 $\boldsymbol{\tau}, \mathbf{n}, \mathbf{b}$ 均为单位矢量,但不是常矢量。

表 5-2 　笛卡儿坐标法的表达方式

图　　例	运动方程	速度方程	加速度方程
	$\begin{aligned} x &= x(t) \\ y &= y(t) \\ z &= z(t) \end{aligned}$	$\begin{aligned} v_x &= \dfrac{\mathrm{d}x}{\mathrm{d}t} = \dot{x} \\ v_y &= \dfrac{\mathrm{d}y}{\mathrm{d}t} = \dot{y} \\ v_z &= \dfrac{\mathrm{d}z}{\mathrm{d}t} = \dot{z} \end{aligned}$	$\begin{aligned} a_x &= \dfrac{\mathrm{d}v_x}{\mathrm{d}t} = \dot{v}_x = \ddot{x} \\ a_y &= \dfrac{\mathrm{d}v_y}{\mathrm{d}t} = \dot{v}_y = \ddot{y} \\ a_z &= \dfrac{\mathrm{d}v_z}{\mathrm{d}t} = \dot{v}_z = \ddot{z} \end{aligned}$
与矢量法的关系式	$\boldsymbol{r} = x\boldsymbol{i} + y\boldsymbol{j} + z\boldsymbol{k}$	$\boldsymbol{v} = \dot{x}\,\boldsymbol{i} + \dot{y}\,\boldsymbol{j} + \dot{z}\,\boldsymbol{k}$	$\boldsymbol{a} = \ddot{x}\,\boldsymbol{i} + \ddot{y}\,\boldsymbol{j} + \ddot{z}\,\boldsymbol{k}$

自然坐标法中的运动、速度、加速度的关系由表 5-3 确定。

表 5-3 　自然坐标法的表达方式

图　　例	运动方程	速度方程	加速度方程
	$s = s(t)$	$v = \dfrac{\mathrm{d}s}{\mathrm{d}t} = \dot{s}$	$a_\tau = \dfrac{\mathrm{d}v}{\mathrm{d}t} = \dot{v} = \ddot{s}$ $a_\mathrm{n} = \dfrac{v^2}{\rho} = \dfrac{\dot{s}^2}{\rho}$ $a_\mathrm{b} = 0$
与矢量法的关系式	$\boldsymbol{r} = \boldsymbol{r}[s(t)]$	$\boldsymbol{v} = v\boldsymbol{\tau}$	$\boldsymbol{a} = a_\tau\boldsymbol{\tau} + a_\mathrm{n}\mathbf{n} + a_\mathrm{b}\mathbf{b}$

基 本 要 求

1）对给出的点的运动物体,能选择适当的坐标系予以图示,并建立出点的运动方程。

2）根据点的运动方程、速度方程、加速度方程以及它们之间的微积分关系,正确熟练地进行速度及加速度分析。

典 型 例 题

例 5-1 　直杆上的 B、C 两端各铰连一个滑块,它们分别沿两个互相垂直的滑槽运动。曲柄 OA 可绕定轴 O 转动（见图 5-1）。已知 $\overline{OA} = \overline{AB} = \overline{AC} = l$，$\overline{MA} = b$，$\varphi = \omega t$（$\omega$ 为常数）。试求点 M 的运动方程、轨迹、速度和加速度。

解 对于既要建立运动方程，又要求速度、加速度的问题，应先建立运动方程，根据速度、加速度方程是运动方程一阶、二阶导数的关系，问题可全部求解。

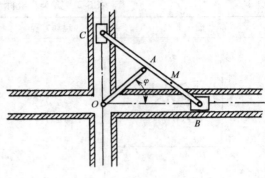

图 5-1

由于点 M 在平面内的运动轨迹未知，故用笛卡儿坐标方法。一般地，坐标原点就选在本机构的固定点上。本机构在各种约束下只需一个运动参变量 φ，则 M 点的 x, y 均应为 φ 的函数。

1）建立 M 点的运动方程和轨迹方程。

$$x = l\cos\varphi + b\cos\varphi = (l + b)\cos\omega t$$
$$y = (l - b)\sin\varphi = (l - b)\sin\omega t$$

消去时间 t，得

$$\frac{x^2}{(l + b)^2} + \frac{y^2}{(l - b)^2} = 1$$

由此结果知，点 M 的轨迹是一个椭圆，这个机构也称作椭圆规尺。

2）求速度与加速度。

$$v_x = \frac{\mathrm{d}x}{\mathrm{d}t} = -(l + b)\omega\sin\omega t$$

$$v_y = \frac{\mathrm{d}y}{\mathrm{d}t} = (l - b)\omega\cos\omega t$$

$$v = \sqrt{v_x^2 + v_y^2} = \omega\sqrt{l^2 + b^2 - 2bl\cos2\omega t}$$

$$\cos(\boldsymbol{v}, \boldsymbol{i}) = \frac{v_x}{v} = \frac{-(l + b)\sin\omega t}{\sqrt{l^2 + b^2 - 2bl\cos\omega t}}$$

$$\cos(\boldsymbol{v}, \boldsymbol{j}) = \frac{v_y}{v} = \frac{(l - b)\cos\omega t}{\sqrt{l^2 + b^2 - 2bl\cos\omega t}}$$

$$a_x = \frac{\mathrm{d}v_x}{\mathrm{d}t} = -(l + b)\omega^2\cos\omega t$$

$$a_y = \frac{\mathrm{d}v_y}{\mathrm{d}t} = -(l - b)\omega^2\sin\omega t$$

$$a = \sqrt{a_x^2 + a_y^2} = \omega^2\sqrt{l^2 + b^2 + 2lb\cos2\omega t}$$

$$\cos(\boldsymbol{a}, \boldsymbol{i}) = \frac{a_x}{a} = \frac{-(l + b)\cos\omega t}{\sqrt{l^2 + b^2 + 2bl\cos2\omega t}}$$

$$\cos(\boldsymbol{a}\boldsymbol{,j}) = \frac{a_y}{a} = \frac{-(l-b)\sin\omega t}{\sqrt{l^2 + b^2 + 2bl\cos2\omega t}}$$

讨论

合加速度的方向：由 $a_x = -\omega^2 x$、$a_y = -\omega^2 y$ 得 $a = \omega^2\sqrt{x^2 + y^2} = \omega^2 \overline{OM}$，合加速度 $\boldsymbol{a}$ 恒指向 O 点。

例 5-2 正弦机构如图 5-2 所示。曲柄 OM 长为 r，绕 O 轴匀速转动，其与水平线间的夹角为 $\varphi = \omega t + \varphi_0$，其中 φ_0 为 $t=0$ 时的夹角，ω 为一常数。已知动杆上 A,B 两点间距离为 b。试求点 A 和 B 的运动方程及点 B 的速度与加速度。

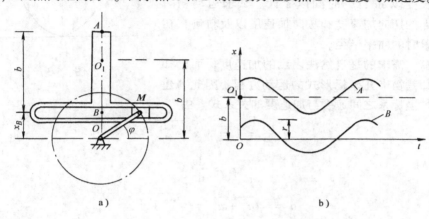

图 5-2

解 动杆上 A,B 两点都作直线运动。取 Ox 轴如图所示。

1）建立点 A,B 的运动方程

$$x_A = b + r\sin\varphi$$
$$x_B = r\sin\varphi$$

将坐标写成时间 t 的显函数，即

$$x_A = b + r\sin(\omega t + \varphi_0)$$
$$x_B = r\sin(\omega t + \varphi_0)$$

工程中，为了使点的运动情况一目了然，常常将点的坐标与时间的函数关系绘成图线，一般取横轴为时间，纵轴为点的坐标，绘出的图线称为运动图线。图 5-2b 中的曲线分别为 A,B 两点的运动图线。

2）求 B 点的速度与加速度。将 B 点的运动方程对时间取一阶导数即得点 B 的速度

$$v_B = \dot{x}_B = r\omega\cos(\omega t + \varphi_0)$$

再将 B 点的速度方程对时间取一阶导数即得点 B 的加速度

$$a_B = \ddot{x}_B = -r\omega^2\sin(\omega t + \varphi_0) = -\omega^2 x_B$$

讨论

从上解可以看出，B 点的速度最大时，应 $\omega t + \varphi_0 = 0$，即 $\varphi = 0$，也就是 B 点处在 $x = 0$ 的位置上；B 点的加速度最大时，应 $\omega t + \varphi_0 = (2k-1)\dfrac{\pi}{2}, k = 1, 2, \cdots$，即 $|-\sin\varphi| = 1$，也就是 B 点处在两端的位置上。

例 5-3 已知点的运动方程为

$$x = 2t$$
$$y = t^2$$

其中长度以 m 计，时间以 s 计。试求运动初瞬时，点的切向加速度和法向加速度以及轨迹在初始位置时的曲率半径。

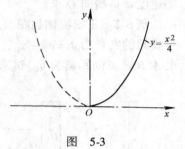

图 5-3

解 需求的是自然法表示的加速度，而已知条件却是笛卡儿坐标形式的运动方程，因此需建立两种坐标系之间速度与加速度的关系式。由

$$\frac{ds}{dt} = v = \sqrt{\dot{x}^2 + \dot{y}^2}$$

$$a_\tau = \frac{dv}{dt}$$

$$a = \sqrt{a_\tau^2 + a_n^2} = \sqrt{\ddot{x}^2 + \ddot{y}^2}$$

1）计算速度与加速度。

$$v_x = \dot{x} = 2 \qquad v_y = \dot{y} = 2t$$

$$v = 2\sqrt{1 + t^2}$$

$$a_x = \ddot{x} = 0$$

$$a_y = \ddot{y} = 2 \qquad a = a_y = 2\,\mathrm{m/s^2}$$

$$a_\tau = \frac{dv}{dt} = \frac{2t}{\sqrt{1 + t^2}}$$

$$a_n = \sqrt{a^2 - a_\tau^2} = 2\sqrt{\frac{1}{1 + t^2}}$$

当 $t = 0$ 时，$v = 2\,\mathrm{m/s}$，$a_\tau = 0$，$a_n = 2\,\mathrm{m/s^2}$，即沿 y 向。

2）曲率半径。

由 $a_n = \dfrac{v^2}{\rho}$，得 $\rho = \dfrac{v^2}{a_n} = 2\,\mathrm{m}$

讨论

本题轨迹方程为 $y = \dfrac{x^2}{4}$，由于 $t \geqslant 0$，所以 x, y 均为正，因此点的轨迹仅是抛

物线在第一象限的分支（见图5-3）。

例5-4 小环 M 同时套在细杆 AB 和半径为 R（m）的固定大圆环上。细杆以 $\theta = \omega t$ 规律绕 A 点转动（见图5-4），ω 为常数（θ 以 rad 计，t 以 s 计）。试求小球 M 的运动方程、速度和加速度。

解 由于点 M 在固定圆环上运动，点 M 的运动轨迹已知，取 $\theta = 0$ 时 M 点的位置为弧坐标原点，规定其正向（与 θ 正向一致）。

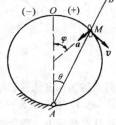

图 5-4

1）建立点 M 的运动方程。

$$s = \overset{\frown}{OM} = R\varphi = 2R\theta = 2R\omega t$$

2）求速度与加速度。

$$v = \frac{\mathrm{d}s}{\mathrm{d}t} = 2\omega R$$

切向加速度 $a_\tau = \dfrac{\mathrm{d}v}{\mathrm{d}t} = 0$

法向加速度 $a_n = \dfrac{v^2}{R} = 4\omega^2 R$

$$a = a_n$$

讨论

1）当点的曲线运动轨迹已知时，选择自然法是简便的。读者不妨用笛卡儿坐标来解此题以进行对比。

2）坐标原点必须是固定点，此固定点必须取在曲线上。

思 考 题

5-1 在建立点的运动方程时，应将动点置于坐标系的什么位置？

5-2 平均速度与瞬时速度有何不同？在什么情况下二者是一致的？

5-3 $\dfrac{\mathrm{d}\boldsymbol{v}}{\mathrm{d}t}$ 和 $\dfrac{\mathrm{d}v}{\mathrm{d}t}$，$\dfrac{\mathrm{d}\boldsymbol{r}}{\mathrm{d}t}$ 和 $\dfrac{\mathrm{d}r}{\mathrm{d}t}$ 是否相同？

5-4 已知动点在 Oxy 平面内的运动方程

$$x = x(t), y = y(t)$$

是否可以先求出矢径的大小 $r = \sqrt{x^2 + y^2}$，然后用

$$v = \frac{\mathrm{d}r}{\mathrm{d}t} \text{ 及 } a = \frac{\mathrm{d}v}{\mathrm{d}t}$$

求出点的速度和加速度？为什么？

5-5 在研究点的运动时，何种类型问题要涉及到运动的初始条件？

5-6 切向加速度和法向加速度的物理意义有何不同？

5-7 问图5-5所示的八种情况中哪种是可能的？哪种是不可能的？为什么？

5-8 点 M 沿螺线自外向内运动，如图5-6所示。它走过的弧长与时间的一次方成正比，

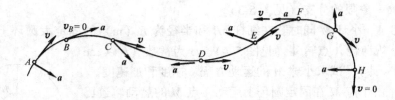

图 5-5

问点的加速度是越来越大还是越来越小？这点越跑越快还是越来越慢？

5-9　在什么情况下，点的切向加速度等于零？在什么情况下，点的法向加速度等于零？在什么情况下，两者加速度均等于零？

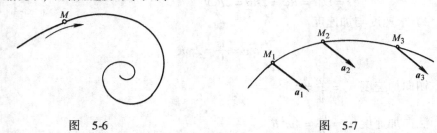

图 5-6　　　　　　　　　　　　　　　　　图 5-7

5-10　当点作曲线运动时,点的加速度 a 是恒矢量,如图 5-7 所示。问点是否作匀变速运动？

5-11　动点在平面内运动，已知其运动轨迹 $y = f(x)$ 及其速度在 x 轴方向的分量 v_x。判断下述说法是否正确：

（1）动点的速度 v 可完全确定。

（2）动点的加速度在 x 方向的分量 a_x 可完全确定。

（3）当 $v_x \neq 0$ 时，一定能确定动点的速度 v、切向加速度 a_τ、法向加速度 a_n 及全加速度 a。

5-12　点作曲线运动时，下述说法是否正确：

（1）若切向加速度为正,则点作加速运动。

（2）若切向加速度与速度符号相同，则点作加速运动。

（3）若切向加速度为零,则速度为常矢量。

习　　题

5-1　从水面上方高 $h = 20$m 的岸上一点 D,用长 $l = 40$m 的绳系住一船 B。今在 D 处以匀速 $v = 3$m/s 牵拉绳（见图 5-8），使船靠岸。试求 $t = 5$s 时船的速度 v_B。

5-2　一动点 M 的加速度方程为 $\ddot{x} = 5x$m/s^2,当 $t = 0$ 时,$x_0 = 0.3$m,$\dot{x}_0 = 0.6$m/s。试用 x 的函数表示动点 M 的速度。

5-3　某起重机以 $v_1 = 1$m/s 的速度沿水平向朝右行驶（见图 5-9），并以 $v_2 = 2$m/s 的速度向上提升一重物，重物离顶点高度 $h = 10$m。取图示重物开始提升时的位置为坐标原点。试求重物的运动方程、轨迹方程、重物的速度以及到达

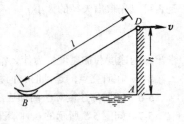

图 5-8

顶点的时间。

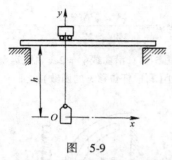

图 5-9

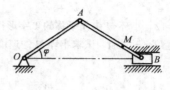

图 5-10

5-4 在图 5-10 所示曲柄连杆机构中，$OA = AB = l$。试证连杆 AB 上任一点 M 的轨迹是一个椭圆。若 $l = 60\text{cm}$，$AM = 40\text{cm}$，$\varphi = 4t$（t 以 s 计），试求 $\varphi = 0$ 时 M 点的加速度。

5-5 杆 AB 长 l，滑块 A 和 C 各沿 y 和 x 轴作直线运动（见图 5-11），$BC = b$，$\theta = kt$（k 为常数）。试写出 B 点的运动方程，并求其轨迹。

5-6 一点沿半径为 R 的圆周按规律 $s = v_0 t - \dfrac{1}{2} bt^2$ 运动。试求：(1)此点的加速度（表示成时间 t 的函数）；(2)加速度大小等于 b 的时间及此时点走过的圈数。

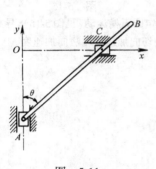

图 5-11

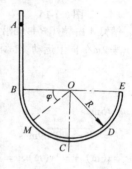

图 5-12

5-7 小环 M 在铅垂面内沿曲杆 $ABCE$（见图 5-12）从 A 点由静止开始运动。在直线段（$AB = R$）上，小环的加速度为 g，在半径为 R 的圆弧段 BCE 上，小环的切向加速度 $a_\tau = g\cos\varphi$。试求在 $C(\varphi = 90°)$、$D(\varphi = 135°)$ 处的速度和加速度。

5-8 动点沿图 5-13 所示半径 $R = 1\text{m}$ 的圆周按 $v = 20 - ct$ 的规律运动，式中 v 以 m/s 计，t 以 s 计，c 为常数。若动点经过 A、B 两点时的速度分别为 $v_A = 10\text{m/s}$，$v_B = 5\text{m/s}$。试求动点从 A 到 B 所需要的时间和在 B 点时的加速度。

5-9 一点从静止状态开始，以匀切向加速度 a_τ 沿半径 R 的圆周运动。试求点的切向加速度和法向加速度大小相等的时刻。

5-10 在平面曲线轨迹上的一点，其速度向轴 x 上的投影在任何时刻均保持为常数 c。试证明在此情况下其加速度为 $\dfrac{v^3}{c\rho}$（v 为点的速度大小，ρ 为轨迹的曲率半径）。

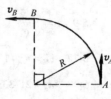

图 5-13

5-11　已知点在平面中的运动方程为：$x = x(t)$，$y = y(t)$，试证其切向和法向加速度为：$a_\tau = \dfrac{\dot{x}\ddot{x} + \dot{y}\ddot{y}}{\sqrt{\dot{x}^2 + \dot{y}^2}}$，$a_n = \dfrac{|\ddot{x}\dot{y} - \ddot{y}\dot{x}|}{\sqrt{\dot{x}^2 + \dot{y}^2}}$；而轨迹的曲率半径为：$\rho = \dfrac{(\dot{x}^2 + \dot{y}^2)^{3/2}}{|\ddot{x}\dot{y} - \ddot{y}\dot{x}|}$。

5-12　小环 M 由作平移的 T 字形杆 ABD 带动（见图 5-14），沿曲线 $y^2 = 2cx$ 轨道运动。T 形杆的速度 $v = $ const。试求小环 M 的速度和加速度的大小(写成杆位移 x 的函数)。

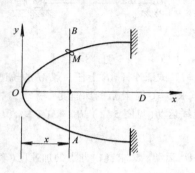

图　5-14　　　　　　　　　　　　　　图　5-15

5-13　销钉 A 由导杆 B 带动沿半径 $R = 250$mm 的固定圆弧槽运动(见图 5-15)，导杆 B 沿螺杆以匀速 $v_0 = 2$m/s 向上运动。试求 $\theta = 30°$ 时，销钉 A 的切向加速度和法向加速度。

习 题 答 案

5-1　$v_B = 5$m/s

5-2　$\dot{x} = \sqrt{5x^2 - 0.09}$m/s

5-3　$x = t$(m)，$y = 2x$(m)，$v = \sqrt{5}$m/s，$t = 5$s

5-4　$a = 1600$cm/s^2

5-5　$x = l\sin kt$，$y = b\cos kt$，$\dfrac{x^2}{l^2} + \dfrac{y^2}{b^2} = 1$

5-6　(1) $a = \sqrt{\dfrac{(v_0 - bt)^4}{R^2} + b^2}$；　(2) $t = \dfrac{v_0}{b}$，$n = \dfrac{v_0^2}{4\pi Rb}$

5-7　$v_c = 2\sqrt{gR}$，$a_c = 4g$

5-8　$t = 0.209$s，$a = 34.57$m/s^2

5-9　$t = \sqrt{\dfrac{R}{a_\tau}}$

5-12　$v_M = v\sqrt{1 + \dfrac{c}{2x}}$，$a_M = -\dfrac{v^2}{4x}\sqrt{\dfrac{2c}{x}}$

5-13　$a_n = 21.33$m/s^2，$a_\tau = 12.33$m/s^2

第六章　刚体的基本运动

内 容 提 要

本章是在绝对坐标系中观察作为刚体的物体的运动规律，在刚体的运动规律确定后，再进一步地观察体内各点的绝对运动规律。

1. 刚体的基本运动

刚体的基本运动习惯上分为移动和定轴转动（见表6-1）。所谓移动，即体内任一直线在运动的过程中，其方位始终保持不变；所谓定轴转动，即体内或其扩展部分有一直线始终不动，刚体绕此定轴转动。

表 6-1　刚体基本运动

	图例	运动方程	速度方程	加速度方程	体内各点的运动、速度、加速度
移动	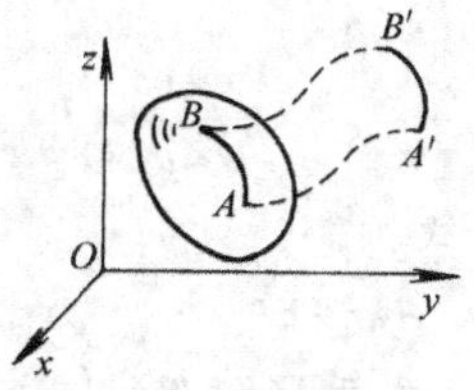	A,B 为体上任意二点，则 $r_{AB} = r_B - r_A$ r_{AB} 为常矢量	$v_A = v_B$	$a_A = a_B$	体内各点的运动轨迹相平行，在同一瞬时，各点的速度、加速度均相等
定轴转动	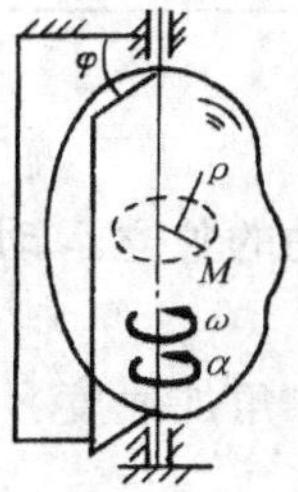	$\varphi = \varphi(t)$	$\omega = \dfrac{\mathrm{d}\varphi}{\mathrm{d}t} = \dot{\varphi}$	$\alpha = \dfrac{\mathrm{d}\omega}{\mathrm{d}t} = \dot{\omega}$ $= \ddot{\varphi}$	体内各点均作半径为 ρ 的圆周运动，采用自然坐标，有 $s = \rho\varphi$ $v = \rho\omega$ $a_\tau = \rho\alpha$ $a_n = \rho\omega^2$

2. 以矢量表示角速度、角加速度，以矢积表示转动刚体上一点的速度与加速度

在推导公式或研究位于空间的任意运动时，将角速度、角加速度用矢量形式表示更为简捷明了。角速度、角加速度的矢量表示如表6-2所示。

表 6-2 定轴转动刚体角速度、角加速度的矢量表示

图例	角速度	角加速度
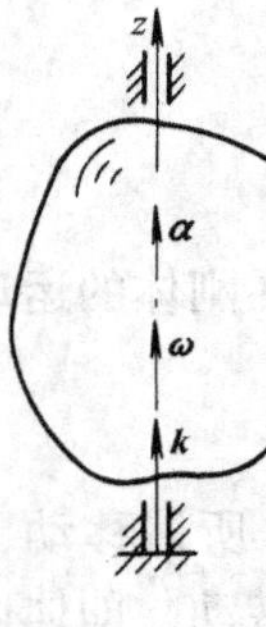	$\omega = \omega k$	$\alpha = \alpha k$
特点	ω、α 均为滑动矢量	

同样，在推导公式或研究位于空间的任意运动时，将速度、加速度用矢积形式表示更为简捷明了。速度、加速度的矢积表示如表 6-3 所示。

表 6-3 定轴转动刚体上一点的速度、加速度的矢积表示

图例	速度	加速度
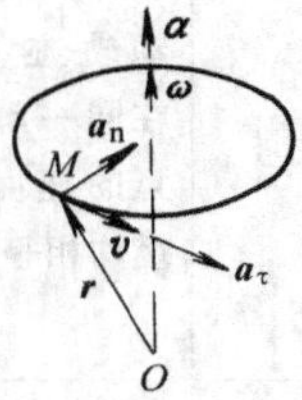	$v = \omega \times r$	$a = a_\tau + a_n$ 式中： $a_\tau = a \times r$ $a_n = \omega \times v = \omega \times (\omega \times r)$

基 本 要 求

1）熟悉刚体各种基本运动的运动特征和描述其运动的独立运动参变量，能从机构中区分各种不同的刚体基本运动。

2）正确理解"刚体"的运动量（如角度、角速度、角加速度）与刚体上一"点"的运动量（如速度、加速度）之间的关系。

典 型 例 题

例 6-1 机构如图 6-1 所示。滑块 B 以 $x = 0.2 + 0.02t^2$ 移动，其中 t 以 s 计，x 以 m 计，滑块高 $h = 0.2\text{m}$。试求当 $x = 0.3\text{m}$ 时，杆 OA 的角速度和角加速度。

解 本题机构中滑块 B 作移动，杆 OA 作定轴转动，描述机构的运动只需一个运动参变量。因此在已知滑块 B 的运动方程后，通过几何关系，确定杆 OA 的转角 φ 的方程为

$$\tan\varphi = \frac{h}{x} \tag{1}$$

将式（1）对时间 t 求一阶导数，得

$$\frac{\dot{\varphi}}{\cos^2\varphi} = -\frac{h}{x^2}\dot{x}$$

因为 $\cos\varphi = \dfrac{x}{\sqrt{h^2+x^2}}$，所以杆 OA 的角速度

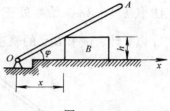

图 6-1

方程为

$$\dot{\varphi} = -\frac{h\,\dot{x}}{h^2+x^2} \tag{2}$$

再将式（2）对时间求一阶导数，得杆 OA 的角加速度方程为

$$\ddot{\varphi} = -\frac{h\left[\ddot{x}\,(h^2+x^2)-2x\,\dot{x}^2\right]}{(h^2+x^2)^2} \tag{3}$$

由滑块 B 的运动方程可知，当 $x=0.3\mathrm{m}$ 时，经历的时间

$$t = \sqrt{\frac{x-0.2}{0.02}} = \sqrt{5}\mathrm{s} = 2.236\mathrm{s}$$

于是，该瞬时滑块 B 的速度和加速度分别为

$$\dot{x} = 0.04t = 0.0894\mathrm{m/s}$$

$$\ddot{x} = 0.04\mathrm{m/s^2}$$

将 $x=0.3\mathrm{m}$ 瞬时的 $\dot{x}$ 和 $\ddot{x}$ 值代入式（2）、式（3）得

$$\dot{\varphi} = -0.1375\mathrm{rad/s} \ (\curvearrowleft)$$

$$\ddot{\varphi} = -6.4788\times10^{-2}\mathrm{rad/s^2} \ (\curvearrowleft)$$

讨论

1）$\dot{\varphi}$ 和 $\ddot{\varphi}$ 的符号与 φ 相反，表示杆 OA 顺时针转动；$\dot{\varphi}$ 和 $\ddot{\varphi}$ 同号，故杆 OA 在该位置作加速转动。

2）$\varphi = \arctan\dfrac{h}{x}$ 是杆 OA 的运动方程，但在求解时，如用以上方法求解更易于表达。

3）$\varphi,\dot{\varphi},\ddot{\varphi}$ 都是描述刚体（杆）OA 的运动量，在此基础上，可求解杆上任

一点的速度与加速度。

例 6-2 机构如图 6-2a 所示。曲柄 OA 长 $l = 1.5$m，在铅垂面内绕 O 点转动；杆 AB 长 $h = 0.8$m，始终处于铅直。已知：$\varphi = 0.5\left(\sin\dfrac{\pi}{6}t + 1\right)$，其中 φ 以 rad 计，t 以 s 计。试求 B 点的轨迹方程及 $t = 5$s 时 B 点的速度与加速度。

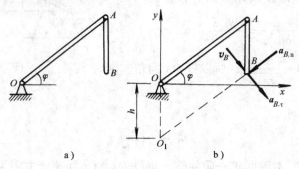

图 6-2

解 本题机构中曲柄 OA 作定轴转动，杆 AB 在铅直面内作曲线移动；描述机构的运动只需一个运动参变量。取参变量为弧坐标 φ，则 B 点的位置用笛卡儿系表示

$$x_B = l\cos\varphi \qquad y_B = l\sin\varphi - h$$

消去二式中的 φ，得 $x_B^2 + (y_B + h)^2 = l^2$

因为杆 AB 作移动，所以 $\boldsymbol{v}_B = \boldsymbol{v}_A$，$\boldsymbol{a}_B = \boldsymbol{a}_A$，现只有从曲柄 OA 求得 $\boldsymbol{v}_A$ 和 $\boldsymbol{a}_A$

$$v_A = \dot{\varphi}\, l = l\left(0.5\,\frac{\pi}{6}\cos\frac{\pi}{6}t\right)$$

$$a_{A,\mathrm{n}} = \frac{v_A^2}{l} = l\,\dot{\varphi}^2 \qquad a_{A,\tau} = l\ddot{\varphi} = l\left[-0.5\left(\frac{\pi}{6}\right)^2\sin\frac{\pi}{6}t\right]$$

当 $t = 5$s 时，$v_A = -0.65$m/s，$a_{A,\mathrm{n}} = 0.281$m/s^2，$a_{A,\tau} = -0.103$m/s^2，其方向如图 6-2b 所示。

讨论

1）B 点的运动轨迹与 A 点相同，均为半径为 l 的圆周运动，区别在于 B 点的圆心在 O 的下方 O_1 处（见图 6-2b）。

2）移动刚体在某一瞬时，各点的速度均相同，各点的加速度也均相同。在求解时，不必从对 B 点的运动方程 x_B 和 y_B 求导获得，而只要去研究其与别的运动物体的连接点（本题中的 A 点）即可。

3）定轴转动刚体上各点均作圆周运动，所以求速度与加速度时，用自然坐标最为简便。

例 6-3 齿轮传动机构如图 6-3 所示。已知：齿轮 1 的角速度为 ω，两啮合

齿轮的半径分别为 r_1 和 r_2（或齿数 z_1 和 z_2，因为两啮合齿轮的齿距相等，所以它们的齿数与半径成正比，即 $\dfrac{r_1}{z_1} = \dfrac{r_2}{z_2}$）。试求齿轮 2 的角速度。

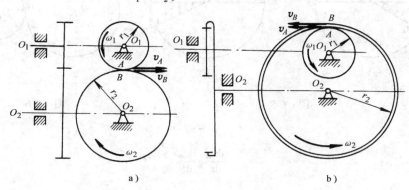

图 6-3

解　不论外啮合（见图 6-3a）或内啮合（见图 6-3b），均可通过两齿轮的啮合点具有共同的速度来求解，即

$$v_B = v_A = \omega_1 r_1$$

则

$$\omega_2 = \frac{v_B}{r_2} = \omega_1 \frac{r_1}{r_2} = \omega_1 \frac{z_1}{z_2}$$

讨论

两齿轮的啮合点具有共同的速度，但 $a_{A,\mathrm{n}} \neq a_{B,\mathrm{n}}$，所以一般而言，$a_A \neq a_B$，即两齿轮的啮合点没有共同的加速度。

思 考 题

6-1　作直线移动的刚体，其上各点的速度与加速度都相等；而作曲线移动的刚体，其上各点的速度相等，但加速度不等。这种说法对吗？

6-2　画出图 6-4 所示 M 点的速度和加速度。

6-3　试问车辆沿圆弧轨道拐弯时，车厢作什么运动？

6-4　圆盘绕 O 轴作定轴转动，试问图 6-5 所示的两种速度和加速度分布是否可能？

6-5　刚体绕定轴转动时，角加速度为正，表示加速转动；角加速度为负，表示减速转动。这种说法对吗？为什么？

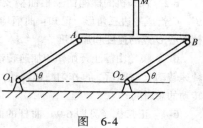

图 6-4

6-6　图 6-6 所示一对外啮合齿轮，其啮合点分别为 A 和 B。请判别下列运算是否正确？为什么？

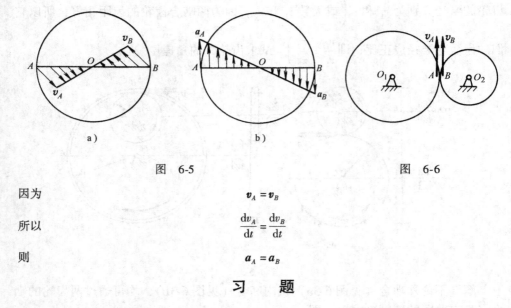

图 6-5   图 6-6

因为 $$\boldsymbol{v}_A = \boldsymbol{v}_B$$

所以 $$\frac{\mathrm{d}v_A}{\mathrm{d}t} = \frac{\mathrm{d}v_B}{\mathrm{d}t}$$

则 $$\boldsymbol{a}_A = \boldsymbol{a}_B$$

习　题

6-1　机构如图 6-7 所示。已知：$O_1A = O_2B = AM = r = 0.2\mathrm{m}$，$O_1O_2 = AB$；轮按 $\varphi = 15\pi t$ 的规律转动。试求 $t = 0.5\mathrm{s}$ 时，AB 杆上 M 点的速度和加速度。

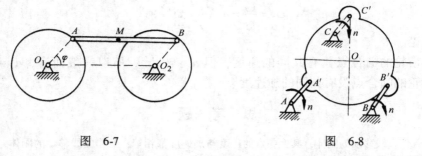

图　6-7   图　6-8

6-2　揉茶机的揉桶由三根曲柄支持，如图 6-8 所示。曲柄的转动轴 A,B,C 与支轴 A'、B'、C' 恰成等边三角形。已知：曲柄均长 $l = 15\mathrm{cm}$，并均以匀转速 $n = 45\mathrm{r/min}$ 转动。试求揉桶中心 O 点的速度和加速度。

6-3　飞轮由静止开始作匀加速转动，在 $t_1 = 10\mathrm{min}$ 内其转速达到 $n_1 = 120\mathrm{r/min}$，并以此转速转动 t_2 时间后，再作匀减速转动，经 $t_3 = 6\mathrm{min}$ 后停止，飞轮总共转过 $n = 3600\mathrm{r}$。试求其转动的总时间。

6-4　正弦状（见图 6-9）曲杆的曲线方程为 $z = 0.25\sin(\pi y)$，曲杆无初速开始绕 y 旋转，角加速度 $\alpha = 1.5\mathrm{e}^t\mathrm{rad/s}^2$，$l = 1\mathrm{m}$，$y, z$ 以 m 计，角以 rad 计，t 以 s 计。试求：（1）$t = 3\mathrm{s}$ 时杆的角速度大小和角位移；（2）确定曲杆上具有最大速度和加速度的点位置，并计算该点在 $t = 3\mathrm{s}$ 时的速度和加速度大小。

6-5　齿条静放在两齿轮上，如图 6-10 所示。齿条以匀加速度 $a = 0.5\mathrm{cm/s}^2$ 向右作加速运动，齿轮半径均为 $R = 250\text{mm}$。在图示瞬时，齿轮节圆上各点的加速度大小为 3m/s^2。试求齿轮节圆上各点的速度。

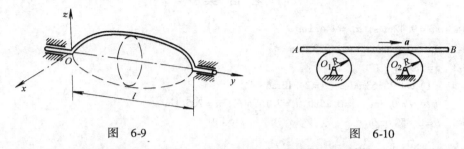

图 6-9   图 6-10

6-6 飞轮绕轴 O 转动，如图 6-11 所示。已知：飞轮的初转角 $\varphi_0 = 0$，初角速度为 ω_0，轮缘上任一点的全加速度与轮半径的交角恒为 $\theta = 60°$。试求飞轮的转动方程以及角速度与转角间的关系。

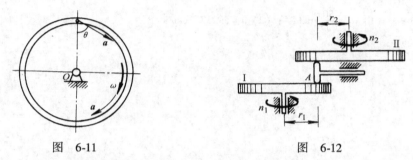

图 6-11   图 6-12

6-7 摩擦轮无级变速机构如图 6-12 所示。已知：Ⅰ轮输入转数 $n_1 = 600\text{r/min}$，$r_1 = 15\text{cm}$，$r_2 = 10\text{cm}$。试求：（1）摩擦轮Ⅰ与导轮接触点 A 的速度；（2）摩擦轮Ⅱ的转速；（3）欲使 $n_3 = 150\text{r/min}$，怎样调节导轮的位置。

6-8 千斤顶机构如图 6-13 所示。已知：把柄 A 与齿轮 1 固结，转速为 30r/min，齿轮 1～4 齿数分别为 $z_1 = 6$，$z_2 = 24$，$z_3 = 8$，$z_4 = 32$；齿轮 5 的半径为 $r_5 = 4\text{cm}$。试求齿条的速度。

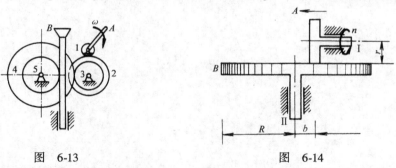

图 6-13   图 6-14

6-9 摩擦传动机构（见图 6-14）的主动轴Ⅰ的转速为 $n = 600\text{r/min}$。轴Ⅰ的轮盘与轴Ⅱ的轮盘接触，接触点按箭头 A 所示方向移动。已知：$r = 5\text{cm}$，$R = 15\text{cm}$，距离 b 的变化规律为 $b = 10 - 0.5t$，式中 b 以 cm 计，t 以 s 计。试求：（1）以距离 b 表示轴Ⅱ的角加速度；（2）当

$b = r$时，轮 B 边缘上一点的全加速度大小。

习 题 答 案

6-1　　$v_M = 9.42\text{m/s}$，$a_M = 444.1\text{m/s}^2$

6-2　　$v_0 = 70.69\text{cm/s}$，$a_0 = 333.1\text{cm/s}^2$

6-3　　$t = 38\text{min}$

6-4　　（1）$\omega = 28.63\text{rad/s}$，$\theta = 24.13\text{rad}$

　　　　（2）$y = 0.5\text{m}$，$z = 0.25\text{m}$，$v = 7.158\text{m/s}$，$a = 205.1\text{m/s}^2$

6-5　　$v = 0.8599\text{m/s}$

6-6　　$\varphi = \dfrac{\sqrt{3}}{3}\ln\left(\dfrac{1}{1-\sqrt{3}\omega_0 t}\right)$，$\omega = \omega_0 \mathrm{e}^{\sqrt{3}\varphi}$

6-7　　（1）$v_A = 942.5\text{cm/s}$；（2）$n_2 = 900\text{r/min}$；（3）$r'_1 = 5\text{cm}$，$r'_2 = 20\text{cm}$

6-8　　$v_B = 0.785\text{cm/s}$

6-9　　（1）$\alpha_2 = \dfrac{50\pi}{b^2}\text{rad/s}^2$；（2）$a = 59217.7\text{cm/s}^2$

第七章 刚体的平面运动

内 容 提 要

刚体的平面运动是工程机械中较常见的一种刚体运动，也是学习者必须掌握的一种刚体运动，虽然其运动比较复杂，但在刚体的基本运动的基础上，还是比较容易掌握的。

1. 平面运动的分解

在平面图形上任选一点 O'（基点）建立平动坐标 $O'x'y'$，则平面图形可看成随平动坐标 $O'x'y'$ 的移动和相对基上的转动。平面运动分解后的运动方程如表7-1所示。

表 7-1　平面运动分解为移动与定轴转动

图　例	移　动	定轴转动
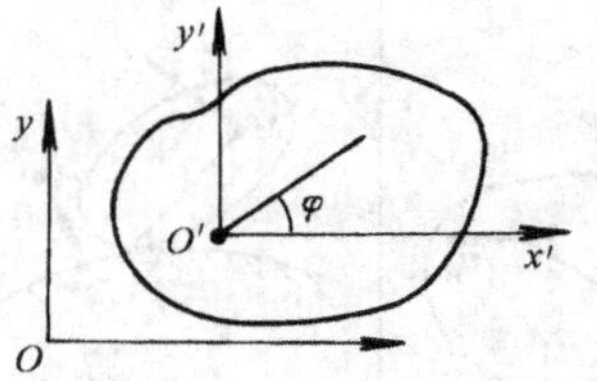	为随基点（移动刚体坐标原点 O'）的运动	为绕基点（绕通过 O' 点，并与平面垂直的轴）的转动
平面内自由刚体的运动方程	$x_{O'} = x_{O'}\ (t)$ $y_{O'} = y_{O'}\ (t)$	$\varphi = \varphi\ (t)$

2. 平面刚体上一点的速度分析

在研究刚体平面运动时，要分清刚体的运动和刚体上一点的运动，前者是刚体的运动，后者是点的运动，两者不能混淆。

在平面运动中，研究点相对基点的运动只是单一的圆周运动。求解平面运动刚体上一点速度的三种方法如表7-2所示。

表 7-2　求解刚体上一点速度的三种方法

	基点法	速度投影定理	速度瞬心法
图例	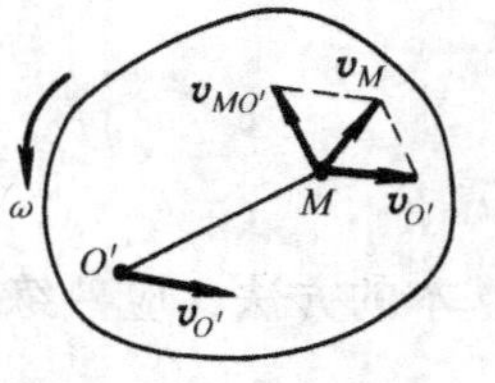	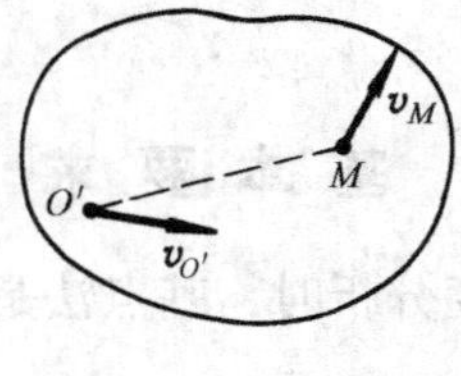	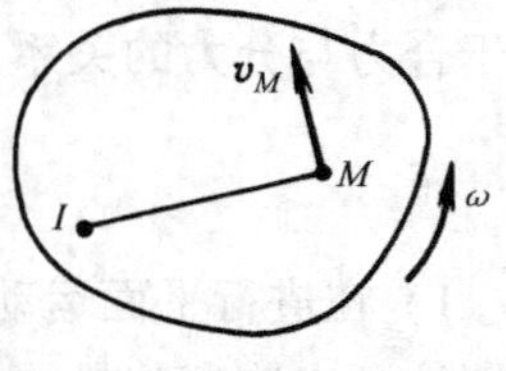

（续）

	基点法	速度投影定理	速度瞬心法
方程	$\boldsymbol{v}_M = \boldsymbol{v}_O{'} + \boldsymbol{v}_{MO'}$	向二点（基点和研究点）的连线投影 因为 $\boldsymbol{v}_{MO'} \perp OM$ 所以 $(\boldsymbol{v}_M)_{OM} = (\boldsymbol{v}_{O'})_{OM}$	以速度为零的 I 点为基点，则相对于基点的速度就是研究点的速度 $\boldsymbol{v}_M = \boldsymbol{\omega} \times IM$

3. 速度瞬心

平面运动刚体上或在其扩展部分，瞬时速度为零的点，被称为速度瞬心。平面运动刚体的速度瞬心可归纳为如表 7-3 所示的几种情形。

表 7-3 速度瞬心

已知两不平行的速度方位	已知两速度方位平行			纯滚动
	速度垂直两点的连线		速度不垂直两点的连线	
	两速度(值不等)的指向相同	两速度的指向相反	瞬时移动	
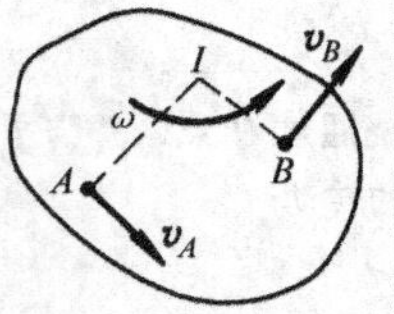	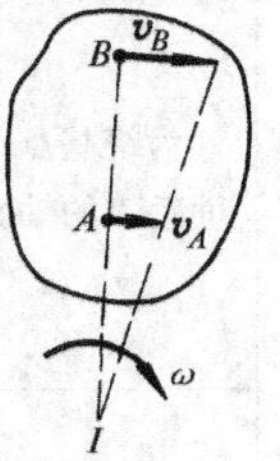	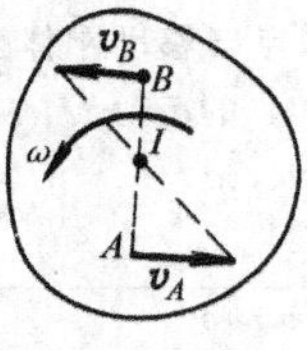	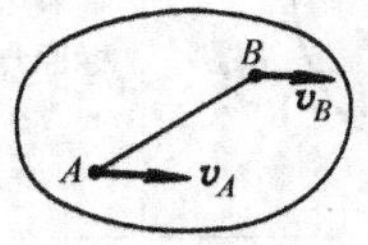	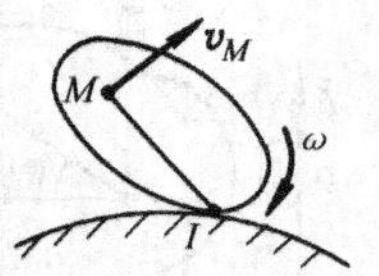

4. 平面刚体上一点的加速度分析

因为研究点相对基点只作圆周运动，故相对加速度一般总可以表示为

$$\boldsymbol{a}_{MO'} = \boldsymbol{a}_{MO',n} + \boldsymbol{a}_{MO',\tau}$$

式中，$\boldsymbol{a}_{MO',n}$ 和 $\boldsymbol{a}_{MO',\tau}$ 的大小分别为 $a_{MO',n} = \omega^2 \overline{O'M}$，$a_{MO',\tau} = \alpha \overline{O'M}$

加速度合成定理（基点法）为

$$\begin{aligned}\boldsymbol{a}_M &= \boldsymbol{a}_{O'} + \boldsymbol{a}_{MO'} \\ &= \boldsymbol{a}_{O'} + \boldsymbol{a}_{MO',n} + \boldsymbol{a}_{MO',\tau}\end{aligned}$$

上式表示合加速度（合矢量）等于各分加速度（分矢量）的几何和。同样可类比于合力与分力的关系。

基 本 要 求

1）在进行平面运动的速度分析时，基点法是最基本的方法，应熟练掌握并熟练地画出速度矢量图。

2）在进行平面运动的速度分析时，能根据题意，从求速度的三种方法中选择最方便的方法。

3）在进行平面运动的加速度分析中，熟练地应用基点法，并熟练地画出矢量图。

典 型 例 题

例 7-1 椭圆规尺的 A 端以速度 $v_A = 20\text{cm/s}$ 向左运动，如图 7-1a 所示。已知连杆 AB 长 $l = 20\text{cm}$。试求当 $\varphi = 30°$ 时滑块 B 的速度及连杆的角速度。

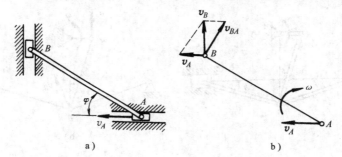

图 7-1

解 连杆 AB 作平面运动，以 A 为基点，求 B 点的速度，公式为

$$v_B = v_A + v_{BA}$$

其矢量图如图 7-1b 所示。在各速度大小、方向六个量中，已知用"√"表示，未知用"?"表示，情况如下

$$v_B = v_A + v_{BA}$$

大小： ? √ ?

方位： √ √ √

可见只有两个未知量。而矢量方程在平面中两个不相平行的轴上投影，可求得两个未知量；也可直接利用矢量三角形关系求得。

v_B 的大小为 $\quad v_B = v_A \cot\varphi = 20\cot 30° \text{cm/s} = 34.64\text{cm/s}$

v_{BA} 的大小为 $\quad v_{BA} = \dfrac{v_A}{\sin\varphi} = \dfrac{20}{\sin 30°} = 40\text{cm/s}$

又因为 $v_{BA} = \omega l$，故得连杆 AB 的角速度大小为

$$\omega = \frac{v_{BA}}{l} = \frac{40}{20} = 2\text{rad/s}$$

根据 v_{BA} 的指向，可确定 ω 的转向如图 7-1b 所示。

讨论

1）基点的选择是任意的，本题既可选 A 点，也可选 B 点。一般做法，选速

度（加速度）已知的点为基点。

2）研究的点相对基点的速度 v_{BA} 的下标不能颠倒，因为 v_{AB} 与 v_{BA} 的大小相同，但指向相反。

3）本题如用投影方法，则求 v_B 的大小时，投影轴应与 v_{BA} 垂直，即向 AB 连线投影；若求 v_{BA} 时，可向水平轴投影。在投影时，必须是矢量式两边分别向投影轴投影。

例 7-2 机构如图 7-2a 所示。已知：曲柄 O_1A 长为 r，角速度为 ω，杆 AB，O_2B 及 BC 长均为 l。当 $O_1A \perp O_1B$ 时，$\theta = \varphi$。试求此瞬时滑块 C 的速度。

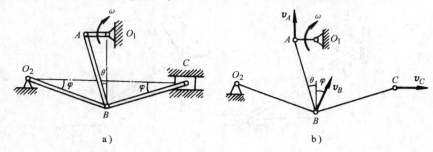

图 7-2

解 连杆 AB、BC 作平面运动，画出 A,B,C 点的速度，利用速度投影定理，分别向 AB 连线和 BC 连线投影（见图 7-2b），即可求得 C 点的速度。

AB 杆
$$v_A\cos\theta = v_B\cos(\theta + \varphi)$$

$$v_B = \frac{v_A\cos\theta}{\cos(\theta + \varphi)} = \frac{\omega r\cos\varphi}{\cos 2\varphi}$$

BC 杆

$$v_B\cos(90° - 2\varphi) = v_C\cos\varphi$$

$$v_C = \frac{v_B\sin 2\varphi}{\cos\varphi} = \frac{\omega r\cos\varphi\sin 2\varphi}{\cos\varphi\cos 2\varphi} = \omega r\tan 2\varphi$$

讨论

1）求解多刚体机构时，要抓住刚体间的连接点（如 A 和 B），是这些点将运动传递。不同的刚体，在连接点上具有共同的速度。

2）不需求杆的角速度时（如不求 ω_{AB} 和 ω_{BC} 时），用速度投影定理求解最为简便。

例 7-3 机构如图 7-3a 所示。滑块 A 以速度 v_A 沿水平直槽向左运动；轮 B 半径为 r，在半径为 R 的固定圆弧轨道上作无滑动的滚动；连杆 AB 长 l。试求当 OB 连线为铅直瞬时，连杆 AB 的角速度及轮 B 边缘上 M_1, M_2, M_3 点的速度。

解 连杆 AB 和轮作平面运动。应用速度瞬心来求解。首先，轮 B 作纯滚动，接触点是速度瞬心 I，由此定出 v_B 的方位垂直于 OB 线。由此得 $v_B /\!/ v_A$，因此得此瞬时连杆 AB 作瞬时移动，其角速度

$$\omega_{AB} = 0$$

且连杆上各点的速度均相等，即 $v_B = v_A$。

其次，求轮 B 上 M_1, M_2, M_3 点的速度。应用速度瞬心法，可先得轮 B 的角速度大小为

$$\omega_B = \frac{v_B}{r} = \frac{v_A}{r}$$

转向由 v_B 的指向确定（见图 7-3b）。

当求得轮 B 的角速度 ω_B 后，轮 B 上各点的速度等于绕速度瞬心 I 转动的速度

$$v_{M1} = \overline{IM_1}\omega_B = \sqrt{2}r\omega_B = \sqrt{2}v_A$$

$$v_{M2} = \overline{IM_2}\omega_B = 2r\omega_B = 2v_A$$

$$v_{M3} = \overline{IM_3}\omega_B = \sqrt{2}r\omega_B = \sqrt{2}v_A$$

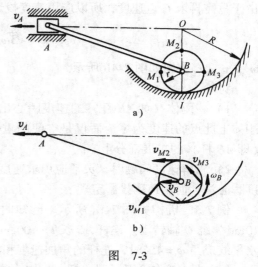

a)

b)

图 7-3

各点速度的方向如图 7-3b 所示。

讨论

1）速度瞬心法解题，图上只需画各点的绝对速度，并找出速度瞬心和求出角速度、速度。

2）每一瞬时一个平面运动物体就有一个速度瞬心，当平面运动刚体作瞬时移动时，瞬心在无穷远处。

例 7-4 机构如图 7-4a 所示。已知：$OA = AB = r$，$BD = \sqrt{3}r$，曲柄 OA 的角速度为 ω_0。试求当 $\varphi = 30°$，$\theta = 60°$，杆 BC 位于铅直位置瞬时，点 B 和 C 的速度及杆 BD 的角速度。

解 杆 AB 和 CB 均作平面运动。通过 A 点及 B 点找出 AB 杆的速度瞬心 I（见图 7-4b）。有

$$v_A = \omega_0 r$$

由 $\triangle ABI$ 得

$$\overline{AI} = r\sin\varphi = \frac{1}{2}r$$

$$\overline{BI} = r\cos\varphi = \frac{\sqrt{3}}{2}r$$

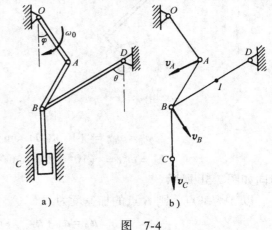

a)

b)

图 7-4

则
$$\omega_{AB} = \frac{v_A}{AI} = \frac{\omega_0 r}{\frac{1}{2}r} = 2\omega_0$$

$$v_B = \omega_{AB}\overline{BI} = \sqrt{3}\omega_0 r$$

由于只需再求 C 点速度，所以应用速度投影定理

$$v_C = v_B\cos\varphi = \sqrt{3}\omega_0 r\frac{\sqrt{3}}{2} = \frac{3}{2}\omega_0 r$$

ω_{AB}, v_B, v_C 方向如图 7-4b 所示。

讨论

1）一刚体（如 AB 杆）的速度瞬心出现在另一刚体上时，并不意味这另一刚体上此点的速度为零，而仅是空间的重合点。此点仍应看作在平面运动刚体（即 AB 杆）的扩展部分上。

2）求解速度问题时，灵活应用求速度的各种方法，如本题求 v_B，就不用速度瞬心法，而用速度投影定理。

例 7-5 机构如图 7-5a 所示。已知曲柄 OA 长 $r=20\text{cm}$，以匀角速度 $\omega_0 = 10\text{rad/s}$ 绕 O 轴转动。连杆 AB 长 $l=100\text{cm}$。试求当曲柄 OA 垂直于连杆 AB 并与水平线成角 $\varphi=45°$ 时，连杆的角加速度和滑块 B 的加速度。

解 杆 AB 作平面运动，杆 OA 作定轴转动，其上 A 点作圆周运动，其 v_A 和 a_A 分别为

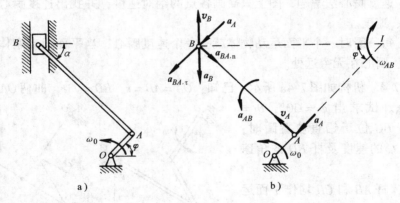

图 7-5

$$v_A = \omega_0 r = (10\times20)\ \text{cm/s} = 200\ \text{cm/s}$$

$$a_A = \omega_0^2 r = (10^2\times20)\ \text{cm/s}^2 = 2000\ \text{cm/s}^2$$

指向如图 7-5b 所示。

以 A 为基点，则 B 点的加速度为

$$a_B = a_A + a_{BA,n} + a_{BA,\tau} \tag{1}$$

设 $\boldsymbol{a}_B$ 及 $\boldsymbol{a}_{BA,\tau}$ 的指向如图 7-5b 所示，$\boldsymbol{a}_{BA,n}$ 指向沿 BA 线并指向 A 点，其大小为

$$a_{BA,n} = \omega_{AB}^2 l$$

连杆 AB 的角速度由速度瞬心法求得，速度瞬心如图 7-5b 所示，则

$$\omega_{AB} = \frac{v_A}{AI} = \frac{v_A}{l} = \left(\frac{200}{100}\right)\text{rad/s} = 2\text{rad/s}$$

$$a_{BA,n} = (2^2 \times 100)\ \text{cm/s}^2 = 400\text{cm/s}^2$$

分析式（1）中的已知量、未知量如下：

$$\boldsymbol{a}_B = \boldsymbol{a}_A + \boldsymbol{a}_{BA,n} + \boldsymbol{a}_{BA,\tau}$$

大小： ？ √ √ ？

方位： √ √ √ √

可见，只有 $\boldsymbol{a}_B$ 及 $\boldsymbol{a}_{BA,\tau}$ 大小未知。将式（1）分别向水平轴 x 及 AB 连线投影，即可求出 $\boldsymbol{a}_{BA,\tau}$ 及 $\boldsymbol{a}_B$ 的大小，即投影到 x 轴上

$$0 = -a_A\sin\varphi + a_{BA,n}\cos\varphi - a_{BA,\tau}\sin\varphi$$

得 $\qquad a_{BA,\tau} = a_{BA,n} - a_A = (400 - 2000)\ \text{cm/s}^2 = -1600\text{cm/s}^2\ (\nearrow)$

$$\alpha_{AB} = \frac{a_{BA,\tau}}{l} = -16\text{rad/s}^2\ (\curvearrowright)$$

投影到 AB 轴上

$$a_B\cos\varphi = a_{BA,n}$$

$$a_B = \frac{a_{BA,n}}{\cos\varphi} = \frac{400}{\cos45°}\text{cm/s}^2 = 565.7\text{cm/s}^2$$

讨论

1）各种加速度中的法向加速度部分一般都可以通过速度的求解而成为已知量（如 $\boldsymbol{a}_{BA,n}$），且其指向确定。

2）未知加速度的指向可假设，但相关的量只能假设一个，如 $\boldsymbol{a}_{BA,\tau}$ 的指向与 α_{AB} 的转向，当 $\boldsymbol{a}_{BA,\tau}$ 指向设定后，α_{AB} 的转向不能再假设，相对基点 A 而言二者要一致。

3）当求得的结果为负值时，说明实际指向与假设的相反。

例 7-6 两个半径均为 r 的圆盘 A 和 B，由连杆 AB 相连，沿图 7-6a 所示表面作无滑动的滚动。已知圆盘 A 以匀角速度 ω_A 滚动，试求图示 $\varphi = 45°$、轮 A 在圆弧最低点、轮 B 在圆弧最高点瞬时圆盘 B 和连杆 AB 的角加速度。

解 连杆 AB 与圆盘 A,B 均作平面运动，圆盘 A 和 B 的速度瞬心分别为 I_1 和 I_2，在图示位置，$\overline{AI_1} \parallel \overline{BI_2}$，因此 $\boldsymbol{v}_B \parallel \boldsymbol{v}_A$，连杆 AB 作瞬时移动，则 $\omega_{AB} = 0$，$\boldsymbol{v}_B = \boldsymbol{v}_A$。连杆上的 A 点（盘心）作以 O_1 为圆心、半径 $\overline{O_1A} = 3r$ 的圆周运动，则有

$$v_A = r\omega_A$$

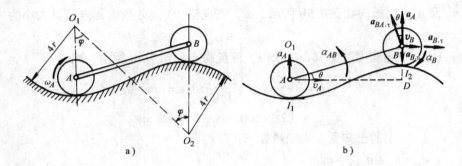

图 7-6

$$a_A = a_{A,n} = \frac{v_A^2}{3r} = \frac{1}{3}r\omega_A^2$$

以 A 为基点，研究 B 点（见图 7-6b），则有

$$a_{B,\tau} + a_{B,n} = a_A + a_{BA,n} + a_{BA,\tau}$$

大小： ? ✓ ✓ ✓ ?

方位： ✓ ✓ ✓ ✓ ✓

分别向竖直轴 y 和 AB 连线投影，注意到 $a_{BA,n} = \omega_{AB}^2 \overline{AB} = 0$

投影到 AB 轴上

$$a_{B,\tau}\cos\theta - a_{B,n}\sin\theta = a_A\sin\theta, \quad 即\ a_{B,\tau} = (a_A + a_{B,n})\tan\theta$$

式中，B 点以圆心 O_2 作半径为 $5r$ 的圆周运动，则

$$a_{B,n} = \frac{v_B^2}{5r} = \frac{1}{5}r\omega_A^2$$

设 AB 杆长 l，有 $\sin\theta = \dfrac{BD}{l} = \dfrac{8r\ (1-\cos\varphi)}{l}$，$\cos\theta = \dfrac{AD}{l} = \dfrac{8r\sin\varphi}{l}$，则 $\tan\theta = \dfrac{1-\cos\varphi}{\sin\varphi}$

$= \sqrt{2} - 1$

代入得 $\qquad a_{B,\tau} = \left(\dfrac{1}{3} + \dfrac{1}{5}\right)r\omega_A^2 \times (\sqrt{2} - 1) = \dfrac{8\ (\sqrt{2} - 1)}{15}r\omega_A^2$

B 点是圆盘 B 上的点，则

$$\alpha_B = \frac{a_{B,\tau}}{r} = \frac{8\ (\sqrt{2} - 1)}{15}\omega_A^2$$

转向如图 7-6b 所示。

投影到 y 轴上 $\qquad a_{B,n} = -a_A - a_{BA,\tau}\cos\theta$

$$a_{BA,\tau} = \frac{-\ (a_A + a_{B,n})}{\cos\theta} = -\frac{\left(\dfrac{1}{3} + \dfrac{1}{5}\right)r\omega_A^2}{8r\sin\varphi/l} = -\frac{\sqrt{2}}{15}\omega_A^2 l$$

$$\alpha_{AB} = \frac{a_{BA,\tau}}{l} = -\frac{\sqrt{2}}{15}\omega_A^2 \qquad （顺时针）$$

讨论

1）AB 杆作瞬时移动，其角速度 $\omega_{AB} = 0$，而角加速度 a_{AB} 必定不为零，这样经过 Δt 的时间间隔，必定会出现 $\omega_B \neq 0$。若杆 AB 的 $\omega_{AB} = 0$、$\alpha_{AB} = 0$，则杆 AB 必定不是瞬时移动，而是静止或作移动运动。

2）盘心 A 和 B 均作圆周运动，因此 A 和 B 点的法向加速度均要指向各自的圆心。

3）不论圆盘在平面上还是在曲面上滚动，只要是纯滚动，则盘的角加速度均为盘心的切向加速度除以圆盘中心到速度瞬心的距离，即 $\alpha = \dfrac{a_{B,\tau}}{r}$，因为此时速度瞬心沿接触点公切线方向无加速度，若选择速度瞬心为基点，基点无公切线方向的加速度，则盘心相对基点的切向加速度就是盘心绝对的切向加速度。

例 7-7 机构如图 7-7a 所示。已知：滑块 A 以匀速 $v_A = 0.6\,\mathrm{m/s}$ 竖直向下运动，$\overline{AC} = \overline{BC} = r = 0.2\,\mathrm{m}$，$\overline{CD} = l = 0.2\sqrt{3}\,\mathrm{m}$。试求图示 $\varphi = 60°$ 瞬时，滑块 D 沿水平线的速度和加速度以及杆 CD 的角速度和角加速度。

解 AB 和 CD 杆均作平面运动。先用速度瞬心法求解 D 点速度。两个杆件

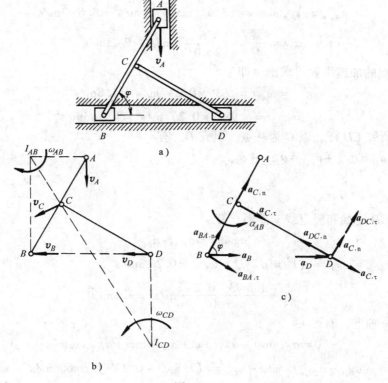

图 7-7

各自的速度瞬心如图 7-7b 所示。

$$\omega_{AB} = \frac{v_A}{AI_{AB}} = \frac{v_A}{2r\cos\varphi} = \frac{0.6}{2\times0.2\cos60°}\text{rad/s} = 3\text{rad/s}$$

$$v_C = \omega_{AB}\cdot\overline{I_{AB}C} = (3\times0.2)\ \text{m/s} = 0.6\text{m/s}$$

$$\omega_{CD} = \frac{v_C}{CI_{CD}} = \frac{v_C}{2l\sin\varphi} = \frac{0.6}{2\times0.2\sqrt{3}\times\sin60°}\text{rad/s} = 1\text{rad/s}$$

$$v_D = \omega_{CD}\cdot\overline{I_{CD}D} = \omega_{CD}\times l = (1\times0.2\sqrt{3})\ \text{m/s} = 0.2\sqrt{3}\text{m/s}$$

求加速度时先研究 AB 杆，以 A 为基点研究 B，其矢量图如图 7-7c 所示。由于基点的加速度为零，则

$$\boldsymbol{a}_B = \boldsymbol{a}_A + \boldsymbol{a}_{BA,\text{n}} + \boldsymbol{a}_{BA,\tau}$$

大小：　?　✓　✓　?

方位：　✓　✓　✓　✓

向竖直线 y 投影，有

$$0 = a_{BA,\text{n}}\sin\varphi - a_{BA,\tau}\cos\varphi$$

式中　$a_{AB,\text{n}} = \omega_{AB,\text{n}}\cdot2r = (3^2\times2\times0.2)\ \text{m/s}^2 = 3.6\text{m/s}^2$

得　　　$a_{BA,\tau} = a_{BA,\text{n}}\tan\varphi = (3.6\times\tan60°)\ \text{m/s}^2 = 3.6\sqrt{3}\text{m/s}^2$

$$\alpha_{AB} = \frac{a_{BA,\tau}}{2r} = \left(\frac{3.6\sqrt{3}}{2\times0.2}\right)\text{m/s}^2 = 9\sqrt{3}\text{m/s}^2$$

这样 C 点的加速度就可求出，即

$$a_{C,\text{n}} = \omega_{AB}^2 r = (3^2\times0.2)\ \text{m/s}^2 = 1.8\text{m/s}^2$$

$$a_{C,\tau} = \alpha_{AB}r = (9\sqrt{3}\times0.2)\ \text{m/s}^2 = 1.8\sqrt{3}\text{m/s}^2$$

现可以研究 CD 杆。以 C 为基点，研究 D，有

$$\boldsymbol{a}_D = \boldsymbol{a}_{C,\text{n}} + \boldsymbol{a}_{C,\tau} + \boldsymbol{a}_{DC,\text{n}} + \boldsymbol{a}_{DC,\tau}$$

大小：　?　✓　✓　✓　?

方位：　✓　✓　✓　✓　✓

分别向 CD 连线和竖直线 y 投影，有

$$a_D\sin\varphi = a_{C,\tau} - a_{DC,\text{n}}$$

式中　$a_{DC,\text{n}} = \omega_{CD}^2 l = (1^2\times0.2\sqrt{3})\ \text{m/s}^2 = 0.2\sqrt{3}\text{m/s}^2$

得　　　　　$a_D = \frac{1.8\sqrt{3}-0.2\sqrt{3}}{\sin60°}\text{m/s}^2 = 3.2\text{m/s}^2$

投影到 y 轴上，有

$$0 = a_{C,\text{n}}\sin\varphi - a_{C,\tau}\cos\varphi + a_{DC,\tau}\sin\varphi + a_{DC,\text{n}}\cos\varphi$$

得 $a_{DC,\tau} = (a_{C,\tau} - a_{DC,\text{n}})\cot\varphi - a_{C,\text{n}} = (1.8\sqrt{3}-0.2\sqrt{3})\cot60°\text{m/s}^2 - 1.8\text{m/s}^2$

$\qquad = -0.2\text{m/s}^2$

$$\alpha_{DC} = \frac{a_{DC,\tau}}{l} = \left(\frac{-0.2}{0.2\sqrt{3}}\right)\mathrm{rad/s^2} = -\frac{\sqrt{3}}{3}\mathrm{rad/s^2} \quad (\curvearrowright)$$

讨论

1）本题如先研究 *CD* 杆，由于 *C* 点的部分加速度未知，则研究 *D* 点时，有

$$\boldsymbol{a}_D = \boldsymbol{a}_{c,\mathrm{n}} + \boldsymbol{a}_{c,\tau} + \boldsymbol{a}_{DC,\mathrm{n}} + \boldsymbol{a}_{DC,\tau}$$

大小： ?   ✓   ?   ✓   ?

方位： ✓   ✓   ✓   ✓   ✓

即有 3 个未知量，不可求解，所以必须先研究 *AB* 杆，以找出 *AB* 杆的角加速度 α_{AB}。这样的题解过程为递进形式，对于多物体机构，往往这样求解。

2）当基点的加速度为零时，则所求点相对基点的加速度就是绝对加速度。本题中 $a_{BA,\mathrm{n}} = a_{B,\mathrm{n}}$，$a_{BA,\tau} = a_{B,\tau}$，$a_{C,\mathrm{n}} = a_{CA,\mathrm{n}}$，$a_{C,\tau} = a_{CA,\tau}$。

思 考 题

7-1 确定平面运动刚体的位置，至少需要哪几个独立运动参变量？

7-2 刚体的移动是否一定是平面运动的特例？

7-3 一平面图形 *Q*，若选其上一点 *A* 为基点，则图形 *Q* 绕 *A* 点转动的角速度为 ω_A；若另选一点 *B* 为基点，则图形 *Q* 绕 *B* 点转动的角速度为 ω_B，且一般情况下 ω_A 不等于 ω_B。这种说法对吗？为什么？

7-4 作平面运动的平面图形上任意两点 *A* 和 *B* 的速度 $\boldsymbol{v}_A$ 与 $\boldsymbol{v}_B$ 之间有何关系？为什么 $\boldsymbol{v}_{BA}$ 一定与 *AB* 垂直？$\boldsymbol{v}_{BA}$ 与 $\boldsymbol{v}_{AB}$ 有何关系？

7-5 设 $\boldsymbol{v}_A$ 和 $\boldsymbol{v}_B$ 是平面图形内的两点速度，试判别图 7-8 所示的三种情况中哪一种是可能的？

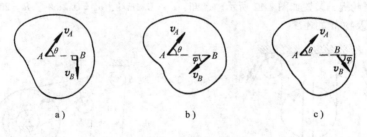

a)   b)   c)

图 7-8

7-6 轮 *O* 沿固定面作无滑动的滚动，其 ω 和 α 如图 7-9 所示。试计算下列三种情况中轮心 *O* 的加速度。

7-7 在图 7-10a、b 所示的机构中，$O_1A /\!/ O_2B$，试问各图中 ω_1 与 ω_2，α_1 与 α_2 是否相等？

7-8 如图 7-11 所示，车轮沿曲面滚动。已知轮心 *O* 在某一瞬时的速度 $\boldsymbol{v}_O$ 和加速度 $\boldsymbol{a}_O$。试问车轮的角加速度是否等于 $\dfrac{a_O \cos\beta}{R}$？速度瞬心 *C* 的加速度大小和方向如何确定？

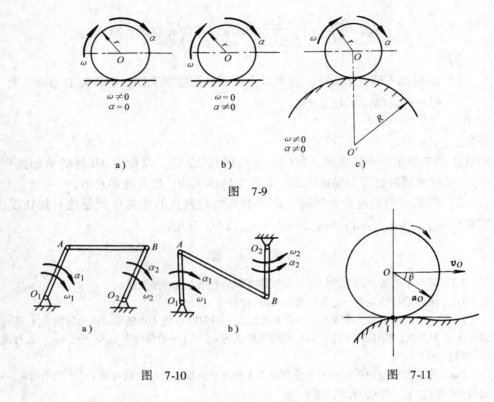

图 7-9

图 7-10   图 7-11

习　题

在本节中，若不特别指明，圆轮之类相对其他物体的运动为无滑动的滚动（纯滚动）。

7-1　滑轮提升装置如图 7-12 所示。已知：$v_A = 0.4\text{m/s}$，$v_B = 0.2\text{m/s}$，$R = 20\text{cm}$。试求轮 O 的角速度及物 M 的速度。

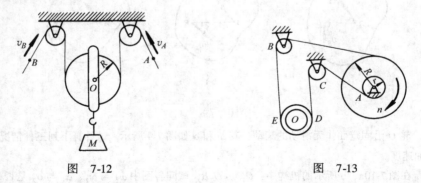

图　7-12   图　7-13

7-2　差动机构如图 7-13 所示。已知：$n = 10\text{r/min}$，$r = 5\text{cm}$，$R = 15\text{cm}$，绳索的 EB 段和 DC 段是铅直的。试求圆管中心 O 的上升速度。

7-3　曲柄连杆机构如图 7-14 所示。已知：曲柄 OA 长 $r = 40\text{cm}$，连杆 AB 长 $l = 100\text{cm}$，

$n = 180\text{r/min}$。试求 $\theta = 0°$ 及 $\theta = 90°$ 时连杆的角速度及其中点 M 的速度。

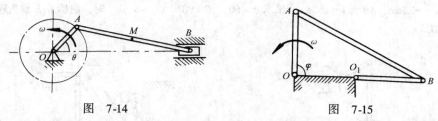

图 7-14   图 7-15

7-4　四连杆机构如图 7-15 所示。已知：OA 与 O_1B 长度均为 r，连杆 AB 长 $2r$，曲柄 OA 的角速度 $\omega = 3\text{rad/s}$，试求当 $\theta = 90°$、O_1B 位于 O_1O 的延长线上时，连杆 AB 和曲柄 O_1B 的角速度。

7-5　内啮合齿轮机构如图 7-16 所示。已知：曲柄 OB 的角速度 $\omega = 3\text{rad/s}$，$R = 9\text{cm}$，$r = 4\text{cm}$，OA 长为 $2r$。试求当曲柄位于水平位置时，齿轮 A 上最低点 M（$AM \perp OB$）的速度。

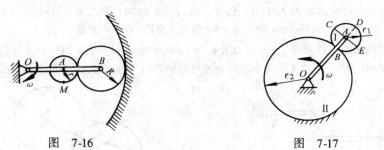

图 7-16   图 7-17

7-6　行星轮机构如图 7-17 所示。已知：曲柄 OA 的匀角速度 $\omega = 2.5\text{rad/s}$，行星轮 I 在定齿轮上作纯滚动，$r_1 = 5\text{cm}$，$r_2 = 15\text{cm}$。试求行星轮 I 上 $B,C,D,E(CE \perp BD)$ 各点的速度。

7-7　活塞由具有齿条和齿扇的曲柄机构带动，如图 7-18 所示，已知：曲柄 OA 长 $r = 10\text{cm}$。试求 $\varphi = 30°$，$\theta = 2\varphi$，$\omega = 2\text{rad/s}$ 时活塞的速度。

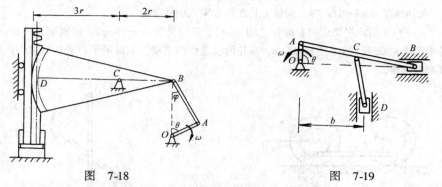

图 7-18   图 7-19

7-8　机构如图 7-19 所示。已知：曲柄的匀角速度 $\omega = 20\text{rad/s}$，长 $r = 40\text{cm}$，连杆 AB 长 $l = 40\sqrt{37}\text{cm}$，C 为连杆的中点，$b = 120\text{cm}$。试求当曲柄 OA 在两铅直位置与两水平位置时滑块 D 的速度。

7-9 瓦特行星传动机构如图 7-20 所示。齿轮 II 与连杆 AB 固结。已知：$r_1 = r_2 = 30\sqrt{3}$cm，OA 长 $r = 75$cm，AB 长 $l = 150$cm。试求 $\varphi = 60°$、$\theta = 90°$、$\omega_0 = 6$rad/s 时，曲柄 O_1B 及齿轮 I 的角速度。

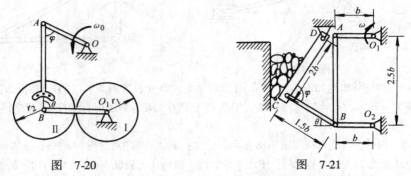

图 7-20　　　　　　　　　图 7-21

7-10 土石破碎机构如图 7-21 示。已知：曲柄 O_1A 的匀角速度 $\omega = 5$rad/s，$b = 200$mm。试求当 O_1A 与 O_2B 位于水平、$\theta = 30°$、$\varphi = 90°$瞬时，钢板 CD 的角速度。

7-11 机构如图 7-22 所示。已知：O_2B 长为 b，O_1A 长为 $\sqrt{3}b$。试求当杆 O_1A 竖直、杆 AC 和 O_2B 水平、$\theta = 30°$、杆 O_1A 与杆 O_2B 的角速度分别为 ω_1 和 ω_2 时，C 点的速度大小。

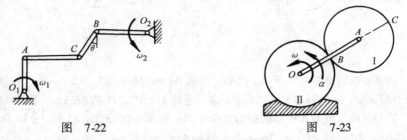

图 7-22　　　　　　　　　图 7-23

7-12 在图 7-23 所示星齿轮机构中，齿轮半径均为 $r = 12$cm。试求当杆 OA 的角速度 $\omega = 2$rad/s、角加速度 $\alpha = 8$rad/s^2 时，齿轮 I 上 B 和 C 两点的加速度。

7-13 一机车沿水平轨道向右运行（图 7-24），其速度为 $v_0 = 15$m/s，加速度 $a_0 = 6$m/s^2。车轮外半径 $R = 30$cm，内半径 $r = 15$cm，车轮沿轨道作纯滚动。试求图示位置连杆 BC 中点 A 的速度和加速度。

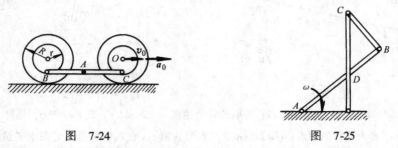

图 7-24　　　　　　　　　图 7-25

7-14 反平行四边形机构如图 7-25 所示。已知：AB 与 CD 等长为 $l = 40$cm，BC 与 AD 等

长为 $b = 20\text{cm}$，曲柄 AB 以匀角速度 $\omega = 3\text{rad/s}$ 绕 A 点转动。试求当 $CD \perp AD$ 时，杆 BC 的角速度与角加速度。

7-15　机构如图 7-26 所示。已知：OA 长 $r = 20\text{cm}$，O_1B 长为 $5r$，AB 与 BC 等长为 $l = 120\text{cm}$。试求当 OA 与 O_1B 竖直、$\omega_0 = 10\text{rad/s}$、$\alpha_0 = 10\text{rad/s}^2$ 时：（1）B 和 C 点的速度与加速度；（2）BC 杆的角加速度。

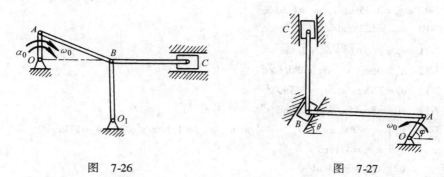

图　7-26　　　　　　　　　图　7-27

7-16　机构如图 7-27 所示。已知：OA 长为 r，以匀角速度 ω_0 转动，AB 长为 $6r$，BC 长为 $3\sqrt{3}r$，$\theta = 60°$。试求当 $\varphi = \theta$ 及 $AB \perp BC$ 瞬时，滑块 C 的速度和加速度。

7-17　机构如图 7-28 所示。已知：曲柄 OA 长 $2r = 1\text{m}$，以匀角速度 $\omega = 2\text{rad/s}$ 转动，AB 长为 $2r$，固定圆弧槽半径 $R = 2r$。试求当 OA 与 O_1B 竖直、AB 水平时，轮上 B，C 点的速度与加速度。

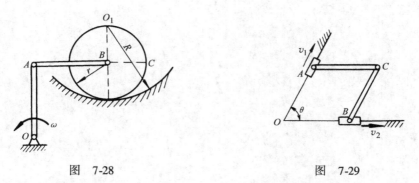

图　7-28　　　　　　　　　图　7-29

7-18　机构如图 7-29 所示。已知：AC 与 BC 等长为 l，A，B 点以匀速率 $v_1 = v_2 = v$ 运动，$\theta = 60°$。试求当 $OACB$ 形成行四边形时 C 点的加速度。

习 题 答 案

7-1　$\omega = 0.5\text{rad/s}$，$v_M = 30\text{cm/s}$

7-2　$v = 5.236\text{cm/s}$

7-3　$\theta = 0°$时，$\omega_{AB} = 7.54\text{rad/s}$，$v_M = 377\text{cm/s}$
　　　$\theta = 90°$时，$\omega_{AB} = 0$，$v_M = 754\text{cm/s}$

7-4 $\omega_{AB} = 3\text{rad/s}$, $\omega_{O_1B} = 5.2\text{rad/s}$

7-5 $v_M = 104.8\text{cm/s}$

7-6 $v_B = 0$, $v_C = v_E = 70.7\text{cm/s}$, $v_D = 100\text{cm/s}$

7-7 $v = 34.64\text{cm/s}$

7-8 $\theta = 0°$或$180°$, $v_D = 400\text{cm/s}$; $\theta = 90°$或$270°$, $v_D = 0$

7-9 $\omega_{OB} = 3.75\text{rad/s}$, $\omega_1 = 6\text{rad/s}$

7-10 $\omega_{CD} = 1.25\text{rad/s}$

7-11 $v_C = b\sqrt{4\omega_1^2 + \omega_2^2 + 2\omega_1\omega_2}$

7-12 $a_B = 96\text{cm/s}^2$, $a_C = 480\text{cm/s}^2$

7-13 $v_A = 750\text{cm/s}$, $a_A = 375\text{m/s}^2$

7-14 $\omega_{BC} = 8\text{rad/s}$, $\alpha_{BC} = 20\text{rad/s}^2$

7-15   （1）$v_B = 200\text{cm/s}$, $a_{B,n} = 400\text{cm/s}^2$, $a_{B,\tau} = 471\text{cm/s}^2$, $v_C = v_B = 200\text{cm/s}$,

        $a_C = a_{B,\tau} = 471\text{cm/s}^2$

        （2）$\alpha_{BC} = 3.33\text{rad/s}^2$

7-16 $v_C = \dfrac{3}{2}r\omega$, $a_C = \dfrac{\sqrt{3}}{12}r\omega_0^2$

7-17 $v_B = 2\text{m/s}$, $a_B = 8\text{m/s}^2$, $v_C = 2.828\text{m/s}$, $a_C = 11.31\text{m/s}^2$

7-18 $a_C = 0.385\dfrac{v^2}{l}$

第八章　点的合成运动

内　容　提　要

在点的合成运动中，首先从运动的分解着手，即将机构中各个构件的运动从不同的角度来观察，分析其相互运动的关系和特点，选定动点、动系。由于运动被成功地分解了，才存在运动的合成。可以说："有运动的分解，才有运动的合成"。

1. 运动的分解

运动分解后，要分清是点的运动还是刚体的运动。绝对、牵连、相对三种运动的关系如表 8-1 所示。

表 8-1　三种运动的关系

	动点	动系
静系	绝对运动（点的运动）	牵连运动（刚体的运动）
动系	相对运动（点的运动）	

2. 牵连点

在某一瞬时，是由牵连运动刚体上的一特定的点（即此瞬时与动点相重合的点）来牵带动点运动，这特定的点称为牵连点。牵连点的速度、加速度称为牵连速度、牵连加速度。

3. 动点、动系选定的原则（一般必须满足）

1）动点、动系必须分别来自两个刚体，这样运动才能分解，才有相对运动出现；

2）动点相对动系的相对运动轨迹应易于确定，否则难以求解加速度。

4. 速度合成定理

$$v_a = v_e + v_r$$

此式表示的是：合速度等于各分速度的几何和（类比于合力与分力的关系）。

5. 加速度合成定理

1）动系作移动

$$a_a = a_e + a_r$$

此式表示的是：合加速度等于各分加速度的几何和（类比于合力与分力的关系）。

2）动系作定轴转动或作一般运动（如平面运动）

$$a_a = a_e + a_r + a_c$$

式中

$$a_c = 2\boldsymbol{\omega}_e \times \boldsymbol{v}_r$$

此式表示的是：合加速度等于各分加速度的几何和（类比于合力与分力的关系）。

基 本 要 求

1) 准确理解一点（动点）、二系（静系、动系）、三运动（绝对、牵连、相对）之间的关系，正确地选择动点、动系。

2) 掌握牵连速度、牵连加速度的概念和计算方法。理解牵连速度、牵连加速度是牵连点的速度和加速度；牵连点是一个瞬时点，即不同瞬时有不同的牵连点。

3) 掌握科氏加速度的计算方法，在动点作平面曲线运动时，确定科氏加速度方向的简便方法。

4) 熟练地画出速度、加速度的矢量图。

5) 应用速度、加速度合成定理解题时，能准确地分清已知量、未知量，并会选择适当的投影轴。

典 型 例 题

例8-1 机构如图8-1a所示，已知：$AB /\!/ O_1O_2$ 且 $\overline{O_1A} = \overline{O_2B} = r = 20\mathrm{cm}$。试求当 $\varphi = 30°$，$\omega = 2\mathrm{rad/s}$ 瞬时，销钉 M 的绝对速度和相对速度。

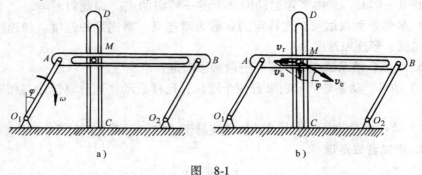

图 8-1

解 在地面上观察到销钉 M 被限制在竖直滑道中运动，也就是 M 点的绝对运动为竖直线方向的运动；点 M 相对于横杆 AB 也作直线运动；由于横杆是在运动的，所以在横杆上观察到 M 点的运动是相对运动；同时在地面上观察到横杆 AB 的运动是牵连运动，而且是移动运动。这样一点、二系、三运动的关系为：

动点销钉 M，作竖直线运动；

动系 AB，作移动运动；（牵连点 M' 作圆周运动）

动点相对动系作水平直线运动。

画速度矢量图（图 8-1b）。因牵连运动为移动运动，所以牵连点 M' 的速度（牵连速度）也等于 A 点的速度

$$v_e = v_{M'} = v_B = r\omega = 20\text{cm/s} \times 2 = 40\text{cm/s}$$

在速度 v_a, v_e, v_r 大小、方向六个量中，已知用"√"表示，未知用"?"表示。即

$$\boldsymbol{v}_a = \boldsymbol{v}_e + \boldsymbol{v}_r$$

大小   ?   √   ?

方向   √   √   √

分别向竖直轴 y 和水平轴 x 投影：

向 y 轴投影 $v_a = v_e \sin\varphi = 40\sin30° = 20\text{cm/s}$

向 x 轴投影 $0 = v_e \cos\varphi - v_r$

$$v_r = 40\cos30° = 20\sqrt{3}\text{cm/s}$$

讨论

1）一般不必再在图上画出动系 $x'y'z'$，只需指出哪个物体为动系即可。

2）在用投影式求解时，未知量（速度）的指向可假设，由求解后的正、负号最后确定实际指向。

3）若本题用几何法求解，则未知量的指向不能假设，应根据合矢量与分矢量的关系（平行四边形法则）确定其指向，再由几何关系得出 $v_a = v_e\sin\varphi$，$v_r = v_e\cos\varphi$。求速度用几何法简便。

例 8-2 凸轮机构如图 8-2a 所示。顶杆端点 A 利用弹簧压在凸轮的轮廓上。已知凸轮以等角速度 ω 转动。试求凸轮曲线在 A 点的法线 An 与 AO 线的夹角 θ，及 $AO = r$ 时顶杆的速度。

解 顶杆端点 A 始终在凸轮轮廓线表面运动，则动点为顶杆端点 A，动系固结在凸轮上，这样一点、二系、三运动的关系为：

动点 A，作竖直线运动；

动系凸轮，作定轴转动；（牵连点 A' 为凸轮上的点，作圆周运动，半径为 r）

动点相对动系作凸轮轮廓线运动。

画速度矢量图（见图 8-2b）。牵连速度为

$$v_e = \omega r$$

由 $\boldsymbol{v}_a = \boldsymbol{v}_e + \boldsymbol{v}_r$

大小   ?   √   ?

方向   √   √   √

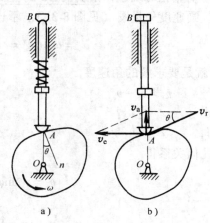

a)   b)

图 8-2

从几何关系得

$$v_\mathrm{a} = v_\mathrm{e}\tan\theta = r\omega\tan\theta$$

讨论

当动系作定轴转动时,牵连点(刚体上的点)作以转动轴为圆心、转轴到牵连点的距离为半径的圆周运动。

例8-3 摆动式机构如图8-3a所示。已知:曲柄 OA 长 $r = 25\mathrm{cm}$,角速度 $\omega_0 = 5\mathrm{rad/s}$, OC 的水平距离 $b = 60\mathrm{cm}$。试求 $\theta = 90°$ 瞬时套筒 C 的角速度。

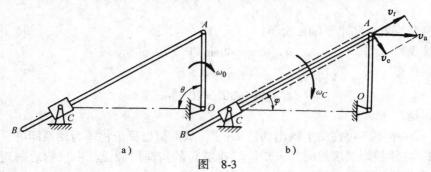

图 8-3

解 点 A 受 OA 杆的约束时,在地面上观察到 A 点作圆周运动,这就是绝对运动;依据动点、动系不能一个物体的原则,点 A 已涉及到两个刚体(OA 杆和 AB 杆),所以动系只能取套筒 C。从地面上观察,套筒作定轴转动,即牵连运动是定轴转动;动点 A 相对动系套筒 C 的运动,须将动系(刚体)扩展后(如图8-3b 中的虚线所示)才能看清。这样,一点、二系、三运动的关系为:

动点 A,作圆周运动;

动系套筒 C,作定轴转动;

动点相对动系作沿套筒 AC 的直线运动。

画速度矢量图(见图8-3b)。牵连速度为

$$v_\mathrm{e} = \omega_C \overline{CA'} = \omega_C \frac{b}{\cos\varphi} = \omega_C \sqrt{r^2 + b^2}$$

ω_C 就是要求解的角速度。

由 $\qquad \boldsymbol{v}_\mathrm{a} = \boldsymbol{v}_\mathrm{e} + \boldsymbol{v}_\mathrm{r}$

大小 $\qquad \checkmark \quad ? \quad ?$

方向 $\qquad \checkmark \quad \checkmark \quad \checkmark$

从几何关系得

$$v_\mathrm{e} = v_\mathrm{a}\sin\varphi = r\omega_0 \frac{r}{\sqrt{r^2 + b^2}}$$

则 $\qquad \omega_C = \dfrac{v_\mathrm{e}}{\sqrt{r^2 + b^2}} = \dfrac{r^2}{r^2 + b^2}\omega_0 = \left(\dfrac{25^2}{25^2 + 60^2} \times 5\right)\mathrm{rad/s} = 0.7396\mathrm{rad/s}$

讨论

刚体扩展的概念很重要。动系是刚体运动，因此当动系的物体较小时（如套筒），在分析时，先要将刚体扩展，才能看清动点、动系的关系，才能计算牵连速度和牵连加速度。

例8-4 平底凸轮机构如图 8-4a 所示。已知：凸轮 O 的半径为 R，偏心距 $OC=e$，以匀角速 ω 转动。试求 T 字形从动杆 AB 的速度和加速度。

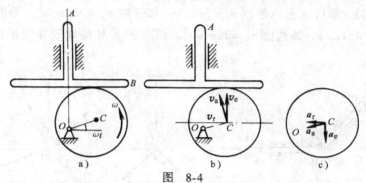

图 8-4

解 在凸轮 O 或从动杆 AB 上找一点为动点，则可选点 A 或轮心 C。为了求解和表达均简便，一般选凸轮中心 C 为动点，动系固结在从动杆 AB 上。这样一点、二系、三运动的关系为：

动点 C，作圆周运动；

动系 AB，作移动运动；牵连点应看作从动杆 AB 的扩展部分。

动点相对动系作水平直线（平行于从动杆底面）运动（见图 8-4b）。

画速度矢量图（见图 8-4b）。牵连速度

$$v_e = v_{C'} = v_A$$

由　　　　$\boldsymbol{v}_a = \boldsymbol{v}_e + \boldsymbol{v}_r$

大小　　　✓　？　？

方向　　　✓　✓　✓

从几何关系得

$$v_e = v_a\cos\omega t = \omega e\cos\omega t$$

画加速度矢量图（见图 8-4c），牵连加速度 $a_e = a_{C'} = a_A$。

由　　　　$\boldsymbol{a}_a = \boldsymbol{a}_e + \boldsymbol{a}_r$

大小　　　✓　？　？

方向　　　✓　✓　✓

从几何关系得

$$a_e = a_a\sin\omega t = \omega^2 e\sin\omega t$$

讨论

　　1）当加速度矢量图只要三个矢量时，同样用几何法是简便的。但是这种情况较少出现。

　　2）本题若选取两刚体的接触点为动点（注意：接触点既不是凸轮上一点，也不是从动杆上一点，而是另外的点，即第三个物体），则相应就有两个动系（凸轮和从动杆）。

　　例 8-5　在图 8-5a 中，销钉 M 的运动受到两个丁字型槽杆 A 和 B 的约束。在图示瞬时，槽杆 A 各点速度 $v_A = 3\text{cm/s}$，加速度 $a_A = 30\text{cm/s}^2$，而槽杆 B 各点的速度 $v_B = 5\text{cm/s}$，加速度 $a_B = 20\text{cm/s}^2$。试求销子 M 的轨迹在图示位置的曲率半径。

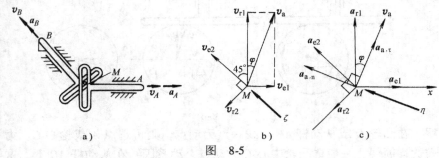

图　8-5

　　解　因销子 M 的轨迹方程并不知道，故只能通过法向加速度 $a_{M,\text{n}} = \dfrac{v_M^2}{\rho}$ 得到曲率半径 ρ。为此，必须分析销钉 M 的速度和加速度。

　　又因本题牵涉到一个点 M 及两个刚体 A 和 B，是三个物体之间的关系。取动点为销子 M，这销子分别相对两个刚体运动，这样一点、二系、三运动的关系为：

　　动点销子 $\underline{M}$，作（未知）曲线运动；

　　动系丁字形槽杆 $\underline{A\text{ 及 }B}$，作移动运动；

　　动点相对动系 A 作竖直线，相对动系 B 沿斜直线运动。

　　画速度矢量图如图 8-5b 所示。

　　对动点 M 和动系 A，由点的速度合成定理可列写出

$$v_{\text{a}} = v_{\text{e1}} + v_{\text{r1}}$$

　　此式有三个未知量。对动点 M 和动系 B，由点的速度合成定理可列写出

$$v_{\text{a}} = v_{\text{e2}} + v_{\text{r2}}$$

　　此式也有三个未知量。注意到动点是共同的，所以对两个研究对象，一共只有四个未知量，即

$$v_{\text{a}} = v_{\text{e1}} + v_{\text{r1}} = v_{\text{e2}} + v_{\text{r2}}$$

大小	?	✓	?	✓	?
方向	?	✓	✓	✓	✓

从上式中 $\boldsymbol{v}_{e1} + \boldsymbol{v}_{r1} = \boldsymbol{v}_{e2} + \boldsymbol{v}_{r2}$ 的关系看，只有两个未知量，将其向 ξ 轴投影，有

$$-v_{e1}\cos 45° + v_{r1}\cos 45° = v_{e2}$$

得
$$v_{r1} = \frac{v_{e2} + v_{e1}\cos 45°}{\cos 45°} = 10.07\,\mathrm{cm/s}$$

于是，销子 M 的速度 $\boldsymbol{v}_a$ 的大小为

$$v_a = \sqrt{v_{e1}^2 + v_{r1}^2} = 10.51\,\mathrm{cm/s}$$

其方向可由 $\boldsymbol{v}_a$ 与 $\boldsymbol{v}_{r1}$ 间的夹角 φ 来表示，即

$$\varphi = \arctan\frac{v_{e1}}{v_{r1}} = 16.59°$$

其次分析销子的加速度。作加速度矢量图，如图 8-5c 所示。对动点 M 和动系 A，由点的加速度合成定理可列出

$$\boldsymbol{a}_a = \boldsymbol{a}_{e1} + \boldsymbol{a}_{r1}$$

又对动点 M 和动系 B，由点的加速度合成定理可列出

$$\boldsymbol{a}_a = \boldsymbol{a}_{e2} + \boldsymbol{a}_{r2} \tag{1}$$

于是有 $\qquad\qquad \boldsymbol{a}_{e1} + \boldsymbol{a}_{r1} = \boldsymbol{a}_{e2} + \boldsymbol{a}_{r2}$

大小 $\qquad\qquad\quad\ \checkmark \qquad ? \qquad \checkmark \qquad ?$

方向 $\qquad\qquad\quad\ \checkmark \qquad \checkmark \qquad \checkmark \qquad \checkmark$

可见，上述矢量中，仅有 $\boldsymbol{a}_{r1}$ 和 $\boldsymbol{a}_{r2}$ 两个其大小为未知量，故将上式向 x 轴投影，有

$$a_{e1} = -a_{e2}\cos 45° - a_{r2}\cos 45°$$

得
$$a_{r2} = -\frac{a_{e2}\cos 45° + a_{e1}}{\cos 45°} = -62.43\,\mathrm{cm/s^2}$$

负号表示 $\boldsymbol{a}_{r2}$ 的指向与图示的相反。

因销子 M 作平面曲线运动，所以其加速度 $\boldsymbol{a}_a$ 可表示为

$$\boldsymbol{a}_a = \boldsymbol{a}_{a,\tau} + \boldsymbol{a}_{a,n}$$

由式（1）得 $\qquad\qquad \boldsymbol{a}_{a,\tau} + \boldsymbol{a}_{a,n} = \boldsymbol{a}_{e2} + \boldsymbol{a}_{r2}$

其中，$\boldsymbol{a}_{a,\tau}$ 和 $\boldsymbol{a}_{a,n}$ 的大小均未知，方位分别沿着 $\boldsymbol{v}_M$ 和垂直 $\boldsymbol{v}_M$；设其指向如图 8-5c 所示。将上式投影到 η 轴上，有

$$a_{a,n} = a_{e2}\sin(\varphi + 45°) + a_{r2}\cos(\varphi + 45°) = -12.11\,\mathrm{cm/s^2}$$

负号表示 $\boldsymbol{a}_{a,n}$ 的指向与图示的相反。

最后计算轨迹在图示 M 位置的曲率半径 ρ。由

$$|a_{a,n}| = |a_{M,n}| = \frac{v_M^2}{\rho}$$

得
$$\rho = \frac{v_M^2}{|a_{a,n}|} = 9.121\,\mathrm{cm}$$

因 $\boldsymbol{a}_{a,n}$ 得负值，所以销子 M 的曲率中心在 $\boldsymbol{v}_M$ 的右方。

讨论

对于一个动点同时相对两个动系的运动，只能如上述那样联立求解。在分析的过程中，应明了哪些是未知量，选择恰当的投影轴去求出应求的未知量。

例 8-6 机构如图 8-6a 所示。滑块 M 与杆 O_1A 铰接，并可沿杆 O_2B 滑动。已知：O_1O_2 的距离 $b = 0.5\text{m}$。当 $\varphi = 60°$ 时，O_1A 杆的角速度 $\omega_1 = 0.2\text{rad/s}$，角加速度 $\alpha_1 = 0.25\text{rad/s}^2$。试求此瞬时杆 O_2B 的角加速度 α_2 和滑块 M 相对杆 O_2B 的加速度。

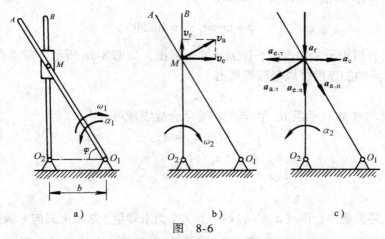

图 8-6

解 M 是 O_1A 上的点，与滑块铰接后，在 O_2B 杆上滑动。故一点、二系、三运动的关系为：

动点 $\underline{M}$，作圆周运动；

动系 $\underline{O_2B}$，作定轴转动；

动点相对动系作竖直线运动。

画速度矢量图（见图 8-6b）。

由　　　$\boldsymbol{v}_a = \boldsymbol{v}_e + \boldsymbol{v}_r$

大小　　✓　 ？ ？

方向　　✓　 ✓ ✓

从几何关系得

$$v_e = v_a\sin\varphi = \omega_1\frac{b}{\cos\varphi}\sin\varphi = \omega_1 b\tan\varphi = 0.2 \times 0.5 \times \tan 60°$$

$$\omega_2 = \frac{v_e}{O_2M} = \frac{v_e}{b\tan\varphi} = \frac{\omega_1 b\tan\varphi}{b\tan\varphi} = \omega_1$$

$$v_r = v_a\cos\varphi = \omega_1\frac{b}{\cos\varphi}\cos\varphi = \omega_1 b$$

再画加速度矢量图（见图 8-6c）

由 $$\boldsymbol{a}_{a,n} + \boldsymbol{a}_{a,\tau} = \boldsymbol{a}_{e,n} + \boldsymbol{a}_{e,\tau} + \boldsymbol{a}_r + \boldsymbol{a}_c$$

大小   √   √   √   ?   ?   √

方向   √   √   √   √   √   √

因为二未知量 $\boldsymbol{a}_{e,\tau}$ 与 $\boldsymbol{a}_r$ 正好垂直，所以分别取水平轴 x 与竖直轴 y 为投影轴。

向 x 轴投影 $$a_{a,n}\cos\varphi - a_{a,\tau}\sin\varphi = -a_{e,\tau} + a_c$$

式中 $$a_{a,n} = \omega_1^2 \overline{O_1M} = \omega_1^2 \frac{b}{\cos\varphi}, \quad a_{a,\tau} = \alpha_1 \overline{O_1M} = \alpha_1 \frac{b}{\cos\varphi}$$

$$a_{e,\tau} = \alpha_2 \overline{O_2M} = \alpha_2 b\tan\varphi, \quad a_c = 2\omega_2 v_r = 2\omega_1^2 b$$

代入得 $$a_{e,\tau} = -\omega_1^2 b + \alpha_1 b\tan\varphi + 2\omega_1^2 b$$
$$= (0.25 \times 0.5\tan60° + 0.2^2 \times 0.5) \text{ m/s}^2 = 0.237\text{m/s}^2$$

同时得 $$\alpha_2 = 0.274\text{m/s}^2$$

向 y 轴投影 $$-a_{a,n}\sin\varphi - a_{a,\tau}\cos\varphi = -a_{e,n} - a_r$$

式中 $$a_{e,n} = \omega_2^2 \overline{O_2M} = \omega_1^2 b\tan\varphi$$

代入得 $$a_r = a_{a,n}\sin\varphi + a_{a,\tau}\cos\varphi - a_{e,n}$$
$$= \omega_1^2 b\tan\varphi + \alpha_1 b - \omega_1^2 b\tan\varphi = \alpha_1 b$$
$$= (0.25 \times 0.5) \text{ m/s}^2 = 0.125\text{m/s}^2$$

讨论

1）本题虽没有要求求 O_2B 杆的角速度和相对速度，但求加速度时要用到。为了避免求不需要求的量，可先画加速度矢量图，分析哪些速度量要用到，再画速度矢量图，求相应的速度量。

2）对于动点作平面曲线问题或者说机构是平面机构，则科氏加速度 $\boldsymbol{a}_c = 2\boldsymbol{\omega}_e \times \boldsymbol{v}_r$ 的大小为 $a_c = 2\omega_e v_r \sin90° = 2\omega_e v_r$，指向可用 $\boldsymbol{v}_r$ 矢量正向顺 ω_e 转过 90° 来确定。

3）在运算中，不必将一些中间过程量代入数字运算出来，而只要写出表达式，在最后的运算中，很多可以消去，这样运算更简便，且计算误差小。

例8-7 在图 8-7a 所示机构中，曲柄 O_1M_1 长 $r = 20\text{cm}$，以匀角速 $\omega_1 = 3\text{rad/s}$ 转动，通过销钉 M_1 带动导槽 CD 运动；同时再通过水平杆上的销钉 M_2 带动 O_2E 杆摆动。已知：$l = 30\text{cm}$。当 $\theta = 30°$ 时，$\varphi = \theta$，试求此瞬时 O_2E 杆的角速度与角加速度。

解 本题可分成先后两次的点的合成运动，这两次运动通过水平杆 AB 来传递。第一次点的合成运动的一点、二系、三运动关系为：

动点 $\underline{M_1}$，作圆周运动；

动系 $\underline{ABCD}$，作移动运动；

动点相对动系作竖直线运动。

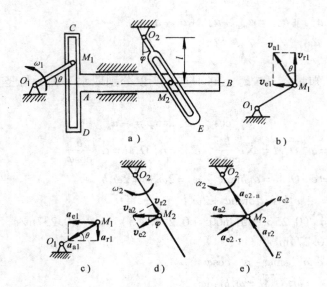

图 8-7

画速度矢量图（见图 8-7b），由几何关系

$$v_{e1} = v_{a1}\sin\theta = \omega_1 r\sin\theta$$

其加速度矢量图如图 8-7c 所示，由几何关系

$$a_{e1} = a_{a1}\cos\theta = \omega_1^2 r\cos\theta$$

第二次点的合成的一点、二系、三运动的关系为：

动点 M_2，作水平直线运动；

动系 O_2E，作定轴转动；

动点相对动系作沿 O_2E 直线运动。

画速度矢量图（见图 8-7d），由几何关系

$$v_{e2} = v_{a2}\cos\varphi$$

注意到 $v_{a2} = v_{e1}$，则 $v_{e2} = \omega_1 r\sin\theta\cos\varphi$

$$\omega_2 = \frac{v_{e2}}{l/\cos\varphi} = \frac{\omega_1 r}{l}\sin\theta\cos^2\varphi = \frac{3\times20}{30}\sin30°\cos^230° = 0.75\,\text{rad/s}$$

其加速度矢量图如图 8-7e 所示，向垂直 O_2E 的线投影

$$a_{a2}\cos\varphi = a_{e2,\tau} - a_{c2}$$

式中　$a_{a2} = a_{e1}$，$a_{c2} = 2\omega_2 v_{r2}$

因为　　　　　$$v_{r2} = v_{a2}\sin\varphi = \omega_1 r\sin\theta\sin\varphi$$

所以　　　　　$$a_{c2} = 2\frac{\omega_1 r}{l}\sin\theta\cos^2\varphi\;\omega_1 r\sin\theta\sin\varphi$$

$$= 2\frac{\omega_1^2 r^2}{l}\sin^2\theta\cos^2\varphi\;\sin\varphi$$

代入得
$$a_{e2,\tau} = \omega_1^2 r\cos\theta\cos\varphi + \frac{2\omega_1^2 r^2}{l}\sin^2\theta\cos^2\varphi\sin\varphi$$

$$= 3^2 \times 20\left[\cos^2 30° + \frac{2\times20}{30}\sin^3 30°\cos^2 30°\right]\text{cm/s}^2 = 157.5\text{cm/s}^2$$

$$\alpha_2 = \frac{a_{e2,\tau}}{l/\cos\varphi} = 4.55\text{rad/s}^2$$

讨论

1）速度、加速度矢量图应画在动点上，如在图 8-7b、图 8-7c 中画 $\overline{O_1M_1}$ 杆，图 8-7d、图 8-7e 中画 $\overline{O_2E}$ 杆，总之是为了便于表示各种矢量的方位。

2）在前后两次点的合成运动中，要正确对应速度矢量的关系，如 $v_{a2} = v_{e1}$，$a_{a2} = a_{e1}$。不同的机构有不同的对应关系，不可简单照搬。

3）在前后两次点的合成运动中，主要是先求出传递运动的速度、加速度矢量，如 v_{e1}、a_{e1}。

例 8-8 小圆圈 M 套在直角刚杆 ABC 和固定大圆环上（图 8-8a），固定大圆环的半径 $R = 0.1\text{m}$，直角刚杆可绕水平轴 A 转动，$AB = \sqrt{3}R$。当 $\varphi = 60°$ 时，曲杆的角速度 $\omega = 1\text{rad/s}$，角加速度 $\alpha = 2\text{rad/s}^2$ 时，试求该瞬时小环 M 的速度和加速度的大小。

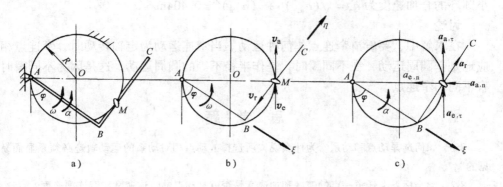

图 8-8

解 由题意可知，当 $\varphi = 60°$ 时，B 点位于大圆环的边缘上，小圆环 M 处于过 AO 直径上（见图 8-8b）。

取小圆环为动点，直角刚杆为动系，则一点、二系、三运动之间的关系为：

动点小圆环 M，作圆周（大圆环）运动；

动系曲杆 ABC，作定轴转动；

动点相对动系作直线运动。

其速度矢量图如图 8-8b 所示，有

$$v_a = v_e + v_r$$

大小	?	✓	?
方向	✓	✓	✓

将上式投影到 ξ 轴上，有

$$-v_a\cos\varphi = -v_e\cos\varphi$$

得 $v_a = v_e = 2R\omega = 0.2\text{m/s}$，再向 x 轴投影，有

$$0 = -v_r\cos\varphi$$

得

$$v_r = 0$$

再分析加速度。其加速度矢量图如图 8-8c 所示，有

$$a_{a,\tau} + a_{a,n} = a_{e,\tau} + a_{e,n} + a_r$$

大小	?	✓	✓	✓	?
方向	✓	✓	✓	✓	✓

将上式投影到 ξ 轴上（见图 8-8c），因 $a_c = 0$，有

$$-a_{a,n}\sin\varphi - a_{a,\tau}\cos\varphi = -a_{e,\tau}\cos\varphi - a_{e,n}\sin\varphi$$

式中 $a_{a,n} = \dfrac{v_a^2}{R} = 0.4\text{m/s}^2$，$a_{e,\tau} = 2R\alpha = 0.4\text{m/s}^2$，$a_{e,n} = 2R\omega^2 = 0.2\text{m/s}^2$

得 $\quad a_{a,\tau} = 0.054\text{m/s}^2$

小圆环的合加速度为 $a_a = \sqrt{(a_{a,\tau})^2 + (a_{a,n})^2} = 0.404\text{m/s}^2$

讨论

在求解中，要看清牵连点作何种运动。当牵连运动为定轴转动时，牵连点相应地是作圆周运动，在不同瞬时，是作半径不等的圆周运动。这是因为不同瞬时有不同的牵连点。

思 考 题

8-1 如何选择动点和动系？为什么说"所选择的动点相对动系的运动轨迹必须是显而易见的"？

8-2 动坐标系上任意一点的速度和加速度是否就是动点的牵连速度和牵连加速度？

8-3 试判断图 8-9 所示机构中动点 A 的 v_e，v_r 和 v_a 所组成的速度平行四边形是否正确。为什么？

8-4 如下计算对吗？

$$a_{a,\tau} = \frac{\mathrm{d}v_a}{\mathrm{d}t}, \quad a_{a,n} = \frac{v_a^2}{\rho_a}$$

$$a_{e,\tau} = \frac{\mathrm{d}v_e}{\mathrm{d}t}, \quad a_{e,n} = \frac{v_e^2}{\rho_e}$$

$$a_{r,\tau} = \frac{\mathrm{d}v_r}{\mathrm{d}t}, \quad a_{r,n} = \frac{v_r^2}{\rho_r}$$

式中，ρ_a 与 ρ_r 分别是绝对轨迹、相对轨迹上某处的曲率半径，ρ_e 为动系上与动点相重合的那一点的轨迹在重合位置的曲率半径。

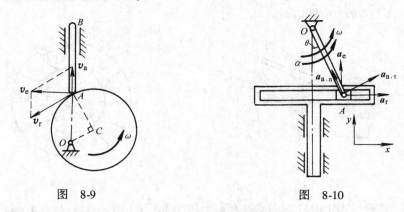

图 8-9 图 8-10

8-5 曲柄导杆机构中，滑块 A 的各加速度分量如图 8-10 所示。若已知 ω、α、$OA = r$，欲求导杆的加速度，试分析下列解法是否正确：因为

$$a_{a,n}\cos\theta + a_{a,\tau}\sin\theta + a_e = 0$$

所以

$$a_e = -(a_{a,n}\cos\theta + a_{a,\tau}\sin\theta) = -(r\omega^2\cos\theta + r\alpha\sin\theta)$$

即导杆的加速度沿着 y 轴，并指向 y 轴负向。

习　题

8-1 M 点对静系 Oxy 的运动方程为 $x = 0$，$y = b\cos(kt + \varphi)$，式中 b、k 均为常数。若将 M 点照射到感光记录纸上，此记录纸以匀速 v 运动，如图 8-11 所示。试分析 M 点的牵连、相对和绝对运动，并求 M 点在记录纸上留下的轨迹。

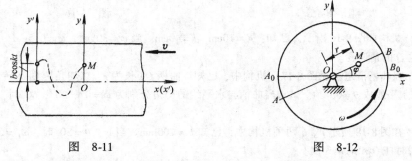

图 8-11 图 8-12

8-2 M 点沿圆盘直径 AB 以匀速 v 运动（见图 8-12），初始瞬时，点在圆盘中心，且 A_0B_0 与 Ox 轴重合。若圆盘以匀角速度 ω 绕 O 轴转动，试求 M 点的绝对轨迹。

8-3 在滑道连杆机构中（见图 8-13），曲柄以匀角速度 ω 转动，已知距离 l。试求滑块 A 对曲柄 OC 的相对速度（表示成 φ 的函数）。

8-4 水流在水轮机（见图 8-14）工作轮入口处的绝对速度 $v_a = 15\text{m/s}$，并与铅垂直径成

$\theta = 60°$角；工作轮的半径 $R = 2m$，转速 $n = 30r/min$，为避免水流对工作轮叶片的冲击，叶片应恰当地安装，以使水流相对工作轮的相对速度与叶片相切。试求在工作轮外缘处水流对工作轮的相对速度的大小和方向。

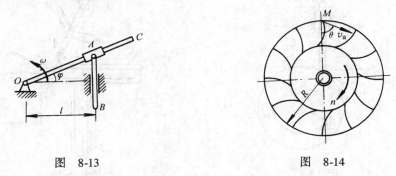

图 8-13　　　　　　　　　　　　　图 8-14

8-5　矿砂（见图 8-15）从传送带 A 落到另一传送带 B 的绝对速度为 $v_1 = 4m/s$，其方向与铅垂线成 $\theta = 30°$角。设传送带 B 与水平面成 $\varphi = 15°$角，其传送速度为 $v_2 = 2m/s$。试求此时矿砂对传送带 B 的相对速度；若相对速度垂直于传送带 B，则传送带 B 的速度为多大。

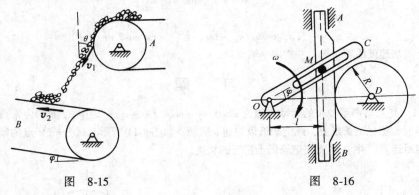

图 8-15　　　　　　　　　　　　　图 8-16

8-6　机构如图 8-16 所示。已知：$R = 10cm$，$l = 40cm$。当 $\varphi = 30°$时，$\omega = 0.5rad/s$。试求此瞬时轮 D 的角速度。

8-7　在曲柄滑道（见图 8-17）机构中，已知：曲柄 OA 长为 r，以匀角速度 ω 转动，滑槽 DE 与水平线成 $\theta = 60°$角。试求当曲柄与水平线的交角分别为 $\varphi = 0°$、$30°$、$60°$时，杆 BC 的速度。

8-8　在图 8-18 所示 a、b 两种机构中，已知 $b = 200mm$。当 $\varphi = \theta = 30°$时，$\omega_1 = 3rad/s$。试求此瞬时杆 O_2A 的角速度。

8-9　当直角杆 OAB 绕 O 轴转动时，带动套在此杆和固定杆 CD 上的小环 M 运动（见图 8-19）。已知：直角杆以匀角速度 $\omega = 2rad/s$ 转动，杆 OA 部分长 $l = 40cm$。试求 $\varphi = 30°$时，小环 M 相对杆 OAB 的速度。

8-10　机构如图 8-20 所示，杆 AB 可在套筒 O_1C 中滑动。已知曲柄 OA 以等角速度 $\omega = 1rad/s$ 转动，曲柄长 $r = 0.3m$，O_1C 距离 $b = 0.4m$。试求当图示 $h = 2r$，$l = 4r$ 时，套筒 O_1C 的

角速度 ω_1。

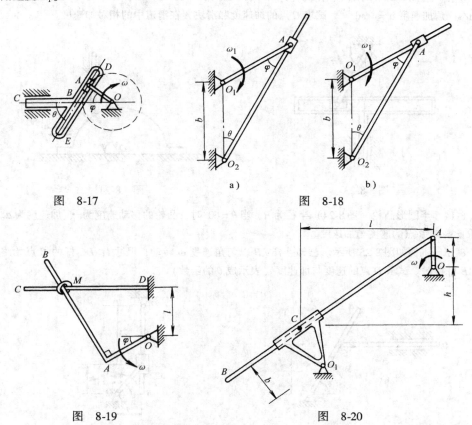

图 8-17   图 8-18

图 8-19   图 8-20

8-11 两条直线 AB 与 CD 各以垂于直线的速度 v_1 和 v_2 运动，如图 8-21 所示。已知两直线的交角为 θ。试求两直线交点 M 的速度。

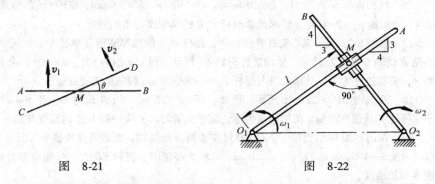

图 8-21   图 8-22

8-12 用铰链 M 连接的两套筒彼此可相对转动，杆 O_1A 和杆 O_2B 分别穿过各套筒，如图 8-22 所示。已知：匀角速 $\omega_1 = 0.4\text{rad/s}$，$\omega_2 = 0.2\text{rad/s}$。试求当 O_1M 的距离 $l = 3\text{m}$、$O_1A \perp O_2B$ 时（杆的倾角如图上所示），铰链 M 分别相对于杆 O_1A 和 O_2B 的速度。

8-13　在图 8-23 所示曲柄滑道机构中，曲柄 OA 长 $r=10\text{cm}$。当 $\theta=30°$ 时，其角速度 $\omega=1\text{rad/s}$，角加速度 $\alpha=1\text{rad/s}^2$。试求 C 点的加速度和滑块 A 在滑道中的相对加速度。

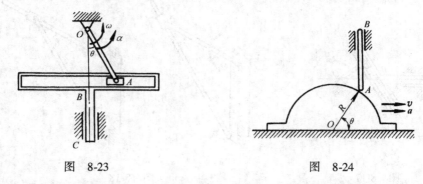

图　8-23　　　　　　　　　　　　图　8-24

8-14　半圆形凸轮（图 8-24）半径为 R，当 $\theta=60°$ 时，凸轮的移动速度为 v，加速度为 a。试求此瞬时 B 点的速度与加速度。

8-15　机构如图 8-25 所示。已知：杆 AB 以匀角速度 ω 转动，尺寸 l；DC 杆的 C 点始终与 AB 杆接触。试求 D 点的速度与加速度（表示成 θ 的函数）。

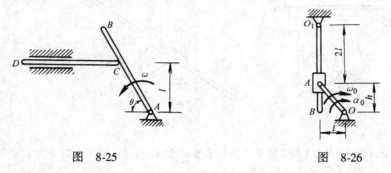

图　8-25　　　　　　　　　　　　图　8-26

8-16　机构如图 8-26 所示。在图示瞬时，$l=150\text{mm}$，$h=200\text{mm}$，曲柄 OA 的角速度 $\omega_0=4\text{rad/s}$、角加速 $\alpha_0=2\text{rad/s}^2$。试求此瞬时杆 O_1B 的角速度与角加速度。

8-17　在图 8-27 所示偏心轮摇杆机构中，摇杆 O_1A 借助弹簧压在半径为 R 的轮 B 上，当偏心轮 B 绕轴 O 往复摆动时，带动摇杆绕轴 O_1 摆动。设 $OB\perp OO_1$ 时，$\theta=60°$，轮 B 的角速度为 ω，角加速度为零。试求此瞬时摇杆 O_1A 的角速度 ω_1 和角加速度 α_1。

8-18　两机构如图 8-28a、b 所示。已知：杆 AB 长为 r，杆 OD 长为 $3r$。当 $\theta=60°$ 时，AB 处于水平，其角速度为 ω，角加速度为零。试求此瞬时两机构中的 D 点的速度与加速度。

8-19　在图 8-29 所示机构中，杆 BD 可在套筒 O 处滑动，而套筒被铰接于 O 处，杆 BD 的 B 端以匀速 $v=450\text{mm/s}$ 运动，$l=225\text{mm}$。试求 $\theta=30°$ 时，在轴 BD 上并与铰 O 重合的一点 A 的速度和加速度。

8-20　图 8-30 所示两半径均为 $R=50\text{mm}$ 的圆盘均以匀角速度 $\omega_1=1\text{rad/s}$、$\omega_2=2\text{rad/s}$ 转动，两圆盘转轴间距离 $l=250\text{mm}$。试求图示两圆盘位于同一平面瞬时，盘 2 上的 A 点相对盘 1 的速度和加速度。

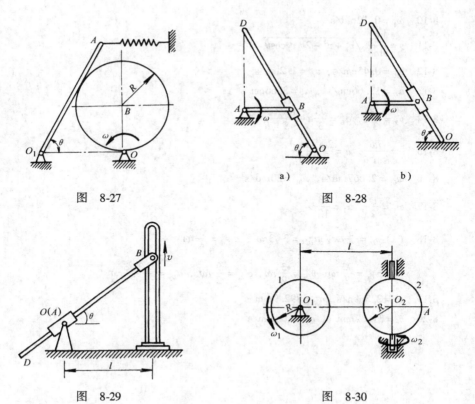

图 8-27　　　　　　　　　图 8-28

图 8-29　　　　　　　　　图 8-30

习 题 答 案

8-1　$y' = b\cos\left(\dfrac{k}{v}x' + \varphi\right)$

8-2　$r = \dfrac{v}{\omega}\varphi$

8-3　$v_r = l\omega\tan\varphi\,\sec\varphi$

8-4　$v_r = 10.06\mathrm{m/s}$, v_r 与铅垂直径夹角 $\varphi = 41.8°$

8-5　$v_r = 3.983\mathrm{m/s}$, $v_2' = 1.035\mathrm{m/s}$ 时, v_r 与带 B 垂直

8-6　$\omega_D = 2.67\mathrm{rad/s}$

8-7　$\varphi = 0°$时, $v = \dfrac{\sqrt{3}}{3}r\omega$ 向左

　　　$\varphi = 30°$时, $v = 0$

　　　$\varphi = 60°$时, $v = \dfrac{\sqrt{3}}{3}r\omega$ 向右

8-8　（a）$\omega_2 = 1.5\mathrm{rad/s}$, （b）$\omega_2 = 2\mathrm{rad/s}$

8-9　$v_r = 160\mathrm{cm/s}$

8-10 $\omega_1 = 0.12 \text{rad/s}$

8-11 $v = \dfrac{1}{\sin\theta}\sqrt{v_1^2 + v_2^2 - 2v_1 v_2 \cos\theta}$

8-12 $v_{r1} = 0.45 \text{cm/s}$, $v_{r2} = 1.2 \text{cm/s}$

8-13 $a_C = 13.66 \text{cm/s}^2$, $a_r = 3.66 \text{cm/s}^2$

8-14 $v_B = \dfrac{\sqrt{3}}{3}v$, $a_B = \dfrac{\sqrt{3}}{3}a - \dfrac{8\sqrt{3}}{9}\dfrac{v^2}{R}$

8-15 $v = \dfrac{l\omega}{\sin^2\theta}$, $a = \dfrac{2\omega^2 l\cos\theta}{\sin^3\theta}$

8-16 $\omega_{01} = 2.667 \text{rad/s}$, $\alpha_{01} = 20 \text{rad/s}^2$

8-17 $\omega_1 = \dfrac{\omega}{2}$, $\alpha_1 = \dfrac{\sqrt{3}}{12}\omega^2$

8-18   (a) $v_D = \dfrac{3}{2}\omega r$, $a_{D,\tau} = 3\sqrt{3}r\omega^2$, $a_{D,n} = \dfrac{3}{4}r\omega^2$

         (b) $v_{Dx} = \dfrac{\sqrt{3}}{2}r\omega$, $v_{Dy} = \dfrac{3}{2}r\omega$, $a_{Dx} = \dfrac{9}{2}r\omega^2$, $a_{Dy} = -\dfrac{3\sqrt{3}}{2}r\omega^2$

8-19 $v_A = 225 \text{mm/s}$, $a_A = 892.9 \text{mm/s}^2$

8-20 $v_r = 316.2 \text{mm/s}$, $a_r = 500 \text{mm/s}^2$

第三篇　动　力　学

动力学研究的是力与运动之间的关系。本篇基于牛顿动力学三大定律，导出各种有关定理、方程。

第九章　质心运动定理　动量定理

内 容 提 要

1. 动力学基本方程（牛顿第二定律）

牛顿第二定律是相对绝对坐标系而言的

$$ma = F$$

当质量恒定时，也可改写为

$$\frac{d}{dt}(mv) = F$$

因为质量与速度的乘积（mv）为质点的动量，所以此式也可称为质点动量定理的微分形式。

2. 质点系的动量计算

当质点系由较多质点组成或为刚体（无限个质点的质点系）时，用逐个计算质点的动量加以合成而计算出整个质点系的总动量的方法是极其繁琐的。利用质心公式则可使计算极为简便。

1）质心公式：质点系的质心位置可表示为

$$r_C = \frac{\sum_{i=1}^{n} m_i r_i}{m}$$

r_C 与 r_i 是相对所选取的坐标而言的。这个坐标可以是静坐标，也可以是动坐标。

2）质点系的动量计算公式：利用质心公式，质点系的动量计算可简捷地表示为

$$p = \sum_{i=1}^{n} m_i v_i = m v_C$$

3. 质点系的动量定理

1）质点系动量定理的微分形式

$$\frac{\mathrm{d}\boldsymbol{p}}{\mathrm{d}t} = \sum_{i=1}^{n} \boldsymbol{F}_{i,\mathrm{E}}$$

此式表示，只有系统外部的力，才能改变质点系的总动量。

2）质心运动定理

$$m\boldsymbol{a}_C = \sum_{i=1}^{n} \boldsymbol{F}_{i,\mathrm{E}}$$

此式表示，只有系统外部的力，才能改变质点系质心的运动。

4. 冲量计算

力对时间的累积效应为冲量。

（1）元冲量　力在 $\mathrm{d}t$ 时间内的累积效应为元冲量

$$\delta \boldsymbol{I} = \boldsymbol{F}\mathrm{d}t$$

（2）冲量　力在时间 $t_1 \sim t_2$ 内的累积效应为冲量

$$\boldsymbol{I} = \int_{t_1}^{t_2} \boldsymbol{F}\mathrm{d}t$$

（3）合力的冲量

$$\boldsymbol{I} = \int_{t_1}^{t_2} \boldsymbol{F}\mathrm{d}t = \int_{t_1}^{t_2} \left(\sum_{i=1}^{n} \boldsymbol{F}_i\right)\mathrm{d}t = \sum_{i=1}^{n} \int_{t_1}^{t_2} \boldsymbol{F}_i\mathrm{d}t = \sum_{i=1}^{n} \boldsymbol{I}_i$$

5. 冲量定理

冲量定理是动量定理的积分形式

$$\boldsymbol{p}_2 - \boldsymbol{p}_1 = \sum_{i=1}^{n} \boldsymbol{I}_{i,\mathrm{E}}$$

特例：当 $\displaystyle\sum_{i=1}^{n} \boldsymbol{I}_{i,\mathrm{E}} = 0$ 时，$\boldsymbol{p} = m\boldsymbol{v}_C =$ 常矢量，即系统的动量守恒。

6. 动量定理的应用

对稳定流流经弯管时，会产生动压力，其作用在流体上的动压力的反作用力为

$$\boldsymbol{F}_{\mathrm{N}} = \rho Q\,(\boldsymbol{v}_2 - \boldsymbol{v}_1)$$

式中，ρ 是流体的密度；Q 是流体的流量。

基 本 要 求

1）掌握质心公式，会正确计算质点系、刚体和刚体系的动量。

2）用动量定理求解质点系问题时，能正确地进行受力分析，分清外力与内力并在物体上画出外力。能正确地进行运动分析，确定系统独立的运动未知量。

3）会求解稳定流问题中管道对流体的附加动约束力。

典 型 例 题

例 9-1　两个质量均为 m 的质点 M_1 与 M_2 处于同一铅垂直线上。质点 M_1 在

地表面上以铅垂向上的初速v_0（足够大）上抛，质点 M_2 在高度 h 处无初速地降落。若空气阻力 $F = -\mu m v$，其中 μ 为阻尼系数。试求两质点相遇的时间、地点。

解 质点作直线运动，所以只要一个运动参变量（y）就可描述。根据题意分别作 M_1 与 M_2 质点受力、运动分析图（见图 9-1）。

对于上抛过程，运动微分方程为

$$m\ddot{y} = -mg - \mu m v$$

由于 $v = \dot{y}$

所以 $\ddot{y} = -g - \mu\dot{y}$

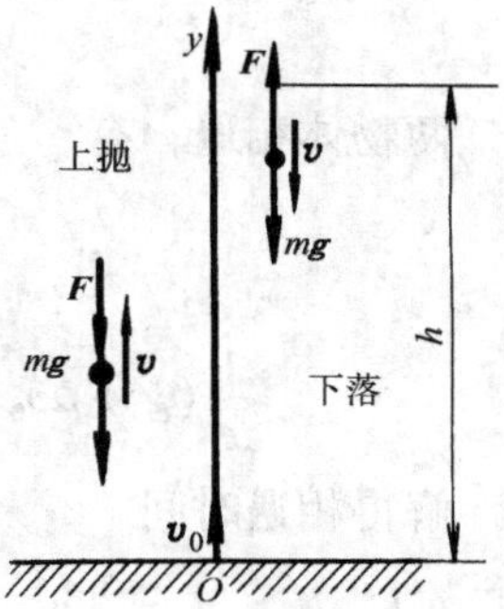

初始条件：$t = 0$，$y_0 = 0$，$\dot{y}_0 = v_0$，用 $\ddot{y} = \dfrac{\mathrm{d}\dot{y}}{\mathrm{d}t}$ 代入后分离变量积分

$$\int_{v_0}^{\dot{y}} -\frac{\mathrm{d}\dot{y}}{g + \mu\dot{y}} = \int_0^t \mathrm{d}t$$

$$-\frac{1}{\mu}\ln\frac{g + \mu\dot{y}}{g + \mu v_0} = t, \quad \mathrm{e}^{-\mu t} = \frac{g + \mu\dot{y}}{g + \mu v_0}$$

故 $\dot{y} = \dfrac{1}{\mu}\left[(g + \mu v_0)\,\mathrm{e}^{-\mu t} - g\right]$，用 $\dot{y} = \dfrac{\mathrm{d}y}{\mathrm{d}t}$ 代入后分离变量积分

$$\int_0^{y_1} \mathrm{d}y = \int_0^t \frac{1}{\mu}\left[(g + \mu v_0)\mathrm{e}^{-\mu t} - g\right]\mathrm{d}t$$

得出上抛物体的运动方程为

$$y_1 = \frac{1}{\mu^2}(g + \mu v_0)(1 - \mathrm{e}^{-\mu t}) - \frac{g}{\mu}t$$

对于下落过程，运动微分方程为

$$m\ddot{y} = -mg + \mu m v$$

由于 $v = -\dot{y}$

所以 $\ddot{y} = -g - \mu\dot{y}$

初始条件：$t = 0$，$y_0 = h$，$\dot{y}_0 = 0$，同上一样分离变量后积分

$$\int_0^{\dot{y}} -\frac{\mathrm{d}\dot{y}}{g + \mu\dot{y}} = \int_0^t \mathrm{d}t$$

$$-\frac{1}{\mu}\ln\frac{g + \mu\dot{y}}{g} = t, \quad \mathrm{e}^{-\mu t} = \frac{g + \mu\dot{y}}{g}$$

图 9-1

故 $\dot{y} = \dfrac{g}{\mu}(\mathrm{e}^{-\mu t} - 1)$ 也同上一样分离变量积分

$$\int_{h}^{y_2} \mathrm{d}y = \int_{0}^{t} \frac{g}{\mu}(\mathrm{e}^{-\mu t} - 1)\,\mathrm{d}t$$

得下落物体的运动方程为

$$y_2 = h - \frac{g}{\mu}t - \frac{g}{\mu^2}(\mathrm{e}^{-\mu t} - 1)$$

两物体相遇，有

$$y_1 = y_2$$

即

$$\frac{1}{\mu^2}(g + \mu v_0)(1 - \mathrm{e}^{-\mu t}) - \frac{g}{\mu}t = h - \frac{g}{\mu}t - \frac{g}{\mu^2}(\mathrm{e}^{-\mu t} - 1)$$

解得相遇时间

$$t = \frac{1}{\mu}\ln\frac{v_0}{v_0 - \mu h}$$

相遇地点

$$y_1 = y_2 = h - \frac{g}{\mu}t - \frac{g}{\mu^2}(\mathrm{e}^{-\mu t} - 1) = h - \frac{g}{\mu}\left(\frac{1}{\mu}\ln\frac{v_0}{v_0 - \mu h} - \frac{\mu}{v_0}\right)$$

讨论

1) 当力函数 F 与速度（或位置）一次方成正比时，上抛、下落过程中，物体的运动微分方程相同。这是因为 v 表示物体的实际运动方向，而 $\dot{y}$ 表示与坐标对应的速度函数正向。在上抛时，二者指向一致；在下落时，二者指向不同。当力函数 F 与速度（或位置）二次方成正比时，即 $F = \mu v^2$（或 $F = \mu r^2$），虽然 $\dot{y}$ 与 v 有同样的关系，但上抛和下落时的方程不同。

$$\text{上抛时}\ (v = \dot{y}) \qquad m\ddot{y} = -mg - \mu\dot{y}^2$$

$$\text{下落时}\ (v = -\dot{y}) \qquad m\ddot{y} = -mg + \mu\dot{y}^2$$

2) 在题给条件中有"v_0（足够大）"，这 v_0 应为多少？从两物体相遇时间 $t = \dfrac{1}{\mu}\ln\dfrac{v_0}{v_0 - \mu h}$ 看出，当 $\ln\dfrac{v_0}{v_0 - \mu h} > 0$ 时有解，所以两物体相遇条件 $v_0 > \mu h$，即上抛物体必须有足够大的初速度才能与下落物体相遇。

例 9-2 匀质杆 AB 长为 l，质量为 m；匀质圆盘半径 $r = \dfrac{l}{5}$，质量为 $2m$，可在水平面上无滑动地滚动（见图 9-2a）。当 $\varphi = 30°$ 时，杆上 B 端沿铅垂方向向下滑的速度为 v_B。试求此瞬时系统的总动量。

解 系统在各种约束条件下，只需一个运动参变量 φ 就可描述。对于质点

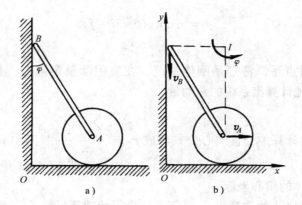

图 9-2

系(刚体系)，求系统的总动量，可利用质心公式

即

$$\boldsymbol{p} = \sum_{i=1}^{n} m_i \boldsymbol{v}_i = m \boldsymbol{v}_C$$

在 O 点建立笛卡儿坐标，如图 9-2b 所示，有

$$x_C = \frac{2ml\sin\varphi + m\frac{l}{2}\sin\varphi}{2m + m} = \frac{5}{6}l\sin\varphi$$

$$y_C = \frac{2mr + m(r + \frac{l}{2}\cos\varphi)}{2m + m} = \frac{l}{5} + \frac{l}{6}\cos\varphi$$

当 $\varphi = 30°$ 时

$$\dot{x}_C = \frac{5}{6}l\dot{\varphi}\cos\varphi$$

$$\dot{y}_C = -\frac{1}{6}l\dot{\varphi}\sin\varphi$$

根据运动学（平面运动）的关系式，式中 $\dot{\varphi} = \dfrac{v_B}{l\sin\varphi}$，代入得

$$\dot{x}_C = \frac{5}{6}v_B\cot\varphi = \frac{5\sqrt{3}}{6}v_B$$

$$\dot{y}_C = -\frac{1}{6}v_B$$

由此得

$$p_x = 3m\dot{x}_C = \frac{5\sqrt{3}}{2}mv_B$$

$$p_y = 3m\dot{y}_C = -\frac{1}{2}mv_B$$

写成合动量形式，用矢量来表示，为

$$p = \frac{1}{2}mv_B(5\sqrt{3}i - j)$$

讨论

1）对于质点系，特别是刚体系统，在应用动量定理时，只有利用质心公式，才能简单地计算出系统的总动量。

2）在以上计算中，将质心公式写成 $r_C = \dfrac{\sum\limits_{i=1}^{n} m_i r_{iC}}{\sum\limits_{i=1}^{n} m_i}$，其中 m_i 为各刚体的质量；r_{iC} 是各刚体的质心坐标。

例9-3　滑块 A 的质量为 m_A，下悬一摆，摆锤质量为 m_B，摆长为 l，摆杆自重不计（见图9-3a）。摆按规律 $\varphi = \varphi_0 \sin\omega t$ 摆动。试求滑块 A 的运动方程（初始时系统的质心速度为零）和地面对滑块 A 的作用力。

解　系统受水平面及杆约束后，需有 2 个运动学参变量 x 与 φ 来描述（见图9-3b）。

对系统作受力分析后（见图 9-3b），由

$$\sum F_{ix,\mathrm{E}} = 0$$

则

$$p_x = \mathrm{const}$$

相应的质心坐标

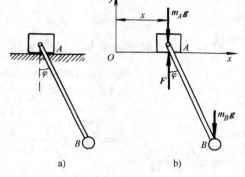

a)　　　　b)

图 9-3

$$x_C = \frac{m_A x_A + m_B x_B}{m_A + m_B} = \frac{m_A x + m_B(x + l\sin\varphi)}{m_A + m_B} = C$$

即得

$$x = C - \frac{m_B l\sin(\varphi_0 \sin\omega t)}{m_A + m_B}$$

这就是滑块 A 的运动规律。

在竖直方向，动量不守恒，由

$$(m_A + m_B)\ddot{y}_C = F - (m_A + m_B)g$$

则

$$F = (m_A + m_B)(g + \ddot{y}_C)$$

只要求出 $\ddot{y}_C$，就可求出 F。由相应的质心坐标

$$y_C = \frac{m_A y_A + m_B y_B}{m_A + m_B} = \frac{m_B(-l\cos\varphi)}{m_A + m_B}$$

求二阶导数

$$\dot{y}_C = \frac{m_B}{m_A + m_B} l\,\dot{\varphi}\sin\varphi$$

$$\ddot{y}_C = \frac{m_B}{m_A + m_B} l(\ddot{\varphi}\sin\varphi + \dot{\varphi}^2\cos\varphi)$$

由题给条件 $\varphi = \varphi_0\sin\omega t$ 知，式中 $\dot{\varphi} = \varphi_0\omega\cos\omega t$，$\ddot{\varphi} = -\varphi_0\omega^2\sin\omega t$，代入得

$$\ddot{y}_C = \frac{m_B}{m_A + m_B} l\varphi_0\omega^2(-\sin\varphi\,\sin\omega t + \varphi_0\cos\varphi\,\cos^2\omega t)$$

最后得

$$F = (m_A + m_B)g + m_B l\varphi_0\omega^2(-\sin\varphi\,\sin\omega t + \varphi_0\cos\varphi\,\cos^2\omega t)$$

讨论

1）滑块 A 的运动方程中出现常数 C，是因为 xy 坐标的原点没取在初始的质心位置上。静坐标系的任意选取，仅在列写出的坐标上相差一常数，而对动量没有影响。

2）求解时，若不从质心公式出发，而直接去表示质点的动量，每个质点的动量均要用绝对速度表示，如 $\boldsymbol{v}_B = \boldsymbol{v}_A + \boldsymbol{v}_{BA}$。

例 9-4 一水车靠在墙壁上，如图 9-4a 所示。已知：水面距出水孔高为 h，孔口截面积为 S_0，孔口喷射速度为 $v = \sqrt{2gh}$，水的密度为 ρ，水箱中水面的面积为 S，且 $S \gg S_0$。若不计水车与地面的摩擦，试求水车作用于墙壁上的水平压力。

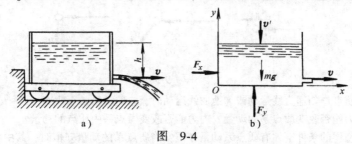

图 9-4

解 以水箱中全部流体为研究对象，作用其上的外力有水的重力 $m\boldsymbol{g}$，水箱壁对水的水平向合力 $\boldsymbol{F}_x$，水箱底板的约束力 $\boldsymbol{F}_y$（见图 9-4b）。

设箱内水面流速为 $\boldsymbol{v}'$，方向铅直向下，单位时间质量的改变率为 $\dfrac{\mathrm{d}m}{\mathrm{d}t} = \rho S_0 v$（稳定流，水面下降的质量等于孔口流出的质量），因而在 $\mathrm{d}t$ 时间内流体动量的变化为

$$\mathrm{d}\boldsymbol{p} = \mathrm{d}m\boldsymbol{v} - \mathrm{d}m\boldsymbol{v}'$$

动量定理向 x 轴投影 $\dfrac{\mathrm{d}p_x}{\mathrm{d}t} = F_x$，即

$$\frac{\mathrm{d}m}{\mathrm{d}t}v = F_x$$

得

$$F_x = \rho S_0 v^2 = \rho S_0 2gh = 2\rho g S_0 h$$

F_x 的反作用力作用在水箱上，水箱同时受到墙壁的反力 F，可见 $F = F_x$。

讨论

1）对于流体流动附加动压力问题，研究对象是流体，由于流体受到容器的约束，其流体的形状应同容器一样。

2）本题也可直接套用公式 $F_N = \rho Q (v_2 - v_1)$，式中 $Q = S_0 v$，即

$$\rho Q = \frac{dm}{dt}$$

思 考 题

9-1 质点的运动方向（即速度方向）是否一定与作用在质点上的合力方向相同？

9-2 质点作曲线运动时，能否不受任何力？

9-3 设起重机起吊重物时，先后经过加速度 $a > 0$、$a = 0$、$a < 0$ 三个阶段。试问在这过程中，钢丝绳对重物的拉力如何变化？

9-4 质量为 m 的质点受一已知力 F 作用，是否可以求出质点的运动方程？

9-5 一质点在空间运动时，只受重力作用。试问质点是否一定作直线运动？

9-6 三个质量相同的质点，在某瞬时的速度分别如图 9-5 所示，若对它们作用了大小、方向相同的力 F，试问质点的运动情况是否相同？

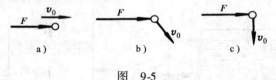

图 9-5

9-7 当质点作匀速直线运动或匀速曲线运动时，它的动量是否改变？

9-8 内力能否改变质点系的动量？内力能否改变质点系中质点的动量？

9-9 在怎样的条件下才有质点系动量守恒？当质点系的动量守恒时，其中各质点的动量是否也必须守恒？

9-10 质点系的质心位置取决于什么因素？内力能否改变质心的运动？

9-11 质心运动微分方程可以解决质点系运动规律中的何种运动问题？

9-12 在光滑的水平面上放置一静止的圆盘，当它受一力偶作用时，盘心将如何运动？盘心运动情况与力偶作用位置有关吗？如果圆盘面内受一大小和方向都不变的力作用，盘心将如何运动？盘心运动情况与此力的作用点有关吗？

习 题

在本章习题中，若不特别指明，则物体的自重不计，接触处的摩擦不计，而圆轮之类相对其他物体的运动为无滑动的滚动（纯滚动）。

9-1 汽车制动的性能指标，是由其减速度、制动时间和制动行程来评定的。已知：汽车

的总重为 P，开始制动时的速度为 v_0；轮胎与路面之间的动摩擦因数为 f_d。若在制动过程中汽车只沿路面滑动，地面对于轮胎的动摩擦力为常量。试求汽车的减速度、制动的时间和制动行程。

9-2　一物体重 $P = 100\text{N}$，在变力 $F = 100(1 - t)$ 作用下沿水平直线运动，式中 t 以 s 计，F 以 N 计。若物体的初速度 $v_0 = 20\text{cm/s}$，且力的方向与速度的方向相同。试求：（1）经过多少时间后物体停止运动；（2）停止前走了多少路程。

9-3　如图 9-6 所示，假设有一穿过地心的笔直隧道，一质点自地面无初速地放入隧道。若质点受到地球内部的引力与它到地心的距离成正比，地球半径 $R = 6370\text{km}$，在地球表面的重力加速度 $g = 9.8\text{m/s}^2$。试求：（1）质点的运动；（2）质点穿过地心时的速度；（3）质点到达地心所需的时间。

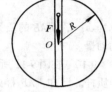

9-4　一质量为 m 的质点在大小为 $F = \mu m x$ 的斥力作用下，沿 x 轴作直线运动，其中 x 为质点到固定中心 O（x 轴的原点）的距离，μ 为比例常数。在初瞬时质点到固定中心 O 的距离为 $x_0 = l$，速度为 $v_0 = 0$。试求该质点经过路程 $s = l$ 时所达到的速度。

图　9-6

9-5　重 $P = 10\text{N}$ 的物体，在水中沿水平直线运动。当速度大于 0.5m/s 时，阻力与速度平方成正比，比例常数 $k_1 = 0.2$；当速度小于 0.5m/s 时，阻力与速度一次方成正比，比例常数 $k_2 = 0.1$。若给物体 $v_0 = 8\text{m/s}$ 的初速度，试求物体停止前走过的路程。

9-6　一质量 $m = 1.5\text{kg}$ 的滑套，在一水平圆环上滑动，如图 9-7 所示。滑套与圆环间的动摩擦因数 $f = 0.3$，圆环半径 $r = 100\text{mm}$。若滑套在 $\theta = 0$ 处以初速度 $v_0 = 2\text{m/s}$ 开始运动，试求滑套沿圆环滑多远才停止。

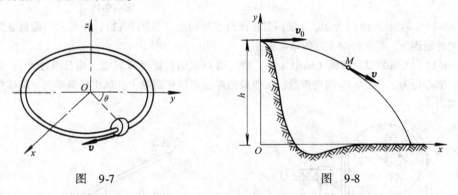

图　9-7　　　　　　　　　　　　　　　　图　9-8

9-7　物体自高 h 处以速度 v_0 水平抛出（见图 9-8），空气阻力为 $F = kmv$，式中 k 为比例常数，m 为物体的质量。试求：（1）物体的运动方程；（2）物体运动的轨迹。

9-8　试计算图 9-9 所示情况下系统的动量：

a）质量为 m 匀质圆盘沿水平面滚动，圆心 O 的速度为 $\boldsymbol{v}_C$；b）非匀质圆盘以角速度 ω 绕 O 轴转动，圆盘质量为 m，质心为 C，偏心距离 $\overline{OC} = e$；c）胶带轮传动，大轮以角速度 ω 转动。胶带及两胶带轮均为匀质物体；d）质量为 m 的匀质杆，长度为 l，绕 O 铰以角度 ω 转动。

9-9　平行连杆机构（见图 9-10）中匀质摆杆 O_1A 与 O_2B 的质量均为 m，长均为 l，角速

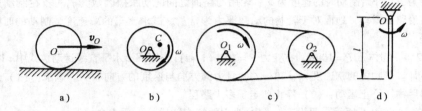

图 9-9

度为 ω；平板 AB 的质量为 $2m$。试求图示位置时系统的动量。

9-10 在图 9-11 所示的椭圆规机构中，各杆均为匀质杆。已知：AB 杆的质量为 $2m$，OC 杆的质量为 m_1，滑块 A、B 的质量均为 m_2。OC 长为 l；AB 长为 $2l$，且 $AC = CB$，曲柄以匀角速度 ω 转动。试求任意瞬时椭圆规机构的动量。

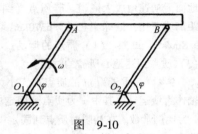

图 9-10

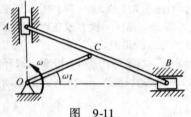

图 9-11

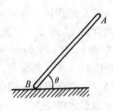

图 9-12

9-11 匀质杆 AB 长为 $2l$，B 端搁置在光滑水平面上（见图 9-12），杆与水平面呈 θ 角时无初速地倒下。试求杆端 A 点的运动轨迹。

9-12 水泵的匀质圆板（见图 9-13）绕定轴 O 以匀角速度 ω 转动，圆盘半径为 r，重为 P_1，偏心距为 e，重为 P_2 的夹板借右端弹簧的推压而顶在圆盘上。试求任意瞬时 t 基础的动约束力。

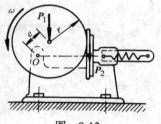

图 9-13

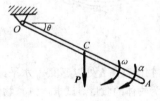

图 9-14

9-13 匀质杆 OA 重为 P，长为 $2l$，绕通过 O 点的水平轴在铅垂面内转动（见图 9-14）。当转动到与水平线成 θ 角时，角速度与角加速度分别为 ω 与 α。试求此瞬时支座 O 的约束力。

9-14 重物 A、B（见图 9-15）的重量分别为 P_1、P_2。如重物 A 下降的加速度为 a，试求支座 O 处的约束力。

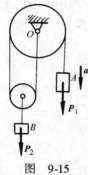

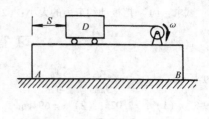

图 9-15   图   9-16

9-15   质量为 m_1 的平台 AB 放置在动滑动摩擦因数为 f 的水平面上，质量为 m_2 的小车 D 由铰车拖动，如图 9-16 所示。其相对平台的运动规律为 $s = \dfrac{1}{2}bt^2$，式中 b 为已知常数。试求平台的加速度。

9-16   水流入的速度 $v_1 = 2\text{m/s}$，流出的速度 $v_2 = 4\text{m/s}$ 且与水平线成 $\theta = 30°$ 角；水道的截面积自进口处始逐渐改变，如图 9-17 所示。进口处截面面积 $A = 0.02\text{m}^2$。试求水道壁所受稳定流的动压力的水平分力。

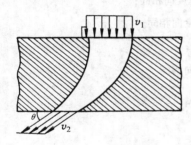

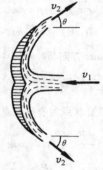

图   9-17   图   9-18

9-17   稳定流冲击涡轮固定叶片，如图 9-18 所示。已知水的流量为 Q，密度为 ρ，v_1 为水平向，v_2 与水平线成 θ 角。试求水柱对叶片的动压力的水平分力。

9-18   漏斗口的横截面积 $A = 200\text{cm}^2$，砂子自漏斗口以速度 v_0 铅垂下落（图 9-19），胶带的速度 $v = 1.5\text{m/s}$，砂子的密度为 $\rho = 0.027\text{kg/m}^3$。试求胶带所受的水平动压力。

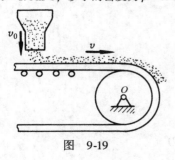

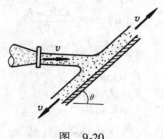

图   9-19   图   9-20

9-19 从喷嘴射出的水流量为 Q，速度为 v；水流遇到挡板后分为两支，如图 9-20 所示。已知挡板的倾角为 θ，水的密度为 ρ。若水流分成两支后其速度大小不变，挡板的动力垂直于挡板，试求：（1）挡板动约束力的大小；（2）每支水流的流量。

习 题 答 案

9-1　$a = -f_d g$，$t = \dfrac{v_0}{f_d g}$，$x = \dfrac{v_0^2}{2f_d g}$

9-2　（1）$t = 2.02\mathrm{s}$；（2）$x = 694\mathrm{cm}$

9-3　$x = R\cos\left(\sqrt{\dfrac{g}{R}}t\right)$，$v = -7.9\mathrm{km/s}$，$t = 1266\mathrm{s}$

9-4　$v = \sqrt{3\mu l}$

9-5　$s = 19.25\mathrm{m}$

9-6　$s = 0.352\mathrm{m}$

9-7　（1）$x = \dfrac{v_0}{k}\left(1 - \mathrm{e}^{-kt}\right)$，$y = h - \dfrac{g}{k}t + \dfrac{g}{k^2}\left(1 - \mathrm{e}^{-kt}\right)$

　　（2）$y = h - \dfrac{g}{k^2}\ln\dfrac{v_0}{v_0 - kx} + \dfrac{gx}{Kv_0}$

9-8　a) $\boldsymbol{p} = m\boldsymbol{v}_0$；b) $p = m\omega e$，$\boldsymbol{p}$ 方向与 C 点的速度向相同；

　　c) $\boldsymbol{p} = 0$；d) $p = \dfrac{m}{2}l\omega$，$\boldsymbol{p}$ 方向与 C 点的速度向相同。

9-9　$p = 3ml\omega$ 方向与 $\boldsymbol{v}_A$ 相同

9-10　$p = \dfrac{1}{2}\left(5m_1 + 4m_2\right)l\omega$，方向与 C 点速度向相同

9-11　以初始 B 点为静系原点，得 $(x_A - l\cos\theta)^2 + \dfrac{y_A^2}{4} = l^2$

9-12　$F_x = -\dfrac{P_1 + P_2}{g}e\omega^2\cos\omega t$

　　　$F_y = P_1 + P_2 - \dfrac{P_2}{g}e\omega^2\sin\omega t$

9-13　$F_{0x} = -\dfrac{P}{g}l\left(\omega^2\cos\theta + \alpha\sin\theta\right)$

　　　$F_{0y} = P + \dfrac{P}{g}l\left(\omega^2\cos\theta - \alpha\sin\theta\right)$

9-14　$F_{0x} = 0$

　　　$F_{0y} = P_1 + P_2 - \dfrac{2P_1 - P_2}{2g}a$

9-15　$a = \dfrac{m_2 b - f\left(m_1 + m_2\right)g}{m_1 + m_2}$

9-16　$F_x = 138.6\mathrm{N}$

9-17　$F_x = \rho Q\left(v_2\cos\theta + v_1\right)$

9-18　$F_x = 8.11\mathrm{N}$

9-19　（1）$F = \rho Qv\sin\theta$；（2）$Q_{1,2} = \dfrac{Q}{2}\left(1 \pm \cos\theta\right)$

第十章 动量矩定理

动量定理只能描述质点系随质心移动部分的运动规律，而不能反映质点系质点间相对运动部分的运动规律。动量矩定理可描述这种相对运动规律。

内 容 提 要

1. 刚体的转动惯量

转动惯量是度量刚体角动量改变时的旋转惯性。转动惯量不仅与质量大小有关，更取决于质量的分布。

（1）对轴与对点的转动惯量　空间刚体和平面（不计厚度）刚体对轴与对点的转动惯量的表达式如表 10-1 所示。

表 10-1　刚体转动惯量的表达式

	空间刚体	平面刚体（刚体位于 Oxy 平面）
对轴	$J_x = \sum_{i=1}^{n} m_i(y_i^2 + z_i^2)$ $J_y = \sum_{i=1}^{n} m_i(x_i^2 + z_i^2)$ $J_z = \sum_{i=1}^{n} m_i(x_i^2 + y_i^2)$	$J_x = \sum_{i=1}^{n} m_i y_i^2$ $J_y = \sum_{i=1}^{n} m_i x_i^2$
对点	$J_O = \dfrac{1}{2}(J_x + J_y + J_z)$	$J_z = J_O = J_x + J_y$

（2）用回转半径表示的转动惯量　对任一轴 l，有

$$J_l = m\rho_l^2$$

（3）转动惯量的平行轴定理　刚体对任意轴的转动惯量，等于它对过质心的平行轴的转动惯量加上刚体的质量与两轴间距平方的乘积，即

$$J_z = J_{Cz'} + md^2$$

2. 质系动量矩计算

动量对不同点之矩的表达式如表 10-2 所示。

表 10-2　动量对不同点之矩的表达式

	对固定点	对质心
任意质系	$L_O = \displaystyle\sum_{i=1}^{n} r_i \times m_i v_i$ v_i 为质点的绝对速度	$L_C = \displaystyle\sum_{i=1}^{n} r_{iC} \times m_i v_i$ $= \displaystyle\sum_{i=1}^{n} r_{iC} \times m_i v_{iC}$ r_{iC} 为任意点到质心的矢径 v_{iC} 为任意点相对质心的速度
刚体	$L_O = L_C + r_C \times p$ $= J_C \omega + r_C \times p$	$L_C = J_C \omega$
特例	定轴转动 $L_z = J_z \omega$	平面运动 $L_C = J_C \omega$

3. 动量矩定理

所谓动量矩定理，主要是指动量矩定理的微分形式。动量矩定理的各种表达式如表 10-3 所示。

表 10-3　动量矩定理的各种表达式

	对固定点 O	对质心 C
任意质系	$\dfrac{\mathrm{d}L_O}{\mathrm{d}t} = \displaystyle\sum_{i=1}^{n} M_O(F_{i,\mathrm{E}})$	$\dfrac{\mathrm{d}L_C}{\mathrm{d}t} = \displaystyle\sum_{i=1}^{n} M_C(F_{i,\mathrm{E}})$
刚体	$\dfrac{\mathrm{d}}{\mathrm{d}t}[J_C\omega + r_C \times p] = \displaystyle\sum_{i=1}^{n} M_O(F_{i,\mathrm{E}})$	$J_C\alpha = \displaystyle\sum_{i=1}^{n} M_C(F_{i,\mathrm{E}})$
特例	定轴转动 $J_z\alpha = \displaystyle\sum_{i=1}^{n} M_z(F_{i,\mathrm{E}})$	平面运动 $J_C\alpha = \displaystyle\sum_{i=1}^{n} M_C(F_{i,\mathrm{E}})$

4. 动量矩守恒

1）若 $\displaystyle\sum_{i=1}^{n} M_O(F_{i,\mathrm{E}}) = 0$，则 $L_O =$ 常矢量；特例：若 $\displaystyle\sum_{i=1}^{n} M_z(F_{i,\mathrm{E}}) = 0$，则 $L_z =$ 常量。

2）若 $\displaystyle\sum_{i=1}^{n} M_C(F_{i,\mathrm{E}}) = 0$，则 $L_C =$ 常矢量；特例：若 $\displaystyle\sum_{i=1}^{n} M_{Cz}(F_{i,\mathrm{E}}) = 0$，则 $L_{Cz} =$ 常量。

5. 刚体平面运动微分方程

将质心运动定理与质点系相对质心的动量矩定理结合，就有刚体的平面运动微分方程

$$ma_C = \sum_{i=1}^{n} F_{i,\mathrm{E}}$$

上式在刚体运动平面中有两个投影方程，及

$$J_C \alpha = \sum_{i=1}^{n} M_C(\boldsymbol{F}_{i,E})$$

基 本 要 求

1）会正确计算质点系和刚体系对固定点或质心的动量矩。

2）用动量矩定理求解质点系问题时，能正确地进行受力分析，分清外力和内力，并将外力画出来；能正确地进行运动分析，确定系统独立的运动未知量。

3）能熟练地写出平面运动微分方程和运动学补充方程。

典 型 例 题

例 10-1　匀质薄板尺寸为 l 与 b，板面积为 bl 时，质量为 m。试求其对 x, y 轴的转动惯量（见图 10-1a）。

解　将图形分割成两块（见图 10-1b），每一块面积均为 bl，利用转动惯量平行轴定理。

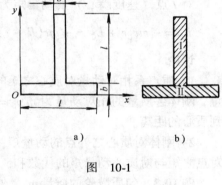

$$J_x = \frac{1}{12}ml^2 + m\left(\frac{l}{2} + b\right)^2 + \frac{1}{3}mb^2$$

$$= \frac{1}{3}m(l^2 + 3bl + 4b^2)$$

$$J_y = \frac{1}{12}mb^2 + m\left(\frac{l}{2}\right)^2 + \frac{1}{3}ml^2$$

$$= \frac{1}{12}m(b^2 + 7l^2)$$

图 10-1

讨论

1）在求解组合形体的转动惯量时，一般应用分割法的思想求解，将图形分割成若干个规则图形求解。

2）对每个图形，尽量利用转动惯量的平行轴定理，使计算简化。

3）本题若求 J_O，则可利用公式 $J_O = J_x + J_y$ 即可求出。

例 10-2　一半径为 r、质量为 m 的匀质圆柱，在半径为 R 的固定圆弧槽内作无滑动的滚动。试求圆柱对 C, O, I 三点（见图 10-2a）的动量矩（表示为 φ 的函数）。

解　圆柱作平面运动，在纯滚动时，只需一个运动参变量 φ 就可描述。

对质心 C 的动量矩（以逆时针为正），因 ω 为顺时针（见图 10-2b），则

$$L_C = -J_C \omega = -\frac{1}{2}mr^2 \omega$$

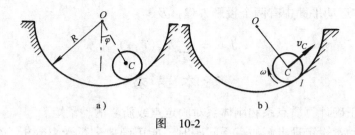

图　10-2

因为 $\quad\quad\quad\quad\quad\quad\quad \omega r = v_C = (R-r)\,\dot\varphi$

所以 $\quad\quad\quad\quad L_C = -\dfrac{1}{2}mr^2\dfrac{R-r}{r}\dot\varphi = -\dfrac{1}{2}mr(R-r)\dot\varphi$

对圆弧槽中心 O 的动量矩为

$$L_O = mv_C(R-r) + L_C = m(R-r)^2\dot\varphi - \frac{1}{2}mr(R-r)\dot\varphi$$

对 I 点（速度瞬心）的动量矩为

$$L_I = -mv_C r + L_C = -mr(R-r)\dot\varphi - \frac{1}{2}mr(R-r)\dot\varphi = -\frac{3}{2}mr(R-r)\dot\varphi$$

讨论

1）质点系相对动量对质心之矩的和等于绝对动量对质心之矩的和。但要注意，刚体各质量的相对动量为 $m_i v_{ir} = m_i\omega\rho_i$，$\omega$ 为刚体绝对角速度，ρ_i 为各质点到质心的距离。

2）刚体对质心之外点的动量矩，相当于将全部质量集中在质心上后的动量对点之矩与对质心动量矩的代数和，即由于转向不同，可能相加，也可能相减。

例 10-3 匀质鼓轮的质量 m_1，外半径为 R，内半径（轴颈）为 r，对转动轴的回转半径为 ρ，重物 A 的质量为 m_2，弹簧的刚度系数为 k（见图 10-3a）。试写出系统的运动微分方程。

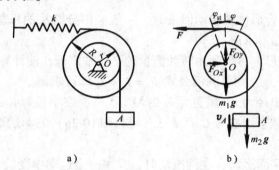

图　10-3

解 鼓轮作定轴转动，系统只需一个运动参变量 φ 就可描述（见图 10-3b）。设 φ 顺时针为正，零点位于弹簧静变形处，即在静平衡位置满足

$$k\varphi_{st}R = m_2gr$$

系统对固定点 O 的动量为

$$L_O = J_O\dot{\varphi} + m_2 v_A r = m_1\rho^2\dot{\varphi} + m_2 r^2\dot{\varphi}$$

外力对 O 点之矩为

$$\sum M_O(\boldsymbol{F}_{i,E}) = m_2gr - FR = m_2gr - [k(\varphi_{st} + \varphi)R]R = -kR^2\varphi$$

应用动量矩定理，即 $\dfrac{\mathrm{d}L_O}{\mathrm{d}t} = \sum M_O(\boldsymbol{F}_{i,E})$

得 $$(m_1\rho^2 + m_2 r^2)\ddot{\varphi} + kR^2\varphi = 0$$

讨论

1）本题虽不是单个物体，但约束点只有一处（支座 O），所以可以以系统为研究体，这样，两物体的联系——绳的力作为内力就不会出现，避免求解联立方程。

2）在建立微分方程时，若坐标 φ 的原点不取在弹簧的静变形处，而取在弹簧的原长处，则 φ 中就包括 φ_{st}，而 m_2gr 将在微分方程中出现，即有

$$(m_1\rho^2 + m_2 r^2)\ddot{\varphi} + k\rho^2\varphi = m_2gr$$

微分方程为非齐次形式。

例 10-4 一物理摆（复摆）的质量为 m，质心为 C，摆对悬挂点的转动惯量为 J_O（见图 10-4a）。试写出其微小摆动时的运动微分方程。

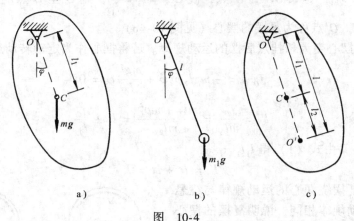

图 10-4

解 摆作定轴转动，取弧坐标 φ，由刚体定轴转动微分方程得

$$J_O\ddot{\varphi} = -mgl_1\sin\varphi$$

当转角 φ 微小时，$\sin\varphi$ 用级数展开，取其第一项，即 $\sin\varphi \approx \varphi$，于是上式可简化为

$$\ddot{\varphi} + \frac{mgl_1}{J_O}\varphi = 0$$

令 $\omega_n^2 = \dfrac{mgl_1}{J_O}$，则 $\ddot{\varphi} + \omega_n^2\varphi = 0$

讨论

1）单摆（数学摆）与复摆的对比。设单摆的质量为 m_1，摆长为 l（见图 10-4b），则单摆作微小摆动时的运动微分方程为

$$m_1 l^2 \ddot{\varphi} = -m_1 g l \sin\varphi \quad 即 \quad \ddot{\varphi} + \frac{g}{l}\varphi = 0$$

令

$$\omega_{n1}^2 = \frac{g}{l}，则 \ddot{\varphi} + \omega_{n1}^2\varphi = 0$$

如单摆的长度满足 $l = \dfrac{J_O}{ml_1}$，则单摆的运动规律与复摆相同。l 被称为复摆的简化长度。

2）复摆的摆心。设复摆对于 O、C 的回转半径分别为 ρ_O、ρ_C，则由转动惯量的平行轴定理得

$$J_O = J_C + ml_1^2 \ 或 \ J_O = m\rho_C^2 + ml_1^2$$

代入到复摆的简化长度式中，得

$$l = l_1 + \frac{\rho_C^2}{l_1} \tag{1}$$

可见 $l > l_1$。延长 OC 到 O' 点，使 $CO' = l_2 = \dfrac{\rho_C^2}{l_1}$，则 O' 至 O 点的距离就等于简化长度 l。O' 点称为复摆的摆心（见图 10-4c）。

3）将摆心变为悬挂点后摆的运动规律。若将摆心作为定轴转动点，有

$$J_{O'}\ddot{\varphi} = -mgl_2\varphi, \ddot{\varphi} + \frac{mgl_2}{J_{O'}}\varphi = 0$$

同样令

$$l' = \frac{J_{O'}}{ml_2} = \frac{ml_2^2 + m\rho_C^2}{ml_2} = l_2 + \frac{\rho_C^2}{l_2}$$

$l = l_1 + l_2$，又由式（1）得 $l_1 l_2 = \rho_C^2$

$$l' = l_1 + l_2 = l$$

可见复摆绕摆心的运动规律与绕悬挂点的运动规律相同，说明复摆的摆心和悬挂点可以互换，而不改变其运动规律。

例 10-5　半径为 r、质量为 m 的匀质圆轮沿水平面作无滑动的滚动，如图 10-5a 所示。已知：轮对质心的惯性半径为 ρ_C，作用于圆轮的力偶矩为 M。试

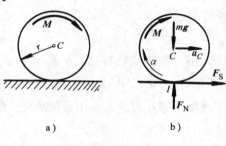

图　10-5

求轮心的加速度。如果圆轮对地面静滑动摩擦因数为 f_s，试问力偶矩 M 必须满足什么条件方不致使圆轮滑动？

解 圆轮作纯滚动，只需一个独立的运动参量 α（见图 10-5b）。

作受力分析：有 F_S 和 F_N 两个未知量，所以系统有 a_C, F_S, F_N 三个独立未知量。应用平面运动微分方程（三个方程），则三量均能解出。

$$ma_C = F_S,\ 0 = F_N - mg,\ m\rho_C^2\alpha = M - F_S r$$

根据运动学补充方程 $a_C = \alpha r$，联立求解得

$$F_N = mg,\ a_C = \frac{Mr}{m(\rho_C^2 + r^2)},\ F_S = \frac{Mr}{\rho_C^2 + r^2}$$

欲使圆轮只滚不滑，必须有 $F_S \leqslant f_S F_N$，得

$$M \leqslant f_S mg \frac{r^2 + \rho_C^2}{r}$$

讨论

1）对一个研究体，平面运动微分方程只能求解三个未知量。

2）本题可直接对速度瞬心应用动量矩定理，即

$$J_I\alpha = M$$

式中 $J_I = J_C + mr^2 = m\ (\rho_C^2 + r^2)$

当质心距速度瞬心的长度不变时均如此。

例 10-6 半径 $r_A = 25\text{cm}$ 的轴 A 以匀加速转动，角加速度 $\alpha_A = 3\text{rad}/\text{s}^2$，由绳使轮 B 沿水平面作纯滚动（见图 10-6a）；轮 B 的质量 $m_B = 70\text{kg}$，对质心 C 的回转半径 $\rho = 25\text{cm}$，内、外半径分别为 $r = 15\text{cm}$、$R = 45\text{cm}$。试求：（1）如果轮 B 作纯滚动，则静摩擦因数 f_s 为多大；（2）如果动摩擦因数 $f = 0.1$，轮 B 与平面间有滑动，此时绳的拉力为多大。

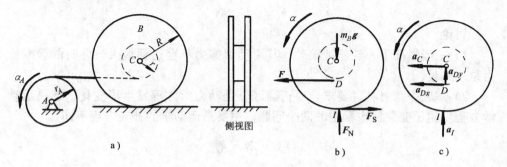

图 10-6

解 由于轮 A 的运动规律已知，故只需研究轮 B 即可。取轮 B 为研究对象，画出它的受力图（见图 10-6b）。下面将分别考虑两种情况。

1）轮 B 作纯滚动。这时轮 B 与平面间无滑动。F_S 是静摩擦力，且有

$$F_S = f_S F_N = f_S m_B g \tag{1}$$

根据平面运动微分方程，有

$$m_B a_C = F - F_S \tag{2}$$

$$0 = F_N - m_B g \tag{3}$$

$$J_C \alpha = F_S R - Fr \tag{4}$$

式中，$J_C = m_B \rho^2$。在式（2）、式（3）、式（4）中，包含了 a_C, F_S, F_N, F, α 五个未知量，就是将式（1）代入（又增加未知量 f_S），也不能求解。现由运动学可知 $a_{Dx} = \alpha_A r_A$，以 I 点为基点研究 D 点（见图 10-6c），有

$$a_{Dx} = \alpha(R - r)，得 \alpha = \frac{a_{Dx}}{(R - r)} = \frac{\alpha_A r_A}{(R - r)} \tag{5}$$

于是由纯滚动条件可知

$$a_C = \alpha R = \frac{R}{(R - r)} \alpha_A r_A \tag{6}$$

式（1）、式（2）、式（3）、式（4）、式（6）联立得

$$f_S \geqslant 0.11$$

2）轮 B 与水平面间有滑动，此时 B 的受力分析图同样如图 10-6b 所示，其中动摩擦力

$$F_d = f_d F_N = (0.1 \times 70 \times 9.8)\text{N} = 68.6\text{N} \tag{1'}$$

为已知，而问题（1）中的式（5）、式（6）不再成立，运动的补充方程应为

$$a_C = a_{Dx} + \alpha r = \alpha_A r_A + \alpha r \tag{6'}$$

平面运动微分方程与问题（1）相同。于是由式（1'）、式（2）、式（3）、式（4）、式（6'）联立得

$$F = 143.6\text{N}$$

讨论

1）一般情况下，轮作纯滚动，其滑动摩擦力不会达到最大，此时的静摩擦力是未知量。

2）解题中，对各种要求，要正确区分是动力学方程发生了变化，还是运动学方程发生了变化。本题中的两个问题，主要是运动学的补充方程不同。

思 考 题

10-1 转动惯量的大小与哪些因素有关？

10-2 图 10-7 所示细杆对杆端 z 轴的回转半径为 $\rho_z = \frac{1}{\sqrt{3}}$，那么能否说，因为各部分质量好像集中在离 z 轴距离为 ρ_z 的地方，所以对 z 轴的转动惯量为 $J_z = m\rho_z^2 = \frac{1}{3}ml^2$，而对质量集

中处的 z' 轴的转动惯量为 $J_{z'} = 0$。

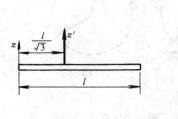

图 10-7

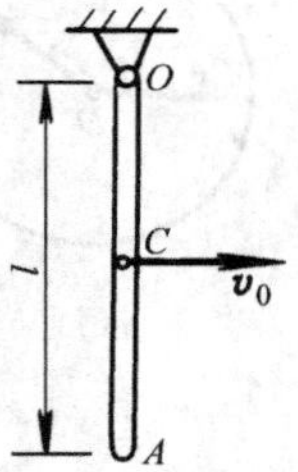

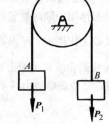

图 10-8

10-3 当质点作匀速直线运动时，它对该直线外任一固定点的动量矩是否不变？

10-4 匀质细直杆 OA 长为 l，质量为 m，可绕定轴 O 转动（见图10-8）。在图示瞬时位置时，杆 OA 的质心 C 的速度为 v_0，动量 $p = mv_0$，于是杆对 O 轴的动量矩为 $L_O = p\dfrac{l}{2} = \dfrac{1}{2}mv_0 l$。这样的计算对吗？

10-5 内力能否改变质点系的动量矩？又能否改变质点系中各质点的动量矩？

10-6 在什么情况下质点系的动量矩守恒？当质点系的动量矩守恒时，其中各质点的动量矩是否也是守恒的？

10-7 图10-9所示两匀质圆轮的半径为 r，对转轴的转动惯量分别为 J_1 与 J_2，且 $J_1 = 2J_2$。轴承摩擦不计。试问哪一种圆盘的质量大？如果要产生相同的角加速度，试问力偶矩 M_1 与 M_2 哪个大？

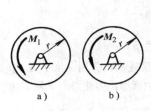

a) b)

图 10-9

图 10-10

10-8 如图10-10所示，物块 A，B 分别重 P_1，P_2，且 $P_1 > P_2$，匀质滑轮的半径为 r，质量为 m，轴承摩擦不计。试问：（1）如不考虑滑轮的质量，滑轮两边绳子的拉力是否相等？（2）如考虑滑轮的质量，并把滑轮视为匀质圆盘，试问滑轮的角加速度 α 是否等于 $\dfrac{2(P_1 r - P_2 r)}{mr^2}$？为什么？

10-9 试从刚体平面运动微分方程推导出刚体定轴转动微分方程。

10-10 质量为 m 的匀质圆盘，平放在光滑的水平面上，其受力情况如图10-11所示。开始时圆盘无初速，$R = 2r$，$F = F' = F''$。试说明圆盘将如何运动。

10-11 平面运动刚体，如所受外力主矢为零，刚体只能是绕质心转动吗？如所受外力对质心的主矩为零，刚体只能移动吗？

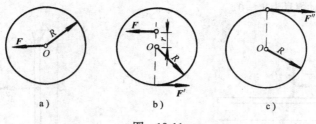

图　10-11

10-12　如图 10-12 所示，已知 $J_z = \frac{1}{3}ml^2$，按照下列公式计算 $J_{z'}$ 对吗？

$$J_{z'} = J_z + m\left(\frac{2}{3}l\right)^2 = \frac{7}{9}ml^2$$

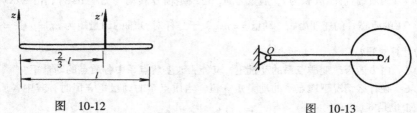

图　10-12   图　10-13

10-13　如图 10-13 所示，在铅垂面内，杆 OA 可绕 O 轴自由转动，匀质圆盘可绕其质心轴 A 自由转动。如 OA 水平时系统为静止，试问自由释放后圆盘作什么运动？

10-14　一半径为 R 的轮在水平面上只滚动而不滑动。试问在下列两种情况下，轮心的加速度是否相等？接触面的摩擦力是否相同？

（1）在轮上作用一顺时针转向的力偶，其力偶矩为 **M**。

（2）在轮心上作用一水平向右的力 **F**，其大小为 $F = \frac{M}{R}$。

10-15　匀质圆轮沿水平面上只滚动而不滑动，如在圆轮面内作用一水平力 **F**，试问力作用于什么位置能使地面摩擦力等于零？在什么情况下，地面摩擦力能与力 **F** 同方向？

习　　题

在本章习题中，若不特别指明，则物体的自重不计，接触处的摩擦不计，而圆轮之类相对其他物体的运动为无滑动的滚动（纯滚动）。

10-1　图 10-14 所示匀质细杆长为 l，质量为 m。已知：$J_z = \frac{1}{3}ml^2$。试求 J_{z1} 和 J_{z2}。

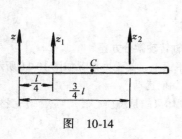

图　10-14

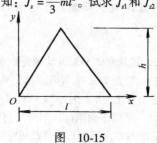

图　10-15

10-2　质量为 m 的匀质三角薄板（见图 10-15），底长 l，高为 h。试求其对 x 轴的转动惯量。

10-3　匀质细杆（见图 10-16）长为 $2l$，质量为 m，与 x 轴夹角为 θ。试求其对 x 轴的转动惯量。

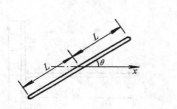

图　10-16

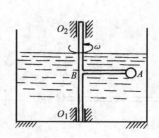

图　10-17

10-4　半径 $r = 200mm$，质量 $m = 4kg$ 的匀质半圆薄板（见图 10-17），离 x 轴 $h = 300mm$。试求其对 x 轴的转动惯量。

10-5　图 10-18 所示零件用钢制成，其密度 $\rho = 7850kg/m^2$。已知：$R_1 = 240mm$，$R_2 = 60mm$，$\varphi_1 = \varphi_2 = 60mm$，$h = 30mm$。试求其对 x 轴的转动惯量 J_x 和回转半径 ρ_x。

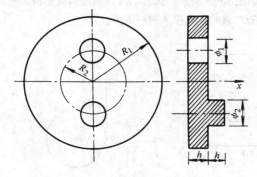

图　10-18

图　10-19

10-6　质量为 m 的小球 A，连在长为 l 的杆 AB 上，并放在盛有液体的容器内（见图 10-19）。杆以初角速度 ω 绕铅垂轴 O_1O_2 转动。液体的阻力为 $F = km\omega$，式中 k 为比例常数，ω 为角速度。试求角速度为初角速度一半时所经过的时间。

10-7　无重杆 OA 长 $l = 400mm$，以角速度 $\omega_0 = 4rad/s$ 绕 O 轴转动，质量 $m = 25kg$、半径 $R = 200mm$ 的匀质圆盘以三种方式（见图 10-20）相对 OA 杆运动。试求圆盘对 O 轴的动量矩：（1）图 10-20a 所示圆盘相对 OA 杆没有运动（即圆盘与杆固联）；（2）图 10-20b 所示圆

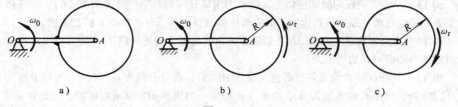

图　10-20

盘相对 *OA* 杆以逆时针向 $\omega_r = \omega_0$ 转动；（3）图 10-20c 所示圆盘相对 *OA* 杆以顺时针向 $\omega_r = \omega_0$ 转动。

10-8 匀质圆盘半径为 R，质量为 m，原以角速度 ω 转动（见图 10-21）。今在闸杆 *AB* 的 *B* 端施加一铅垂力 *F*，以使圆盘停止转动，圆盘与杆之间的动摩擦因数为 f_d。已知尺寸 b 与 l。试求圆盘从制动到停止转过的圈数。

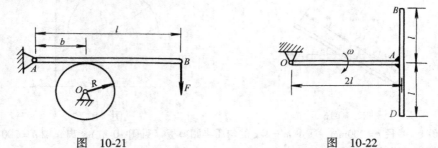

图 10-21　　　　　　　　　　　　　　　　图 10-22

10-9 匀质细杆 *OA* 和 *BD* 的质量均为 $m = 8\text{kg}$，在 *A* 点固结，$l = 0.25\text{m}$。在图 10-22 所示瞬时位置，角速度 $\omega = 4\text{rad/s}$，试求此瞬时支座 *O* 的约束力。

10-10 匀质杆长为 l，质量为 m，受约束如图 10-23 所示。试求：（1）当绳索突然被切断瞬时，支座 *A* 的约束力；（2）当杆 *AB* 转到铅直位置时，支座 *A* 的约束力。

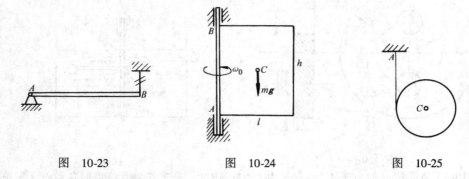

图 10-23　　　　　　　图 10-24　　　　　　　图 10-25

10-11 匀质矩形薄片（见图 10-24）的质量为 m，边长为 l 与 h，绕铅垂轴 *AB* 以匀角速度 ω_0 转动；而薄片的每一部分均受到空气阻力，其方向垂直于薄片的平面，其大小与面积及速度平方成正比，比例常数为 k。试求薄片的角速度减为初角速度的二分之一时所需的时间。

10-12 匀质圆盘质量为 m，轮上绕以细绳（见图 10-25）。试求轮下降时轮心 *C* 的加速度和绳的拉力。

10-13 一细绳绕在匀质圆柱体上，绳的引出部分与斜面平行（见图 10-26）。圆柱体与倾角为 θ 的斜面间的动摩擦因数为 f_d。试求圆柱体沿斜面落下时，质心 *C* 的加速度。

10-14 质量为 m 的匀质杆 *AB* 在铅垂面内由 θ 位置无初速地滑下（见图 10-27）。试求初瞬时地面与墙壁对杆的约束力。

10-15 滑轮 *O* 和 *B* 均为匀质圆盘（见图 10-28），质量分别为 m_1 与 m_2，半径分别为 R 与 r，且 $R = 2r$，物体 *C* 的质量为 m_3，在轮 *A* 上作用一力偶矩 *M*。试求物体 *C* 上升的加速度。

10-16 一鼓轮（见图 10-29）的轴直径 $d = 50\text{mm}$，无初速地沿倾角 $\theta = 20°$ 的轨道作纯滚

动，在 $t = 5\text{s}$ 内轴心移动的距离 $s = 3\text{m}$。试求轮子对轴心的惯性半径。

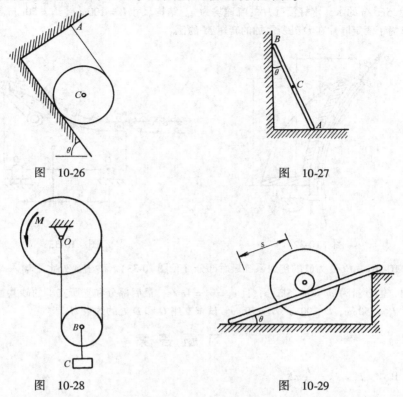

图 10-26　　　　　　　　　　图 10-27

图 10-28　　　　　　　　　　图 10-29

10-17　图 10-30 所示机构位于铅垂面内，已知曲柄 OA 长 $r = 0.4\text{m}$，以匀角速度 $\omega = 4.5\text{rad/s}$ 转动；匀质杆 AB 长 $l = 1\text{m}$、质量 $m = 10\text{kg}$；不计滚子 B 的大小。试求在图示 $h = 2r$ 瞬时，地面对滚子的约束力。

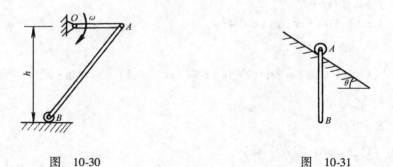

图　10-30　　　　　　　　　　图　10-31

10-18　匀质杆 AB 长 $l = 1.2\text{m}$、质量 $m = 3\text{kg}$，在铅垂位置（见图 10-31）无初速释放，随 A 端的滚子沿倾角 $\theta = 30°$ 的斜面滑下。若不计滚子的质量及摩擦，试求释放瞬时：（1）杆 AB 的角加速度；（2）A 点的加速度；（3）杆 AB 在 A 端受到的约束力。

10-19 导流叶片结构位于水平面，如图 10-32 所示。自喷嘴 A 以速度 $v=30\text{m/s}$ 喷出流量 $Q=1.5\text{m}^3/\text{s}$ 的水，水柱沿叶片的流速均为 v。结构尺寸 $l_1=100\text{mm}$、$l_2=50\text{mm}$、$l_3=260\text{mm}$。试求为了固定叶片在 O 处所需加的转矩 M 的值。

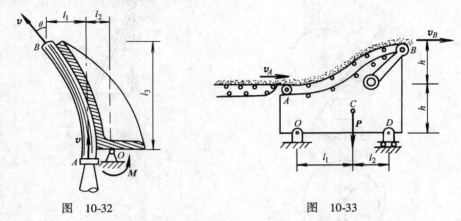

图　10-32　　　　　　　　　　　图　10-33

10-20 $ABOD$ 为砂的传送系统最后部分（见图 10-33）。砂由 A 处水平输入，到 B 处水平输出，输砂量为 $\dot{m}=81.5\text{kg/s}$，且 $v_A=v_B=4\text{m/s}$，最后部分和它所支承的砂共重 $P=3560\text{N}$，尺寸 $l_1=150\text{cm}$，$l_2=90\text{cm}$，$h=70\text{cm}$。试求支座 O 和 D 处的约束力。

习 题 答 案

10-1　$J_{z1}=J_{z2}=\dfrac{7}{48}ml^2$

10-2　$J_x=\dfrac{1}{6}mh^2$

10-3　$J_x=\dfrac{1}{3}mh^2\sin^2\theta$

10-4　$J_x=0.604\text{kg}\cdot\text{m}^2$

10-5　$J_x=0.0767\text{kg}\cdot\text{m}^2$，$\rho_x=0.0849\text{m}$

10-6　$t=\dfrac{l}{k}\ln2$

10-7　（1）$L_O=18\text{kg}\cdot\text{m}^2/\text{s}$；（2）$L_O=20\text{kg}\cdot\text{m}^2/\text{s}$；（3）$L_O=16\text{kg}\cdot\text{m}^2/\text{s}$

10-8　$n=\dfrac{bR\omega^2}{8\pi f\cdot lF}$

10-9　$F_0=101.3\text{N}$

10-10　（1）$F_{Ax}=0$，$F_{Ay}=\dfrac{1}{4}mg$

　　　　（2）$F_{Ax}=0$，$F_{Ay}=\dfrac{5}{2}mg$

10-11　$t=\dfrac{4m}{3kl^2h\omega_0}$

10-12　$a_C = \dfrac{2}{3}g, \quad F = \dfrac{1}{3}mg$

10-13　$a = \dfrac{2}{3}(\sin\theta - 2f\cos\theta)g$

10-14　$F_A = \left(1 - \dfrac{3}{4}\sin^2\theta\right)mg$

　　　　$F_B = \dfrac{3}{4}mg\sin\theta\cos\theta$

10-15　$a = \dfrac{2\left[M - (m_2 + m_3)\ gr\right]}{(4m_1 + 3m_2 + 2m_3)\ r}$

10-16　$\rho = 90\text{mm}$

10-17　$F_B = 36.33\text{N}$

10-18　(1)　$\alpha = 12.12\text{rad/s}^2$

　　　　(2)　$a_A = 11.2\text{m/s}^2$

　　　　(3)　$F_{Ax} = 7.27\text{N}, \quad F_{Ay} = 12.6\text{N}$

10-19　$M = 459.9\text{N} \cdot \text{m}$

10-20　$F_{Ox} = 0, \quad F_{Oy} = 1430\text{N}, \quad F_D = 2130\text{N}$

第十一章 动能定理

内 容 提 要

1. 力与力偶的功

（1）元功的定义式　力 $\boldsymbol{F}$ 在微小位移 $\mathrm{d}\boldsymbol{r}$ 上所做的功为

$$\mathrm{d}w = \boldsymbol{F} \cdot \mathrm{d}\boldsymbol{r}$$

（2）功的定义式

$$w = \int_l \boldsymbol{F} \cdot \mathrm{d}\boldsymbol{r}$$

其解析式

$$w = \int_l (F_x \mathrm{d}x + F_y \mathrm{d}y + F_z \mathrm{d}z)$$

（3）几种常见力的功

1）质点重力的功

$$w = mg(z_1 - z_2)$$

2）质点系重力的功

$$w = mg(z_{C1} - z_{C2})$$

3）弹性力的功

$$w = \frac{k}{2}(\delta_1^2 - \delta_2^2)$$

4）万有引力的功

$$w = Gm_0 m \left(\frac{1}{r_2} - \frac{1}{r_1} \right)$$

5）力偶的功

$$w = \int_\varphi M \mathrm{d}\varphi$$

2. 动能

（1）质点的动能的定义式

$$T = \frac{1}{2}mv^2$$

（2）质点系的动能的定义式

$$T = \sum_{i=1}^{n} \frac{1}{2}m_i v_i^2$$

（3）若干刚体运动的动能计算　任意质点系的动能计算又可以表示为随质心的移动动能加上相对质心的运动动能，即柯尼希定理表达式为 $T = \frac{1}{2}mv_C^2 + T'$。将此种计算方法应用到刚体上，就有表 11-1 所示的刚体三种运动形式时动能计算的表达式。

表 11-1　刚体三种运动形式时的动能计算

	动　能
移动	$T = \frac{1}{2}mv^2$
定轴转动	$T = \frac{1}{2}J_z\omega^2$
平面运动	$T = \frac{1}{2}mv_C^2 + \frac{1}{2}J_C\omega^2$ 或 $T = \frac{1}{2}J_I\omega^2$ I 为速度瞬心

3. 动能定理

（1）动能定理的微分形式

$$\mathrm{d}T = \sum_{i=1}^{n} \mathrm{d}w_i$$

（2）动能定理的积分形式

$$T_2 - T_1 = \sum_{i=1}^{n} w_i$$

4. 势能的计算

（1）元功与势能改变的关系

$$\mathrm{d}w = -\mathrm{d}V$$

（2）有势力与势能的关系

$$F_x = -\frac{\partial V}{\partial x}, F_y = -\frac{\partial V}{\partial y}, F_z = -\frac{\partial V}{\partial z}$$

$$\boldsymbol{F} = -\mathrm{grad}V$$

（3）几种常见有势力的势能

1）质点重力

$V = mg\,(z_2 - z_1)$ 若取 z_1 处为零势位时，z_2 改写为 z，则 $V = mgz$

2）质点系重力

$V = mg\,(z_{C2} - z_{C1})$ 若取 z_{C1} 处为零势位时，z_{C2} 改写为 z_C，则 $V = mgz_C$

3）弹性力

$V = \frac{k}{2}\,(\delta_2^2 - \delta_1^2)$ 若取 δ_1 处为零势位时，δ_2 改写为 δ，则 $V = \frac{1}{2}k\delta^2$

4）万有引力

$$V = Gm_0 m \left(\frac{1}{r_1} - \frac{1}{r_2} \right) 若取 r_1 处为零势位时，r_2 改写为 r，则 V = -Gm_0 m \frac{1}{r}$$

以上所列各式表明，势能是相对的，取不同的零势能点，得到不同的结果。但从一特定位置（位置1）到另一特定位置（位置2），有势力的功是一定的，即 $W = V_1 - V_2$。

5. 机械能守能定律

系统的主动力均为有势力时，系统的机械能守恒

$$T_1 + V_1 = T_2 + V_2 = 常量$$

6. 动力学普遍定理的综合应用

动力学普遍定理中的各个定理有各自的特点，各有一定的适用范围。因此在求解动力学问题时，需要根据质点或质点系的运动及受力特点、给定的条件和要求的未知量，去选择适当的定理，灵活应用。

基 本 要 求

1）会正确计算质点系、刚体及刚体系的动能。

2）会正确计算力的功，特别是能熟练地计算重力、弹性力、力偶矩的功，在图上标出做功的力。

3）了解动能定理的微分形式，熟练地掌握动能定理的积分形式，确定系统独立的运动未知量。

4）熟练地计算常见有势力的势能，如重力、弹性力等势能。

5）能正确地联合应用动量、动量矩、动能定理来求解质点系的未知运动量和未知约束力。

典 型 例 题

例 11-1　连杆与滚轮系统如图 11-1a 所示。已知：匀质杆 OA 及 AB 均长 l，

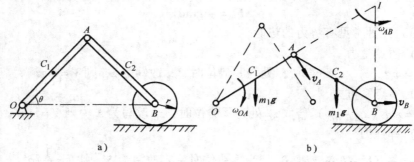

a)　　　　　　　　　　b)

图　11-1

质量均为 m_1；匀质圆轮半径为 r，质量为 m_2，在水平面上作无滑动的滚动。当 θ $=60°$ 时，系统由静止开始运动。试求当 $\theta=30°$ 时 OA 杆的角速度及轮心 B 的速度。

解 系统只需一个运动参变量 θ 就可描述。

分清各个刚体的运动，即杆 OA 作定轴转动，杆 AB 作平面运动，滚轮 B 作平面运动。分别写出 $\theta=60°$ 时系统的动能，有 $T_1=0$（因系统此时处于无初速状态）

$$T_2 = \frac{1}{2}J_O\omega_{OA}^2 + \frac{1}{2}m_1v_{C2}^2 + \frac{1}{2}J_{C2}\omega_{AB}^2 + \frac{1}{2}m_2v_B^2 + \frac{1}{2}J_B\omega_B^2$$

式中 $J_O = \frac{1}{3}m_1l^2, J_{C2} = \frac{1}{12}m_1l^2, J_B = \frac{1}{2}m_2r^2$

当 $\theta=30°$ 时，由速度瞬心法（见图 11-1b）得

$$\omega_{OA} = \dot{\theta}, \omega_{AB} = \omega_{OA}, v_{C2} = \omega_{AB}\overline{IC_2} = \frac{\sqrt{3}}{2}l\dot{\theta}, v_B = \omega_{AB}\overline{IB} = l\dot{\theta}$$

代入得

$$T_2 = \frac{1}{12}(7m_1 + 9m_2)l^2\dot{\theta}^2$$

系统只有重力 m_1g 做功

$$w = 2m_1g\frac{l}{2}(\sin60° - \sin30°) = \frac{1}{2}m_1gl(\sqrt{3} - 1)$$

应用动能定理，有

$$\frac{1}{12}(7m_1 + 9m_2)l^2\dot{\theta}^2 = \frac{1}{2}m_1gl(\sqrt{3} - 1)$$

得 $$\dot{\theta} = \sqrt{\frac{6(\sqrt{3} - 1)m_1g}{(7m_1 + 9m_2)l}}, v_B = l\dot{\theta} = \sqrt{\frac{6(\sqrt{3} - 1)m_1gl}{7m_1 + 9m_2}}$$

讨论

1）求系统的动能时，一般分刚体写出，对于平面运动，可利用柯尼希定理写动能。必须指出，在柯尼希定理中，质心的速度是绝对速度，刚体相对质心的动能 $T' = \frac{1}{2}J_C\omega^2$，此 ω 为绝对角速度。

2）在动能定理中，只需画出做功的力。如 m_2g 不做功，理想约束也不做功，均不需画出。

例 11-2 机构如图 11-2a 所示。已知：匀质杆 AB 长为 $3l$，质量为 m_0，B 端刚连一质量为 m_B 的物体（视为质点），弹簧的刚度系数为 k，在图示静平衡位置，两个弹簧具有相同的变形量。试求机构的运动微分方程。

解 机构的运动只需一个运动参变量就可描述。取弧坐标 φ（见图 11-2b）。

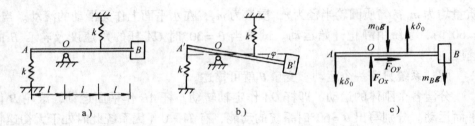

图 11-2

由于机构在运动过程中受到的均是有势力，所以应用机械能守恒定律来列写方程。

不论何种初始条件，均有 $T_1 + V_1 = T_2 + V_2 = $ 常量，故直接列写一般位置时的动能 T_2 和势能 V_2。在系统中，杆作定轴转动，质点 B 作圆周运动，则

$$T_2 = \frac{1}{2}J_O\dot{\varphi}^2 + \frac{1}{2}m_B v_B^2$$

式中　$J_O = J_C + m_0\overline{OC}^2 = \frac{1}{12}m_0(3l)^2 + m_0\left(\frac{l}{2}\right)^2 = m_0 l^2$

$$v_B = \dot{\varphi}2l$$

代入后得　　　　　　　$T_2 = \frac{1}{2}m_0 l^2\dot{\varphi}^2 + \frac{1}{2}m_B 4l^2\dot{\varphi}^2$

根据题意，由平衡条件计算弹簧在平衡位置时的变形量 δ_0（见图 11-2c）

$$\sum M_{iO} = 0 \quad 2k\delta_0 l - m_0 g\frac{l}{2} - m_B g2l = 0$$

得　　　　　　　　　　　　$\delta_0 = \frac{m_0 + 4m_B}{4k}g$

$$V_2 = 2\frac{1}{2}k\left[(l\varphi + \delta_0)^2 - \delta_0^2\right] - m_0 g\frac{l}{2}\varphi - m_B g2l\varphi$$

$$= k\left[l^2\varphi^2 + 2l\varphi\delta_0\right] - \left(\frac{m_0}{2} + 2m_B\right)gl\varphi = kl^2\varphi^2$$

即　　　　　　$T_2 + V_2 = \frac{1}{2}(m_0 + 4m_B)l^2\dot{\varphi}^2 + kl^2\varphi^2 = $ 常量

上式两边同时对时间 t 求导，得

$$(m_0 + 4m_B)\dot{\varphi}\ddot{\varphi} + 2k\varphi\dot{\varphi} = 0$$

即　　　　　　　　　$(m_0 + 4m_B)\ddot{\varphi} + 2k\varphi = 0$

讨论

1）从解中发现，弹簧的初变形由哪个重力引起，则在运动的过程中，此初变形部分的势能，总可以与对应的重力势能抵消掉。所以在列写势能时，可不

考虑弹簧的初变形部分的势能和相应的重力势能。

2）选择不同的零势面（点），不会影响计算结果，这是因为势能之差才是功，即 $W = V_1 - V_2$。

例11-3 两相同的匀质圆轮质量各为 m，半径各为 r，在定滑轮 O 上作用有力偶矩 $M = 5mgr$，轮 C 沿倾角为 φ 的斜面作无滑动的滚动，物块 A 的质量为 $2m$，如图 11-3a 所示。试求：（1）物块 A 的加速度；（2）两轮间绳的拉力 F_T 的值及斜面对轮 C 的摩擦力 F_S 的大小（表示为 a_A 的函数）；（3）支座 O 的约束力（表示为 a_A 与 F_T 的函数）。

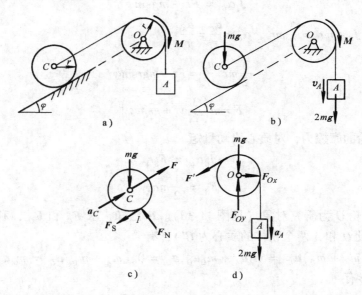

图 11-3

解 1）系统只需一个独立的运动参量。根据题意的要求，设其为 v_A，并画出做功的力（见图 11-3b），写出任意瞬时的动能 T 为

$$T = \frac{1}{2}2mv_A^2 + \frac{1}{2}J_O\omega_O^2 + \frac{1}{2}mv_C^2 + \frac{1}{2}J_C\omega_C^2$$

式中 $J_O = J_C = \frac{1}{2}mr^2$，$\omega_O = \dfrac{v_A}{r}$，$v_C = v_A$，$\omega_C = \dfrac{v_C}{r} = \omega_O$

代入得

$$T = 2mv_A^2$$

设 A 物体下降 s_A 过程中的总功为

$$w = 2mgs_A + M\varphi_O - mg\sin\varphi s_C$$

式中 $\varphi_O = \dfrac{s_A}{r}$，$s_C = s_A$，$\varphi_C = \dfrac{s_C}{r} = \varphi_O$

代入得 $\quad w = \left[\dfrac{M}{r} + mg\,(2 - \sin\varphi) \right]s_A$

代入到动能定理的微分形式 $\mathrm{d}T = \delta w$ 中，两边同时除以 $\mathrm{d}t$，有

$$4mv_A a_A = \left[\frac{M}{r} + mg(2 - \sin\varphi) \right]v_A$$

得 $\quad a_A = \dfrac{1}{4}\left[\dfrac{M}{mr} + g(2 - \sin\varphi) \right]$

2）取轮 C 为研究对象（见图 11-3c）。求绳拉力，可对速度瞬心取动量矩

$$J_I \alpha_C = Fr - mg\sin\varphi\, r$$

式中 $\quad J_I = J_C + mr^2 = \dfrac{3}{2}mr^2,\ \alpha_C = \dfrac{a_C}{r} = \dfrac{a_A}{r}$

代入有 $\quad \dfrac{3}{2}mr^2 \dfrac{a_A}{r} = Fr - mgr\sin\varphi$

得 $\quad F = m\left(\dfrac{3}{2}a_A + g\sin\varphi \right)$

求斜面对轮的摩擦力，对质心取动量矩

$$J_C \alpha_C = F_s r$$

得 $\quad F_s = \dfrac{1}{2}ma_A$

3）取轮 O 为研究对象（见图 11-3d）。$\boldsymbol{F}'$ 已知，求 $\boldsymbol{F}_{Ox}$ 和 $\boldsymbol{F}_{Oy}$，利用质心运动定理（设 O 和 A 两个物体的质心为 C'），有

$$(m_A + m_O)\boldsymbol{a}_{C'} = m_A \boldsymbol{a}_A + m_O \boldsymbol{a}_O,\ \boldsymbol{a}_O = 0,\ (m_A + m_O)\boldsymbol{a}_{C'} = m_A \boldsymbol{a}_A$$

向 y 轴投影有

$$(m_A + m_O)a_{C'} = 2mg + mg + F'\sin\varphi - F_{Oy}$$

得 $\quad F_{Oy} = 3mg + F'\sin\varphi - 2ma_A$

式中 $\quad F' = F$

向 x 轴投影有

$$0 = F_{Ox} - F'\cos\varphi$$

得 $\quad F_{Ox} = F'\cos\varphi$

讨论

1）求以一个运动参变量就能描述的系统的加速度问题，用动能定理的微分形式很方便，因为理想约束的约束力不做功。

2）当应用多个定理综合求解时，方程形式不是惟一的。如在求 $\boldsymbol{F}$ 时，不用对速度瞬心的动量矩定理，可用质心运动定理（$ma_C = F - mg\sin\varphi - F_s$）求解。现在用动量矩定理可类比于静力学中力矩方程替代力的投影方程。

3）当求 O 处约束力时，也可将物 A 与轮 O 分为两个物体研究，这样求轮 O

的约束力相当于一个平衡问题（$a_o = 0$）。但必须注意：此段绳的张力不等于 F。

例 11-4 重量 $P = 150N$ 的匀质圆盘与重量 $Q = 60N$、长 $l = 24cm$ 的匀质直杆 AB 在 B 处铰接，如图 11-4a 所示。系统由图示位置（$\varphi_0 = 30°$）无初速地释放。试求系统通过最低位置 B' 点时的速度及在初瞬时支座 A 的约束力。

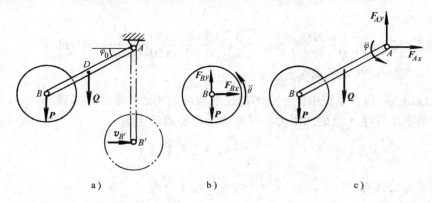

a)　　　　　　　　b)　　　　　　　　c)

图　11-4

解 两个刚体受两个铰链约束后，系统需有两个运动参变量来描述，取 φ 及轮 B 的转角 θ。而动能定理只能解决一个运动参变量描述的系统中速度与加速度问题，所以还需用其他定理作为补充方程。

取轮 B 研究（见图 11-4b），由对其质心 B 的动量矩定理得

$$J_B\ddot{\theta} = 0, \text{即} \ddot{\theta} = 0, \dot{\theta} = \text{常量}$$

又由题给初始条件，$\dot{\theta}_0 = 0$，得 $\dot{\theta} = 0$，$\theta = $ 常量，由此得轮 B 作移动，这样原需要两个运动参变量的问题，就退化为只需一个运动参变量的问题，对系统用动能定理

$$T_2 - T_1 = \sum w_i$$

$$\frac{1}{2}J_A\dot{\varphi}^2 + \frac{1}{2}\frac{P}{g}v_{B'}^2 - 0 = Q\frac{l}{2}(1 - \sin\varphi_0) + Pl(1 - \sin\varphi_0)$$

式中 $J_A = \frac{1}{3}\frac{Q}{g}l^2$，$\dot{\varphi} = \frac{v_{B'}}{l}$。整理后得

$$v_{B'} = \sqrt{\frac{3(Q + 2P)l(1 - \sin\varphi_0)}{Q + 3P}g}$$

$$= \sqrt{\frac{3(60 + 2 \times 150)0.24(1 - \sin30°)}{60 + 3 \times 150}9.8} \text{m/s}$$

$$= 1.578 \text{m/s}$$

要求支座 A 处的约束力，首先要求出初瞬时的加速度量。因为 B 轮作移动，

系统对 A 用动量矩定理（见图 11-4c） $\dfrac{\mathrm{d}L_A}{\mathrm{d}t} = \sum M_A\ (\boldsymbol{F}_{i,\mathrm{E}})$，有

$$\frac{\mathrm{d}}{\mathrm{d}t}\Big(J_A\dot{\varphi} + \frac{P}{g}v_B l\Big) = Q\,\frac{l}{2}\cos\varphi_0 + Pl\cos\varphi_0$$

式中　$v_B = \dot{\varphi}\,l$

代入得　$\ddot{\varphi} = \dfrac{3}{2}\dfrac{(Q+2P)}{(Q+3P)}\dfrac{g}{l}\cos\varphi_0 = \dfrac{3}{2}\dfrac{(60+2\times150)}{(60+3\times150)}\dfrac{9.8}{0.24}\cos30°\mathrm{rad/s}$

$\qquad\qquad = 37.443\mathrm{rad/s}$

求出 $\ddot{\varphi}$ 后，系统中任一点的加速度均可以用运动学方程求得。

最后求支座 A 处的约束力。对系统用质心运动定理

$$\frac{Q+P}{g}\boldsymbol{a}_C = \sum \boldsymbol{F}_{i,\mathrm{E}}$$

根据质心公式有 $\qquad\qquad \dfrac{Q+P}{g}\boldsymbol{a}_C = \dfrac{Q}{g}\boldsymbol{a}_D + \dfrac{P}{g}\boldsymbol{a}_B$

则上式变为 $\qquad\qquad \dfrac{Q}{g}\boldsymbol{a}_D + \dfrac{P}{g}\boldsymbol{a}_B = \boldsymbol{Q} + \boldsymbol{P} + \boldsymbol{F}_{Ax} + \boldsymbol{F}_{Ay}$

将此式分别向 x 与 y 轴投影

$$\frac{Q}{g}\,\frac{l}{2}\ddot{\varphi}\sin\varphi_0 + \frac{P}{g}l\ddot{\varphi}\sin\varphi_0 = F_{Ax}$$

得　$F_{Ax} = \Big(\dfrac{Q}{2}+P\Big)\dfrac{l}{g}\ddot{\varphi}\sin\varphi_0 = \Big(\dfrac{60}{2}+150\Big)\dfrac{0.24\times37.443}{9.8}\sin30°\mathrm{N} = 82.53\mathrm{N}$

$$\frac{Q}{g}\,\frac{l}{2}\ddot{\varphi}\cos\varphi_0 + \frac{P}{g}l\ddot{\varphi}\cos\varphi_0 = Q + P - F_{Ay}$$

$$F_{Ay} = Q + P - \Big(\frac{Q}{2}+P\Big)\frac{l\ddot{\varphi}}{g}\cos\varphi_0$$

$$= \Big[60 + 150 - \Big(\frac{60}{2}+150\Big)\frac{0.24\times37.443}{9.8}\cos30°\Big]\mathrm{N}$$

$$= 67.06\mathrm{N}$$

讨论

1）对需多个运动参变量的系统，相应的独立运动参变量 $\ddot{\varphi}$ 与 $\ddot{\theta}$ 之间无运动学关系，只能由动力学有关定理建立其关系。本题由动量矩定理，才能确定轮 B 作移动。

2）求 $\ddot{\varphi}$ 也可用动能定理的微分形式求出，此时功应写成函数形式，为

$$\sum w_i = Q\,\frac{l}{2}\ (\sin\varphi - \sin\varphi_0)\ + Pl\ (\sin\varphi - \sin\varphi_0)$$

思 考 题

11-1 当质点作曲线运动时，沿切线方向及沿法线方向的力是否做功？

11-2 滑动摩擦力是否必做负功？设物体沿固定面作纯滚动，试问接触点的摩擦力是否做功？

11-3 试问弹性力分别在什么情况下做正功、负功或不做功？

11-4 如果在转动刚体上作用一力偶，而该力偶的作用平面不与转动轴垂直，则如何计算该力偶的功。

11-5 作平面运动的刚体其动能是否等于刚体随任意基点作移动的动能与其绕通过基点且垂直于平面的轴而转动的动能之和？为什么？

11-6 质点系的内力可以改变该系的动能吗？

11-7 零势能位置是否可以任意选取？当零势能位置不同时，对计算有势力的功有否影响？

11-8 当某系统的机械能守恒时，试问作用在该系统上的力是否全部都是有势力？

11-9 运动员起跑时，什么力使运动员的质心加速运动？什么力使运动员的动能增加？产生加速度的力一定做功吗？

习　题

在本章习题中，若不特别指明，则物体的自重不计，接触处的摩擦不计，而圆轮之类相对其他物体的运动为无滑动的滚动（纯滚动）。

11-1 弹簧 OD 的一端固定于 O 点，另一端 D 沿半圆轨道滑动（见图11-5）。半圆的半径 $r = 1\text{m}$，弹簧原长 $l_0 = 1\text{m}$，刚度系数 $k = 50\text{N/m}$。试求当 D 端从 A 运动到 B 时，弹性力做的功。

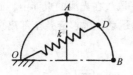

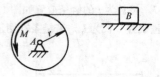

图 11-5   图 11-6

11-2 在半径为 r 的卷筒上（见图11-6），作用一力偶矩 $M = b\varphi + h\varphi^2$，式中 b 和 h 为常数，φ 为转角；物 B 重 P，与水平面间的动摩擦因数为 f。试求当卷筒转过两圈时，作用于系统上所有力做功的总和。

11-3 滑块 A 重为 P_1，在滑道内滑动（见图11-7），匀质直杆长为 l、重为 P_2。当 AB 杆与铅垂线的夹角为 φ 时，滑块 A 的速度为 v_A，AB 杆的角速度为 ω。试求该瞬时系统的动能。

11-4 图11-8所示坦克的履带重为 P_1，每个车轮重为 P_2，车轮半径为 R，可视为匀质圆盘。若坦克前进速度为 $\boldsymbol{v}$，试求履带系统的动能。

11-5 物块 A 重 $P = 10\text{N}$，在水平力 F 作用下（见图11-9），物块 A 挤压弹簧Ⅰ，压缩了 $\delta_1 = 5\text{cm}$，弹簧Ⅰ的刚度系数 $k_1 = 120\text{N/cm}$。现突然去除力 F，使物块沿水平面向左滑动，滑动 $s = 100\text{cm}$ 后，撞及弹簧Ⅱ，使其压缩 $\delta_2 = 30\text{cm}$。已知物块与水平面间动摩擦因数 $f_d = 0.2$。

试求弹簧Ⅱ的刚度系数 k_2。

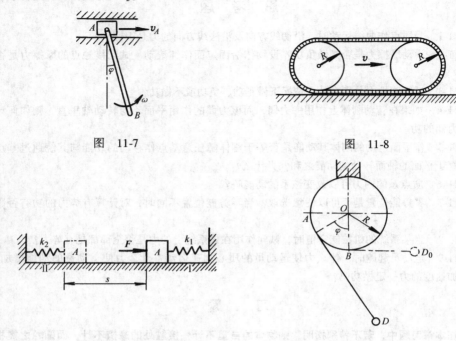

图 11-7   图 11-8

图 11-9   图 11-10

11-6 将一长 $l_0 = 683$mm 的绳的一端固定在圆盘水平直径上的 A 点，然后使绳绕过 1/4 圆弧 $\overset{\frown}{AB}$，其余部分位于水平位置（见图 11-10），在绳的末端连接一质点 D。已知圆盘半径 $R = 200$mm。若将质点 D 从初位置无初速地释放，试求 $\theta = 60°$ 时质点 D 的速度。

11-7 将长为 l 的链条放置如图 11-11 所示，其中水平段放在光滑的桌面上，而下垂一段位于铅垂位置，长为 l_0。若链条在图示位置无初速地开始运动，试求链条全部离桌面时的速度。

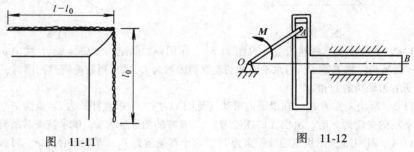

图 11-11   图 11-12

11-8 图 11-12 所示曲柄导杆机构位于水平面内。已知：匀质曲柄 OA 长为 r，重为 P_1，作用有不变的力偶矩 M；导杆重为 P_2，导杆与滑道间的摩擦力为常值 F。初瞬时 $\left(\angle AOB = \dfrac{\pi}{2} \right)$ 系统无初速。试求曲柄转过一圈后的角速度。

11-9 机构如图 11-13 所示。已知：半径为 R、重为 P_1 的匀质圆盘 A 在水平面上作纯滚动，定滑轮 C 半径为 r、重为 P_2，物 B 重为 P_3。系统无初速地进入运动。试求重物 B 下降 x 距离时，圆盘中心的速度与加速度。

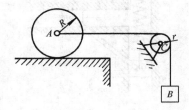

图 11-13　　　　　　　　　　　　　　　图 11-14

11-10 图 11-14 所示的链条传送机，其链条与水平线的夹角为 φ，在链轮 B 上作用一不变的转矩 M。已知：物 A 重为 P_1，链轮 B 和 C 的半径均为 r，重量均为 P_2，可看作匀质圆柱。传送机初时无初速。试求传送机链条的速度（表示其位移 s 的函数）。

11-11 行星轮机构放在水平面内（见图 11-15）。已知：匀质圆盘半径为 r、重为 P_1，可在半径为 R 的定圆盘上作纯滚动；匀质直杆 OA 重为 P_2，在曲柄上作用一不变的力偶矩 M。若机构初始无初速，试求曲柄的角速度与转角 φ 的关系。

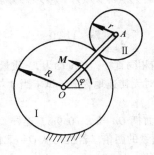 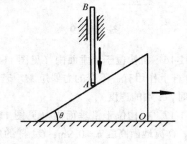

图 11-15　　　　　　　　　　　　　　　图 11-16

11-12 质量为 m_1 的匀质直杆 AB 在固定铅垂套管中移动（见图 11-16），杆的下端顶在质量为 m_2、倾角为 θ 的楔块 O 上，不计各处的摩擦。由于杆的压力，楔块往水平方向运动。试求两物体的加速度。

11-13 机构如图 11-17 所示。已知：两匀质轮半径各为 R_1, R_2，重各为 P_1, P_2。如在轮 I 上作用一主动力矩 M，在轮 II 上作用有阻力矩 M'，且均为常量。试求轮 I 的角加速度。

11-14 机构如图 11-18 所示。已知：匀质直杆 AB 长 $l = 20\text{cm}$、重 $P = 100\text{N}$，弹簧的刚度系数 $k = 20\text{N/cm}$，当 $\theta = 0$ 时，弹簧为原长。试求：(1) 若杆自 $\theta = 0$ 处无初速地释放，弹簧的最大伸长值；(2) 若杆在 $\theta = 60°$ 处无初速地释放，则在 $\theta = 30°$ 时杆的角速度。

11-15 将重 $P_1 = 200\text{N}$、长 $l = 1\text{m}$ 的匀质木板放在两个相同的匀质圆柱上（见图 11-19），在倾角 $\varphi = 30°$ 的斜面上滚下。已知：两圆柱各重 $P_2 = 40\text{N}$、半径 $r = 5\text{cm}$，开始时后面的一个圆柱位于木板中点，且木板和圆柱均无初速，所有接触处均无滑动。试求当后面的圆柱将与木板脱离时木板的速度。

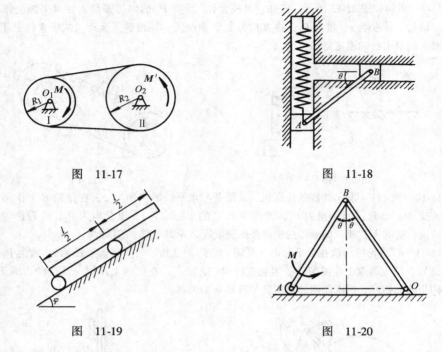

图 11-17

图 11-18

图 11-19

图 11-20

11-16 机构位于铅垂面内（见图 11-20）。已知：两相同直杆，长度均为 l，质量均为 m，在 AB 杆上作用有一不变的力偶矩 M。若在图示位置 θ 时无初速地释放，试求当 A 端碰到支座 O 时，A 端的速度 v_A。

11-17 机构位于铅垂面内（见图 11-21）。已知：曲柄 OA 长 $r = 0.9$m，连杆 AB 长 $l = 1.5$m，O 离地面高度 $h = 0.9$m；OA 杆的质量是 AB 杆质量的两倍。若机构从 OA 杆水平位置无初速地释放，试求其转到铅垂位置时，AB 杆 B 端的速度。

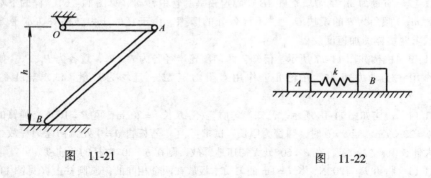

图 11-21

图 11-22

11-18 弹簧两端各与重为 P_1 的重物 A 和重为 P_2 的重物 B 相连，放在光滑的水平面上（见图 11-22），弹簧的原长为 l_0，其刚度系数为 k。若将弹簧拉长到 l（$l > l_0$），然后无初速地释放。试求当弹簧回到原长时，A 与 B 两重物的速度。

11-19 匀质正方形板（见图11-23），边长为 l、质量为 m，其支承方式如图11-23a、b所示。若板在 $\theta = 45°$ 静止位置受干扰后，沿顺时针方向倒下。试求当 OA 边处于水平位置时，板的角速度。

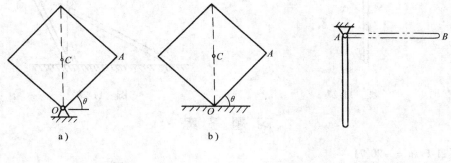

图 11-23   图 11-24

11-20 匀质直杆 AB 长 $l = 0.9\text{m}$、质量 $m = 1.5\text{kg}$，在水平位置无初速地释放（见图 11-24）。试求当杆 AB 经过铅垂位置时的角速度及支座 A 处的约束力。

11-21 匀质圆柱 A 的半径 $r = 0.2\text{m}$、质量 $m_1 = 10\text{kg}$，在 $\theta = 20°$ 的斜面上（见图 11-25）作纯滚动；滑块 B 质量 $m_2 = 5\text{kg}$，与斜面间的动摩擦因数 $f_d = 0.2$。若系统无初速地开始运动，试求 A 和 B 沿斜面向下运动 $s = 10\text{m}$ 时，滑块 B 的速度和加速度及 AB 杆的力。

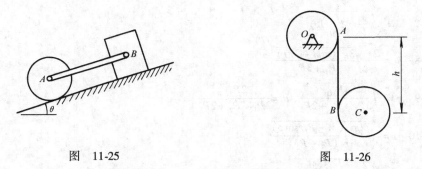

图 11-25   图 11-26

11-22 两个相同的匀质轮（见图11-26），半径均为 R，重量均为 P。若系统无初速地开始运动，试求动轮质心 C 的速度 v_C 和下落距离 h 的关系及 AB 端绳子的拉力。

11-23 一匀质杆长为 l，其上端悬挂在水平轴 O 上，今使杆在图 11-27 所示铅垂位置时有一角速度 $\omega_0 = 3\sqrt{\dfrac{g}{l}}$，当杆绕 O 轴转过半圆后，就脱离了 O 轴。试求杆在此后的运动中的角速度及其质心 C 的轨迹。

11-24 匀质直杆 AB 重为 P，长为 $2l$，一端用长为 l 的绳 OA 系住，另一端 B 可在光滑水平面上滑动。若初始系统无初速，OA 位于图 11-28 所示的水平位置，且 O、B 点在同一铅垂线上。试求当 OA 运动到铅直位置时，B 点的速度和绳的拉力以及地面的约束力。

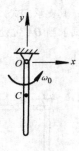

图 11-27

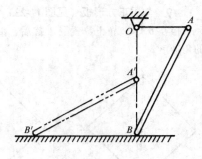

图 11-28

习 题 答 案

11-1 $w = -20.7\text{J}$

11-2 $\sum w_i = \dfrac{4\pi}{3}\ (6\pi b + 16\pi^2 h - 3Pfr)$

11-3 $T = \dfrac{1}{2}\dfrac{P_1}{g}v_A^2 + \dfrac{1}{2}\dfrac{P_2}{g}\left(v_A^2 + \dfrac{1}{3}l^2\omega^2 + \omega l v_A\cos\varphi\right)$

11-4 $T = \dfrac{1}{2}\dfrac{2P_1 + 3P_2}{g}v^2$

11-5 $k_2 = 2.76\text{N/cm}$

11-6 $v = 2.8\text{m/s}$

11-7 $v = \sqrt{\dfrac{g}{l}\ (l^2 - l_0^2)}$

11-8 $\omega = \dfrac{2}{r}\sqrt{\dfrac{3g\ (\pi M - 2Fr)}{P_1 + 3P_2}}$

11-9 $v = \sqrt{\dfrac{4P_3gx}{3P_1 + P_2 + 2P_3}}$, $a = \dfrac{2P_3g}{3P_1 + P_2 + 2P_3}$

11-10 $v = \sqrt{\dfrac{2gs\ (M - P_1 r\sin\varphi)}{r\ (P_1 + P_2)}}$

11-11 $\omega = \dfrac{2}{R + r}\sqrt{\dfrac{3gM\varphi}{9P_1 + 2P_2}}$

11-12 $a_{AB} = \dfrac{m_1\tan^2\theta}{m_1\tan^2\theta + m_2}g$, $a_O = \dfrac{m\tan\theta}{m_1\tan^2\theta + m_2}g$

11-13 $\alpha_1 = \dfrac{2g\ (MR_2 - M'R_1)}{R_2R_1^2\ (P_1 + P_2)}$

11-14 （1）$\delta_{\max} = 5\text{cm}$; （2）$\omega = 15.5\text{rad/s}$

11-15 $v = 3.197\text{m/s}$

11-16 $v_A = \sqrt{3\left[\dfrac{M\theta}{m} - gl\ (1 - \cos\theta)\right]}$

11-17 $v_B = 3.984\text{m/s}$

11-18 $\quad v_A = \sqrt{\dfrac{kP_2 g}{P_1 \ (P_1 + P_2)}} \ (l - l_0)$

11-19 $\quad$ (a) $\omega = \dfrac{2.74}{\sqrt{l}} \text{rad}/\text{s}$; (b) $\omega = \dfrac{3.12}{\sqrt{l}} \text{rad}/\text{s}$

11-20 $\quad \omega = 5.72 \text{rad}/\text{s}$, $F_{Ax} = 0$, $F_{Ay} = 36.75 \text{N}$

11-21 $\quad v_B = 6.408 \text{m}/\text{s}$, $a_B = 2.054 \text{m}/\text{s}$, $F_{AB} = 2.72 \text{N}$（拉力）

11-22 $\quad v_C = 2 \sqrt{\dfrac{2}{5} gh}$, $F_{AB} = \dfrac{1}{5} P$

11-23 $\quad \omega = 3 \sqrt{\dfrac{g}{l}}$, $y_C = \dfrac{l}{2} - \dfrac{2}{3l} x_C^2$ （抛物线方程）

11-24 $\quad v_B = \sqrt{gl}$, $F_A = 0.846P$, $F_B = 0.6537P$

第十二章　达朗贝尔原理

达朗贝尔原理是将动力学问题从形式上转化为静力学问题。

内 容 提 要

1. 质点的惯性力

$$F_I = -ma$$

2. 质点的达氏原理

$$F + F_N + F_I = 0$$

作用于质点上的主动力、约束力及惯性力在形式上形成平衡。

3. 质点系的达氏原理

$$\sum_{i=1}^{n} F_{i,E} + \sum_{i=1}^{n} F_{Ii} = 0$$

$$\sum_{i=1}^{n} M_O(F_{i,E}) + \sum_{i=1}^{n} M_O(F_{Ii}) = 0$$

作用于质点系的所有外力与质点系上的全部惯性力在形式上形成平衡。

4. 刚体惯性力系的简化

刚体惯性力系简化后的主矢 F_{Ii} 和相对简化中心 O 的主矩 $M_O(F_{Ii})$ 或相对质心 C 的主矩 $M_C(F_{Ii})$ 由表 12-1 给出。

表 12-1　若干运动刚体的惯性力系的简化结果

运动形式	条件	图例	惯性力系	
			主矢	主矩
移动		F_I　C　a_C	$F_I = -ma_C$	向质心简化 $M_{IC} = 0$
定轴转动	刚体具有质量对称平面，且此平面垂直于转轴	$F_{I,\tau}$　$a_{C,\tau}$　$F_{I,n}$　O　C　$a_{C,n}$　α　M_{Iz}　ω		向转动轴简化 $M_{Iz} = J_z\alpha$

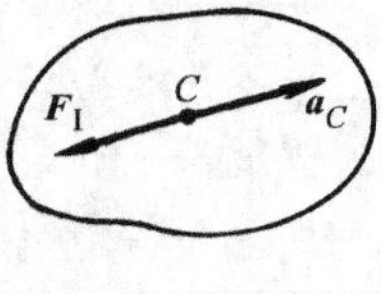

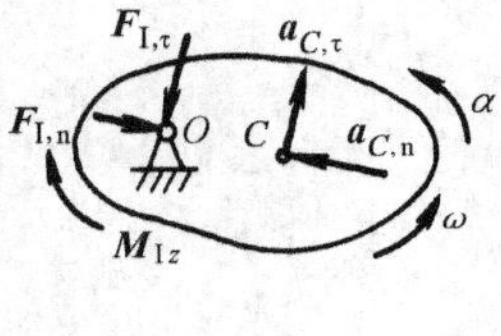

运动形式	条件	图例	惯性力系	
			主矢	主矩
平面运动	刚体具有质量对称平面,且刚体在此平面中运动	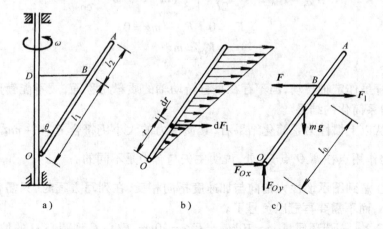	$F_I = -ma$	向质心简化
				$M_{IC} = J_C \alpha$

基 本 要 求

1）会正确地简化惯性力系,特别是三种特定运动刚体的惯性力系简化,并能将简化结果用图表示。

2）正确地画出系统上所有外力以及有关的运动量,然后正确地列写"平衡"方程。

3）当系统的运动学独立变量只有一个时,且不是在特定瞬时问题的情况下,能与动能定理结合,求解系统的未知运动量和未知约束力。

典 型 例 题

例 12-1 一质量为 m、长为 $l = l_1 + l_2$ 的匀质细杆 OA 以匀角速度 ω 绕铅垂轴转动,杆与轴成 θ 角,如图 12-1a 所示。试求水平向绳的拉力及 O 处的约束力。

图 12-1

解 以细杆 OA 为研究对象,先计算 OA 杆中分布的惯性力。在杆长 r 处,取微小的 dr 段,其各点法向惯性力（见图 12-1b）为

$$\mathrm{d}F_{\mathrm{I}} = \left(\frac{m}{l}\mathrm{d}r\right)r\sin\theta\omega^2$$

方向与转轴垂直。可见杆上任一微小段 $\mathrm{d}r$ 的惯性力大小与 r 一次方成正比,组成同向的平行力系,且按三角形分布。其惯性力的合力 $\boldsymbol{F}_{\mathrm{I}}$ 的大小为

$$F_{\mathrm{I}} = \int_0^l \mathrm{d}F_{\mathrm{I}} = \frac{m}{l}\omega^2\sin\theta\int_0^l r\mathrm{d}r = \frac{1}{2}m\omega^2 l\sin\theta$$

$\boldsymbol{F}_{\mathrm{I}}$ 的作用点位置由合力矩定理求得,即

$$F_{\mathrm{I}}l_0\cos\theta = \int \mathrm{d}F_{\mathrm{I}}r\cos\theta = \frac{m}{l}\omega^2\sin\theta\cos\theta\int_0^l r^2\mathrm{d}r$$

$$= \frac{1}{3}ml^2\omega^2\sin\theta\cos\theta$$

得　　$l_0 = \dfrac{2}{3}l$

在细杆 OA 上画出所有外力(包括重力、约束力)与惯性力(见图 12-1c),则杆在外力和惯性力系作用下形成"平衡"。由

$$\sum M_{i0} = 0 \quad Fl_1\cos\theta - mg\frac{l}{2}\sin\theta - \left(\frac{1}{2}m\omega^2 l\sin\theta\right)\frac{2}{3}l\cos\theta = 0$$

得　　$$F = \frac{ml\sin\theta}{6l_1}\left(2l\omega^2 + \frac{3g}{\cos\theta}\right)$$

由　　$$\sum F_{ix} = 0 \quad F_{Ox} + F_{\mathrm{I}} - F = 0$$

得　　$$F_{Ox} = F - F_{\mathrm{I}} = \frac{ml\sin\theta}{2l_{\mathrm{I}}}\left[\frac{1}{3}(2l - 3l_1)\omega^2 + \frac{g}{\cos\theta}\right]$$

由　　$$\sum F_{iy} = 0 \quad F_{Oy} - mg = 0$$

得　　$$F_{Oy} = mg$$

讨论

1)杆虽作定轴转动,但不存在垂直转动轴的质量对称面,故不能套用特定刚体惯性力系简化的结果。

2)从以上惯性力系简化结果看,其惯性力的大小仍符合 $\boldsymbol{F}_{\mathrm{I}} = -m\boldsymbol{a}_c$,但惯性力的合力作用点在离 O 点 $\dfrac{2}{3}l$ 处,说明主矢与合力是不同的。

3)注意到图示惯性力指向与加速度指向相反,在列写方程时,只需代入惯性力的大小,而不需要再冠以负号了。

例 12-2　一圆环质量 $m = 10\mathrm{kg}$,半径 $r = 20\mathrm{cm}$,质心 C 到圆心 O 的偏心距离 $e = 7.5\mathrm{cm}$,对质心 C 的回转半径 $\rho_C = 13.5\mathrm{cm}$。在图 12-2a 所示瞬时,其角速度 $\omega = 2\mathrm{rad/s}$。试求作纯滚动圆环此瞬时的角加速度及地面对圆环的约束力。

解　圆环只需一个独立运动参变量 α 就能描述,则 $a_0 = \alpha r$,以 O 为基点研究

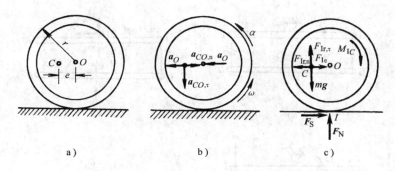

图 12-2

质心 C 点(见图 12-2b),质心加速度可表示为下列三个分量

$$a_O = \alpha r, a_{r,n} = a_{CO,n} = \omega^2 e, a_{r,\tau} = a_{CO,\tau} = \alpha e$$

这样圆环的惯性力系向质心 C 简化为

主矢: $\quad F_{Ie} = ma_e = m\alpha r, F_{Ir,n} = ma_{r,n} = m\omega^2 e, F_{Ir,\tau} = ma_{r,\tau} = m\alpha e$

主矩: $\quad\quad\quad\quad\quad M_{IC} = J_C \alpha = m\rho_C^2 \alpha$

惯性力系和主动力、约束力如图 12-2c 所示。

由 $\quad\quad\quad \sum M_{il} = 0 \quad (F_{Ie} - F_{Ir,n})r + (F_{Ir,\tau} - mg)e + M_{IC} = 0$

即 $\quad\quad\quad\quad (m\alpha r - m\omega^2 e)r + (m\alpha e - mg)e + m\rho_C^2 \alpha = 0$

得 $\quad \alpha = \dfrac{(r\omega^2 + g)e}{r^2 + e^2 + \rho_C^2} = \left[\dfrac{(0.2 \times 2^2 + 9.8) \times 0.075}{0.2^2 + 0.075^2 + 0.135^2}\right]\text{rad/s}^2 = 12.45\text{rad/s}^2$

由 $\quad\quad\quad\quad\quad \sum F_{iy} = 0 \quad F_N + F_{Ir,\tau} - mg = 0$

得 $\quad F_N = mg - F_{Ir,\tau} = mg - m\alpha e = m(g - \alpha e)$

$$= [10 \times (9.8 - 12.45 \times 0.075)]\text{N} = 88.66\text{N}$$

得 $\quad\quad\quad\quad\quad \sum F_{ix} = 0 \quad F_S + F_{Ie} - F_{Ir,n} = 0$

得 $\quad F_S = F_{Ir,n} - F_{Ie} = m\omega^2 e - m\alpha r = m(\omega^2 e - \alpha r)$

$$= [10 \times (2^2 \times 0.075 - 12.45 \times 0.2)]\text{N} = -21.9\text{N}$$

讨论

1) 由于圆环的质量对称平面与平面运动的平面平行,故可以利用特定条件下刚体惯性力系简化的结果,避免积分运算。

2) 惯性力系的主矢不必去合成为一个合矢量(一般情况下难以合成)。如本题,主矢用三个分量表示($F_{Ie}, F_{Ir,n}, F_{Ir,\tau}$)。

3) 惯性力偶的转向已与角加速度反向图示,在计算时只要代入其大小,不能再冠以负号了。

例 12-3 长为 l、质量为 m 的匀质杆 AB 和 GD 以软绳 AG 与 BD 相连,并在 AB 的中点用铰链 O 固定,如图 12-3a 所示。试求当 BD 绳被剪断瞬间 B 与 D 两点的加速度。

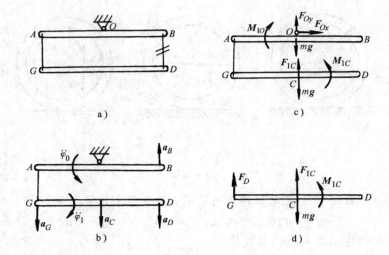

图 12-3

解 当剪断绳瞬时,系统需用两个运动参变量 φ_0 与 φ_1 才能描述。以 G 为基点研究 C 点(见图 12-3b),有

$$a_C = a_G + a_{CG}$$

式中 $\quad a_G = a_A = \dfrac{l}{2}\ddot{\varphi}_0, a_{CG} = a_{CG,\tau} = \dfrac{l}{2}\ddot{\varphi}_1$

两杆的惯性力系分别向各自质心 O 与 C 简化,它们和外力(重力、约束力)组成"平衡"力系(见图 12-3c)。以系统为研究对象(见图 12-3c),有

$$\sum M_{i0} = 0 \qquad -M_{1O} + M_{1C} = 0$$

式中,$M_{1O} = J_O \ddot{\varphi}_0 = \dfrac{1}{12}ml^2\ddot{\varphi}_0, M_{1C} = J_C\ddot{\varphi}_1 = \dfrac{1}{12}ml^2\ddot{\varphi}_1$

代入得 $\hspace{5cm} \ddot{\varphi}_0 = \ddot{\varphi}_1 \hspace{4cm}$ (1)

再以 GD 杆为研究对象(见图 12-3d)

$$\sum M_{iG} = 0 \qquad M_{1C} + (F_{1C} - mg)\dfrac{l}{2} = 0$$

式中 $\quad F_{1C} = ma_C = m(\ddot{\varphi}_0 + \ddot{\varphi}_1)\dfrac{l}{2}$

代入得 $\hspace{3cm} \dfrac{1}{6}\ddot{\varphi}_1 l + \left[(\ddot{\varphi}_0 + \ddot{\varphi}_1)\dfrac{l}{2} - g\right] = 0 \hspace{2cm}$ (2)

式(1)、式(2)联立解得 $\hspace{3cm} \ddot{\varphi}_0 = \ddot{\varphi}_1 = \dfrac{6}{7}\dfrac{g}{l}$

则 $\hspace{2cm} a_B = \ddot{\varphi}_0\dfrac{l}{2} = \dfrac{3}{7}g, a_D = a_G + a_{DG} = \ddot{\varphi}_0\dfrac{l}{2} + \ddot{\varphi}_1 l = \dfrac{9}{7}g$

讨论

1) 原系统受不完全约束，即 AB 杆可转动，GD 杆又可水平摆动。当剪断绳 BD 瞬时，可不考虑 C 点的水平运动，则系统需两个运动参变量来描述，在此后的运动中，必须考虑 C 点的水平运动，即除绳 BD 被剪断瞬时外，描述系统的运动参变量变成了三个。

2) 对于需用多个运动学独立参变量描述系统的情况，只取一个研究对象（如系统）是不够的。对系统当然还能建立"平衡"方程，但方程中必然会出现支座约束力（未知量），因此必须再取其他物体为研究对象才能解出。

例 12-4 铅垂面内曲柄连杆滑块机构中，匀质曲柄 OA 长为 r，质量为 m，匀质连杆 AB 长为 $2r$，质量为 $2m$，滑块质量为 m。曲柄以匀角速 ω_0 转动，在图 12-4a 所示 $\varphi = 30°$ 瞬时，滑块受到运行阻力为 F。试求滑道对滑块的约束力。

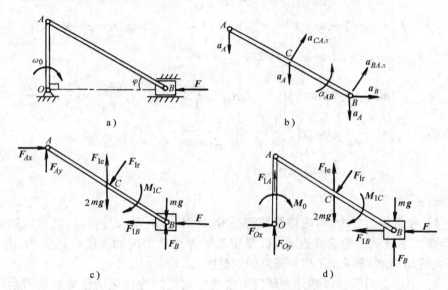

图　12-4

解 机构只需一个运动参变量 ω_0 就可描述，则其他杆件的运动都能确定（即都可表示为 ω_0 的函数），也就是动力学中已知运动求力的问题。

先以 A 为基点研究 B 点。由于杆 AB 作瞬时移动，即 $\omega_{AB} = 0$，则 $a_{BA,\mathrm{n}} = 0$。作加速度合成矢量图（见图 12-4b），有

$$\boldsymbol{a}_B = \boldsymbol{a}_A + \boldsymbol{a}_{BA,\tau}$$

式中　$a_A = a_{A,\mathrm{n}} = \omega_0^2 r, \ a_{BA,\tau} = \alpha_{AB} 2r$

向竖直向投影有

$$0 = a_{A,\mathrm{n}} - a_{BA,\tau}\cos\varphi$$

得
$$a_{BA,\tau} = \frac{a_{A,n}}{\cos\varphi} = \frac{\omega_0^2 r}{\cos\varphi}$$

则连杆 AB 的角加速度为
$$\alpha_{AB} = \frac{a_{BA,\tau}}{2r} = \frac{\omega_0^2}{2\cos\varphi}$$

再向 A,B 两点的连线投影,得
$$a_B = a_A \tan\varphi = \omega_0^2 r \tan\varphi$$

再以 A 为基点研究 C 点。C 点的加速度表示为
$$\boldsymbol{a}_C = \boldsymbol{a}_{A,n} + \boldsymbol{a}_{CA,\tau}$$

式中
$$a_{CA,\tau} = \alpha_{AB} r = \frac{\omega_0^2 r}{2\cos\varphi}$$

以连杆 AB 为研究对象,进行惯性力系简化和受力分析(见 12-4 图 c)。由
$$\sum M_{iA} = 0$$
$$(F_B - mg)2r\cos\varphi - (F + F_{IB})r - F_{Ir}r + (F_{Ie} - 2mg)r\cos\varphi - M_{IC} = 0$$

式中
$$F_{IB} = ma_B = m\omega_0^2 r\tan\varphi, \quad F_{Ir} = 2ma_{CA,\tau} = m\frac{\omega_0^2 r}{\cos\varphi}$$

$$F_{Ie} = 2ma_{A,n} = 2m\omega_0^2 r, \quad M_{IC} = J_C\alpha_{AB} = \frac{1}{12}2m(2r)^2\frac{\omega_0^2}{2\cos\varphi} = \frac{1}{3}mr^2\frac{\omega_0^2}{\cos\varphi}$$

代入得
$$F_B = \frac{F}{2\cos\varphi} + m\omega_0^2 r\left(\frac{\sin\varphi}{2\cos^2\varphi} - 1 + \frac{1}{2\cos^2\varphi} + \frac{1}{6\cos^2\varphi}\right) + 2mg$$

$$= \frac{\sqrt{3}}{3}F + \frac{2}{9}m\omega_0^2 r + 2mg$$

讨论

1)在解题过程中,若先作好缜密思考,并对运动、受力分析后,就可以简化解题步骤。本题就避免求 C 点 $\boldsymbol{a}_C$,而是根据平面运动中的加速度合成关系,用 $\boldsymbol{a}_{A,n}$(基点的加速度)和 $\boldsymbol{a}_{CA,\tau}$(相对基点的加速度)来表示。

2)本题为何没有以整体为研究对象呢?这是因为在运动已知的动力学问题中,一般均有一未知外力(力偶矩)作用。本题在 OA 杆上一定有一个主动力偶矩 M_0 作用,OA 杆才得以匀角速度 ω_0 转动。若整体对 O 点取矩,则增加了 M_0 这个未知量,同样还要取其他物体来研究。现在在求出了 F_B 的值之后,就可以求出此瞬时 M_0 的大小。如以整体为研究对象,如图 12-4d 所示,由
$$\sum M_{iO} = 0$$
$$-M_0 + (F_B - mg)2r\cos\varphi + (F_{Ie} - 2mg - F_{Ir}\cos\varphi)r\cos\varphi$$
$$+ F_{Ir}\sin\varphi\frac{l}{2} - M_{IC} = 0$$

代入得
$$M_0 = \frac{2\sqrt{3}}{3}m\omega_0^2 r^2 + Fr$$

注意:M_0 只是此瞬时位置的一个数值,一般不是一个常量,因此在解已知运动的动力学问题中,要注意到这种隐含的未知力(力偶矩)的存在。

例 12-5 匀质悬臂梁 AB 重为 $F = \dfrac{8}{3}mg$,长 $l = 3r$,匀质圆柱半径为 r、质量为 m,如图 12-5a 所示。试求 A 支座的约束力。

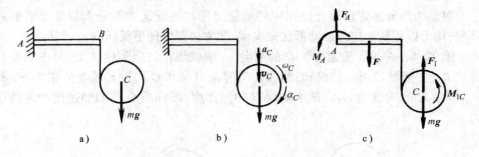

图 12-5

解 本题整个系统只需一个独立的运动量参变量 $v_C(a_C)$ 就可描述,则 $\omega_C = \dfrac{v_C}{r}\left($ 因为 $\alpha_C = \dfrac{a_C}{r}\right)$,如图 12-5b 所示。先用动能定理 $T_2 - T_1 = \sum w_i$,其中 T_1 为初动能,是一个常数。

$$\frac{1}{2}mv_C^2 + \frac{1}{2}J_C\omega_C^2 - T_1 = mgh_C$$

式中,$J_C = \dfrac{1}{2}mr^2$,h_C 为圆柱质心的竖直向下位移。

代入得

$$\frac{1}{2}\frac{3}{2}mv_C^2 - T_1 = mgh_C$$

两边对时间 t 求导

$$\frac{3}{2}mv_c a_c = mgv_c$$

得

$$a_C = \frac{2}{3}g$$

在圆柱上加上惯性力系,则整体受力如图 12-5c 所示。

由 $\qquad \sum F_{iy} = 0 \qquad F_A - F + F_I - mg = 0$

式中 $\quad F_I = ma_C$

代入得 $\qquad F_A = \dfrac{8}{3}mg + mg - \dfrac{2}{3}mg = 3mg$

由 $\qquad \sum M_{iA} = 0 \qquad M_A - F\dfrac{l}{2} + F_I(l+r) - mg(l+r) + M_{1C} = 0$

式中　$M_{IC} = J_C \alpha_C = \dfrac{1}{2}mr^2\dfrac{a_C}{r} = \dfrac{1}{2}mra_C$

代入得　$M_A = \dfrac{8}{3}mg\dfrac{2}{3}r - m\dfrac{2}{3}g(3r+r) + mg(3r+r) - \dfrac{1}{2}mr\dfrac{2}{3}g = 5mgr$

讨论

对动力学普遍定理综合应用中的动能定理与平面运动微分方程联立求解的题型,均可以用动能定理加动静法来求解,此方法更方便更灵活。

例 12-6　跨过匀质定滑轮 D 的细绳,一端缠绕在匀质圆柱 A 上,另一端系在物块 B 上(见图 12-6a)。已知:圆柱 A 与滑轮 D 的半径均为 r,质量分别为 m_A 和 m_D;物块 B 的质量为 m_B。试求物块 B 的加速度、圆柱质心 C 的加速度和绳的拉力。

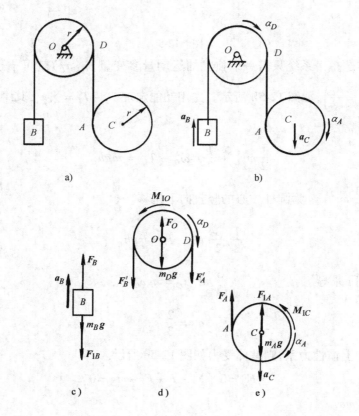

图　12-6

解　系统需两个运动参变量才能描述。根据题意所求,取 a_B 和 a_C 为独立的运动参变量来求解。物块 B 作移动,滑轮 D 作定轴转动,设其角加速度 $\alpha_D = \dfrac{a_B}{r}$;

圆柱 A 作平面运动,设其角加速度 $\alpha_A = \dfrac{a_C - a_B}{r}$,各运动量的指向如图 12-6b 所示。

先取物块 B 为研究对象,作受力分析(见图 12-6c)。由

$$\sum F_{iy} = 0 \quad F_B - m_B g - F_{IB} = 0 \tag{1}$$

式中 $\quad F_{IB} = m_B a_B$

接着取滑轮 D 为研究对象,作受力分析(见图 12-6d)。由

$$\sum M_{iO} = 0 \quad M_{IO} + (F_B' - F_A')r = 0 \tag{2}$$

式中 $\quad M_{IO} = J_O \alpha_D = \dfrac{1}{2} m_D r^2 \dfrac{a_B}{r} = \dfrac{1}{2} m_D r a_B$

最后取圆柱 A 为研究对象,作受力分析(见图 12-6e),由

$$\sum F_{iy} = 0 \quad F_A + F_{IA} - m_A g = 0 \tag{3}$$

式中 $\quad F_{IA} = m_A a_C$

再由

$$\sum M_{iC} = 0 \quad M_{IC} - F_A r = 0 \tag{4}$$

式中 $\quad M_{IC} = J_C \alpha_A = \dfrac{1}{2} m_A r^2 \dfrac{a_C - a_B}{r} = \dfrac{1}{2} m_A r (a_C - a_B)$

由式(1)~式(4)联立,消去 F_A, F_B,解得

$$a_B = \frac{2(m_A - 3m_B)}{2m_A + 6m_B + 3m_D} g, \quad a_C = \frac{2(m_A + m_B + m_D)}{2m_A + 6m_B + 3m_D} g$$

讨论

求解物体系问题时的研究对象选取,同刚体静力学一样,有多种取法,也可以取几个物体的组合来研究。如本题,可取滑轮 D 与圆柱 A 作为研究对象,对 O 点取矩,这样就不出现 F_A 这个未知量,可以少列写方程。但要注意,由此列写的方程式比较长。

思 考 题

12-1 质点系惯性力系的主矢量和主矩分别与质点系的动量和动量矩有什么关系?惯性力系的主矢量和主矩有何物理意义?

12-2 在图 12-7 所示的平面机构中,$AC /\!/ BD$,且 $AC = BD = d$,匀质杆 AB 的质量为 m,长为 l。AB 杆惯性力系简化结果是什么?

12-3 匀质杆绕其端点在平面内转动,将杆的惯性力系向此端点简化,或向杆中心简化,其结果有什么不

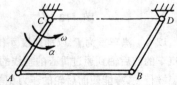

图 12-7

同？二者间又有什么联系？此惯性力系简化为一合力,合力作用线与摆心有什么联系？

习　题

在本章习题中,若不特别指明,则物体的自重不计,接触处的摩擦不计,而圆轮之类相对其他物体的运动为无滑动的滚动(纯滚动)。

12-1　匀质杆长为 $2l$、重为 P,以匀角速度 ω 绕铅直轴转动(见图 12-8),杆与轴交角为 θ,尺寸 b。试求轴承 A,B 处由于转动而产生的附加动约束力。

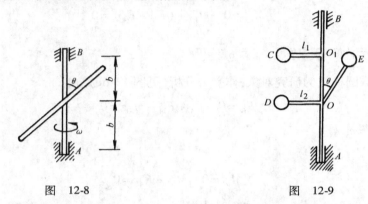

图　12-8　　　　　　　　　　图　12-9

12-2　一长为 l、质量为 m_1 的匀质杆 OE 刚接在以等角速度转动的铅直轴上(见图 12-9),$\theta = 30°$;在杆端固结一质量为 m_2 的质点 E。已知:$l_1 = \dfrac{2}{3}l,\overline{OO_1}$ 长为 l。试求为使在轴承 A,B 处不发生附加动约束力,在点 C,D 处应加质点的质量。

12-3　在行驶的载重汽车上(见图 12-10)放置一个高 $h = 2\text{m}$,宽 $b = 1.5\text{m}$ 的柜子,柜子的重心位于中点 C。若柜子与车之间的摩擦力足以阻止其滑动,试求不致使柜子倾倒的汽车最大刹车加速度。

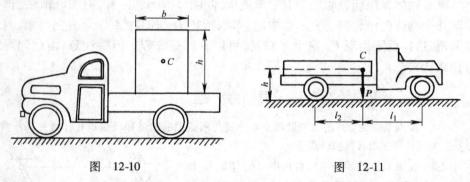

图　12-10　　　　　　　　　　图　12-11

12-4　汽车重为 P,以加速度 a 作水平直线运动(见图 12-11),汽车重心 C 离地面高度为 h,汽车的前后轴到通过重心的垂线的距离分别为 l_1 和 l_2。试求:(1)汽车前后轮的压力;(2)汽车怎样行驶,方能使前后轮的压力相等。

12-5　长为 l 的匀质直杆以铅垂位置自由倒下(见图 12-12)。试求 B 处的内力偶为最大的

距离 b(也最易在此处折断)。

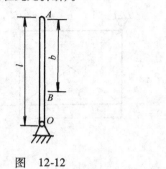

图 12-12

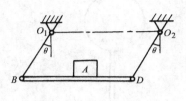

图 12-13

12-6 物块 A 重为 P_1,直杆 BD 重为 P_2,由两根绳悬挂,如图 12-13 所示。试求系统从图示 θ 角无初速地开始运动瞬时,物块 A 不在 BD 上滑动,接触面间的静摩擦因数的最小值。

12-7 转速表的简化模型如图 12-14 所示。长 $2l$ 的杆 DE 的两端各有质量为 m 的球 D 与 E,DE 杆与转轴 AB 铰接。当转轴 AB 角速度改变时,DE 杆转角也发生变化。当 $\omega = 0$ 时,$\varphi = \varphi_0$,此时扭簧中无力。已知扭簧产生的力矩 M 与转角 φ 的关系为 $M = k(\varphi - \varphi_0)$。式中 k 为扭簧刚度系数。试求角速度 ω 与角 φ 之间的关系。

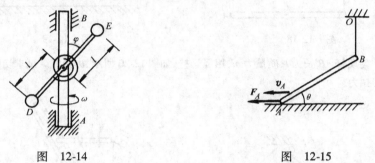

图 12-14

图 12-15

12-8 长 $l = 3.05\text{m}$、质量 $m = 45.5\text{kg}$ 的匀质杆 AB,下端搁在光滑的水平面上,上端用长 $h = 1.22\text{m}$ 的绳系住(见图 12-15)。当绳子铅垂时 $\theta = 30°$,点 A 以匀速 $v_A = 2.44\text{m/s}$ 开始向左运动。试求此瞬时:(1)杆的角加速度;(2)需加在 A 端的水平力 $\boldsymbol{F}_A$ 的大小;(3)绳的拉力 $\boldsymbol{F}_B$ 的大小。

12-9 直径为 l 的匀质圆盘和长为 l 的匀质杆质量均为 m。当 OAB 三点在同一竖直线上时(见图 12-16),在 B 点作用一水平力 F,试求此瞬时圆盘和杆的角加速度。

12-10 边长 $l = 200\text{mm}$,$h = 150\text{mm}$ 的匀质矩形板(见图 12-17),质量 $m = 27\text{kg}$,由两个销钉 A 和 B 悬挂。试求突然撤去销钉 B 瞬时:(1)平板的角加速度;(2)销钉 A 的约束力。

12-11 在图 12-18 所示系统中,匀质杆 AB 长为 l、质量为 $4m$,匀质圆盘 D 的半径为 r、质量为 m,物体 E 的质量为 $2m$,系统原处于静止,杆 AB 处于水平位置。试求突然剪断 A 端绳子时:(1)物体 E 和杆质心 C 的加速度;(2)O 处的约束力。

12-12 在图 12-19 所示系统中,轮 A 上绕有软绳。已知:轮质量与平板质量均为 m,$r = \dfrac{R}{2}$,轮对于轮心的回转半径 $\rho = \dfrac{2}{3}R$,轮与平板间的静摩擦因数为 f_s,地面光滑。试求使轮子在小车上作纯滚动的水平力 **F** 的大小。

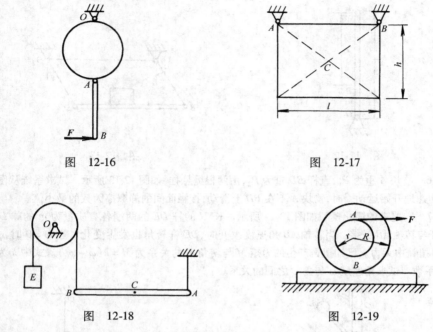

图 12-16　　　　　　　　　　图 12-17

图 12-18　　　　　　　　　　图 12-19

12-13　匀质杆 *AB* 长为 *l*、质量为 *m*，用绳悬挂，如图 12-20 所示，$\theta=45°$。试求切断绳 *OA* 瞬时，绳 *OB* 的拉力。

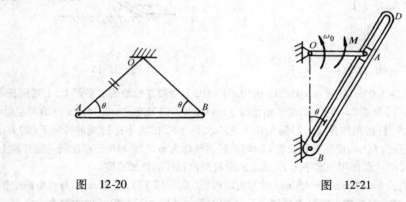

图 12-20　　　　　　　　　　图 12-21

12-14　曲柄摇杆机构（见图 12-21）的曲柄 *OA* 长为 *r*、质量为 *m*，在力偶 **M**（随时间而变化）驱动下以角速度 ω_0 转动，*OB* 线铅垂，摇杆 *BD* 可视为质量为 $8m$ 的匀质直杆，其长为 $3r$。不计滑块 *A* 的质量。试求 *OA* 位于水平、$\theta=30°$ 瞬时：（1）驱动力偶矩 **M**；（2）*O* 处的约束力。

12-15　重为 *P* 的匀质圆柱体，沿倾角为 θ 的悬臂梁作纯滚动（见图 12-22）。圆柱无初速地开始运动。试求圆心移动 *s* 距离时，*O* 处的约束力。

12-16　三棱柱重量为 P_1，可沿光滑水平面滑动（见图 12-23）；匀质圆柱重 P_2，在倾角为 θ 的斜面无滑动地滚动。试求三棱柱的加速度。

图 12-22   图 12-23

12-17　匀质梁 AB 重为 P，在中点系一绕在匀质柱体上的绳子，圆柱的质量为 m，质心 C 沿铅垂线向下运动（见图 12-24）。试求梁支座 A,B 处的约束力。

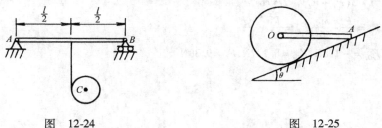

图 12-24   图 12-25

12-18　匀质圆柱 O 重 $P_1=40\text{N}$，沿倾角 $\theta=30°$ 的斜面作纯滚动（图 12-25），长 $l=60\text{cm}$、重 $P_2=20\text{N}$ 匀质杆 OA 保持水平方位。若不计杆端 A 处的摩擦，系统无初速地进入运动，试求 OA 杆两端的约束力。

习 题 答 案

12-1　$F_A=F_B=\dfrac{l^2\omega^2\sin\theta\cos\theta}{6bg}P$

12-2　$m_C=0.217(m_1+3m_2)$，$m_D=0.158m_1+0.101m_2$

12-3　$a\leqslant 7.35\text{m/s}^2$

12-4　(1) $F_A=\dfrac{gl_2-ah}{(l_1+l_2)g}P$，$F_B=\dfrac{gl_1+ah}{(l_1+l_2)g}P$；(2) $a=\dfrac{l_2-l_1}{2h}g$

12-5　$b=\dfrac{2}{3}l$　　$\left[M_{\max}=\dfrac{1}{27}mgl\cos\varphi,\varphi\text{ 为杆与水平面夹角}\right]$

12-6　$f_S\geqslant\tan\theta$

12-7　$\omega=\sqrt{\dfrac{k(\varphi-\varphi_0)}{ml^2\sin2\varphi}}$

12-8　(1) $\alpha=1.85\text{rad/s}^2$；(2) $F_A=64\text{N}$；(3) $F_B=321\text{N}$。

12-9　$\alpha=\dfrac{4F}{5ml}$，$\alpha_{AB}=\dfrac{21F}{5ml}$

12-10　(1) $\alpha=47\text{rad/s}^2$；(2) $F_{Ax}=-95.34\text{N}$，$F_{Ay}=137.72\text{N}$

12-11　(1) $a_E=\dfrac{2}{7}g(\uparrow)$，$a_C=\dfrac{19}{28}g(\downarrow)$；(2) $F_{Ox}=0$，$F_{Ay}=\dfrac{26}{7}mg$

12-12 $F \leqslant 34 f_s mg$

12-13 $F_B = \dfrac{\sqrt{2}}{5} mg$

12-14 $(1) M = \dfrac{2\sqrt{3}}{4} mr^2 \omega_0^2 + 2mgr$

$(2) F_{Ox} = \dfrac{11}{4} mr\omega_0^2 + \dfrac{3\sqrt{3}}{2} mg, F_{Oy} = \dfrac{3\sqrt{3}}{4} mr\omega_0^2 + \dfrac{5}{2} mg$

12-15 $F_{Ox} = \dfrac{1}{3} P\sin 2\theta, F_{Oy} = P\left(1 - \dfrac{2}{3}\sin^2\theta\right), M_0 = Ps\cos\theta$

12-16 $a_A = \dfrac{P_2 \sin 2\theta}{3(P_1 + P_2) - 2P_2 \cos^2\theta}$

12-17 $F_A = \dfrac{P}{2} + \dfrac{mg}{6}, F_B = \dfrac{P}{2} + \dfrac{mg}{6}$

12-18 $F_{Ox} = -1.8\text{N}, F_{Oy} = 8.127\text{N}, F_A = 9.38\text{N}$

第十三章 虚位移原理

虚位移原理是用动力学的解题方法来研究静力学的平衡问题。

内 容 提 要

1. 约束的几何定义及各种形式

1）约束是对物体在空间的位置与形状（简称位形）所作的限制。描述这种限制的数学公式称为约束方程。

2）典型约束的图形及约束方程如表 13-1 所示。

表 13-1 完整约束中的几个表示方式

	约束名称	约束方程的一般形式	图例	几何约束方程
1	几何约束 （定常、双面）	$f(x_1,y_1,z_1,\cdots,x_n,y_n,z_n)=0$	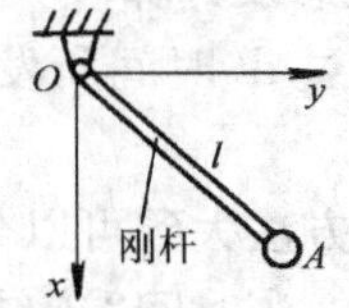	定常、双面约束 $x^2+y^2=l^2$
2	几何约束 （双面与单面）	用等式表示的为双面约束 $f(x_1,y_1,z_1,\cdots,x_n,y_n,z_n)\leqslant0$	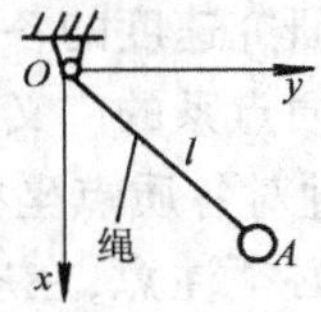	定常、单面约束 $x^2+y^2\leqslant l^2$
3	几何约束 （定常与非定常）	一般不显含时间 t 的为定常约束 $f(x_1,y_1,z_1,\cdots,x_n,y_n,z_n;t)=0$	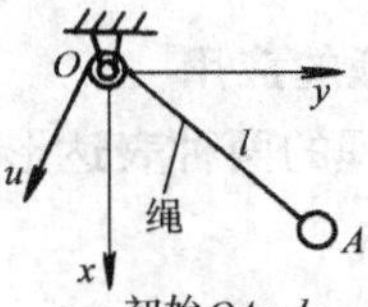 初始 $OA=l_0$	非定常、单面约束 $x^2+y^2\leqslant(l_0-ut)$

2. 自由度的确定与广义坐标的选取

（1）自由度的确定 对完整系统,自由度是质点系在位形空间中的独立运动参变量。自由度的确定,可由计算得到(见表 13-2),也可用加锁的直观方法得到(在例题中予以说明)。

（2）广义坐标的选取 广义坐标是能给定质点系位置的独立参变量,即广义坐标一旦选定,则质点系的位置就惟一地确定了。但必须指出,广义坐标的选法却不是惟一的。如在平面中运动的一刚杆,其广义坐标的选法可有表 13-3 所示的几种。

表 13-2 自由度 k 的计算公式

	按质点系计算	按刚体系计算
空间	$k = 3n - s$ （n 为质点数，s 为约束方程数）	$k = 6m - s$ （m 为刚体数，s 为约束方程数）
平面	$k = 2n - s$	$k = 3m - s$

表 13-3 广义坐标选法举例

图例	选法一	选法二	选法三	选法四
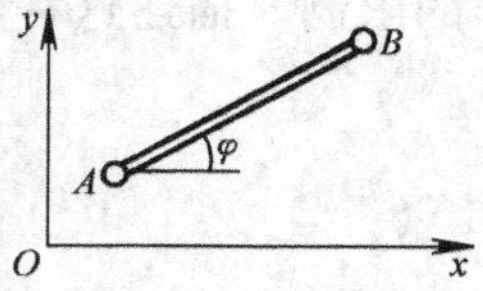	$q_1 = x_A$ $q_2 = y_A$ $q_3 = \varphi$	$q_1 = x_B$ $q_2 = y_B$ $q_3 = \varphi$	$q_1 = x_A$ $q_2 = y_B$ $q_3 = \varphi$	$q_1 = x_B$ $q_2 = y_A$ $q_3 = \varphi$

3. 虚位移的概念及计算

虚位移不是经过 dt 时间所发生的真实小位移，而是假想的、约束所允许的微小位移。

虚位移的计算方法大致可以分为以下两种：

（1）虚速度法 当时间"冻结"后，虚位移与速度具有相同的几何关系，所以可以利用运动学中研究速度的各种方法。

（2）解析法 质点系的广义坐标一旦确定，就将各质点的坐标表示为广义坐标的函数，然后通过对各质点坐标的变分，得到各质点的虚位移表示广义坐标的变更的关系式。但必须注意，在应用解析法解题时，质点系中每一个质点都应处于一般位置。

4. 虚位移原理的应用

1）虚位移原理的两种表达形式

a. 几何形式

$$\sum_{i=1}^{n} \boldsymbol{F}_i \delta \boldsymbol{r}_i = 0$$

几何形式对结构和机构都是适合的，但对机构用解析法解往往比较方便。

b. 解析形式

$$\sum_{i=1}^{n} (F_{ix}\delta x_i + F_{iy}\delta y_i + F_{iz}\delta z_i) = 0$$

解析形式不能应用于处于特殊位置的机构。

2）应用虚位移原理解题时，对自由度为零的结构，根据题所要求的未知量，一般每次解除一个约束，使系统只有一个自由度，然后应用虚位移原理的几何形式

（虚速度法）求解；对处于一般位置的机构，则可应用虚位移的解析形式求解。

5. 广义坐标形式的虚位移原理

广义力　以广义坐标表示的虚位移就是广义虚位移，与广义虚位移乘积后可以构成虚功的主动力就是广义力，由下式表示

$$Q_j = \sum_{i=1}^{n} F_i \frac{\partial r_i}{\partial q_j} = 0 \quad j = 1 \cdots k$$

广义力的三种表示方法：

1）解析形式

$$Q_j = \sum_{i=1}^{n} \left(F_{ix} \frac{\partial x_i}{\partial q_j} + F_{iy} \frac{\partial y_i}{\partial q_j} + F_{iz} \frac{\partial z_i}{\partial q_j} \right) = 0 \quad j = 1 \cdots k$$

对处于一般位置的多自由度系统，列写出对应主动力坐标（表达成广义坐标的函数），代入上式，就求得对应与 q_j 的广义力。

2）几何形式

$$Q_j = \frac{\delta w_j}{\delta q_j} \quad j = 1 \cdots k$$

对多自由度系统，只需令除 q_j 一个有虚位移外，其他的虚位移均为零。对应 δq_j 的虚位移，求出虚功，再约去 δq_j，就求得对应与 q_j 的广义力。

3）势能函数形式

$$Q_j = -\frac{\partial V}{\partial q_j} \quad j = 1 \cdots k$$

当主动力均为有势力时，列写出系统的势能（表达成广义坐标的函数），代入上式，就求得对应与 q_j 的广义力。

基 本 要 求

1）能正确地画出各点的虚位移，并计算各点的虚位移。

2）掌握虚位移原理解析形式的适用条件。

3）能熟练地求解 1 ~ 2 个自由度的求平衡位置、主动力间的关系、约束力这三类静力学问题。

典 型 例 题

例 13-1　曲柄连杆滑块机构如图 13-1a 所示。在图示位置（θ 与 φ 为已知），曲柄 OA 长为 r，机构受到力偶 M、铅垂力 F_A 和水平力 F_B 作用而平衡。试求 M，F_A，F_B 的关系。

解　系统具有 1 个自由度。取广义坐标 θ，并作机构的虚位移图（见图 13-1b），由 $\sum F_i \delta r_i = 0$，有 $M\delta\theta - F_A \delta r_A \cos\theta + F_B \delta r_B = 0$

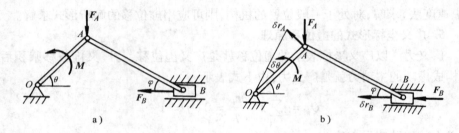

图 13-1

式中, $\delta r_A = r\delta\theta$。又根据速度投影定理 $(\delta r_A)_{AB} = (\delta r_B)_{AB}$，有

$$\delta r_A \sin(\theta + \varphi) = \delta r_B \cos\varphi$$

代入得

$$M\delta\theta - F_A r\delta\theta\cos\theta + F_B r\delta\theta \frac{\sin(\theta + \varphi)}{\cos\varphi} = 0$$

即

$$\left[M - F_A r\cos\theta + F_B r \frac{\sin(\theta + \varphi)}{\cos\varphi} \right]\delta\theta = 0$$

因为 $\delta\theta \neq 0$，所以 $M - F_A r\cos\theta + F_B r \dfrac{\sin(\theta + \varphi)}{\cos\varphi} = 0$

讨论

1）力偶矩作用于系统时，虽机构处于一般位置，但一般不使用解析法，常用几何法求解。若采用解析法，则虚位移（转角）的方向必须朝着广义坐标的正向，不能随意假设。

2）独立的虚位移数与广义坐标一致，但不一定选用 $\delta\theta$，也可用 δr_A 或 δr_B。对一个自由度系统，三者中只要选定一个，就能找出其他两个与其运动学关系。

例 13-2 机构如图 13-2a 所示。已知： $AB = r = 0.5\text{m}, CD = l = 2r, M = 60\text{N}\cdot\text{m}$。试求当 $\theta = 60°$、$\overset{\frown}{CB} = r$ 时机构平衡所需的水平力 F 的值。

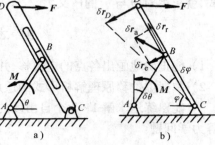

解 系统具有 1 个自由度。取 θ 为广义坐标，系统各虚位移如图 13-2b 所示。根据 $\sum \boldsymbol{F}_i \delta r_i = 0$，有

图 13-2

$$M\delta\theta - F\delta r_D \sin\varphi = 0。$$

又根据点的合成运动速度合成定理，有

$$\delta \boldsymbol{r}_a = \delta \boldsymbol{r}_e + \delta \boldsymbol{r}_r$$

即

$$\delta r_a \cos[180° - (\theta + \varphi)] = \delta r_e$$

注意到在图示位置 $\varphi = \theta = 60°$，又

$$\delta r_a = r\delta\theta, \theta = 60°$$

代入得
$$\delta r_e = \frac{1}{2}r\delta\theta$$

而
$$\delta\varphi = \frac{\delta r_e}{r}, \delta r_D = l\delta\varphi = 2\delta r_e = r\delta\theta$$

代入虚位移原理,为

$$M\delta\theta - Fr\delta\theta\frac{\sqrt{3}}{2} = 0$$

即
$$\left(M - \frac{\sqrt{3}}{2}Fr\right)\delta\theta = 0$$

因为 $\delta\theta \neq 0$,所以得 $F = \dfrac{2M}{\sqrt{3}r} = \left(\dfrac{2 \times 60}{\sqrt{3} \times 0.5}\right)\text{N} = 138.56\text{N}$

讨论

在找虚位移关系时,碰到合成运动机构,同样要正确地选择动点、动系,否则找出的虚位移关系是错误的。

例 13-3 升降机构如图 13-3a 所示。已知各杆长均为 l,物重 mg,平衡位置为 θ。试求平衡力 $\boldsymbol{F}$ 的值。

解 系统具有 1 个自由度。取广义坐标为 θ。本系统 θ 为一般位置,可以用解析法,建立笛卡儿坐标 Oxy(见图 13-3b)。

先写出力的投影式

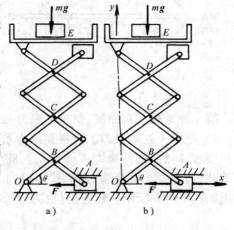

图 13-3

$$F_{Ax} = -F, F_{Ey} = -mg$$

再写出相应的位置坐标

$$x_A = l\cos\theta, y_E = 3l\sin\theta$$

然后对坐标变分

$$\delta x_A = -l\sin\theta\delta\theta, \delta y_E = 3l\cos\theta\delta\theta$$

代入到 $\sum[F_{ix}\delta x_i + F_{iy}\delta y_i] = 0$,有

$$(-F)(-l\sin\theta\delta\theta) + (-mg)3l\cos\theta\delta\theta = 0$$

即
$$[Fl\sin\theta - 3mgl\cos\theta]\delta\theta = 0$$

因为 $\delta\theta \neq 0$,所以得 $F = 3mg\cot\theta$

讨论

1)在解析式中,笛卡儿坐标原点一定要取在固定点上,即为静坐标。

2）各点位置的笛卡儿坐标是不独立的,但可以表示为独立的广义坐标的函数。

3）先列写力的投影式,这样只要写出对应点的坐标点即可,无外力作用的点就不需写出。

4）对本题这样的系统,若用几何法求解是很麻烦的,所以对于这类由重复的单元组成的系统,采用解析法特别简便。

例13-4 二跨梁如图 13-4a 所示。已知:梁长均为 l,均布载荷为 q,力偶矩 $M = \frac{3}{8}ql^2$。试求支座 A,B,D 处的约束力。

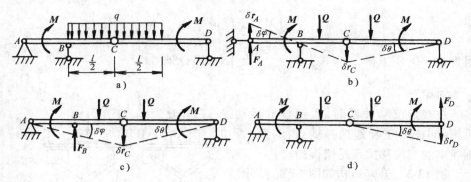

图 13-4

解 原结构无自由度,要求约束力,必须先解除约束。

1）先求 A 处约束力。观察到原力系相当于平面平行力系,即 A 处 $F_{Ax} = 0$,所以只要求 A 处竖向约束力 $F_{Ay}(=F_A)$;将铰链支座用两根链杆(水平和铅直链杆)等效替代,这样去除竖直链杆,代之以力 F_A,结构系统就有了一个自由度,其虚位移图如图 13-4b 所示。建立虚位移方程,有

$$F_A \delta r_A + M\delta\varphi + Q\frac{l}{4}\delta\varphi + Q\frac{3}{4}l\delta\theta - M\delta\theta = 0$$

式中　$\delta r_A = \frac{l}{2}\delta\varphi, Q = q\frac{l}{2}, \delta\theta = \frac{\delta r_C}{l} = \frac{\delta\varphi\frac{l}{2}}{l} = \frac{1}{2}\delta\varphi$

代入得　$\left(F_A\frac{l}{2} + M + \frac{1}{4}Ql + \frac{3}{8}Ql - \frac{1}{2}M\right)\delta\varphi = 0$

即　$F_A = -\frac{M}{l} - \frac{5}{4}Q = -ql$

2）接着求 B 处约束力,去除 B 处链杆,代之以力 F_B,结构(系统)就有了一个自由度,其虚位移图如图 13-4c 所示。建立虚位移方程,有

$$-F_B\frac{l}{2}\delta\varphi + M\delta\varphi + Q\frac{3}{4}l\delta\varphi + Q\frac{3}{4}l\delta\theta - M\delta\theta = 0$$

式中　$\delta\varphi = \dfrac{\delta r_C}{r} = \delta\theta$

代入得　$\left(-F_B\dfrac{l}{2} + M + \dfrac{3}{4}Ql + \dfrac{3}{4}Ql - M\right)\delta\varphi = 0$

即　$F_B = 3Q = \dfrac{3}{2}ql$

3）最后求 D 处约束力。去除 D 处链杆,代之以力 $\boldsymbol{F}_D$,结构(系统)就有了一个自由度,其虚位移如图 13-4d 所示。建立虚位移方程,有

$$-F_D l\delta\theta + Q\,\dfrac{l}{4}\delta\theta + M\delta\theta = 0$$

即　$\left(-F_D l + \dfrac{1}{4}Ql + M\right)\delta\theta = 0$

得　$F_D = \dfrac{M}{l} + \dfrac{1}{4}Q = \dfrac{1}{2}ql$

讨论

1）虚位移求解时研究对象是整个结构(机构),因为结构中对于理想约束,众多的约束力均不会出现。

2）对于结构,每次去掉 1 个约束(平面铰链应看作两个约束,平面固定端应视作三个约束),使结构只有一个自由度,这样各点间的运动关系最为简单。

3）对于分布载荷在求解中要分刚体简化,并等效为两个集中力,不能将所有分布力合成后作用在 C 点。如求 $\boldsymbol{F}_B$ 的大小时,若将 $2Q$ 集中到 C 点,则此部分虚功为 $2Q\delta r_C = 2Ql\delta\varphi$,显然是错误的。

例 13-5　构架如图 13-5a 所示。已知:长度 $l = 1\text{m}$,水平力 $F_A = 1.5\text{kN}$,力 F_H $= 4\text{kN}$,其与水平线的夹角为 $\varphi = 60°$,力偶矩 $M = 1\text{kN}\cdot\text{m}$。试求:(1)支座 E 处的约束力;(2) D 处的水平向约束力。

解　1）去掉支座 E 代之以力 $\boldsymbol{F}_E$,构架具有一个自由度。OB 部分作定轴转动,BC 部分作平面运动,CD 部分作定轴转动。作虚位移图,如图 13-5b 所示。由虚功原理

$$-F_A\delta r_A - M\delta\beta + F_E\delta r_E\sin\theta - F_H\cos\varphi\delta r_H = 0$$

各点的虚位移之间的关系如下

$$\dfrac{\delta r_A}{OA} = \dfrac{\delta r_B}{OB}, \dfrac{\delta r_B}{IB} = \dfrac{\delta r_C}{IC} = \delta\beta, \dfrac{\delta r_C}{CD} = \dfrac{\delta r_E}{ED} = \dfrac{\delta r_H}{HD} = \delta\theta$$

式中,$IB = 4l$,$IC = 3\sqrt{2}l$,$ED = \sqrt{10}l$,且 $\sin\theta = \dfrac{\sqrt{10}}{10}$。将以上关系代入,就得

$$\left(2F_A - \dfrac{M}{l} + F_E - F_H\right)\delta r_C\dfrac{\sqrt{2}}{6} = 0$$

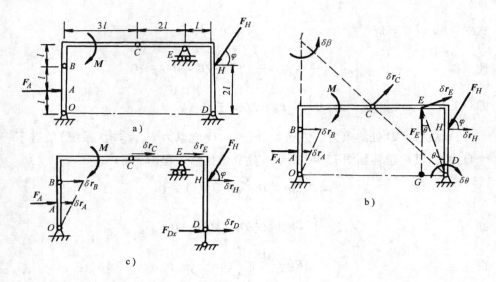

图 13-5

因为 $\delta r_C \neq 0$，所以得 $F_E = F_H + \dfrac{M}{l} - 2F_A = 2\text{kN}$

2）去掉支座 D，代之以竖直链杆和力 F_{Dx}，构架具有一个自由度。OB 部分作定轴转动，BC 部分作瞬时移动，CD 部分也作瞬时移动。作虚位移图，如图 13-5c 所示。由虚功原理

$$F_A \delta r_A - F_H \cos\varphi \delta r_H + F_{Dx} \delta r_D = 0$$

各点的虚位移关系如下

$$\delta r_D = \delta r_H = \delta r_E = \delta r_C = \delta r_B = 2\delta r_A$$

代入得

$$\left(F_{Dx} + \frac{F_A}{2} - \frac{F_H}{2} \right) \delta r_D = 0$$

因为 $\delta r_D \neq 0$，所以 $F_{Dx} = \dfrac{1}{2}(F_H - F_A) = 1.25\text{kN}$

讨论

在计算力的虚功时，对于力与虚位移之间夹角复杂的情况，可以将此力沿力的作用线移动来求得。如解 1）中力 F_E 的虚功，就是将力 F_E 沿其作用线移到 OD 连线上 G 点，距 D 为 l 处，此点的虚位移为 $l\delta\theta$，且与 F_E 共线，则虚功能简便求出。

例 13-6 一桁架尺寸和所受载荷如图 13-6a 所示。已知：$l = 5\text{m}$，$h = 3\text{m}$，$F = 100\text{N}$。试求杆 CD 的力。

解 将桁架的 CD 杆截断，代之以 F_1，F_1'，这样桁架就有了一个自由度。CD 杆被截断后，成为 Ⅰ 与 Ⅱ 两个相互运动的刚体，如图 13-6b 所示。Ⅱ 刚体作平面运动，其速度瞬心在 G 点。画出有关点的虚位移，由虚功方程

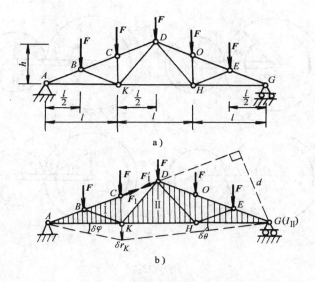

图 13-6

$$F_1'd\delta\theta + F\frac{l}{2}\delta\varphi + Fl\delta\varphi + F\frac{3}{2}l\delta\theta + Fl\delta\theta + F\frac{l}{2}\delta\theta = 0$$

式中 $\delta\varphi = \dfrac{\delta r_K}{l} = \dfrac{2l\delta\theta}{l} = 2\delta\theta$

$$d = \overline{AG}\sin(\angle GAD) = 3l \cdot \frac{h}{\sqrt{h^2 + \left(\dfrac{3}{2}l\right)^2}} = \frac{6hl}{\sqrt{4h^2 + 9l^2}}$$

$$= \left(\frac{6 \times 3 \times 5}{\sqrt{4 \times 3^2 + 9 \times 5^2}}\right)\text{m} = 5.57\text{m}$$

代入后解得

$$F_1' = -\frac{6Fl}{d} = \left(-\frac{6 \times 100 \times 5}{5.57}\right)\text{N} = -538.6\text{N}(压)$$

讨论

1) 在桁架问题中,当截断一根杆件时,自由度只有 1 个,但有时为两个刚体的相互运动,有时为多个刚体的相互运动。

2) 当杆被截断后,被截断杆件两端受力相同,但两端的虚位移一般不会相同。

例 13-7 差动齿轮系统如图 13-7a 所示。已知齿轮半径 r_1, r_2,作用在曲柄 AB 上的力偶矩 M。试求系统平衡时作用在齿轮 I、II 上的力偶矩 M_1, M_2 的值。

解 系统具有两个自由度。取曲柄 AB 的转角 φ_0 及轮 I 的转角 φ_1 为广义坐标。先求对应于 φ_0 的广义力 Q_0,令 $\delta\varphi_0 \neq 0$,$\delta\varphi_1 = 0$,其虚位移图如图 13-7b 所示。对于 $\delta\varphi_0$ 的虚功为 δw_0,即

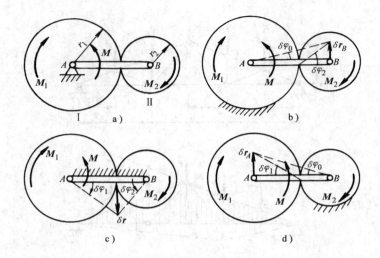

图 13-7

$$\delta w_0 = M\delta\varphi_0 - M_2\delta\varphi_2$$

式中　$\delta\varphi_0(r_1 + r_2) = \delta r_B = \delta\varphi_2 r_2$

代入有
$$\delta w_0 = M\delta\varphi_0 - M_2\frac{r_1 + r_2}{r_2}\delta\varphi_0$$

对应的广义力
$$Q_0 = \frac{\delta w_0}{\delta\varphi_0} = M - M_2\frac{r_1 + r_2}{r_2}$$

再求对应于 φ_1 的广义力 Q_1，令 $\delta\varphi_1 \neq 0$，$\delta\varphi_0 = 0$，其虚位移图如图 13-7c 所示。对于 $\delta\varphi_1$ 的虚功为 δw_1，即

$$\delta w_1 = M_1\delta\varphi_1 - M_2\delta\varphi_2$$

式中　$\delta\varphi_1 r_1 = \delta r = \delta\varphi_2 r_2$

代入有
$$\delta w_1 = M_1\delta\varphi_1 - M_2\frac{r_1}{r_2}\delta\varphi_1$$

对应的广义力
$$Q_1 = \frac{\delta w_1}{\delta\varphi_1} = M_1 - \frac{r_1}{r_2}M_2$$

系统要平衡,则 $Q_0 = 0$，$Q_1 = 0$，即得

$$M_2 = \frac{r_2}{r_1 + r_2}M, M_1 = \frac{r_1}{r_1 + r_2}M$$

讨论

广义坐标是惟一确定系统位置的坐标,其数目必须等于系统的自由度数。但广义坐标的选择却不是惟一的。本题也可选轮 II 转角 φ_2 与杆转角 φ_0 为广义坐标。如令 $\delta\varphi_0 \neq 0$，$\delta\varphi_2 = 0$，其虚位移图如图 13-7d 所示。对应 $\delta\varphi_0$ 的虚功为 δw_0，即

$$\delta w_0 = -M\delta\varphi_0 + M_1\delta\varphi_1$$

式中　　$\delta\varphi_0(r_1 + r_2) = \delta r_A = \delta\varphi_1 r_1$

代入得　　　　　　　　　$\delta w_0 = -M\delta\varphi_0 + M_1\dfrac{r_1 + r_2}{r_1}\delta\varphi_0$

对应的广义力　　　　　　$Q_0 = \dfrac{\delta w_0}{\delta\varphi_0} = -M + M_1\dfrac{r_1 + r_2}{r_1}$

平衡时　　　　　　　　　$Q_0 = 0$，得 $M_1 = \dfrac{r_1}{r_1 + r_2}M$

例 13-8　一位于铅垂面内的平面机构如图 13-8a 所示。已知：各杆长均为 l，重物 A 重 mg，弹簧的刚度系数为 k，当 $\varphi = \varphi_0$ 时，弹簧为原长。试求机构的平衡条件。

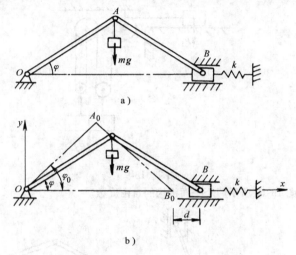

图　13-8

解　机构具有 1 个自由度。取广义坐标为 φ。为列写势能方便，建立笛卡儿坐标 Oxy，如图 13-8b 所示。设 Ox 轴为重力零势面，弹簧原长处为弹性力零势点，系统势能为

$$V = mgl\sin\varphi + \frac{1}{2}k\delta^2$$

式中，$\delta^2 = (2l)^2(\cos\varphi - \cos\varphi_0)^2$。

代入得　　　　　　　　$V = mgl\sin\varphi + 2kl^2(\cos\varphi - \cos\varphi_0)^2$

由广义力　　$Q_\varphi = -\dfrac{\partial V}{\partial\varphi} = -[mgl\cos\varphi + 4kl^2(\cos\varphi - \cos\varphi_0)(-\sin\varphi)]$

要平衡 $Q_\varphi = 0$，得

$$mg = 4kl(\cos\varphi - \cos\varphi_0)\tan\varphi$$

讨论

1）零势点位置可以任意选择。不同的零势位只与本题解的势能相差一常量，

因此不会影响最终结果。

2）只要系统中各力均为有势力，即可以用 $Q_j = -\dfrac{\partial V}{\partial q_j}$ 来求解。

思 考 题

13-1　何谓虚位移？虚位移与实位移有何区别？试举例说明。

13-2　在图 13-9 所示一滑轮组中，假设绳子不可伸长，试写出系统的约束方程。系统具有几个自由度？A、B 两物体的虚位移之间有什么关系？如果水平面是粗糙的，则它对物体 A 的摩擦力的方向是否恒与该物体的虚位移方向相反？为什么？

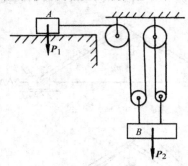

图　13-9

13-3　试分析图 13-10 所示两个平面机构的自由度数。

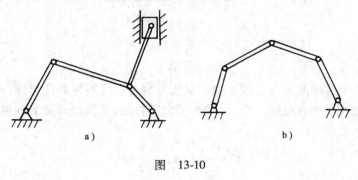

a)　　　　　　　　　　b)

图　13-10

习　题

在本章习题中，若不特别指明，则物体的自重不计，接触处的摩擦不计，而圆轮之类相对其他物体的运动为无滑动的滚动（纯滚动）。

13-1　图 13-11 所示曲柄连杆机构处于平衡状态，已知角 φ 和 θ。试求竖直力 F_1 与水平力 F_2 的比值。

13-2　在压榨机（见图 13-12）的手轮上作用一力偶矩 M，手轮轴的两端各有螺距同为 h、但方向相反的螺纹，螺纹上各套有螺母 A 和 B。当手轮轴转动时，两螺母的相对运动是反向的。这两螺母分别与长为 l 的杆相铰接，四杆形成菱形框。试求当菱形框的顶角为 2θ 时的挤压力 F

的大小。

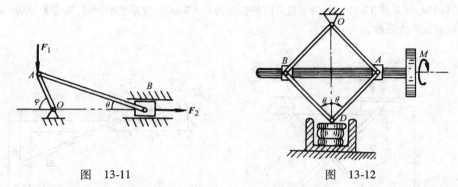

图 13-11   图 13-12

13-3 机构如图 13-13 所示。已知:杆 OD 长为 l,与水平夹角为 φ,尺寸 b,一力铅直地作用在 B 点,另一力在 D 点垂直于 OD。试求平衡时此二力的关系。

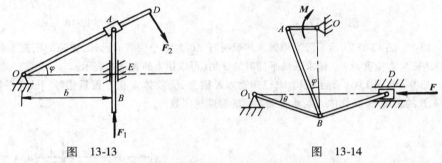

图 13-13   图 13-14

13-4 机构如图 13-14 示。已知:OA 长为 r,其上作用一力偶矩 M,杆 O_1B 与杆 BD 等长为 l。试求当曲柄 OA 水平、OB 线铅直、$\varphi = \theta$ 位置平衡时,水平力 F 的大小。

13-5 在图 13-15 所示机构中,$OB = BD = AB = BE = DG = EG = l$。平衡时角为 θ。试求 F_1 与 F_2 的关系。

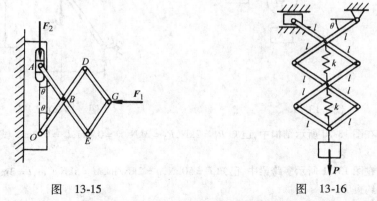

图 13-15   图 13-16

13-6 在图 13-16 所示机构中,已知尺寸 l,弹簧的刚度系数为 k,当 $\theta = 30°$ 时弹簧无形变。试求平衡时悬挂物的重量 P 与角度 θ 之间的关系。

13-7 放在弹簧缓冲平台上的物重 $P = 2\text{kN}$，杆 OD 和 AB 的长度均为 $l = 100\text{cm}$，铰链 E 在两杆的中点（见图 13-17），弹簧不受力时的长度为 $l_0 = 70\text{cm}$。当系统平衡时，高度 $h = 60\text{cm}$。试求弹簧的刚度系数。

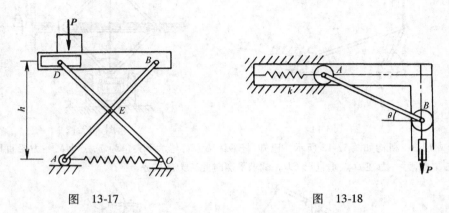

图 13-17　　　　　　　　　　　　　　　图 13-18

13-8 图 13-18 所示系统当弹簧未伸长时杆 AB 为水平位置。已知：弹簧的刚度系数为 k，杆 AB 长为 l，物重为 P。试求系统平衡时的 θ 角（可以用 θ 的表达式表示）。

13-9 在图 13-19 所示机构中，已知物体 K 重为 P_1，物体 A 和 B 重量相等。试求平衡时物体 A、B 的重量 P_2 和物体 A 与水平面之间的静摩擦因数 f_s。

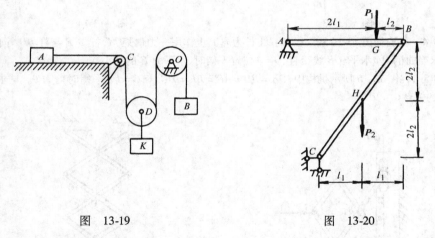

图 13-19　　　　　　　　　　　　　　图 13-20

13-10 在图 13-20 所示结构中，已知 $P_1 = 2\text{kN}$，$P_2 = 3\text{kN}$，$l_1 = 0.3\text{m}$，$l_2 = 0.2\text{m}$。试求支座 C 的约束力。

13-11 在图 13-21 所示多跨梁中，已知 $F = 50\text{kN}$，$q = 2\text{kN/m}$，$M = 5\text{kN} \cdot \text{m}$，$l = 3\text{m}$。试求支座 A，B，E 的约束力。

13-12 在图 13-22 所示多跨梁中，已知 $F = 50\text{kN}$，$q = 2\text{kN/m}$，$M = 12\text{kN} \cdot \text{m}$，$l = 1\text{m}$ 试求支座 A 的约束力。

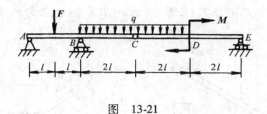

图 13-21

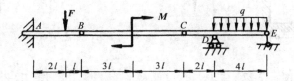

图 13-22

13-13 静定刚架如图 13-23 所示。已知 $F = 4$kN, $h = 5$m。试求支座 D 的水平约束力。

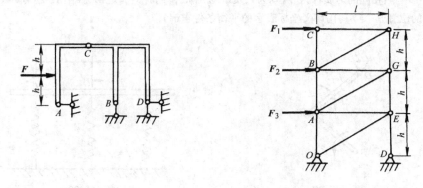

图 13-23　　　　　　　　　　　图 13-24

13-14 桁架如图 13-24 所示。已知:力 F_1, F_2, F_3,尺寸 l, h。试求杆 OE 与杆 GE 的力。

13-15 图 13-25 所示桁架中各杆等长。已知力 P,试求杆 1 的力。

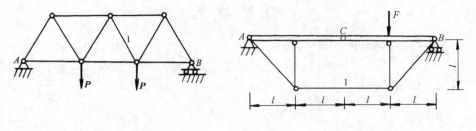

图 13-25　　　　　　　　　　　图 13-26

13-16 在组合构架(见图 13-26)中,已知力 $F = 10$kN,尺寸 $l = 2$m。试求杆 1 的力。

13-17 匀质杆 AB(见图 13-27)长为 l,重为 P_1,B 端悬挂物重为 P_2,槽宽为 b。试求对应广义坐标 θ 的广义力。

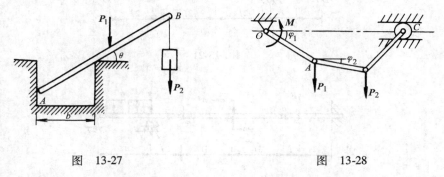

图 13-27   图 13-28

13-18 在图 13-28 所示机构中,三杆长均为 l,已知:力偶矩 M、重力 P_1 与 P_2。试求对应广义坐标 φ_1 与 φ_2 的广义力。

13-19 两相同的匀质杆,长度均为 l,质量均为 m,作用有力偶矩 M,如图 13-29 所示。试求平衡时的位置 θ_1 与 θ_2(用广义坐标表示的平衡条件求解)。

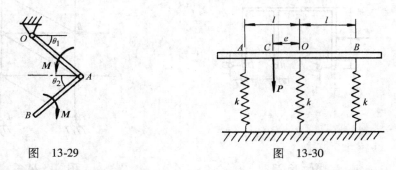

图 13-29   图 13-30

13-20 预制混凝土构件的振动台(见图 13-30)重为 P,用三组同样的弹簧等距离地支承起来,每组弹簧的刚度系数为 k,间距为 l。若台面重心的偏心距为 e,试确定台面的平衡位置(用广义坐标表示的平衡条件求解)。

习 题 答 案

13-1 $\dfrac{F_2}{F_1} = \dfrac{\cos\varphi\cos\theta}{\sin(\varphi - \theta)}$

13-2 $F = \pi\dfrac{M}{h}\cot\theta$

13-3 $F_2 = \dfrac{b}{l\cos^2\varphi}F_1$

13-4 $F = \dfrac{M}{r}\cot 2\theta$

13-5 $F_1 = \dfrac{2}{3} F_2 \tan\theta$

13-6 $P = 0.8kl(2\sin\theta - 1)$

13-7 $k = 267\mathrm{N/cm}$

13-8 $\tan\theta - \sin\theta = \dfrac{P}{kl}$

13-9 $P_2 = \dfrac{1}{2} P_1, f_\mathrm{S} = 1$

13-10 $F_{Cx} = 2.25\mathrm{kN}, F_{Cy} = 4.5\mathrm{kN}$

13-11 $F_A = 6.67\mathrm{kN}, F_B = 69.2\mathrm{kN}, F_E = 4.17\mathrm{kN}$

13-12 $F_{Ax} = 0, F_{Ay} = 3\mathrm{kN}, M_A = 4\mathrm{kN \cdot m}$

13-13 $F_{Dx} = -2\mathrm{kN}$

13-14 $F_{OE} = \dfrac{\sqrt{l^2 + h^2}}{l}(F_1 + F_2 + F_3), F_{GE} = -\dfrac{h}{l}(2F_1 + F_2)$

13-15 $F_1 = 0$

13-16 $F_1 = 5\mathrm{kN}$

13-17 $Q_\theta = \dfrac{(P_1 + P_2)b}{\cos^2\theta} - \left(\dfrac{P_1}{2} + P_2\right) l\cos\theta$

13-18 $Q_{\varphi 1} = (P_1 + P_2)l\cos\varphi_1 - M, Q_{\varphi 2} = P_2 l\cos\varphi_2$

13-19 $\theta_1 = \arccos\dfrac{2M}{3mgl}, \theta_2 = \arccos\dfrac{2M}{mgl}$

13-20 $y_0 = \dfrac{P}{3k}, \varphi = \dfrac{Pe}{2kl^2}$

第四篇　变形体静力学

第十四章　轴向拉伸与压缩

内 容 提 要

1. 轴向拉伸与压缩的外力特点和变形特点

（1）外力特点　由作用线与杆轴重合的外力引起。

（2）变形特点　杆件的长度发生轴向的伸长或缩短。

2. 截面法、内力

（1）截面法　截面法是求内力的基本方法。用截面法求内力的步骤为：

1）截。在需求内力的截面处，假想地沿该截面将杆件截开，分为两部分。

2）取。取任一部分，将弃去部分对留下部分的作用，以在截面上的内力来代替。

3）平衡。对留下的部分进行平衡分析，由平衡条件求出该截面上的未知内力。

（2）内力-轴力　有关内力-轴力的定义、正负规定见表14-1。

表14-1　内力-轴力

定　义	正　负　规　定	轴　力　图
轴向拉压杆横截面上的内力，其作用线必定与杆件轴线相重合，称为轴力，用 F_N 表示，如图14-1b 所示	轴力 F_N 规定以拉力为正，（见图14-1b），压力为负	用平行于杆轴的坐标表示横截面位置，用垂直于杆轴的坐标表示横截面上轴力的数值，从而绘出表示轴力沿杆轴变化规律的图线

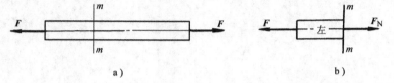

a）　　　　　　　　　　　　　　b）

图　14-1

3. 应力、强度条件

轴向拉压时横截面上的应力、斜截面上的应力、强度计算见表14-2。

表 14-2　应力、强度条件

横截面上的应力	斜截面上的应力	强 度 条 件
轴向拉压时，横截面上的应力垂直于截面为正应力，用 σ 表示，正应力在横截面上是均匀分布的，如图 14-2b 所示 $$\sigma = \frac{F_N}{A}$$ σ 的正负和 F_N 的正负一致	任意斜截面 n-n 的截面积为 A_α，斜面上的应力均匀分布（见图 14-2c）。其应力和应力分量为（见图 14-2d）： 全应力　$P_\alpha = \dfrac{F_N}{A_\alpha} = \sigma\cos\alpha$ 正应力　$\sigma_\alpha = P_\alpha\cos\alpha = \sigma\cos^2\alpha$ 切应力　$\tau_\alpha = P_\alpha\sin\alpha = \dfrac{\sigma}{2}\sin 2\alpha$ α——由横截面外法线转到斜截面外法线的夹角，以逆时针转动为正 σ_α——拉应力为正；压应力为负 τ_α——对所研究的脱离体，有顺时针转动趋势的为正	强度条件：杆件的最大工作应力不得超过材料的许用应力。即 $$\sigma_{\max} = \left(\frac{F_N}{A}\right) \leqslant [\sigma]$$ $[\sigma]$ 为许用应力： 1）塑性材料 $[\sigma] = \dfrac{\sigma_s}{n_s}$ 2）脆性材料 $[\sigma] \approx \dfrac{\sigma_b}{n_b}$ 强度条件的三类问题： 1）强度校核 $\sigma_{\max} = \dfrac{F_N}{A} \leqslant [\sigma]$ 2）设计截面 $A \geqslant \dfrac{F_N}{[\sigma]}$ 3）确定承载力 $[F_N] \leqslant A[\sigma]$ 由 $[F_N]$ 计算 $[F]$

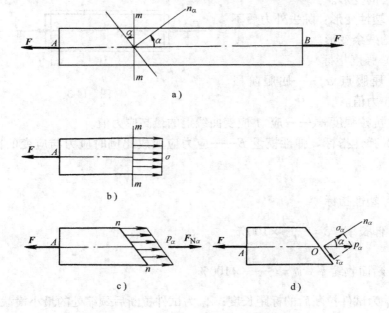

图　14-2

4. 变形、刚度条件

　　杆件在轴向拉压时，轴向和横向均产生线变形。在轴向拉伸时，轴向伸长，横向缩短；在轴向压缩时，轴向缩短，横向伸长（见图 14-3）。轴向变形计算、横向变形计算、刚度条件如表 14-3 所示。

表 14-3　变形、刚度条件

轴　向　变　形	横　向　变　形	刚　度　条　件
轴向线变形　$\Delta l = l_1 - l$	横向线变形　$\Delta b = b_1 - b$	
轴向线应变　$\varepsilon = \dfrac{\Delta l}{l}$	横向线应变　$\varepsilon' = \dfrac{\Delta b}{b}$	
胡克定律　$\Delta l = \dfrac{F_N l}{EA}$	泊松比　$\nu = \left\| \dfrac{\varepsilon'}{\varepsilon} \right\|$	刚度条件　$\Delta l = \dfrac{F_N l}{EA} \leqslant [\Delta l]$
或　$\varepsilon = \dfrac{\sigma}{E}$		
EA——抗拉（压）刚度		

5. 材料的力学性质

深刻理解低碳钢的应力-应变曲线。

（1）弹性和塑性变形

1）弹性变形：除去外力后能完全消失的变形。

2）塑性变形：除去外力后不能消失的残余变形。

（2）强度指标

1）屈服点 σ_s——屈服阶段中最低应力值。

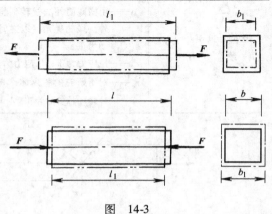

图　14-3

2）抗拉强度 σ_b——应力-应变曲线上的最高应力值。

（3）弹性指标。弹性模量 E——应力应变成比例时应力与应变的比值，即

$$E = \frac{\sigma}{\varepsilon}$$

（4）塑性指标

1）伸长率　$\delta = \dfrac{l_1 - l}{l} \times 100\%$

2）断面收缩率　$\psi = \dfrac{A_1 - A}{A} \times 100\%$

式中，l_1 为试件拉断后的标距长度；A_1 为试件拉断后颈缩处的最小横截面面积。

6. 拉压杆的超静定问题

求解拉压超静定问题时，一般可按以下步骤进行：

1）根据约束的性质画出杆件或节点的受力图。应该指出的是，在超静定结构体系中，各杆的内力是受拉还是受压在解题前往往是未知的。为此，在绘受

力图时，总是先对各杆的内力作一假定，并以此作为画受力图、列静力平衡方程、绘制节点位移图的依据。最后解得的结果若为正，则表示杆件的轴力与假设的一致；若为负，则表示杆件中轴力与假设的相反。

2）根据静力平衡条件列出所有独立的静力平衡方程。

3）画变形几何关系图（节点位移图）。根据杆件变形与内力一致的原则，画出变形几何关系图（节点位移图）是解拉压超静定问题的关键。所谓"变形与内力"一致，即设拉力则画伸长变形，设压力则画缩短变形。

4）根据变形几何关系图建立变形几何关系方程。

5）建立补充方程。将力与变形间的物理关系（胡克定律）代入变形几何关系方程，便能得到解题所需的补充方程。

6）将静力平衡方程与补充方程联立，解出全部的约束力或杆件的内力。

7）进行强度和刚度方面的计算。

以上步骤也可以用如图 14-4 所示来表示。

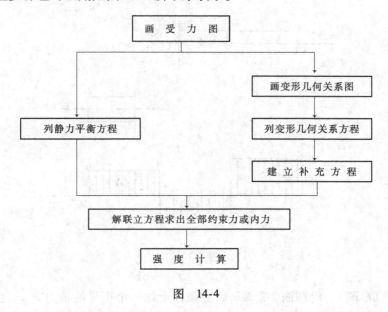

图 14-4

基 本 要 求

1）熟练掌握轴力计算，能绘轴力图。

2）掌握横截面上的正应力计算，强度计算。

3）掌握变形与位移计算。

4）了解材料的力学性质。

5）掌握求解简单拉压超静定问题。

典 型 例 题

例 14-1 等直杆受力如图 14-5a 所示。试求各杆段中横截面上的轴力，并绘轴力图。

解 （1）应用截面法求各段横截面上的轴力

1）〔*AB* 段〕。沿截面 1-1 截开，在截面上加一个正号的轴力 F_{N1}。由左段的平衡条件（见图 14-5b）得

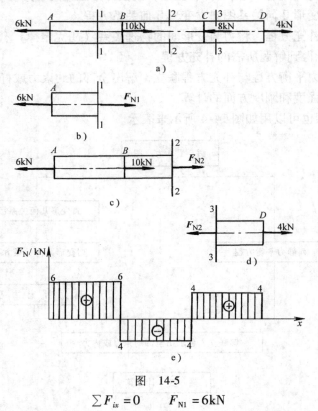

图 14-5

$$\sum F_{ix} = 0 \qquad F_{N1} = 6\text{kN}$$

2）〔*BC* 段〕。沿截面 2-2 截开，在截面上加一个正号的轴力 F_{N2}。由左段的平衡条件（见图 14-5c）

$$\sum F_{ix} = 0 \qquad F_{N2} = （-10 + 6）\text{kN} = -4\text{kN}$$

$F_{N2} = -4\text{kN}$，表明原来假设的轴向拉力与实际不符，应为轴向压力。

3）〔*CD* 段〕。沿截面 3-3 截开，仍在截面上加一个正号的轴力 F_{N3}。由右段的平衡条件（见图 14-5d）得

$$\sum F_{ix} = 0 \qquad F_{N3} = 4\text{kN}$$

（2）作轴力图 显然，在 *AB* 段内所有横截面上的轴力均为 $F_{N1} = 6\text{kN}$，是

常数，在轴力图（见图 14-5e）上是一条水平直线。同理，根据 $F_{N2} = -4$kN，$F_{N3} = 4$kN 绘出 BC 段和 CD 段的轴力图，如图 14-5e 所示。

讨论

在运用截面法求轴力和画轴力图时，一般在所求内力的截面上假设正号的轴力，然后由静力平衡条件求出轴力 F_N 的数值，若求得的 F_N 为正，说明该截面上的轴力是拉力，若求得的 F_N 为负，则说明该截面上的轴力是压力。

例 14-2 杆件受力如图 14-6a 所示。设 E,A,l 均为已知，BC 段为刚体，试求：（1）绘轴力图；（2）计算变形：$\Delta l_{AB}, \Delta l_{BC}, \Delta l_{CD}, \Delta l_{AD}$；（3）计算位移：$\delta_{B\text{-}A}, \delta_{C\text{-}A}, \delta_{D\text{-}A}, \delta_{C\text{-}B}, \delta_{B\text{-}D}, \delta_{D\text{-}C}$。

解 （1）绘轴力图，如图 14-6b 所示。

（2）变形计算

$$\Delta l_{AB} = \frac{F_{N_{AB}} l_{AB}}{EA} = \frac{2Fl}{EA} \text{（伸长）；}$$

$$\Delta l_{BC} = 0 \text{（刚体）；} \quad \Delta l_{CD} = \frac{F_{N_{CD}} l_{CD}}{EA} =$$

$$-\frac{Fl}{EA} \text{（缩短）}$$

$$\Delta l_{AD} = \Delta l_{AB} + \Delta l_{BC} + \Delta l_{CD} = \frac{Fl}{EA}$$

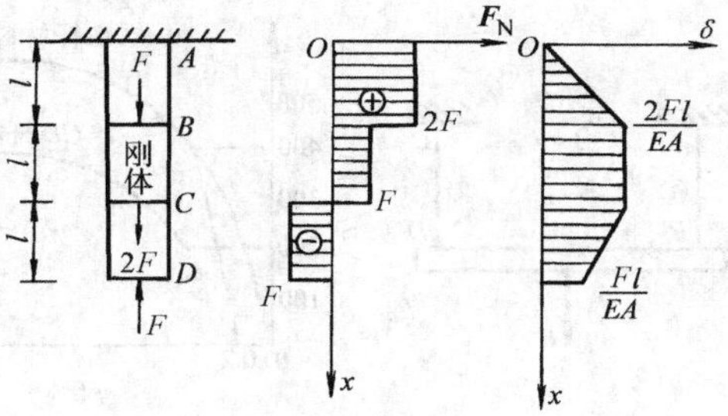

（3）位移计算

图 14-6

$$\delta_{B\text{-}A} = \Delta l_{AB} = \frac{2Fl}{EA}$$

$$\delta_{C\text{-}A} = \Delta l_{AC} = \Delta l_{AB} + \Delta l_{BC} = \frac{2Fl}{EA}$$

$$\delta_{D\text{-}A} = \Delta l_{AD} = \Delta l_{AB} + \Delta l_{BC} + \Delta l_{CD} = \frac{Fl}{EA}$$

$$\delta_{C\text{-}B} = \Delta l_{BC} = 0$$

$$\delta_{D\text{-}B} = \Delta l_{BD} = \Delta l_{BC} + \Delta l_{CD} = -\frac{Fl}{EA}$$

$$\delta_{D\text{-}C} = \Delta l_{CD} = -\frac{Fl}{EA}$$

全杆各截面相对 A 截面的位移沿杆轴的变化规律如图 14-6c 所示。

讨论

1）变形和位移是两个不同的概念。变形与内力是相互依存的，而位移与内力之间并不一定有依存关系。例如，杆件 BC 段的变形 $\Delta l_{BC} = 0$。但是 BC 段各截面相对于杆件其他各段的横截面却都产生位移。

2）变形是绝对的，而位移是相对的。Δl_{AB}，Δl_{BC}，…均表示各段的绝对变形，而位移是相对于某一截面而言的。例如，同一个 C 截面，相对于 A 截面的位移为 $\delta_{C-A} = \dfrac{2Fl}{EA}$，相对于 D 截面的位移为 $\delta_{C-D} = \Delta l_{CD} = -\dfrac{Fl}{EA}$。

例 14-3 结构受力如图 14-7a 所示。BD 杆可视为刚体，AB 和 CD 两杆的横截面面积分别为 $A_1 = 150\text{mm}^2$，$A_2 = 400\text{mm}^2$，其材料的应力-应变曲线分别表示于图 14-7b 中。求（1）当 F 到达何值时，BD 杆开始明显倾斜（以 AB 杆或 BC 杆中的应力到达屈服强度时作为杆件产生明显变形的标志）？（2）若设计要求安全系数 $n=2$，试求结构能承受的许用载荷 $[F]$。

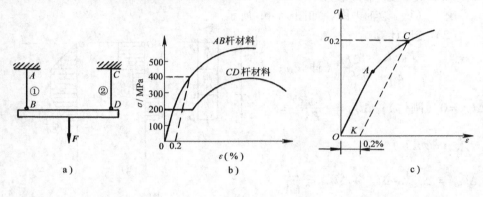

图　14-7

解　（1）求 BD 杆开始明显倾斜时的 F 值

1）AB 杆。由图 14-7b 可知，AB 杆是塑性材料，但由于没有明显的屈服阶段，因此以名义屈服强度 $\sigma_{0.2}$ 作为它的屈服强度。由图可知，$\sigma_{0.2} = \sigma_s =$ 400MPa。则由 $\sigma = \dfrac{F_{N_{AB}}}{A_{AB}} = \sigma_s$，得

$$F_{N_{AB}} = \sigma_s A_{AB} = (400 \times 10^6 \times 150 \times 10^{-6})\ \text{N} = 60\text{kN}$$

相应的外载荷为　$F_s = 2F_{N_{AB}} = (2 \times 60)\ \text{kN} = 120\text{kN}$

2）CD 杆。由图 14-7b 可知，CD 杆的屈服点 $\sigma_s = 200\text{MPa}$。得

$$F_{N_{CD}} = \sigma_s A_{CD} = (200 \times 10^6 \times 400 \times 10^{-6})\ \text{kN} = 80\text{kN}$$

相应的外载荷为　$F_s = 2F_{N_{CD}} = (2 \times 80)\ \text{kN} = 160\text{kN}$

3）由以上计算可知，当外力 $F = F_s = 120\text{kN}$ 时，AB 杆内的应力首先达到材料的屈服强度，这时 AB 杆将开始产生显著的变形（伸长），BD 杆则开始明显地向左倾斜。

（2）计算许用载荷 $[F]$

1）AB 杆的强度计算

AB 杆的许用应力　　$[\sigma]_{AB} = \dfrac{\sigma^0}{n} = \dfrac{\sigma_{0.2}}{n} = \left(\dfrac{400}{2}\right)\text{MPa} = 200\text{MPa}$

AB 杆的许用轴力　　$[F_N]_{AB} = [\sigma]_{AB}A_1 = (200 \times 10^6 \times 150 \times 10^{-6})$ N

　　　　　　　　　　　　　　　　$= 30\text{kN}$

相应的结构许用载荷　　$[F] = 2[F_N]_{AB} = (2 \times 30)$ kN $= 60$kN

　　2）CD 杆的强度计算

CD 杆的许用应力　　$[\sigma]_{CD} = \dfrac{\sigma^0}{n} = \dfrac{\sigma_s}{n} = \left(\dfrac{200}{2}\right)\text{MPa} = 100\text{MPa}$

CD 杆的许用轴力　　$[F_N]_{CD} = [\sigma]_{CD}A_2 = (100 \times 10^6 \times 400 \times 10^{-6})$ N

　　　　　　　　　　　　　　　　$= 40\text{kN}$

相应的结构许用载荷为　　$[F] = 2[F_N]_{CD}A_2 = (2 \times 40)$ kN $= 80$kN

　　3）由以上计算可知，该结构的许用载荷 $[F] = 60$kN，它是由 AB 杆的强度条件所确定的。

讨论

对于没有明显屈服阶段的塑性材料，通常用材料产生 0.2% 的残余应变时相对应的应力作为名义屈服强度，并用 $\sigma_{0.2}$ 表示。确定 $\sigma_{0.2}$ 的方法是，在应力-应变图上（见图 14-7c）量出残余应变 $\varepsilon = 0.2\%$ 的一点 K，自 K 点作与 $\sigma\text{-}\varepsilon$ 曲线上直线部分平行的直线，交曲线于 C 点，则 C 点所对应的应力值就是 $\sigma_{0.2}$。本例中 AB 杆材料的名义屈服强度 $\sigma_{0.2} = 400$MPa，就是由上述方法来确定的。

例 14-4　结构受载荷作用如图 14-8a 所示。已知杆 AB 和杆 BC 的抗拉刚度为 EA。试求节点 B 的水平及铅垂位移。

解　1）轴力计算。由节点 B（见图 14-8b）的平衡条件

$$\sum F_{ix} = 0 \qquad F_{N2}\cos45° - F_{N1} = 0$$

$$\sum F_{iy} = 0 \qquad F_{N2}\sin45° - F = 0$$

解得　　　　　　$F_{N1} = F$（拉）　　$F_{N2} = \sqrt{2}F$（拉）

　　2）变形计算。

AB 杆　　　　　　$\Delta l_1 = \dfrac{F_{N1}l_1}{EA} = \dfrac{Fa}{EA}$　（伸长）

BC 杆　　　　　　$\Delta l_2 = \dfrac{F_{N2}l_2}{EA} = \dfrac{\sqrt{2}F\sqrt{2}a}{EA} = \dfrac{2Fa}{EA}$　（伸长）

　　3）节点 B 的位移计算。结构变形后，两杆仍应相交在一点，这就是变形条件。根据变形条件，作出结构的变形图（见图 14-8c）：因为 AB 杆受的是拉力，所以沿 AB 的延长线量取 BB_1 等于 Δl_1；同理，CB 杆受的也是拉力，所以沿杆 CB 的延长线量取 BB_2 等于 Δl_2，分别在点 B_1 和 B_2 处作 BB_1 和 BB_2 的垂线，两垂线的交点 B' 为结构变形后节点 B 应有的新位置，即结构变形后成为 $AB'C$ 的形

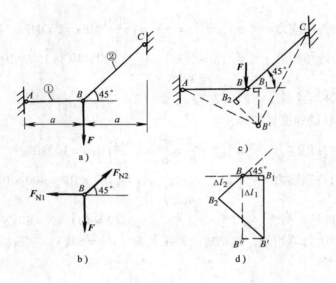

图　14-8

状。图 14-8c 称为结构的变形图。

　　为了求节点 B 的位置，也可以单独作出节点 B 的位移图。位移图的作法和结构变形图的作法相似，如图 14-8d 所示。

　　结构变形图和节点位移图，在计算节点位移中是等价的。在今后的计算中，可根据情况选作一图。

　　由位移图的几何关系可得

水平位移

$$\delta_{Bx} = BB_1 = \Delta l_1 = \frac{Fa}{EA} \quad (\rightarrow)$$

垂直位移

$$\delta_{By} = BB'' = \frac{\Delta l_2}{\sin 45°} + \Delta l_1 \tan 45° = \sqrt{2}\frac{2Fa}{EA} + \frac{Fa}{EA}$$

$$= (1 + 2\sqrt{2})\,\frac{Fa}{EA} \quad (\downarrow)$$

讨论

　　画结构变形图或节点位移图时，杆件受拉力，则在延长线上画伸长变形；杆件受压力，则画缩短变形。由于我们在画节点位移图时是按杆件的伸长或缩短的实际情况绘制的，即在画节点位移图时已考虑了是拉伸还是压缩这一现实，所以，在节点位移图中各线段之间的关系仅是一般的几何关系，计算位移时，只要代之以各杆伸长或缩短的绝对值就可以了。

　　例 14-5　水平刚性杆 AB 由直径 $d = 20\text{mm}$ 的钢杆拉住，在端点 B 处作用有载荷 $F = 12\text{kN}$（见图 14-9a）。钢材的许用应力 $[\sigma] = 160\text{MPa}$，弹性模量 $E =$

210GPa。（1）校核 *CD* 杆的强度；（2）计算 *B* 点的垂直位移；（3）若端点 *B* 的许可垂直位移 $[\delta_{By}]$ =3mm，试求结构的许用载荷 $[F]$。

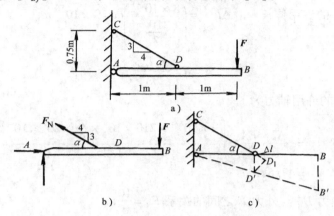

图 14-9

解　（1）校核 *CD* 杆的强度。由水平刚杆 *AB* 的平衡条件（见图 14-9b）

$$\sum M_{iA} = 0 \qquad F_N\sin\alpha \times 1 - F \times 2 = 0$$

得

$$F_N = \frac{2F}{\sin\alpha} = \frac{10}{3}F = \frac{10}{3} \times 12\text{kN} = 40\text{kN}$$

由钢杆 *CD* 的强度条件

$$\sigma = \frac{F_N}{A} = \left(\frac{40 \times 10^3}{\frac{\pi}{4} \times 20^2 \times 10^{-6}} \right)\text{Pa}$$

$$= 127\text{MPa} < [\sigma] = 160\text{MPa}$$

可知 *CD* 杆的强度满足。

（2）*B* 点的垂直位移，计算 *CD* 杆的变形

$$\Delta l = \frac{F_N l_{CD}}{EA} = \left(\frac{40 \times 10^3 \times 1.25}{210 \times 10^9 \times \frac{\pi}{4} \times 20^2 \times 10^{-6}} \right)\text{m}$$

$$= 0.758 \times 10^{-3}\text{m} \quad （伸长）$$

作出结构的变形图（见图 14-9c）。注意，因 *AB* 杆为刚性杆，故 *AB* 的长度不变。由变形图的几何关系，可得垂直位移

$$\delta_{By} = \overline{BB'} = 2\,\overline{DD'} = 2 \times \frac{5}{3}\Delta l$$

$$= \left(\frac{10}{3} \times 0.758 \times 10^{-3} \right)\text{m} = 2.53\text{mm} \quad （\downarrow）$$

（3）由 *B* 点的许可垂直位移 $[\delta_{By}]$ =3mm，计算结构的 $[F]$。由位移条件

$$\delta_{By} = \frac{10}{3}\Delta l \leqslant [\delta_{By}] = 3 \times 10^{-3}\text{m}$$

则得到 CD 杆的许用伸长　　$[\Delta l] = \left(\dfrac{3 \times 10^{-3}}{\dfrac{10}{3}}\right)\text{m} = 9 \times 10^{-4}\text{m}$

因为

$$\Delta l = \frac{F_N l_{CD}}{EA}$$

所以，CD 杆的许用轴力为

$$[F_N] = \frac{[\Delta l]\, EA}{l_{CD}} = \left(\frac{9 \times 10^{-4} \times 210 \times 10^{9} \times \frac{\pi}{4} \times 20^{2} \times 10^{-4}}{1.25}\right)\text{N}$$

$$= 47.5\text{kN}$$

由 CD 杆的轴力 F_N 与外力 F 之间的关系 $F_N = \dfrac{10}{3}F$

得结构的许用载荷

$$[F] = \frac{3}{10}[F_N] = \frac{3}{10} \times 47.5\text{kN} = 14.24\text{kN}$$

例 14-6　如图 14-10 所示的短木柱，四角用四根 40mm × 40mm × 40mm 的等边角钢加固，已知角钢的许用应力为 $[\sigma]_1 = 160\text{MPa}$，$E_1 = 210\text{GPa}$，木材的许用应力 $[\sigma]_2 = 12\text{MPa}$，$E_2 = 10\text{GPa}$。试求该钢木柱的许用载荷。

解　这是一个用两种材料制成的组合杆的超静定问题。

1）求各杆的内力。设角钢中的内力 F_{N1} 和木柱中的内力 F_{N2} 均为轴向压力，由盖板的静力平衡条件

$$\sum F_{iy} = 0 \qquad F_{N1} + F_{N2} = F \qquad (1)$$

可知，该方程中有两个未知力，而共线力系只有一个静力平衡方程。为此，必须再建立一个补充方程。由变形条件

$$\Delta l_1 = \Delta l_2$$

即

$$\frac{F_{N1} l}{E_1 A_1} = \frac{F_{N2} l}{E_2 A_2}$$

得到补充方程

$$\frac{F_{N1} \times 1}{200 \times 10^{9} \times 4 \times 3.086 \times 10^{-4}} = \frac{F_{N2} \times 1}{10 \times 10^{9} \times 25^{2} \times 10^{-4}} \qquad (2)$$

联立式（1）、式（2），解得

$$F_{N1} = 0.283F\ ; F_{N2} = 0.717F$$

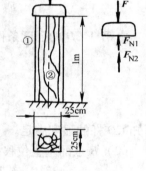

图　14-10

式（2）中的 $3.086 \times 10^{-4} \mathrm{m}^2$ 是 $40\mathrm{mm} \times 40\mathrm{mm} \times 40\mathrm{mm}$ 角钢的面积，由型钢表查得。

2）许用载荷计算。由角钢的强度条件

$$\sigma_1 = \frac{F_{N1}}{A_1} = \frac{0.283F}{4 \times (3.086 \times 10^{-4})} \leqslant 160 \times 10^6$$

得 $$[F] \leqslant 698\mathrm{kN}$$

由木柱的强度条件 $$\sigma_2 = \frac{F_{N2}}{A_2} = \frac{0.717F}{0.25^2} \leqslant 12 \times 10^6$$

得 $$[F] \leqslant 1046\mathrm{kN}$$

故许用载荷为 $$[F] = 698\mathrm{kN}$$

例 14-7 试定性绘制如图 14-11a 所示节点 B 的位移图。

解 这是一个超静定问题。

1）作出 B 点的受力图（见图 14-11b）。假设 F_{N1} 与 F_{N2} 为轴向拉力，F_{N3} 为轴向压力。

2）根据"变形与内力一致"的原则，可知 Δl_1 与 Δl_2 均为伸长，而 Δl_3 缩短。

3）分别延长杆①和杆②至 B_1 和 B_2，使 $BB_1 = \Delta l_1$，$BB_2 = \Delta l_2$，然后分别过 B_1 和 B_2 点作杆①和杆②的垂线，两垂线相交于 B' 点（见图 14-11a）。

4）根据节点在结构变形后仍连接于一点的实际情况，过 B' 作杆③的垂线交于 B_3，则 $BB_3 = \Delta l_3$（见图 14-11a）。

讨论

如将杆②的内力 F_{N2} 设为轴向压力，F_{N1} 和 F_{N3} 不变，则 B 点的受力图如图 14-11d 所示，与此相应的节点位移图如图 14-11c 所示。在解超静定问题时，对杆件的轴力可以先作出假定，在绘节点位移图时只要遵守"变形与内力一致"的原则，这并不会影响求解的结果。

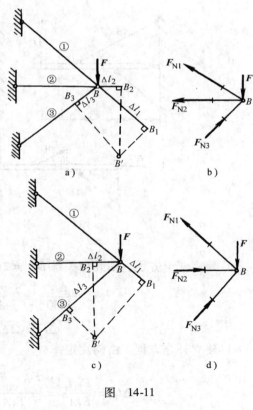

a)　　　　　　　b)

c)　　　　　　　d)

图 14-11

例 14-8 结构如图 14-12a 所示。AB 为刚性梁，杆①和杆②的横截面面积和弹性模量间的关系分别为 $A_2 = 10A_1$，$E_2 = \dfrac{E_1}{2}$。试求各杆的轴力和端点 B 的铅垂位移。

解 这是一次超静定问题。

1）静力平衡方程。由梁 AB（见图 14-12b）的平衡条件

$$\sum M_{iA} = 0 \quad F_{N1}\sin30° \cdot 2a + F_{N2}\sin45° \cdot a - F \cdot 3a = 0$$

得

$$F_{N1} + \frac{\sqrt{2}}{2}F_{N2} = 3F \tag{1}$$

2）画梁 AB 的位移图。根据内力和变形一致的原则，杆①发生伸长变形，杆②发生缩短变形。由于梁 AB 不发生变形，因此位移后 AB' 仍保持为一条直线。过 C' 点作杆②的垂线得 C_1 点，过 D' 点作杆①延长线的垂线得 D_1 点。显然 $CC_1 = \Delta l_2$，$DD_1 = \Delta l_1$。位移图如图 14-12c 所示。

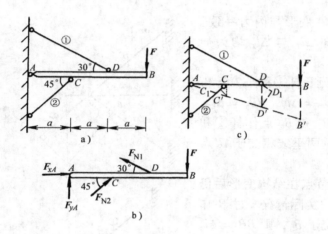

图　14-12

3）建立变形方程。由几何关系 $DD' = 2CC'$ 即

$$\frac{\Delta l_1}{\sin30°} = 2\,\frac{\Delta l_2}{\sin45°}$$

得

$$\Delta l_1 = \sqrt{2}\,\Delta l_2$$

4）建立补充方程。由胡克定律

$$\Delta l_1 = \frac{F_{N1}l_1}{E_1A_1} = \frac{F_{N1}\dfrac{2a}{\cos30°}}{E_1A_1} = \frac{4F_{N1}a}{\sqrt{3}E_1A_1}$$

$$\Delta l_2 = \frac{F_{N2}l_2}{E_2 A_2} = \frac{F_{N2}\dfrac{a}{\cos 45°}}{\dfrac{E_1}{2} \cdot 10 A_1} = \frac{\sqrt{2} F_{N2} a}{5 E_1 A_1}$$

代入变形方程，即得补充方程 $\qquad F_{N1} = \dfrac{\sqrt{3}}{10} F_{N2}$ （2）

联立式（1）、式（2），解得各杆轴力分别为

$$F_{N1} = \frac{3(5\sqrt{6} - 3)}{47} F \quad （拉）$$

$$F_{N2} = \frac{30(5\sqrt{2} - \sqrt{3})}{47} F \quad （压）$$

5）B 点的铅垂位移。由 AB 梁的位移图可知

$$\delta_{By} = BB' = 3CC' = 3\frac{\Delta l_2}{\sin 45°} = 3\sqrt{2}\frac{F_{N2}l_2}{E_2 A_2}$$

$$= \frac{180(\sqrt{2} - \sqrt{3})}{47} \cdot \frac{Fa}{E_2 A_2}(\downarrow)$$

例 14-9 如图 14-13a 所示结构中三杆的截面和材料均相同。若 $F = 60\text{kN}$，$[\sigma] = 140\text{MPa}$，试计算各杆所需的横截面面积。

解 这是一次超静定问题。

1）画出 A 点的受力图（见图 14-13b）。静力平衡方程

$$\sum F_{ix} = 0$$
$$F_{N1} - F_{N2}\cos 30° = 0 \quad （1）$$
$$\sum F_{iy} = 0$$
$$F_{N3} + F_{N2}\sin 30° - F = 0 \quad （2）$$

2）画节点 A 的位移图。根据内力和变形一致的原则，绘 A 点位移图如图 14-13c 所示。

3）建立变形方程。根据 A 点的位移图，变形方程为

$$\Delta l_3 = \frac{\Delta l_2}{\sin 30°} + \frac{\Delta l_1}{\tan 30°}$$

即 $\qquad \Delta l_3 = 2\Delta l_2 + \sqrt{3}\Delta l_1$

4）建立补充方程。由胡克定律

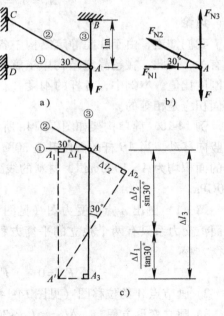

图 14-13

$$\Delta l_3 = \frac{F_{N3}l_3}{EA} = \frac{F_{N3} \times 1}{EA}; \Delta l_2 = \frac{F_{N2}l_2}{EA} = \frac{F_{N2} \times 2}{EA};$$

$$\Delta l_1 = \frac{F_{N1}l_1}{EA} = \frac{F_{N1} \times \sqrt{3}}{EA}$$

代入变形方程, 得补充方程

$$\frac{F_{N3}l_3}{EA} = 2 \times \frac{F_{N3} \times 2}{EA} + \frac{F_{N1} \times \sqrt{3}}{EA}$$

得 $$F_{N3} = 4F_{N2} + 3F_{N1} \tag{3}$$

联立式 (1)、式 (2)、式 (3), 解得各杆的轴力分别为

$$F_{N1} = 7.32\text{kN} \ (压); \quad F_{N2} = 8.45\text{kN} \ (拉); \quad F_{N3} = 55.8\text{kN} \ (拉)$$

5) 各杆的横截面面积计算。根据题意, 三杆面积相同, 由杆③的强度条件

$$\sigma_3 = \frac{F_{N3}}{A_3} \leqslant [\sigma]$$

得 $$A_3 = \frac{F_{N3}}{[\sigma]} = \left(\frac{55.8 \times 10^3}{140 \times 10^6} \right) \text{m}^2 = 398 \times 10^{-6}\text{m}^2 = 398\text{mm}^2$$

即 $$A_1 = A_2 = A_3 = 398\text{mm}^2$$

讨论

我们知道, 由于在超静定结构中各杆件的内力分配与各杆件之间的相对刚度有关, 因此, 在超静定结构中求解杆件的内力, 必须已知结构中各杆件之间的刚度比值。本例中, 各杆的刚度 (材料和截面) 是相同的, 设计所需的横截面面积应是相等的。

例 14-10 简单构架如图 14-14a 所示。A 点为铰接, 可作水平移动, 但不能作竖向移动。当 AB 杆的温度升高 30℃ 时, 试求两杆内横截面上的应力。已知两杆的面积均为 $A = 1000\text{mm}^2$, 材料的线膨胀系数 $\alpha = 12 \times 10^{-6}/℃$, 弹性模量 $E = 200\text{GPa}$。

解 1) 画出 A 点的受力图 (见图 14-14b)。因为节点 A 有三个未知力, 而平面汇交力系只有两个独立的平衡方程, 所以本题为一次超静定问题。列静力平衡方程

$$\sum F_{ix} = 0 \qquad F_{N1}\cos 30° + F_{N2} = 0 \tag{1}$$

2) 画节点 A 的位移图 (见图 14-14c)。

3) 建立变形方程 $\quad \Delta l_1 = \Delta l_2 \cos 30°$

4) 建立补充方程 $\Delta l_1 = \Delta l_{N1} + \Delta l_T$, 即杆①的伸长 Δl_1 由两部分组成, Δl_{N1} 表示由轴力 F_{N1} 引起的变形, Δl_T 表示温度升高引起的变形。因为 ΔT 升温, 故 Δl_T 是正值。

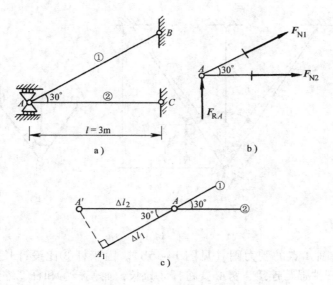

图 14-14

$$\Delta l_1 = \frac{F_{N1}l_1}{EA} + \alpha \Delta T l_1 = \frac{F_{N1} \times 3.46}{200 \times 10^9 \times 1000 \times 10^{-6}}\text{m}$$
$$+ 12 \times 10^{-6} \times 30 \times 3.46\text{m}$$

$$\Delta l_2 = \frac{F_{N2}l_2}{EA} = \frac{F_{N2} \times 3}{200 \times 10^9 \times 1000 \times 10^{-6}}\text{m}$$

代入变形方程，得补充方程

$$\frac{F_{N1} \times 3.46}{200 \times 10^9 \times 1000 \times 10^{-6}}\text{m} + 12 \times 10^{-6} \times 30 \times 3.46\text{m}$$

$$= \frac{F_{N2} \times 3}{200 \times 10^9 \times 1000 \times 10^{-6}} \times \frac{\sqrt{3}}{2}\text{m}$$

即 $\qquad 2.598F_{N2} - 3.46F_{N1} = 249 \times 10^3 \qquad (2)$

联立式（1）、式（2），得 $F_{N1} = -43.6\text{kN}$（压）；$F_{N2} = 37.8\text{kN}$（拉）

5）应力计算

$$\sigma_1 = \frac{F_{N1}}{A} = \left(\frac{43.6 \times 10^3}{1000 \times 10^{-6}}\right)\text{Pa} = 43.6\text{MPa}（压应力）$$

$$\sigma_2 = \frac{F_{N2}}{A} = \left(\frac{37.8 \times 10^3}{1000 \times 10^{-6}}\right)\text{Pa} = 37.8\text{MPa}（拉应力）$$

例 14-11 如图 14-15 所示的杆系结构中，各杆的材料和截面积都相同。若杆③比设计的长度 l 短了 δ，试计算将杆系强行装配后各杆的内力（δ 和杆件的长度相比，是一个微量）。

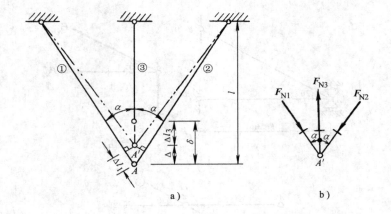

图 14-15

解 1）画 A 点的受力图（见图 14-15b）。由于杆③比设计长度短了 δ，所以要把三根杆件强行连接，势必要将杆③拉长，而使杆①和杆②缩短。A 点也就由原来位置位移到 A' 点（见图 14-15a）。这样，F_{N1} 和 F_{N2} 受的为压力，F_{N3} 受的为拉力。

列静力平衡方程

$$\sum F_{ix} = 0 \qquad F_{N1}\sin\alpha - F_{N2}\sin\alpha = 0 \tag{1}$$

$$\sum F_{iy} = 0 \qquad F_{N3} - F_{N1}\cos\alpha - F_{N2}\cos\alpha = 0 \tag{2}$$

因为两个方程中有三个未知力，所以是一次超静定问题。

2）建立位移方程。由 A 点位移图（见图 14-15a）可知 $\quad \Delta l_3 + \Delta = \delta$

因为

$$\Delta = \frac{\Delta l_1}{\cos\alpha}$$

所以

$$\Delta l_3 + \frac{\Delta l_1}{\cos\alpha} = \delta$$

3）建立补充方程。将

$$\Delta l_1 = \frac{F_{N1}l_1}{EA} = \frac{F_{N1}\dfrac{l}{\cos\alpha}}{EA}, \quad \Delta l_3 = \frac{F_{N3}l}{EA} \text{ 代入变形方程，得补充方程}$$

$$\frac{F_{N3}l}{EA} + \frac{F_{N1}l}{EA\cos^2\alpha} = \delta \tag{3}$$

联立式（1）、式（2）、式（3）解得

$$F_{N1} = F_{N2} = \frac{\delta EA\cos^2\alpha}{l(1 + 2\cos^3\alpha)}（压）$$

$$F_{N3} = \frac{2\delta EA\cos^2\alpha}{l(1 + 2\cos^3\alpha)}(\text{拉})$$

思 考 题

14-1 试判断：图 14-16 所示各杆件 *BC* 段的变形是否为轴向拉伸或轴向压缩。

14-2 变形和应变有何区别？变形和位移有何区别？杆件的总伸长若为零，那么杆内各点的应变是否也为零？杆内各点的位移是否也都等于零？

14-3 材料的拉伸图和应力-应变图有何区别？

14-4 什么是弹性阶段？弹性极限和比例极限有何区别？

14-5 怎样量度材料的塑性性质？有哪些主要指标？

14-6 对塑性材料和脆性材料如何确定许用应力 $[\sigma]$？

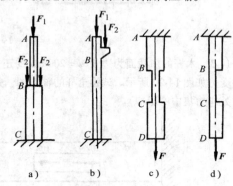

图 14-16

14-7 考虑安全系数的因素有哪些？

14-8 如何理解杆件的工作应力，材料的危险应力，杆件的许用应力？

14-9 什么是强度条件？根据强度条件可以解决工程实际中的哪些问题？

14-10 什么是超静定结构？什么是超静定次数？如何求解拉压超静定问题？

14-11 图 14-17 所示结构中各杆的材料和横截面面积均相同，试作出受力图，列出静力平衡方程；作出位移图，列出变形方程。

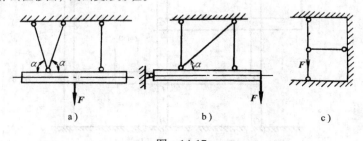

图 14-17

习 题

14-1 试作图 14-18 所示杆的轴力图。已知：$F_1 = 500N$，$F_2 = 420N$，$F_3 = 280N$，$F_4 = 400N$，$F_5 = 240N$。

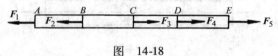

图 14-18

14-2 杆件的载荷和尺寸如图 14-19 所示。已知横截面面积 $A = 400\text{mm}^2$。试求：（1）作轴力图；（2）求各段杆横截面上的应力。

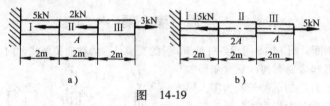

图 14-19

14-3 木杆的横截面为边长 $a = 200\text{mm}$ 的正方形，在 BC 段开一长为 l，宽为 $a/2$ 的槽，杆件受力如图 14-20 所示。试绘全杆的轴力图，并求出各段横截面上的正应力（不考虑槽孔角点处应力集中的影响）。

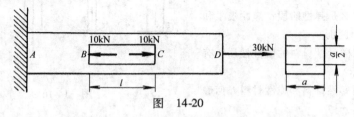

图 14-20

14-4 木架受力如图 14-21 所示。已知两立柱横截面均为 $100 \times 100\text{mm}^2$ 的正方形。试求：（1）绘左、右立柱的轴力图；（2）求左、右两立柱上、中、下三段内横截面上的正应力。

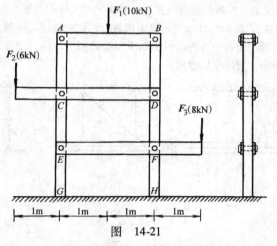

图 14-21

14-5 图 14-22 所示压杆受轴向力 $F = 5\text{kN}$ 的作用，杆件的横截面面积 $A = 100\text{mm}^2$。试求

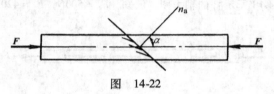

图 14-22

$\alpha = 0°$、$30°$、$45°$、$60°$、$90°$时各斜截面上的正应力和切应力，并分别用图表示。

14-6 直杆受力如图 14-23 所示。已知 $a = 1m$，直杆的横截面面积为 $A = 400mm^2$，材料的弹性模量 $E = 2 \times 10^5 MPa$。试求各段的伸长（或缩短），并计算全杆的总伸长。

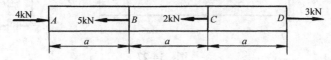

图 14-23

14-7 图 14-24 所示结构中，梁 *AB* 为刚性杆。已知：*AD* 杆是钢杆，其面积 $A_1 = 1000mm^2$，弹性模量 $E_1 = 200GPa$；*BE* 杆是木杆，其面积 $A_2 = 10000mm^2$，弹性横量 $E_2 = 10GPa$；*CH* 杆是铜杆，其面积 $A_3 = 3000mm^2$，弹性模量 $E_3 = 100GPa$。设在 *H* 点处的作用力 $F = 120kN$。试求：（1）*C* 点和 *H* 点的位移；（2）*AD* 杆的横截面面积扩大一倍时 *C* 点和 *H* 点的位移。

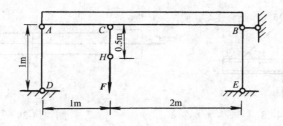

图 14-24

14-8 杆件受力如图 14-25 所示。试求：（1）计算杆件中各段的变形及全杆的总变形；（2）计算 B,C,D,E,H 各截面相对于 *A* 截面的位移 $\delta_{B-A},\delta_{C-A},\delta_{D-A},\delta_{E-A},\delta_{H-A}$；（3）绘全杆各截面相对于 *A* 截面的位移沿杆轴的变化规律图。

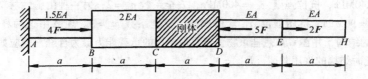

图 14-25

14-9 图 14-26 所示的构架中，*AB* 为刚性杆，*CD* 杆的刚度为 *EA*。试求：（1）*CD* 杆的伸长；（2）*C* 与 *B* 两点的位移。

14-10 一块厚 10mm，宽 200mm 的钢板，其截面被直径 $d = 20mm$ 的圆孔所削弱，圆孔的排列对称于杆的轴线，如图 14-27 所示。若轴向拉力 $F = 200kN$，材料的许用应力 $[\sigma] = 170MPa$，并设削弱的截面上应力为均匀分布，试校核钢板的强度。

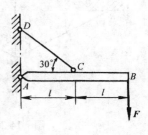

图 14-26

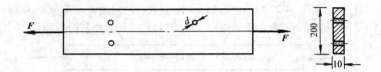

图 14-27

14-11 用绳索起吊重物如图 14-28 所示。已知 $W=10\mathrm{kN}$，绳索的直径 $d=40\mathrm{mm}$，许用应力 $[\sigma]=10\mathrm{MPa}$。试校核绳索的强度。绳索的直径 d 应为多大则更经济？

14-12 如图 14-29 所示矩形截面拉伸试件，其宽度 $b=40\mathrm{mm}$，厚度 $h=5\mathrm{mm}$。每增加 5kN 拉力，测得轴向应变 $\varepsilon_1=120\times10^{-6}$，横向应变 $\varepsilon_2=-32\times10^{-6}$。试求材料的弹性模量 E 和泊松比 ν。

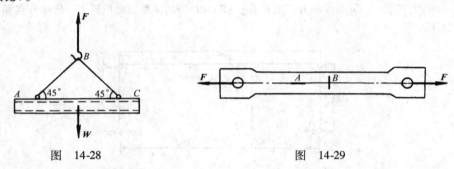

图 14-28   图 14-29

14-13 图 14-30 所示结构中，AC 杆的截面积为 $A_1=600\mathrm{mm}^2$，材料的许用应力 $[\sigma]_1=160\mathrm{MPa}$；$BC$ 杆的截面积是 $A_2=900\mathrm{mm}^2$，材料的许用应力 $[\sigma]_2=100\mathrm{MPa}$。试求结构的许用载荷 $[F]$。

14-14 有两种杆件，它们的横截面面积都是 $A=100\mathrm{mm}^2$。一种是由塑性材料制成，其屈服点 $\sigma_s=240\mathrm{MPa}$，抗拉强度 $\sigma_{b_1}=400\mathrm{MPa}$，安全系数 $n_1=2$；另一种由脆性材料制成，其抗拉强度 $\sigma_{b_2}=90\mathrm{MPa}$，抗压强度 $\sigma_{bc}=300\mathrm{MPa}$，安全系数 $n_2=3$。现欲用这两杆件组成如图 14-31 所示的结构，并在 C 点悬挂重物。若要使结构的承载能力最为合理，则应如何选用这两种杆件？此时结构的许用载荷 $[F]=?$

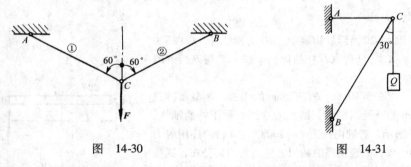

图 14-30   图 14-31

14-15 结构受力如图 14-32 所示。杆①和杆②的材料和横截面面积均相同：$A=100\mathrm{mm}^2$，

$E = 200\text{GPa}$，$\sigma_P = 200\text{MPa}$，$\sigma_s = 240\text{MPa}$，$\sigma_b = 400\text{MPa}$。当 $F = 9\text{kN}$ 时，测得杆①的轴向线应变 $\varepsilon_① = 200 \times 10^{-6}$，试求此时结构的安全储备系数 n 和 C 点的竖直位移 δ_C。

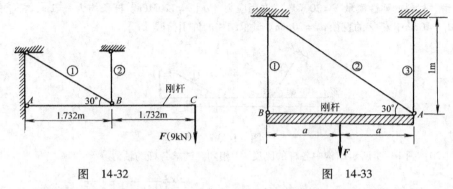

图 14-32　　　　　　　　　　图 14-33

14-16　结构受力如图 14-33 所示。各杆的材料和横截面面积均相同：$A = 200\text{mm}^2$，$E = 200\text{GPa}$，$\sigma_s = 280\text{MPa}$，$\sigma_b = 460\text{MPa}$。求：（1）当 $F = 50\text{kN}$ 时，试计算各杆中的线应变 $\varepsilon_①$、$\varepsilon_②$、$\varepsilon_③$ 和节点 B 的水平位移 δ_{Bx}，竖直位移 δ_{By} 及总位移 δ_B；（2）当 $F = 40\text{kN}$ 时，结构的强度安全系数为多少？（3）结构可能发生断裂时的外载荷 F 为多大？

14-17　图 14-34 所示中的 AB 杆可视为刚性杆，结构承受载荷为 $F = 50\text{kN}$。设计要求强度安全系数 $n \geqslant 2$，并要求刚性杆只能向下平移而不能转动，竖向位移又不允许超过 1mm。试计算 AC 杆和 BD 杆所需的横截面面积。材料的力学性能如下：

AC 杆 $E = 200\text{MPa}$，$\sigma_s = 200\text{MPa}$，$\sigma_b = 400\text{MPa}$

BD 杆 $E = 200\text{MPa}$，$\sigma_s = 400\text{MPa}$，$\sigma_b = 600\text{MPa}$

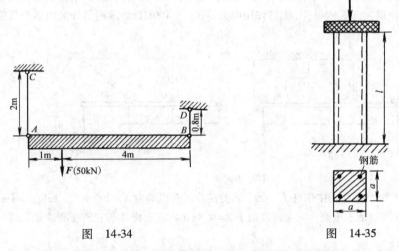

图 14-34　　　　　　　　　　图 14-35

14-18　一正方形混凝土短柱，受轴向压力 F 的作用，如图 14-35 所示。柱高 l，截面每边长 $a = 400\text{mm}$。柱内埋有直径 $d = 30\text{mm}$ 的钢筋四根。已知柱受压后混凝土内横截面上的正应力 $\sigma_{混} = 6\text{MPa}$。试求钢筋中的应力和外部轴向压力 F 的值。假设钢筋与混凝土的弹性模量

之比 $E_钢/E_混 = 15$。

14-19 有一结构受力如图 14-36 所示。水平梁 $ABCD$ 可视为刚性杆，杆①和杆②均采用 Q235 钢，材料的弹性模量 $E = 200\text{GPa}$，许用应力 $[\sigma] = 120\text{MPa}$。杆长均为 $l = 1\text{m}$，杆①的直径 $d_1 = 10\text{mm}$，杆②的直径 $d_2 = 20\text{mm}$。试求结构的许用荷载 $[F]$。

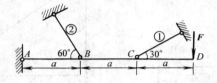

图 14-36

14-20 图 14-37 所示结构中各杆的刚度 EA 相同。试求各杆的轴力。

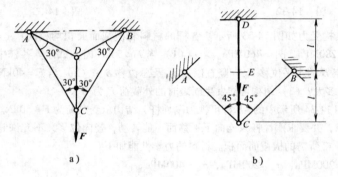

a)   b)

图 14-37

14-21 图 14-38 所示构架，刚性梁 AD 铰支于 A 点，并以两根材料和横截面积都相同的钢杆悬吊于水平位置。设 $F = 50\text{kN}$，钢杆许用应力 $[\sigma] = 100\text{MPa}$。求两吊杆的内力及所需横截面面积 A。

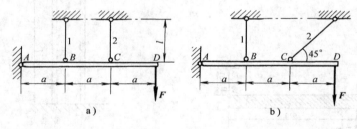

a)   b)

图 14-38

14-22 图 14-39 所示结构中钢杆①、②、③的横截面面积均为 $A = 200\text{mm}^2$，长度 $l = 1\text{m}$，$E = 200\text{GPa}$。杆③因制造不准而比其余两杆短了 $\delta = 0.8\text{mm}$。试求将杆③安装在刚性梁上后三杆的轴力。

14-23 将阶梯形杆装在两刚性支座之间，杆的上端固定，如图 14-40 所示。下端留有空隙 $\Delta = 0.08\text{mm}$。杆的上段是铜材，其横截面面积 $A_1 = 4000\text{mm}^2$，弹性模量 $E_1 = 100\text{GPa}$，线膨胀系数 $a_1 = 16 \times 10^{-6}/\text{℃}$。下段是钢材，横截面面积 $A_2 = 2000\text{mm}^2$，弹性模量 $E_2 = 200\text{GPa}$ 线

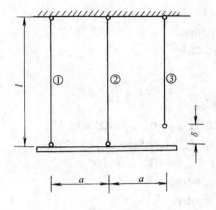

图 14-39

膨胀系数 $a_2 = 12 \times 10^{-6}/℃$。若在两段交界处施加载荷 F，试求：（1）F 力为多大时，下端空隙消失；（2）$F = 500kN$ 时各段内的应力；（3）$F = 500kN$ 时若温度又上升20℃，各段内的应力值。

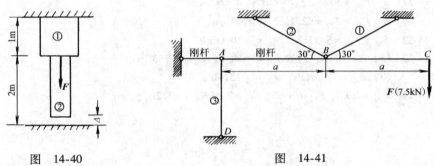

图 14-40   图 14-41

14-24 结构受力如图 14-41 所示。杆件①、②、③长度均为 1m，面积 $A_1 = 100 \times 10^{-6}m^2$，$A_2 = 200 \times 10^{-6}m^2$，$A_3 = 37.5 \times 10^{-6}m^2$，材料均相同，$E = 200GPa$，$\sigma_p = 200MPa$，$\sigma_s = 240MPa$，$\sigma_b = 400MPa$。试求：（1）各杆的内力；（2）结构的强度安全系数。

习 题 答 案

14-1 $F_{Nmax} = 920kN$

14-2 （2）（a）$\sigma_1 = -10MPa$，$\sigma_2 = 2.5MPa$，$\sigma_3 = 7.5MPa$

      （b）$\sigma_1 = -12.5MPa$，$\sigma_2 = 6.3MPa$，$\sigma_3 = 12.5MPa$

14-3 $\sigma_{AB} = 0.75MPa$，$\sigma_{BC} = 2MPa$，$\sigma_{CD} = 0.75MPa$

14-4 $\sigma_{AC} = -0.5MPa$，$\sigma_{CE} = -1.4MPa$，$\sigma_{EG} = -1MPa$

    $\sigma_{BD} = -0.5MPa$，$\sigma_{DF} = -0.2MPa$，$\sigma_{FH} = -1.4MPa$

14-6 $\Delta l_{AB} = -0.05mm$，$\Delta l_{BC} = 0.0125mm$，$\Delta l_{CD} = 0.0375mm$，$\Delta l = 0$

14-7 （1）$\delta_C = 0.4mm$，$\delta_H = 0.6mm$；（2）$\delta_C = 0.267mm$，$\delta_H = 0.467mm$

14-9 $\Delta l = \dfrac{8\sqrt{3}}{3}\dfrac{Fl}{EA}$，$\delta_C = 2\Delta l$，$\delta_B = 4\Delta l$

14-10　$\sigma = 125\text{MPa}$

14-11　$\sigma = 5.63\text{MPa}$, $d = 30\text{mm}$

14-12　$E = 208\text{GPa}$, $\nu = 0.267$

14-13　$[F] = 90\text{kN}$

14-14　$[F] = 8.69\text{kN}$

14-15　$n = 1.5$, $\delta_C = 1.6\text{mm}$

14-16　(1) $\varepsilon_① = 625 \times 10^{-6}$, $\varepsilon_② = 0$, $\varepsilon_③ = 625 \times 10^{-6}$
　　　　　　$\delta_{Bx} = 0.361\text{mm}$, $\delta_{By} = 0.625\text{mm}$, $\delta_B = 0.722\text{mm}$

　　　　(2) $n = 2.8$; (3) $F_{\max} = 184\text{kN}$

14-17　$A_{AC} = 500\text{mm}^2$, $A_{BD} = 50\text{mm}^2$

14-18　$F = 1200\text{kN}$, $\sigma_{撑} = 90\text{MPa}$

14-19　$[F] = 12.6\text{kN}$

14-20　a) $F_{NAD} = F_{NBD} = F_{NCD} = 0.278F$, $F_{NAC} = F_{NBC} = 0.417F$

　　　　b) $F_{NAC} = F_{NBC} = 0.207F$, $F_{NED} = 0.707F$, $F_{NEC} = -0.293F$

14-21　a) $F_{N1} = 30\text{kN}$, $F_{N2} = 60\text{kN}$, $A = 600\text{mm}^2$

　　　　b) $F_{N1} = F_{N2} = 62.1\text{kN}$, $A = 621\text{mm}^2$

14-22　$F_{N1} = F_{N3} = 5.33\text{kN}$, $F_{N2} = -10.66\text{kN}$

14-23　(1) $F = 32\text{kN}$; (2) $\sigma_① = 86\text{MPa}$, $\sigma_② = -78\text{MPa}$;

　　　　(3) $\sigma_① = 59.3\text{MPa}$, $\sigma_② = -131\text{MPa}$

14-24　$F_{N1} = 10\text{kN}$, $F_{N2} = 20\text{kN}$, $F_{N3} = 7.5\text{kN}$, $n = 1.2$

第十五章　连接件的工程实用计算

内 容 提 要

1. 剪切变形的外力特点和变形特点

（1）外力特点　杆件受一对大小相同、方向相反、作用线相互平行且距离很近的力系作用如图 15-1a 所示。

（2）变形特点　杆件沿外力作用线的交界面发生相对错动。

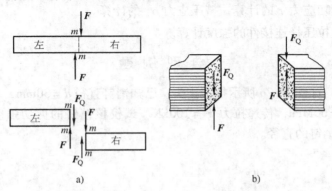

图　15-1

2. 内力——剪力

内力——剪力如表 15-1 所示。

表 15-1　内力——剪力

定　义	正 负 规 定
剪切面上的内力称为剪力，用 F_Q 表示，它与剪切面相切（见图 15-1b）	剪力 F_Q 所研究的脱离体内任一点的力矩，以顺时针转向的为正，逆时针转向的为负（见图 15-1b）

3. 切应力

剪切面上的应力分布情况十分复杂，工程中通用剪力 F_Q 除以剪切面 A_Q 而得到的平均切应力 τ，作为剪切面上的实用切应力（名义切应力）

$$\tau = \frac{F_Q}{A_Q}$$

τ 的方向和正负号同 F_Q 一致。

4. 拉压杆连接件的强度计算

拉压杆连接件的强度计算，主要掌握螺栓、销钉、铆接接头的实用计算

（见表 15-2）。

表 15-2　拉压杆连接件的强度计算

剪切强度计算	挤压强度计算	拉压强度计算
剪切强度计算 $\tau = \dfrac{F_Q}{A_Q} \leqslant [\tau]$	挤压强度计算 $\sigma_c = \dfrac{F_c}{A_c} \leqslant [\sigma_c]$ F_c——挤压力 A_c——挤压面面积	对于钢板，在开孔的截面应进行拉压强度计算，其强度条件为 $$\sigma = \frac{F_N}{A_j}$$ A_j——净截面面积

基 本 要 求

1）掌握切应力 τ 的计算，挤压应力 σ_c 的计算。

2）掌握拉压杆连接件的强度计算。

典 型 例 题

例 15-1　如图 15-2a 所示拉杆接头。已知销钉直径 $d = 30\text{mm}$，材料的许用切应力 $[\tau] = 60\text{MPa}$，传递拉力 $F = 100\text{kN}$。试校核销钉的剪切强度。若强度不够，则设计销钉的直径。

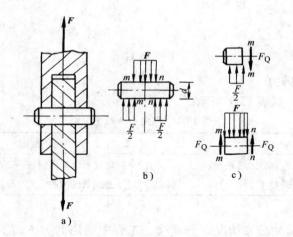

图　15-2

解　1）受力分析。由销钉受力图（见图 15-2b）可见，销钉具有两个剪切面（$m\text{-}m$ 和 $n\text{-}n$），剪切面上的剪力为

$$F_Q = \frac{F}{2}$$

2）剪切强度校核。由

$$\tau = \frac{F_Q}{A_Q} = \frac{F}{2A_Q} = \left[\frac{100 \times 10^3}{2 \times \left(\frac{\pi}{4} \times 30^2 \times 10^{-6}\right)}\right] \text{Pa}$$

$$= 70.7 \text{MPa} > [\tau]$$

可知销钉的抗剪强度不够。

3）设计销钉的直径。由剪切强度条件

$$A_Q \geqslant \frac{F_Q}{[\tau]} = \frac{F}{2[\tau]}$$

得

$$d = \sqrt{\frac{4F}{\pi 2[\tau]}} = \sqrt{\frac{2 \times 100 \times 10^3}{\pi(60 \times 10^6)}} \text{m} = 32.6 \text{mm}$$

选用 $d = 33$mm 的销钉。

讨论

本例销钉具有两个剪切面，称为双剪。在计算工作应力时可直接应用公式

$$\tau = \frac{F}{2A_Q}$$

式中，F 为销钉所传递的力；A_Q 为销钉的横截面面积。

例 15-2 有两块钢板，其厚度分别为 $t_1 = 8$mm，$t_2 = 10$mm，$b = 200$mm。用五个直径相同的铆钉搭接。受拉力 $F = 200$kN 的作用，如图 15-3a 所示。材料的许用应力分别为 $[\sigma] = 160$MPa，$[\tau] = 140$MPa，$[\sigma_C] = 320$MPa。求铆钉所需的直径 d。

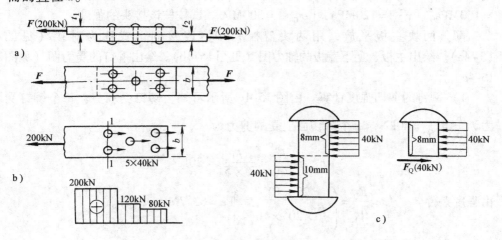

图 15-3

解 两块钢板搭放用铆钉联接的形式称为搭接（见图 15-3a）。

绘出上钢板的受力图和轴力图（见图 15-3b）。绘出铆钉的受力图（见图 15-3c）。因为上钢板的厚度 $t_1 = 8$mm，小于下钢板的 $t_2 = 10$mm，所以我们只对上

钢板进行挤压和抗拉强度计算。

1）铆钉的剪切强度计算。由强度条件 $\tau = \dfrac{F_Q}{A_Q} \leq [\tau]$，故应有 $\dfrac{\pi}{4}d^2 \geq \dfrac{F_Q}{[\tau]}$。

得 $\qquad d \geq \sqrt{\dfrac{4F_Q}{\pi[\tau]}} = \sqrt{\dfrac{4 \times 40 \times 10^3}{3.14 \times 140 \times 10^6}}\text{m} = 19.1 \times 10^{-3}\text{m} = 19.1\text{mm}$

2）挤压强度计算。如图 15-3c 所示，挤压力 $F_C = 40 \times 10^3 \text{N}$，挤压面积 $A_C = dt_1 = d \times 8 \times 10^{-3}\text{m}^2$

由挤压强度条件 $\qquad\qquad \sigma_C = \dfrac{F_C}{A_C} \leq [\sigma_C]$

得 $\qquad d \geq \left(\dfrac{40 \times 10^3}{8 \times 10^{-3} \times 320 \times 10^6}\right)\text{m} = 15.6 \times 10^{-3}\text{m} = 15.6\text{mm}$

3）钢板的拉压强度计算。由图 15-3b 所示可知，1-1 截面为危险截面，此面上 $F_N = 200\text{kN}$，其净面积 $A_j = (b - 2d)t_1 = (0.2 - 2d) \times 8 \times 10^{-3}\text{m}^2$。

由抗拉强度条件 $\sigma_{1\text{-}1} = \dfrac{F_{N1}}{A_j} \leq [\sigma]$，即

$$\dfrac{200 \times 10^3}{(0.2 - 2d) \times 8 \times 10^{-3}} \leq 160 \times 10^6$$

得 $\qquad\qquad\qquad d \leq 0.022\text{m} = 22\text{mm}$

所以 d 的取值范围内应为 $19.1\text{mm} \leq d \leq 22\text{mm}$。取 $d = 20\text{mm}$

例 15-3 如图 15-4a 所示为一铆接接头。已知材料的许用应力分别为 $[\sigma] = 160\text{MPa}$，$[\tau] = 120\text{MPa}$，$[\sigma_C] = 300\text{MPa}$。试校核该接头的强度。

解 两块主板平放，用两块盖板和铆钉连接的形式称为对接（见图 15-4a）。绘出主板、上下盖的轴力图（见图 15-4b）。绘出铆钉的受力图（见图 15-4c）。

1）铆钉的剪切强度计算。由图 15-4c 所示可知，铆钉受双剪。每个铆钉受力为 $\dfrac{F}{n} = \dfrac{F}{5} = 40\text{kN}$，每个剪切面上受的剪力为

$$F_Q = \dfrac{F}{2n} = \dfrac{F}{2 \times 5} = 20\text{kN}$$

由强度条件 $\qquad \tau = \dfrac{F_Q}{A_Q} = \left(\dfrac{20 \times 10^3}{\dfrac{\pi}{4} \times 20^2 \times 10^{-6}}\right)\text{Pa} = 63.7\text{MPa} < [\tau]$

可知铆钉的剪切强度满足。

2）挤压强度校核。由图 15-4c 所示可知，主板的厚度 t 小于两盖板的厚度 $2t_1$，所以挤压强度只要对主板进行计算即可。挤压力 $F_C = 40\text{kN}$，挤压面积 $A_C = dt = (20 \times 12 \times 10^{-6})\text{m}^2 = 240 \times 10^{-6}\text{m}^2$。

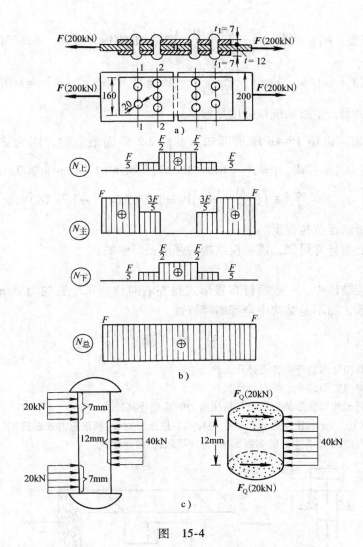

图 15-4

由强度条件 $\sigma_C = \dfrac{F_C}{A_C} = \left(\dfrac{40 \times 10^3}{240 \times 10^{-6}}\right)\text{Pa} = 167\text{MPa} < [\sigma_C] = 300\text{MPa}$

可知挤压满足强度要求。

3）主板和盖板的抗拉强度计算

a. 主板。由图 15-4b 所示可知，1-1 截面 $F_{N1\text{-}1} = 200\text{kN}$，$A_j^1 = (b - 2d)\,t =$ [（$200 - 2 \times 20$）$\times 12 \times 10^{-6}$] $\text{m}^2 = 1920 \times 10^{-6}\,\text{m}^2$。

2-2 截面 $F_{N2\text{-}2} = 120\text{kN}$，$A_j^2 = (b - 3d)\,t = $ [（$200 - 3 \times 20$）$\times 12 \times 10^{-6}$] $\text{m}^2 = 1680 \times 10^{-6}\,\text{m}^2$，因为对两截面难以直接判断哪个截面危险，所以，对两个截面分别进行抗拉强度计算

1-1 截面　$\sigma_{1\text{-}1} = \dfrac{F_{N1\text{-}1}}{A_j^1} = \left(\dfrac{200 \times 10^3}{1920 \times 10^{-6}} \right) Pa = 104 MPa < [\sigma] = 160 MPa$

2-2 截面　$\sigma_{2\text{-}2} = \dfrac{F_{N2\text{-}2}}{A_j^2} = \left(\dfrac{120 \times 10^3}{1680 \times 10^{-6}} \right) Pa = 71.4 MPa < [\sigma] = 160 MPa$

计算结果表明，主板的抗拉强度足够。

b. 盖板。由图 15-4b 所示可知，盖板 2-2 截面最危险，因为 $F_{N2\text{-}2} = \dfrac{P}{2} =$ 100kN，$A_j = (b - 3d)\, t_1 = [(160 - 3 \times 20) \times 7 \times 10^{-6}]\ m^2 = 700 \times 10^{-6} m^2$。

$$\sigma_{2-2} = \dfrac{F_{N2-2}}{A_j} = \left(\dfrac{100 \times 10^3}{700 \times 10^{-6}} \right) Pa = 143 MPa < [\sigma] = 160 MPa$$

所以，盖板满足抗拉强度。

综合上面计算可知，该铆接结构的强度是足够的。

讨论

在对接结构中，一般铆钉布置形式是左右对称。每个钉的力 F/n 中的 n 为一侧铆钉数，而不是结构中全部的铆钉数。

思　考　题

15-1　剪切变形的外力特点是什么？

15-2　剪切变形的变形特点是什么？

15-3　列出剪切变形的切应力和挤压应力的实用计算公式。

15-4　切应力 τ 和正应力 σ 的区别是什么？挤压应力 σ_c 和正应力 σ 的区别，有何不同？

15-5　列出图 15-5 中的剪切面面积和挤压面面积的计算式。

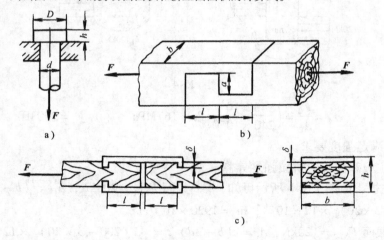

图　15-5

习　题

15-1　夹剪如图 15-6 所示。销子 C 的直径 $d=5$mm。当加力 $F=0.2$kN，剪直径与销子直径相同的铜丝时，求铜丝与销子横截面上的平均切应力。已知 $a=30$mm，$b=150$mm。

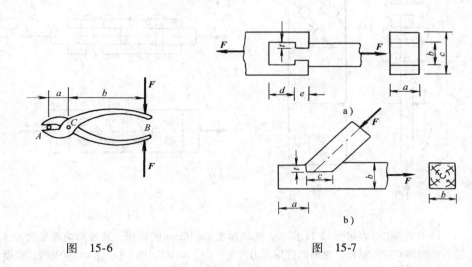

图 15-6　　　　　　　　　　　　　　图　15-7

15-2　试写出图 15-7 所示结构的剪切面和挤压面的计算式。

15-3　两块厚度为 10mm 的钢板，用两个直径为 17mm 的铆钉搭接在一起，如图 15-8 所示。$F=60$kN，$[\tau]=140$MPa，$[\sigma_C]=280$MPa，$[\sigma]=160$MPa。试校核该铆接件的强度。

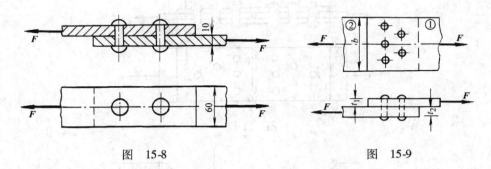

图　15-8　　　　　　　　　　　　图　15-9

15-4　两块钢板搭接如图 15-9 所示。已知两板的宽度均为 $b=180$mm，厚度分别为 $t_1=16$mm，$t_2=18$mm，铆钉直径 $d=25$mm，所有构件材料的许用应力均为：$[\tau]=100$MPa，$[\sigma_C]=280$MPa，$[\sigma]=140$MPa。试求：(1) 接头的许用载荷；(2) 若铆钉的排列次序相反（即自左向右，第一列是两只，第二列是三只铆钉），则接头的许用载荷为多大？

15-5　结构受力如图 15-10 所示。已知 $d=10$mm，$t_1=7$mm，$t=10$mm，$b=160$mm，$[\tau]=100$MPa，$[\sigma_C]=250$MPa，$[\sigma]=120$MPa。试求许用载荷 $[F]$。

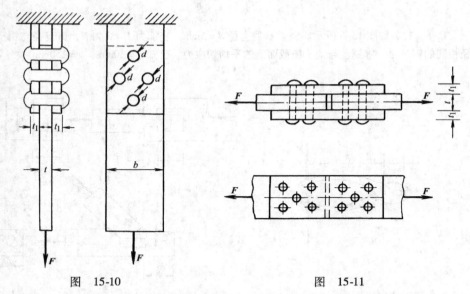

图　15-10　　　　　　　　　　　　　　　图　15-11

15-6　结构受力如图 15-11 所示。两块厚度 $t = 10$mm 的钢板，通过两块厚度为 $t_1 = 6$mm 的盖板用铆钉进行对接。材料的许用应力均为：$[\tau] = 100$MPa，$[\sigma_c] = 280$MPa。若钢板承受拉力 $F = 200$kN，试问共需直径为 $d = 17$mm 的铆钉几只。

15-7　宽 $b = 200$mm，厚度 $t = 13$mm 的两块钢板，用铆钉通过两块厚度为 $t_1 = 8$mm 的盖板对接联接在一起，如图 15-12 所示。已知 $d = 19$mm，$F = 180$kN，$[\sigma] = 100$MPa，$[\sigma_c] = 200$MPa，$[\tau] = 80$MPa。试对此结构进行强度计算。

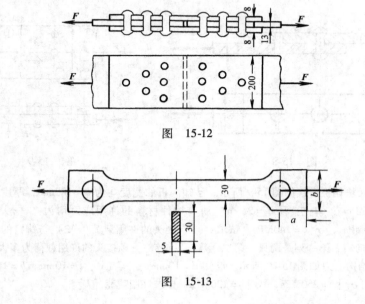

图　15-12

图　15-13

15-8 矩形截面（30mm×5mm）的低碳钢拉伸试件如图 15-13 所示。试件两端开有圆孔，孔内插有销钉，载荷通过销钉传递至试件。试件和销钉材料相同，其抗拉强度 σ_b = 400MPa，许用应力 $[\sigma]$ = 160MPa，$[\tau]$ = 100MPa，$[\sigma_C]$ = 320MPa。在试验中为了确保试件在端部不被破坏，试设计试件端部的尺寸 a,b 和销钉的直径 d。

习 题 答 案

15-1 钢丝 τ = 50.9MPa，销子 τ = 61.1MPa

15-2 a）$A_Q = ae$，$A_c = at$

b）$A_Q = ab$，$A_c = bt$

15-3 τ = 132MPa，σ_a = 176MPa，σ = 140MPa

15-4 $[F]$ = 265MPa，$[F]$ = 235MPa

15-5 $[F]$ = 62.7MPa

15-6 每边 5 只，共 10 只

15-7 安全

15-8 a = 60mm，b = 12mm，d = 40mm

第十六章 扭 转

内 容 提 要

1. 扭转变形的外力特点和变形特点

（1）外力特点　在垂直于杆轴平面内作用着一对大小相同、转向相反的外力偶矩。

（2）变形特点　杆件各横截面绕轴线发生相对的转动。

2. 外力偶矩的计算

根据已知的功率和轴的转速，可以计算出作用于轴上的外力偶矩 T 的值

$$T = 9.55 \frac{N_k}{n} \text{kN} \cdot \text{m}$$

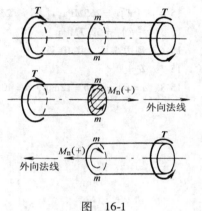

图　16-1

式中　T——外力偶矩；

N_k——轴所传递的功率；

n——轴的转速（r/min）。

3. 内力——扭矩

内力——扭矩如表 16-1 所示。

表 16-1　内力——扭矩

定　义	扭 矩 符 号	扭 矩 图
受扭杆件横截面上的内力偶矩（见图 16-1）称为扭矩。用 M_n 表示	扭矩 M_n 的正负号规定：以扭矩矢量的指向与截面外法线指向一致时为正，相反时为负（见图 16-1）	表示横截面上的扭矩沿杆件轴线的变化规律的图线

4. 圆轴扭转时横截面上的切应力、强度条件

圆轴扭转时横截面上的切应力、强度条件如表 16-2 所示。

表 16-2　圆轴扭转时横截面上的切应力、强度条件

切 应 力		强 度 条 件
分布规律	横截面上任一点处的切应力，方向垂直于半径，大小与到圆心的距离成正比（见图 16-2）	强度条件 $\tau_{max} = \dfrac{M_{nmax}}{W_p} \leqslant [\tau]$ 强度计算的三类问题

（续）

切 应 力	强 度 条 件
计算公式　横截面上距圆心为 ρ 的任一点处的切应力为 $\tau_P = \dfrac{M_n \rho}{I_P}$	强度校核　$\tau_{max} = \dfrac{M_n}{W_\rho} \leqslant [\tau]$
	设计截面　$W_P \geqslant \dfrac{M_n}{[\tau]}$
最大剪应力　$\tau_{max} = \dfrac{M_n}{I_P} \rho_{max} = \dfrac{M_n}{W_\rho}$	
实心圆截面　$I_P = \dfrac{\pi D^4}{32}$，$W_\rho = \dfrac{\pi D^3}{16}$	许用载荷　$[M_n] \leqslant [\tau] W_\rho$
空心圆截面　$I_P = \dfrac{\pi D^4}{32}(1 - \alpha^4)$	由 $[M_n]$ 计算 $[T]$
$W_P = \dfrac{\pi D^3}{16}(1 - \alpha^4)$	
I_P 为极惯性矩，W_P 为抗扭截面系数	

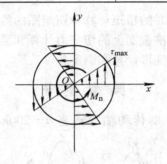

图　16-2

5. 圆轴扭转时的变形、刚度条件

圆轴扭转时的变形、刚度条件如表 16-3 所示。

6. 矩形截面杆的自由扭转

切应力分布规律（见图 16-3）：

1）截面周边处的切应力方向与周边平行。

2）截面角点处的切应力等于零。

3）最大切应力发生在截面长边的中点处，计算

式为 $\tau_{max} = \dfrac{M_n}{\alpha h t^2}$

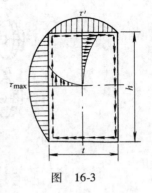

图　16-3

式中　h——矩形截面的长边；

　　　t——矩形截面的短边；

　　　α——与截面尺寸的比值 $\dfrac{h}{t}$ 有关的系数如表 16-4 所示

表 16-3　圆轴扭转时的变形、刚度条件

变　形　计　算	刚　度　条　件
扭转角 $\varphi = \dfrac{M_{\mathrm{n}}l}{GI_{\rho}}$（rad）	刚度条件　$\theta_{\max} = \dfrac{(M_{\mathrm{n}})_{\max}}{GI_{\rho}} \leqslant [\theta]$　　（rad/m）
或　　$\varphi = \dfrac{M_{\mathrm{n}}l}{GI_{\rho}} \times \dfrac{180°}{\pi}$	或　　$\theta_{\max} = \dfrac{(M_{\mathrm{n}})_{\max}}{GI_{\rho}} \times \dfrac{180°}{\pi} \leqslant [\theta]$　　（°/m）
单位长度扭转角 $\theta = \dfrac{M_{\mathrm{n}}}{GI_{\rho}}$（rad/m）	
或　$\theta = \dfrac{M_{\mathrm{n}}}{GI_{\rho}} \times \dfrac{180°}{\pi}$（°/m） GI_{P} 为抗扭刚度	

表 16-4　矩形截面杆扭转时的系数 α

$\dfrac{h}{t}$	1.0	1.2	1.5	2.0	2.5	3.0	4.0	6.0	8.0	10.0	∞
α	0.208	0.219	0.231	0.246	0.258	0.267	0.282	0.299	0.307	0.313	0.333

基 本 要 求

1）熟练掌握圆杆受扭时的扭矩计算和扭矩图的绘制。
2）掌握圆杆受扭时的横截面上的切应力计算和强度条件。
3）掌握圆杆受扭时的变形计算和刚度条件。

典 型 例 子

例 16-1　图 16-4 所示的传动轴的转速 $n = 200\mathrm{h/min}$，主动轮 A 输入功率

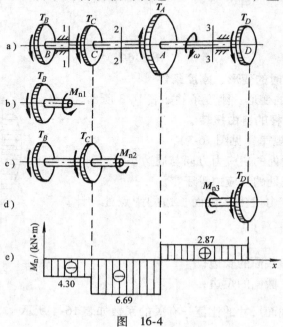

图　16-4

$N_A = 200\text{kW}$，三个从动轮输出的功率分别为 $N_B = 90\text{kW}$，$N_C = 50\text{kW}$，$N_D = 60\text{kW}$。试绘出轴的扭矩图。

解 1）计算外力偶矩

$$T_A = 9.55 \times \frac{N_k}{n} = \left(9.55 \times \frac{200}{200}\right)\text{kN} \cdot \text{m} = 9.55\text{kN} \cdot \text{m}$$

$$T_B = 9.55 \times \frac{N_k}{n} = \left(9.55 \times \frac{90}{200}\right)\text{kN} \cdot \text{m} = 4.30\text{kN} \cdot \text{m}$$

$$T_C = 9.55 \times \frac{N_k}{n} = \left(9.55 \times \frac{50}{200}\right)\text{kN} \cdot \text{m} = 2.39\text{kN} \cdot \text{m}$$

$$T_D = 9.55 \times \frac{N_k}{n} = \left(9.55 \times \frac{60}{200}\right)\text{kN} \cdot \text{m} = 2.87\text{kN} \cdot \text{m}$$

2）计算各段轴内的扭矩。分别在截面 1-1、2-2、3-3 处将轴截开，保留左段或右段作为脱离体，并假设各截面上的扭矩为正，如图 16-4b，c，d 所示。

BC 段 由 $\sum M_x = 0$ 得 $M_{n1} = -T_B = -4.30\text{kN} \cdot \text{m}$（见图 16-4b）

CA 段 由 $\sum M_x = 0$ 得 $M_{n2} = -T_B - T_C = -6.69\text{kN} \cdot \text{m}$（见图 16-4c）

AD 段 由 $\sum M_x = 0$ 得 $M_{n3} = T_D = 2.87\text{kN} \cdot \text{m}$（见图 16-4d）

计算所得的 M_{n1} 和 M_{n2} 为负值，表示它们的实际转向与假设的转向相反，即为负号扭矩。

3）绘扭矩图。按一定的比例绘出扭矩图，如图 16-4e 所示。

例 16-2 传动轴系钢制的实心圆轴，其承受最大扭矩为 2kN · m，$[\tau] = 40\text{MPa}$。试设计圆轴的直径 D。若将此轴改为内外直径之比 $\frac{d}{D} = 0.8$ 的空心圆轴，试设计截面的内外直径，并比较实心圆轴和空心圆轴的用料。

解 1）设计圆轴的直径 D_0

按强度条件 $\tau_{\max} = \dfrac{M_{n\max}}{W_P} \leqslant [\tau]$，可计算截面的抗扭截面系数，即

$$W_P \geqslant \frac{M_{n\max}}{[\tau]} = \left(\frac{2 \times 10^3}{40 \times 10^6}\right)\text{m}^3 = 0.05 \times 10^{-3}\text{m}^3$$

由

$$W_P = \frac{\pi}{16}D_0^3 = 0.05 \times 10^{-3}\text{m}^3$$

可计算实心圆轴的直径 $D_0 \geqslant \left(\sqrt[3]{\dfrac{0.05 \times 10^{-3} \times 16}{\pi}}\right)\text{m} = 63.4\text{mm}$

2）设计空心截面的内外径。因为 $W_P = \dfrac{\pi D^3}{16}(1 - \alpha^4)$，其中，$\alpha = \dfrac{d}{D} = 0.8$，所以由

$$W_\mathrm{P} = \frac{\pi D^3}{16}(1 - 0.8^4) = 0.05 \times 10^{-3}\,\mathrm{m}^3$$

得
$$D \geqslant \sqrt[3]{\frac{0.05 \times 10^{-3} \times 16}{\pi(1 - 0.8^4)}}\,\mathrm{m} = 75.6\,\mathrm{mm}$$

和
$$d = 0.8D = 0.8 \times 75.6\,\mathrm{mm} = 60.5\,\mathrm{mm}$$

3）比较两轴所用的材料

实心圆轴的截面面积 $\quad A_1 = \frac{\pi}{4}D_0^2 = \left(\frac{\pi}{4} \times 63.4^2\right)\mathrm{mm}^2 = 3160\,\mathrm{mm}^2$

空心圆轴的截面面积 $\quad A_2 = \frac{\pi}{4}(D^2 - d^2) = \left[\frac{\pi}{4} \times (75.6^2 - 60.5^2)\right]\mathrm{mm}^2 =$

$1610\,\mathrm{mm}^2$

空心圆轴和实心圆轴的用料之比就等于两轴的截面面积之比，即

$$\frac{A_2}{A_1} = \frac{1610}{3160} = 0.51$$

讨论

由上面计算可知，空心圆轴的用料约为实心圆轴用料的一半。由此可知，在强度相同的情况下，采用空心圆轴可以收到显著的减轻自重、节约材料的效果。

例16-3 有一阶梯形圆轴，轴上装有三个带轮，如图16-5所示。轴的直径分别为 $d_1 = 40\,\mathrm{mm}$，$d_2 = 70\,\mathrm{mm}$。已知作用在轴上的外力偶矩分别为 $T_1 = 0.62\,\mathrm{kN \cdot m}$，$T_2 = 0.81\,\mathrm{kN \cdot m}$，$T_3 = 1.43\,\mathrm{kN \cdot m}$。材料的许用切应力 $[\tau] = 60\,\mathrm{MPa}$，$G = 8 \times 10^4\,\mathrm{MPa}$，轴的许用单位长度扭转角为 $[\theta] = 2°/\mathrm{m}$。试校核该轴的强度和刚度。

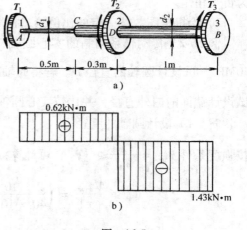

图 16-5

解 1）作出扭矩图（见图16-5b）。

2）强度校核。由于 AC 段和 BD 段的直径不相同，横截面上的扭矩也不相同，因此，对于 AC 段轴和 BD 段轴的强度都要进行校核。

AC 段 $\quad \tau_{\max} = \frac{M_\mathrm{n}}{W_\rho} = \frac{0.62 \times 10^3}{\dfrac{\pi \times d_1^3}{16}} = \left(\dfrac{0.62 \times 10^3}{\dfrac{\pi}{16} \times (40^3) \times 10^{-9}}\right)\mathrm{Pa}$

$\qquad\qquad = 49.4 \times 10^6\,\mathrm{Pa} = 49.4\,\mathrm{MPa} < [\tau] = 60\,\mathrm{MPa}$

BD 段 $\quad \tau_{max} = \dfrac{M_n}{W_\rho} = \dfrac{1.43 \times 10^3}{\dfrac{\pi \times d_2^3}{16}} = \left(\dfrac{1.43 \times 10^3}{\dfrac{\pi}{16} \times (70^3) \times 10^{-9}} \right) Pa$

$$= 21.2 \times 10^6 Pa = 21.2 MPa < [\tau] = 60 MPa$$

计算结果表明，轴的强度是足够的。

3）刚度校核

AC 段 $\quad \theta_{max} = \dfrac{M_n}{GI_\rho} = \left[\dfrac{0.62 \times 10^3}{8 \times 10^4 \times 10^6 \times \dfrac{\pi}{32} \times (40)^4 \times 10^{-12}} \times \dfrac{180}{\pi} \right] \ (°/m)$

$$= 1.77°/m < [\theta] = 2°/m$$

BD 段 $\quad \theta_{max} = \dfrac{M_n}{GI_\rho} = \left[\dfrac{1.43 \times 10^3}{8 \times 10^4 \times 10^6 \times \dfrac{\pi}{32} \times (70)^4 \times 10^{-12}} \times \dfrac{180}{\pi} \right] \ (°/m)$

$$= 0.434°/m < [\theta] = 2°/m$$

计算结果表明，该轴的刚度也足够。

例 16-4 图 16-6 所示为装有四个带轮的一根实心圆轴的计算简图。已知 T_1 = 1.5kN·m，T_2 = 2kN·m，T_3 = 9kN·m，T_4 = 4.5kN·m；各轮的间距为 $l_1 = 0.8$m，$l_2 = 1.0$m，$l_3 = 1.2$m；材料的 $[\tau]$ = 80MPa，$[\theta] = 0.3°/$m，$G = 80 \times 10^9$Pa。试求：（1）设计轴的直径 D；（2）若轴的直径 $D_0 = 105$mm，试计算全轴的相对扭转角 φ_{D-A}。

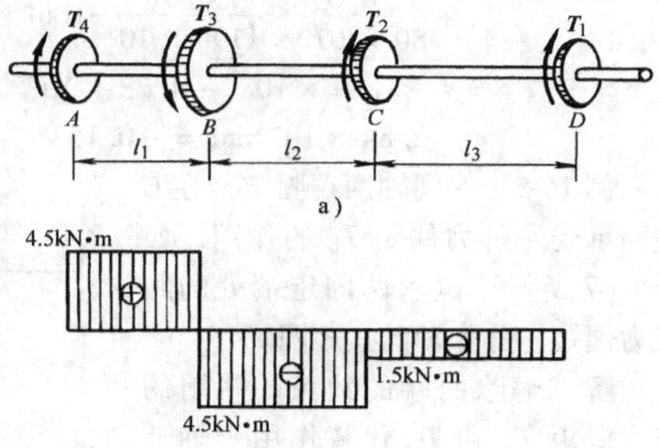

图 16-6

解 1）绘出扭矩图（见图 16-6b）。

2）设计轴的直径。由扭矩图可知，圆轴中的最大扭矩发生在 AB 段和 BC 段，其绝对值 $M_n = 4.5$kN·m。

由强度条件 $\quad \tau_{max} = \dfrac{M_n}{W_P} = \dfrac{M_n}{\dfrac{\pi D^3}{16}} = \dfrac{16 M_n}{\pi D^3} \leqslant [\tau]$

求得轴的直径为 $\quad D \geqslant \sqrt[3]{\dfrac{6 M_n}{\pi [\tau]}} = \sqrt[3]{\dfrac{16 \times 4.5 \times 10^3}{\pi \times 80 \times 10^6}} m = 0.066 m = 66 mm$

由刚度条件 $\quad \theta_{max} = \dfrac{M_n}{GI_P} \times \dfrac{180}{\pi} \leqslant [\theta]$

即 $\dfrac{4.5 \times 10^3}{\dfrac{\pi D^4}{32} \times 80 \times 10^9} \times \dfrac{180}{\pi} \leqslant 0.3$

得 $D \geqslant \sqrt[3]{\dfrac{32 \times 4.5 \times 10^3 \times 180}{\pi^2 \times 80 \times 10^9 \times 0.3}}\,\mathrm{m} = 0.102\,\mathrm{m} = 102\,\mathrm{mm}$

由上述强度计算和刚度计算的结果可知,该轴之直径应由刚度条件确定,选用 $D = 102\,\mathrm{mm}$。

3)扭转角 $\varphi_{D\text{-}A}$ 计算。根据题意,轴的直径采用 $D_0 = 105\,\mathrm{mm}$,其极惯性矩为

$$I_\rho = \frac{\pi D^4}{32} = \frac{\pi (105)^4}{32} = 1190 \times 10^4\,\mathrm{mm}^4$$

$$\varphi_{D\text{-}A} = \varphi_{D\text{-}C} + \varphi_{C\text{-}B} + \varphi_{B\text{-}A}$$

$$= \frac{(M_n)_{CD} l_3}{G I_\rho} + \frac{(M_n)_{BC} l_2}{G I_\rho} + \frac{(M_n)_{AB} l_1}{G I_\rho}$$

$$= \left(\frac{-1.5 \times 10^3 \times 1.2}{80 \times 10^9 \times 1190 \times 10^{-8}} + \frac{-4.5 \times 10^3 \times 1}{80 \times 10^9 \times 1190 \times 10^{-8}} \right.$$

$$\left. + \frac{4.5 \times 10^3 \times 0.8}{80 \times 10^9 \times 1190 \times 10^{-8}} \right)\mathrm{rad}$$

$$= (-1.89 \times 10^{-3} - 4.73 \times 10^{-3} + 3.78 \times 10^{-3})\,\mathrm{rad}$$

$$= -2.84 \times 10^{-3}\,\mathrm{rad} = -0.163°$$

例 16-5 一圆轴两端固定,在 C 截面承受一外力偶矩 $\boldsymbol{T}_0$ 的作用,如图 16-7 所示。试求两固定端处的约束力偶矩,并作轴的扭矩图。

解 解除两端的约束,并用约束力偶矩 $\boldsymbol{T}_A$ 和 $\boldsymbol{T}_B$ 代替作用于轴上(见图 16-7b)。由于该轴上作用有两个未知力,而只有一个独立的平衡方程 $\sum M_x = 0$,所以,这是一次超静定问题,需根据变形条件建立一个补充方程。

1)静力平衡方程。由 $\sum M_x = 0$

得 $\qquad T_A + T_B = T_0 \qquad\qquad (1)$

2)变形谐调方程。因为两端均为固定端,所以 B 截面相对于 A 截面的扭转角 $\varphi_{B\text{-}A} = 0$。变形谐调方程如下

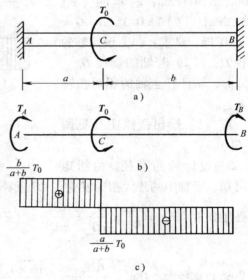

图 16-7

$$\varphi_{B\text{-}A} = -\frac{T_B(a+b)}{GI_\rho} + \frac{T_0 a}{GI_\rho} = 0 \qquad (2)$$

联立式（1）、式（2），解得 $T_B = \dfrac{a}{a+b}T_0$，$T_A = \dfrac{b}{a+b}T_0$

3）绘扭矩图（见图16-7c）。

思 考 题

16-1 何谓扭矩？扭矩的正负号是如何规定的？

16-2 平面假设的根据是什么？该假设在圆轴扭转切应力的推导中起了什么作用？

16-3 试判别图16-8所示各圆杆分别发生什么变形。

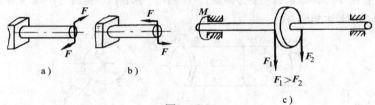

图 16-8

16-4 空心圆轴的外径为 D，内径为 d，抗扭截面系数能否用下式计算？为什么？

$$W = \frac{\pi D^3}{16} - \frac{\pi d^3}{16}$$

16-5 圆轴的直径为 D，受扭时轴内最大切应力为 τ，单位扭转角为 θ。若直径改为 $D/2$，此时轴内的最大切应力为多大？单位扭转角为多大？

16-6 一实心圆截面的直径为 D_1，另一空心圆截面的外径为 D_2，$\alpha = 0.8$，若两轴横截面上的扭矩和最大切应力分别相等，则 $D_2 : D_1 = ?$

16-7 矩形截面受扭时，横截面上的切应力分布有何特点？最大切应力发生在什么地方？其值如何计算？

习 题

16-1 圆轴受力如图16-9所示，其 $T_1 = 1\text{kN} \cdot \text{m}$，$T_2 = 0.6\text{kN} \cdot \text{m}$，$T_3 = 0.2\text{kN} \cdot \text{m}$，$T_4 = 0.2\text{kN} \cdot \text{m}$。试求：（1）作出轴的扭矩图；（2）若 T_1 和 T_2 的作用位置互换，则扭矩图有何变化？

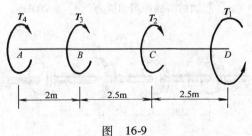

图 16-9

16-2　如图 16-10 所示，M_n 为圆杆横截面上的扭矩。试画出截面上与 M_n 对应的切应力分布图。

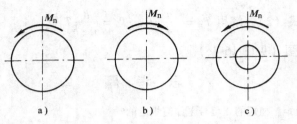

图　16-10

16-3　直径 $d=50$mm 的圆轴受力如图 16-11 所示。求：（1）截面上 $\rho=d/4$ 处 A 点的切应力；（2）圆轴的最大切应力。

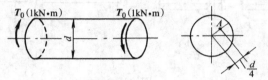

图　16-11

16-4　一等截面圆轴的直径 $d=50$mm。已知转速 $n=120$r/min 时，该轴的最大切应力为 60MPa。试求圆轴所传递的功率。

16-5　如图 16-12 所示，设有一实心圆轴和另一内外直径之比为 3/4 的空心圆轴。若两轴的材料及长度相同，承受的扭矩大小 M_n 和截面上最大切应力也相同，试比较两轴的重量。

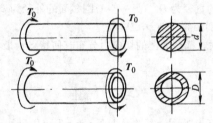

图　16-12

16-6　一实心圆轴与四个圆盘刚性连接，如图 16-13 所示。设 $T_A=T_B=0.25$kN·m，$T_C=1$kN·m，$T_D=0.5$kN·m，圆轴材料的许用切应力 $[\tau]=20$MPa，其直径 $d=50$mm。试对圆轴进行强度计算。

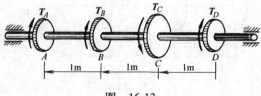

图　16-13

16-7 在习题 16-1 中，若已知轴的直径 $d = 75\text{mm}$，$G = 8 \times 10^4 \text{MPa}$。试求轴的总扭转角。

16-8 如图 16-14 所示，有一圆截面杆 AB，其左端为固定端，承受分布力偶矩 M_q 的作用。试导出该杆 B 端处扭转角 φ 的公式。

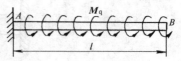

图 16-14

16-9 已知实心圆轴的转速 $n = 300\text{r/min}$，传递的功率 330kW。圆轴材料的许用切应力 $[\tau] = 60\text{MPa}$，切变模量 $G = 8 \times 10^4 \text{MPa}$，设计要求在 2m 长度内的扭转角不超过 1°。试确定轴的直径。

16-10 两段直径均为 $d = 100\text{ mm}$ 的圆轴用法兰和螺栓连接成传动轴，如图 16-15 所示。已知轴受扭时最大切应力 $\tau_{\text{max}} = 70\text{MPa}$，螺栓的直径 $d_1 = 20\text{mm}$，并布置在 $D_0 = 200\text{mm}$ 的圆周上，设螺栓的许用切应力为 $[\tau] = 60\text{MPa}$。试求所需要螺栓的个数。

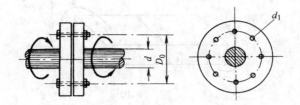

图 16-15

16-11 如图 16-16 所示，实心圆轴和空心圆轴通过牙嵌式离合器连接在一起。已知轴的转速 $n = 100\text{r/min}$，传递的功率 $N_k = 7.5\text{kW}$，材料的许用切应力 $[\tau] = 40\text{MPa}$。试选择实心圆轴直径 d_0 及内、外直径之比为 $\alpha = \dfrac{d}{D} = \dfrac{1}{2}$ 的空心圆轴的内径 d 和外径 D。

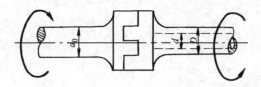

图 16-16

16-12 如图 16-17 所示，一根两端固定的阶梯形圆轴，它在截面突变处受外力偶矩 T_0 的作用。若 $d_1 = 2d_2$，试求固定端支反力偶矩的值 T_A 和 T_B，并作扭矩图。

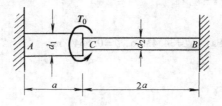

图 16-17

16-13 如图 16-18 所示两端固定的圆轴，受外力偶矩 $T_B = T_C = 10\text{kN} \cdot \text{m}$ 的作用。设材料的许用切应力 $[\tau] = 60\text{MPa}$。试选择轴的直径。

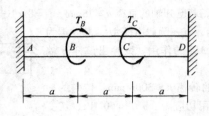

图 16-18

16-14 图 16-19 所示的矩形截面钢件，受矩为 $T_0 = 3\text{kN} \cdot \text{m}$ 的一对外力偶作用。已知材料的切变模量 $G = 8 \times 10^4 \text{MPa}$。求：（1）杆内最大切应力的大小、位置和方向；（2）横截面短边中点处的切应力；（3）杆的单位长度扭转角。

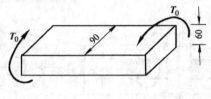

图 16-19

习 题 答 案

16-3　$\tau_A = 20.4\text{MPa}$，$\tau_{\max} = 40.8\text{MPa}$

16-4　$N_k = 18.25\text{kN}$

16-5　0.564

16-6　满足

16-7　0.646°

16-8　$\varphi = \dfrac{M_q l^2}{2GI_p}$

16-9　$d \geqslant 111\text{mm}$

16-10　$n = 8$ 只

16-11　$d_0 = 45\text{mm}$，$d = 23\text{mm}$，$D = 46\text{mm}$

16-12　$T_A = \dfrac{32}{33} T_0$，$T_B = \dfrac{1}{33} T_0$

16-13　$d \geqslant 82.7\text{mm}$

16-14　$\tau_{\max} = 40.1\text{MPa}$，$\tau'_{\max} = 34.4\text{MPa}$，$\theta = 0.564°/\text{m}$

第十七章 弯 曲 内 力

内 容 提 要

1. 平面弯曲的外力特点和变形特点

（1）外力特点　横向外力或外力偶的作用平面与杆件的形心主惯性平面相重合。

（2）变形特点　杆件的轴线变形为外力作用面内的平面曲线。

2. 梁横截面上的内力——剪力和弯矩

（1）剪力和弯矩　剪力和弯矩的定义及其符号规定如表 17-1 所示。

表 17-1　剪力和弯矩的定义及其符号规定

	定　义	符　号　规　定	
剪力（F_Q）	受弯构件横截面上，其作用线平行于截面的内力	截面上的剪力使该截面的邻近微段有作顺时针转动趋势的为正号，反之为负号	 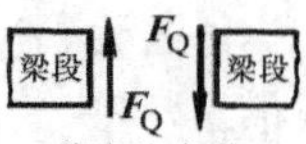 剪力为正值　　　　剪力为负值
弯矩（M）	受弯构件横截面上，其作用面垂直于横截面的内力偶矩	截面上的弯矩使该截面的邻近微段向下凸时取正，反之取负	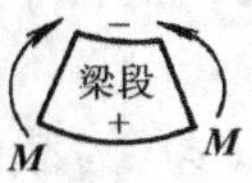  M 为正值　　　　M 为负值

（2）弯曲内力计算的基本规律

1）求指定截面上的内力时，脱离体可取左段，也可取右段，二者计算结果一致。一般取外力比较简单的一段进行分析。

2）横截面上的剪力 F_Q 在数值上等于此截面左侧（或右侧）梁上所有横向力的代数和，即 $F_Q = \sum F_{iy}$。对于左段梁，向上的外力将产生正号剪力，向下的外力将产生负号剪力；对于右段梁，向上的外力将产生负号剪力，向下的外力将产生正号剪力。

3）横截面上的弯矩 M 在数值上等于此截面左侧（或右侧）梁上所有外力对该截面形心 O 的力矩的代数和，即 $M = \sum M_i$。无论是左段梁还是右段梁，向上的外力均引起正号弯矩，向下的外力均引起负号弯矩。对于作用在梁上的外力偶，不论在截面的左侧还是右侧，凡使该截面微段下边缘受拉的均引起正号弯矩，而使该截面处微段梁上边缘受拉的则引起负号弯矩。

（3）剪力方程、弯矩方程

1）剪力方程：表示各横截面上的剪力沿杆轴随截面位置变化的规律，其数学表达式为

$$F_Q = F_Q(x)$$

2）弯矩方程：表示各横截面上的弯矩沿杆轴随截面位置变化的规律，其数学表达式为

$$M = M(x)$$

建立 $F_Q(x)$ 及 $M(x)$ 方程时须注意：如果梁上的外力不连续，则须分段写出剪力方程和弯矩方程。

（4）剪力图、弯矩图

1）剪力图：表示各横截面上的剪力沿杆轴随截面位置变化规律的图线。

2）弯矩图：表示各横截面上的弯矩沿杆轴随截面位置变化规律的图线。

3）作内力图的步骤：

a. 正确求出支座约束力。

b. 根据外力作用情况，分段判断剪力图和弯矩图的曲线性质。

c. 求出控制截面上的内力数值。

d. 按正确的曲线形状连接这些控制点。

3. $q(x)$，$F_Q(x)$，$M(x)$ 之间的微分关系

设载荷集度 $q(x)$ 为截面位置 x 的连续函数（见图 17-1），则有

$$\frac{\mathrm{d}F_Q(x)}{\mathrm{d}x} = q(x)$$

这一微分关系的几何意义是，任一截面处的分布载荷集度 $q(x)$，就是剪力图上相应点处的斜率。

$$\frac{\mathrm{d}M(x)}{\mathrm{d}x} = F_Q(x)$$

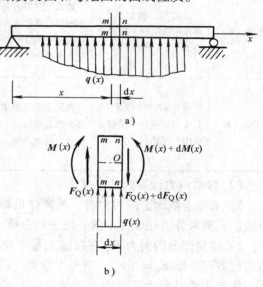

图 17-1

这一微分关系的几何意义是，任一截面处剪力的值 $F_Q(x)$，就是弯矩图上相应点处的斜率。

$$\frac{\mathrm{d}^2 M(x)}{\mathrm{d}x^2} = \frac{\mathrm{d}F_Q(x)}{\mathrm{d}x} = q(x)$$

这一微分关系的几何意义是，可以根据 $M(x)$ 对 x 的二阶导数的正、负来定出 $M(x)$ 图的凹向。若 $q(x)>0$，即 $\dfrac{d^2 M(x)}{dx^2}>0$，则 M 图为下凹上凸（∩）的曲线；若 $q(x)<0$，即 $\dfrac{d^2 M(x)}{dx^2}<0$，则 M 图为上凹下凸（∪）的曲线；若 $q(x)=0$，即 $\dfrac{d^2 M(x)}{dx^2}=0$，则 M 图为直线。

掌握上述微分关系及 F_Q 图和 M 图的下列一些特点，将有助于我们绘制和核校 F_Q 图和 M 图。现将这些特点归纳于表 17-2。

表 17-2　几种载荷作用下剪力图和弯矩图的特征

一段梁上处力的情况	无载荷	向下的均布载荷	集中力	集中力偶
F_Q 图上的特征	水平直线 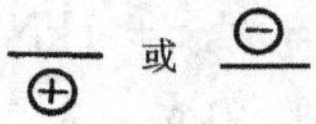	向右下方倾斜的直线 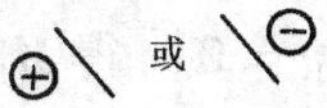	在 C 截面有突变 	在 C 截面处无变化 
M 图上的特征	一般为斜直线 	下凸的二次抛物线 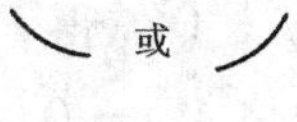	在 C 截面处有尖角 	在 C 截面处有突变 
有可能产生最大弯矩所在的截面		在 $F_Q=0$ 的截面	在 F_Q 变号的截面	在紧靠 C 截面的某一侧截面上

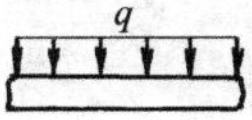

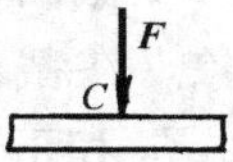

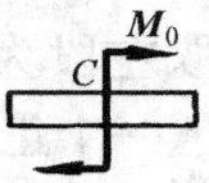

基 本 要 求

1）熟练掌握求指定截面上的内力。

2）能建立剪力方程 $F_Q(x)$、弯矩方程 $M(x)$。

3）熟练并正确地作出剪力图、弯矩图。

典 型 例 题

例 17-1　简支梁 AB 受力如图 17-2a 所示。试计算 1-1，2-2 截面上的内力。

解 1) 求解约束力。设约束力 F_{Ay} 与 F_{By} 的方向如图 17-2a 所示，由静力平衡方程

$$\sum M_{Ai} = 0 , \quad F_{By} \times 3 - 3 = 0$$

$$\sum M_{Bi} = 0 , \quad F_{Ay} \times 3 - 3 = 0$$

得 $F_{Ay} = 1\text{kN}$ $F_{By} = 1\text{kN}$

再由 $\sum F_{iy} = 0$ 校核 $F_{Ay} + F_{By} = 1 - 1 = 0$

由此可见，所求约束力正确。

2) 求指定截面上的内力。求 1-1 截面上的内力：沿 1-1 截面截开，取左段为研究对象。在截面上加上一个正号的剪力 F_{Q1} 和正号的弯矩 M_1，如图 17-2b 所示，由静力平衡方程

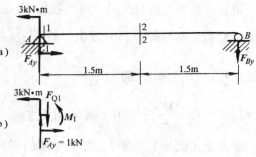

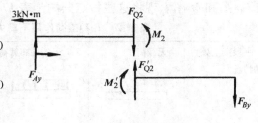

图 17-2

$$\sum F_{iy} = 0 , \quad F_{Ay} - F_{Q1} = 0 \quad 得 F_{Q1} = F_{Ay} = 1\text{kN}$$

由 $\sum M_{0i} = 0 , 3 + M_1 = 0$ 得 $M_1 = -3\text{kN} \cdot \text{m}$

负号表示所假设的 M_1 的转向反了，应该是负弯矩。

求 2-2 截面上的内力：沿 2-2 截面截开，取左段为研究对象，在 2-2 截面上加上一个正号的剪力 F_{Q2} 和正号弯矩 M_2，如图 17-2c 所示。由静力平衡方程

$$\sum F_{iy} = 0 , \quad F_{Ay} - F_{Q2} = 0 \quad 得 F_{Q2} = F_{Ay} = 1\text{kN}$$

由 $\sum M_{0i} = 0 , -F_{Ay} \times 1.5 + 3 + M_2 = 0$ 得 $M_2 = -1.5\text{kN} \cdot \text{m}$

在求 2-2 截面上的内力时，也可以取右段为研究对象，仍在截面上加上一个正号的剪力 F'_{Q2} 和一个正号的弯矩 M'_2，如图 17-2d 所示。由静力平衡方程

$$\sum F_{iy} = 0 , \quad F'_{Q2} - F_{By} = 0 \quad 得 F'_{Q2} = F_{By} = 1\text{kN}$$

由 $\sum M_{0i} = 0 , M'_2 + F_{By} \times 1.5 = 0$ 得 $M'_2 = -1.5\text{kN} \cdot \text{m}$

讨论

求指定截面上的内力，取左段或取右段来研究，结果是一样的，即在同一截面上只有一种性质的内力。为了计算的方便，一般是取外力比较简单的一段梁作为研究对象。

例 17-2 用截面法求图 17-3 所示悬臂梁 C 截面上的内力。

解 1) 为了避免求 B 支座的约束力，可沿 C 截面截开，并取左端为研究对象，在 C 截面上加上一个正号的剪力 F_{QC} 和正号的弯矩 M_C，如图 17-3b 所示。

2) 列静力平衡方程求 C 截面上的内力。

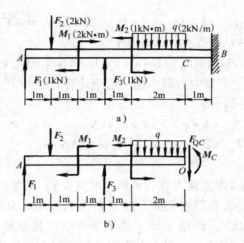

图 17-3

$$\sum F_{iy} = 0 \quad F_1 - F_2 + F_3 - q \times 2 - F_{QC} = 0$$

得 $\qquad F_{QC} = F_1 - F_2 + F_3 - q \times 2 = (1 - 2 + 3 - 2 \times 2)\text{kN} = -2\text{kN}$

由 $\qquad\qquad\qquad \sum M_{Oi} = 0$

$$-F_1 \times 6 + F_2 \times 5 - M_1 - F_3 \times 3 + M_2 + q \times 2 \times 1 + M_C = 0$$

得 $\qquad M_C = (1 \times 6 - 2 \times 5 + 2 + 3 \times 3 - 1 - 2 \times 2 \times 1)\text{kN} \cdot \text{m}$

$$= 2\text{kN} \cdot \text{m}$$

讨论

由于在取脱离体、列写静力平衡方程时是把内力 F_{QC} 和 M_C 当作脱离体上的外力来看待的，因此在方程中出现的正负号是由它们作用在脱离体上的方向和转向按静力学规定而确定的，而不要与内力 F_{QC} 及 M_C 本身的正、负号混淆。

例 17-3 外伸梁受力如图 17-4 所示。求 A, D, E 截面上的内力。

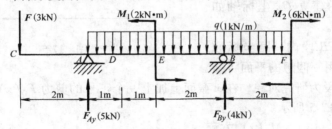

图 17-4

解 1）求解支座约束力 $F_{Ay} = 5\text{kN}$，$F_{By} = 4\text{kN}$

2）根据前述基本规律，由各截面的左段梁上的外力来直接计算出 A, D, E 各截面上的内力。

A **截面** 因为 A 截面上作用着 $F_{Ay} = 5\text{kN}$ 的集中力，所以计算剪力的时候必须分清 A 截面之左边还是 A 截面之右边。

$$F_{QA左} = -F = -3\text{kN}, \quad F_{QA右} = -F + F_{Ay} = 2\text{kN}, \quad M_A = -F \times 2 = -6\text{kN} \cdot \text{m}$$

D 截面　$F_{QD} = -F + F_{Ay} - q \times 1 = 1\text{kN}$

$$M_D = -F \times 3 + F_{Ay} \times 1 - q \times 1 \times 1/2 = -4.5\text{kN} \cdot \text{m}$$

E 截面　E 截面上有集中力偶作用，弯矩计算时要分 $M_{E左}$ 和 $M_{E右}$

$$F_{QE} = -F + F_{Ay} - 2q = 0$$

$$M_{E左} = -F \times 4 + F_{Ay} \times 2 - q \times 2 \times 1 = -4\text{kN} \cdot \text{m}$$

$$M_{E右} = -F \times 4 + F_{Ay} \times 2 - q \times 2 \times 1 - M_1 = -6\text{kN} \cdot \text{m}$$

讨论

在集中力作用的截面上剪力有"跳跃"（突变）。例如，支座 A 处，由于集中力 F_{Ay} 的作用，使得支座稍左截面上的剪力为 $F_{QA左} = -3\text{kN}$；而支座稍右截面上的剪力为 $F_{QA右} = 2\text{kN}$，即由 -3kN 跳跃为 2kN；其跳跃值就是这个集中力（$F_{Ay} = 5\text{kN}$）的大小。因此，在集中力作用处，不能含糊地说该截面上的剪力为多大，而应该明确地说"在这个集中力作用处的稍左截面上的剪力为多大，稍右截面上的剪力又为多大"。

另外，在集中力偶作用的截面上的弯矩也有"跳跃"，其跳跃的值就是这个力偶矩的大小。例如，在集中力偶矩 $M_1 = 2\text{kN} \cdot \text{m}$ 作用截面处，E 左截面上的弯矩 $M_{E左} = -4\text{kN} \cdot \text{m}$，而 E 右截面上的弯矩 $M_{E右} = -6\text{kN} \cdot \text{m}$。因此，我们不能含糊地说 E 截面上的弯矩为多大，而应该说"在集中力偶作用处稍左（E 左）截面上的弯矩为多大，稍右（E 右）截面上的弯矩为多大"。

例 17-4　试列出图 17-4 所示梁中 EB 段的剪力方程 $F_Q(x)$ 和弯矩方程 $M(x)$。

解　1）建立 Ox 坐标轴如图 17-5 所示。

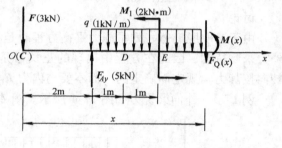

图　17-5

2）在 EB 段内，距坐标原点为 x 处，用一假想的平面将梁截开，取左段为研究对象，在 x 截面上加上一个正号的剪力 $F_Q(x)$ 和正号弯矩 $M(x)$，如图 17-5 所示。

3）列 $F_Q(x)$，$M(x)$ 方程

$$F_Q(x) = -F + F_{Ay} - q(x-2) = -3 + 5 - 1 \times (x-2)$$
$$= 4 - x \qquad (4\text{m} \leqslant x < 6\text{m})$$

$$M(x) = -Fx + F_{Ay}(x-2) - \frac{q}{2}(x-2)^2 - M_1$$
$$= -3x + 5x - 10 - \frac{1}{2}(x-2)^2 - 2$$

$$= -\frac{1}{2}x^2 + 4x - 14 \qquad (4\mathrm{m} < x \leqslant 6\mathrm{m})$$

讨论

因为在 E 截面处有集中力偶 $M_1 = 2\mathrm{kN \cdot m}$ 作用，弯矩有突变，所以在弯矩方程的后面所表明的适用范围为 $4\mathrm{m} < x \leqslant 6\mathrm{m}$，而不是 $4\mathrm{m} \leqslant x \leqslant 6\mathrm{m}$。在 B 截面处有集中力 $F_{By} = 4\mathrm{kN}$ 作用，剪力有突变，故在剪力方程的后面所表明的适用范围为 $4\mathrm{m} \leqslant x < 6\mathrm{m}$，而不是 $4\mathrm{m} \leqslant x \leqslant 6\mathrm{m}$。

例 17-5 一外伸梁受力如图 17-6a 所示。试作梁的剪力图和弯矩图。

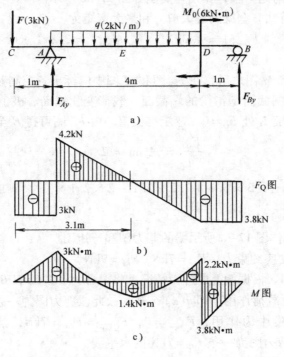

图 17-6

解 1）求支座约束力

$$F_{Ay} = 7.2\mathrm{kN} , \ F_{By} = 3.8\mathrm{kN}$$

2）建立剪力方程和弯矩方程。由于梁上的载荷将梁分成三个区域，因此需分 CA, AD, DB 三段写出剪力方程和弯矩方程（分别在三段内取距左端为 x 的截面）

CA 段

$$F_Q(x_1) = -F = -3\mathrm{kN} \qquad (0 < x_1 < 1\mathrm{m})$$

$$M(x_1) = -Fx_1 = -3x_1 \qquad (0 \leqslant x_1 \leqslant 1\mathrm{m})$$

AD 段 $\quad F_Q(x_2) = -F + F_{Ay} - q(x_2 - 1) = 6.2 - 2x_2 \quad (1\mathrm{m} < x_2 \leqslant 5\mathrm{m})$

$$M\ (x_2) = -F x_2 + F_{Ay}\ (x_2 - 1)\ -\frac{q}{2}\ (x_2 - 1)^2 = -x_2^2 + 6.2x_2 - 8.2$$

$$(1\mathrm{m} \leqslant x_2 < 5\mathrm{m})$$

DB 段 $\qquad F_Q\ (x_3) = -F + F_{Ay} - 4q = -3.8\mathrm{kN} \qquad (5\mathrm{m} \leqslant x_3 < 6\mathrm{m})$

$$M(x_3) = -F x_3 + F_{Ay}(x_3 - 1) - 4q(x_3 - 3) + M_0 = 3.8(6 - x)$$

$$(5\mathrm{m} < x_3 \leqslant 6\mathrm{m})$$

3）作剪力图和弯矩图。根据各段的剪力方程，作出剪力图如图 17-6b 所示。根据各段的弯矩方程，作出弯矩图如图 17-6c 所示。

由图 b、c 可知，全梁的最大剪力和最大弯矩为

$$|\ F_{Q\max}| = 4.2\mathrm{kN} \qquad |\ M_{\max}| = 3.8\mathrm{kN}\cdot\mathrm{m}$$

讨论

作完 F_Q 图和 M 图之后，在 F_Q 图和 M 图中应标出各控制截面上的剪力数值和弯矩数值。控制截面是指梁的端截面、载荷变化截面、极值剪力和极值弯矩所在截面。在截面 E 处 $F_Q = 0$，弯矩有极值。由 F_Q 图可得 E 至 A 的距离为

$$\frac{F_{QA}}{q} = \frac{4.2}{2}\mathrm{m} = 2.1\mathrm{m}$$

故 $\qquad M_E = (-3 \times 3.1 + 7.2 \times 2.1 - 2 \times 2.1 \times \frac{1}{2} \times 2.1)\mathrm{kN}\cdot\mathrm{m}$

$$= 1.4\mathrm{kN}\cdot\mathrm{m}$$

例 17-6 试作图 17-7a 所示梁的剪力图和弯矩图。

解 1）求支座约束力 $\quad F_{Ay} = 7\mathrm{kN}, F_{By} = 9\mathrm{kN}$

2）作剪力图。根据梁上的外力情况，将梁分为 AC, CD, DB, BE 四段。

AC 段 因无载荷作用，即 $q(x) = 0$，故此段剪力图为一条平行于梁轴的水平线。A 截面有集中力作用，$F_{QA左} = 0$，$F_{QA右} = F_{Ay} = 7\mathrm{kN}$，其突变值为 $F_{Ay} = 7\mathrm{kN}$。此段内的剪力图为一条 $F_Q = 7\mathrm{kN}$ 的水平线。

CD 段 因无载荷作用，故此段剪力图也是一条平行于梁轴的水平线。$F_{QC右} = F_{QD} = -3\mathrm{kN}$。

DB 段 因载荷为 $q(x) = 2\mathrm{kN/m}$，方向向下，故此段剪力图为递减，形状是一条向右下方倾斜的直线。需定出两截面上的剪力

$$F_{QD} = -3\mathrm{kN}, F_{QB左} = -7\mathrm{kN}$$

BE 段 因无载荷作用，故 F_Q 图为水平线

$$F_{QB右} = F_{QE左} = 2\mathrm{kN}$$

全梁的剪力图如图 17-7b 所示，$|\ F_{Q\max}| = 7\mathrm{kN}$。

3）作弯矩图

AC 段 因 $q(x) = 0, F_Q(x) > 0$，故此段弯矩图为递增，形状是一条向右下

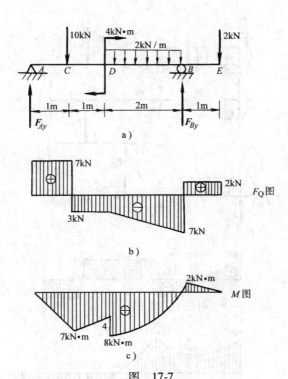

图　17-7

方倾斜的直线，需定出两个截面上的弯矩

$$M_A = 0, \quad M_C = F_{Ay} \times 1 = 7\text{kN} \cdot \text{m}$$

　　CD 段　因 $q(x) = 0, F_Q(x) < 0$，故此段弯矩图为递减，形状是一条向右上方倾斜的直线，也需定出两个截面上的弯矩

$$M_C = 7\text{kN} \cdot \text{m}, \quad M_{D左} = F_{Ay} \times 2 - 10 \times 1 = 4\text{kN} \cdot \text{m}$$

　　DB 段　因 $q(x) = 2\text{kN/m}$，方向向下，故此段弯矩图为一条下凸的曲线。*D* 截面上有顺时针转向的集中力偶 $4\text{kN} \cdot \text{m}$ 作用，此处的 *M* 图向下突变，突变值为 $4\text{kN} \cdot \text{m}$

$$M_{D右} = M_{D左} + 4 = 8\text{kN} \cdot \text{m}, \quad M_B = (-2 \times 1)\text{kN} \cdot \text{m} = -2\text{kN} \cdot \text{m}$$

　　BE 段　因 $q(x) = 0, F_Q(x) > 0$，故此段弯矩 *M* 递减，形状是一条向右下方倾斜的直线

$$M_B = -2\text{kN} \cdot \text{m}, \quad M_E = 0$$

全梁的弯矩图如图 17-7c 所示。$|M_{\max}| = 8\text{kN} \cdot \text{m}$。

　　例 17-7　图 17-8a 所示的梁，是在 *C* 处用中间铰将两根梁连接而成的组合梁。试利用微分关系作此梁的剪力图和弯矩图。

　　解　1）求支座约束力。将组合梁在中间铰 *C* 处截成 *AC* 和 *CE* 两部分。根据 *CE* 梁的静力平衡条件（见图 17-8b），得

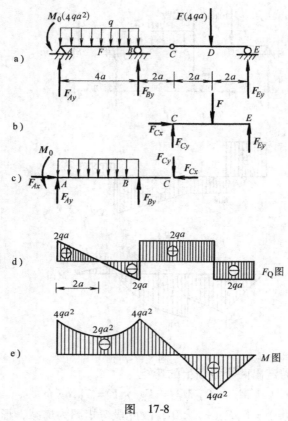

图　17-8

$$F_{Cx} = 0, F_{Cy} = F_{Ey} = 2qa$$

根据 AC 梁的静力平衡条件（见图 17-8c），得

$$F_{Ax} = 0, F_{Ay} = 2qa, F_{By} = 4qa$$

2）作剪力图。全梁分为 AB, BD, DE 三段，逐段判断 F_Q 图的形状，计算出控制截面的剪力。

AB 段　右下斜直线。$F_{QA右} = 2qa$，$F_{QB左} = -2qa$

BD 段　水平线。$F_{QB右} = F_{QD左} = 2qa$

DE 段　水平线。$F_{QD右} = -2qa$

A 截面　F_Q 图向上突变 $2qa$；B 截面　F_Q 图向上突变 $4qa$；

D 截面　F_Q 图向下突变 $4qa$；E 截面　F_Q 图向上突变 $2qa$。

作出全梁的剪力图如图 17-8d 所示。$\mid F_{Qmax} \mid = 2qa$

3）作弯矩图。分段判断 M 图的形状，计算出控制截面的弯矩。

AB 段　下凹曲线。$M_{A右} = -4qa^2$，$M_F = -2qa^2$，$M_B = -4qa^2$；

BD 段　右下斜直线。$M_D = 4qa^2$；

DE 段　右上斜直线。$M_E = 0$。

A 截面　*M* 图向上突变 $4qa^2$；*B* 与 *D* 截面　*M* 图有尖角；

F 截面　因为剪力为零，所以 *M* 图有极值。

作出全梁的弯矩图如图 17-8e 所示。$|M_{max}| = 4qa^2$

例 17-8　试作图 17-9a 所示梁的剪力图和弯矩图。

解　1）求支座约束力　$F_{Cy} = 3\text{kN}$，$F_{Dy} = 3\text{kN}$

2）作 F_Q 图，如图 17-9b 所示。$|F_{Qmax}| = 2\text{kN}$

3）作 *M* 图，如图 17-9c 所示。$|M_{max}| = 1.334\text{kN} \cdot \text{m}$

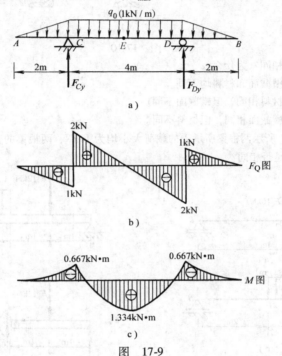

图　17-9

讨论

因为此梁的外力是对 *E* 截面成对称，所以梁的 F_Q 图对于 *E* 截面成反对称，而梁的 *M* 图对于 *E* 截面成对称。

思 考 题

17-1　悬臂梁承受集中载荷作用，如图 17-10a 所示梁横截面的形状及载荷作用方向如图 17-10b,c,d,e,f,g 所示。试问各梁是否会产生平面弯曲？

17-2　圆轴发生扭转变形时，横截面之间产生相对转动；而梁发生平面弯曲变形时，横截面之间也将产生相对转动。试问两者有何不同。

17-3　已知两静定梁的跨度、载荷和支承情况均相同。试问：在下列情况下，它们的剪

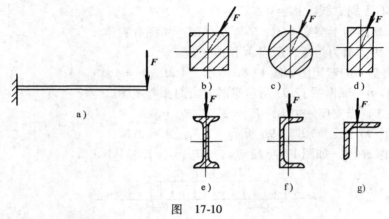

图 17-10

力图和弯矩图是否相同？为什么？

（1）两根梁的横截面和材料均不同。

（2）两根梁的材料相同，但横截面不同。

（3）两根梁的横截面相同，但材料不同。

17-4 图 17-11 所示两根梁所承受的载荷大小均为 10kN，两根梁的支反力是否相等？两根梁的 F_Q 及 M 图是否相同？

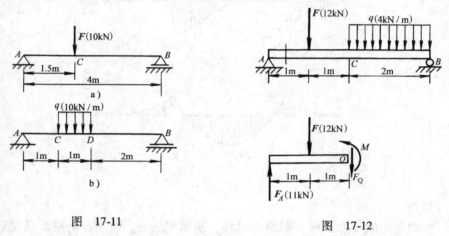

图 17-11   图 17-12

17-5 如何确定剪力和弯矩的正和负？与刚体静力学中关于力的投影和力矩的正负规定有何区别？若从图 17-12 所示的梁中沿 C 截面假想地截开，并保留左段为研究对象，设 C 截面上的剪力方向和弯矩转向如图所示，试问：

（1）图中假设的 F_Q 和 M 是正还是负？

（2）为求得 F_Q 和 M 值，在列平衡方程 $\sum F_{iy}=0$ 和 $\sum M_{Oi}=0$ 时，F_Q 和 M 在方程中分别采用正号还是负号？为什么？

（3）由平衡方程算得 $F_Q = -1\text{kN}$，$M = +10\text{kN} \cdot \text{m}$，其结果中的正、负号说明什么？

（4）梁内该截面上的 F_Q 和 M 的实际方向和转向应该怎样？按内力符号规定是正还是负？

17-6　图 17-13 所示外伸梁在均布载荷 q 和集中力 F 作用下，梁中 D 截面的弯矩为 $M_D = \dfrac{1}{8}ql^2 - \dfrac{Fa}{2}$。这是根据叠加原理而直接写出来的。试解释为什么是这样？弯矩 M_D 是 AB 跨中的最大弯矩吗（设 $\dfrac{1}{8}ql^2 > \dfrac{Fa}{2}$）？为什么？

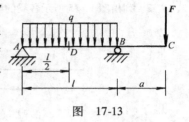

图　17-13

17-7　什么是叠加原理？应用叠加原理的前提什么？

习　　题

17-1　试求图 17-14 所示各梁中指定截面上的剪力和弯矩。

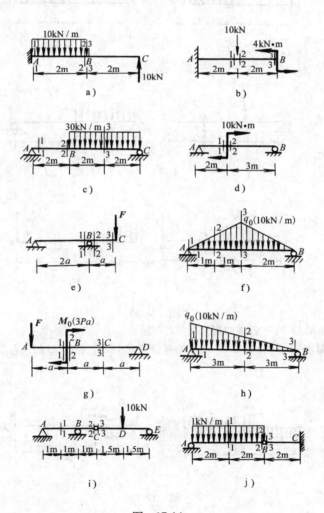

图　17-14

258

17-2 列出图 17-15 所示各梁的剪力方程、弯矩方程，并作剪力图和弯矩图。

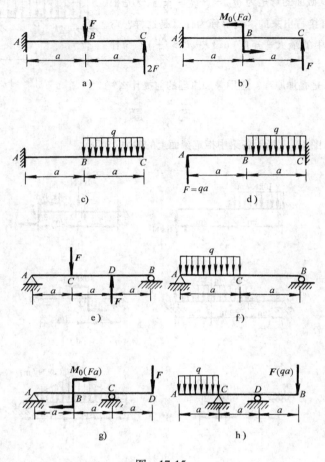

图 17-15

17-3 试作图 17-14 中各梁的剪力图和弯矩图。

17-4 根据 $q(x)$，$F_Q(x)$，$M(x)$ 三者的微分关系，试作图 17-16 所示各梁的剪力图和弯矩图。

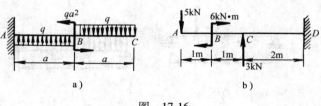

图 17-16

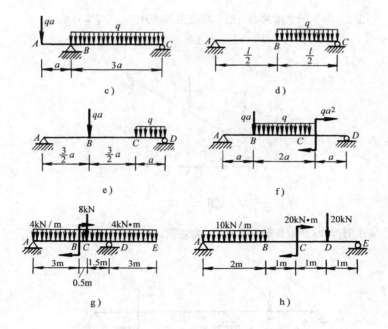

图 17-16 （续）

17-5 用叠加法作图 17-17 所示各梁的弯矩图。

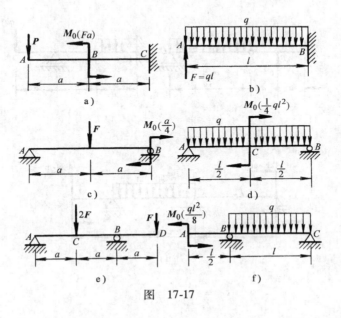

图 17-17

17-6 作图 17-18 所示斜梁的剪力图、弯矩图和轴力图。设 $F = 1\text{kN}$。

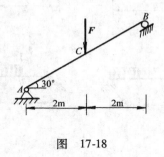

图 17-18

17-7 试作图 17-19 所示各梁的剪力图、弯矩图。

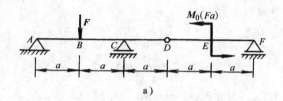

a)

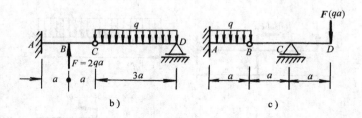

b)   c)

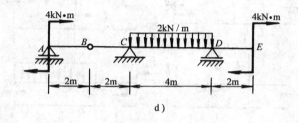

d)

图 17-19

17-8　根据弯矩、剪力和载荷集度间的微分关系，改正图 17-20 所示各梁剪力图和弯矩图的错误。

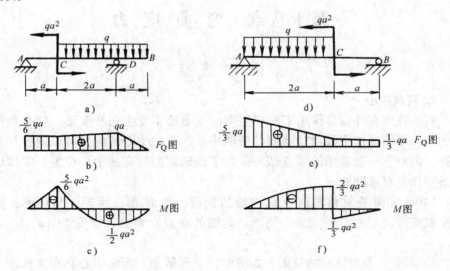

图　17-20

17-9　已知梁的剪力图如图 17-21 所示，试作梁的弯矩图和载荷图。设（1）梁上没有集中力偶作用；（2）梁右端有一集中力偶作用。

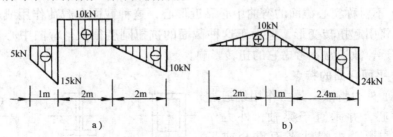

图　17-21

17-10　已知梁的弯矩图如图 17-22 所示，试作梁的载荷图和剪力图。

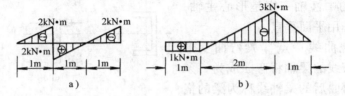

图　17-22

第十八章 弯曲应力

内 容 提 要

1. 弯曲中心

要使杆件在外载荷作用下只产生弯曲变形而不发生扭转变形，就必须使载荷的作用平面或作用线通过截面的弯曲中心，弯曲中心的位置可以通过计算而获得，但对于一般常用的薄壁截面，为了找到它们的弯曲中心位置，掌握以下几条规律是有帮助的。

1）具有两条对称轴或反对称轴的截面，如 H 形、圆形、圆环形、空心矩形截面等，弯曲中心与形心（两对称轴的交点）重合，如图 18-1a、b、c 所示。

2）具有一条对称轴的截面，如槽形和 T 形截面，弯曲中心必在对称轴上如图 18-1d、e 所示。

3）如果截面是由中线相交于一点的几个狭长矩形所组成，如 L 形或 T 形截面，则此截面中线的交点就是弯曲中心，如图 18-1e、f 所示。

4）不对称实心截面的弯曲中心靠近形心，这种截面在载荷作用线通过形心时，也将引起扭转变形，但由于这种截面的抗扭刚度很大，弯曲中心与形心又非常靠近，故通常不考虑它的扭转影响。

2. 平面弯曲的特点

（1）外力特点　外力作用线通过弯曲中心，并垂直于梁轴；外力作用平面与形心主惯性平面重合或平行。

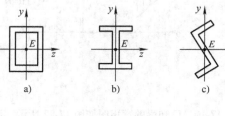

（2）中性轴特点　平面弯曲时梁横截面上的中性轴一定是形心主轴，它与外力作用平面垂直。

（3）挠曲线特点　梁弯曲变形后，原为直线的梁轴将弯曲成为一条曲线，该弯曲后的梁轴线称为梁的挠曲轴。平面弯曲时梁的挠曲轴位于垂

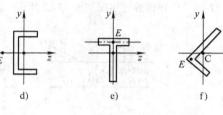

图 18-1

直于中性轴并与外力作用平面相重合或平行的平面内，是一条平面曲线。

3. 弯曲正应力　强度条件

（1）纯弯曲与横力弯曲

1）纯弯曲：梁受力弯曲时，各横截面上的剪力为零，而弯矩为常数，这种弯曲变形称为纯弯曲。

2）横力弯曲：梁受力弯曲时，各横截面上不仅有剪力、弯矩，而且弯矩是截面位置 x 的函数，这种弯曲变形称为横力弯曲。

（2）平面假设　梁变形前横截面是平面，变形后仍保持为平面。

（3）中性层与中性轴

1）中性层：梁弯曲变形时，其纵向纤维既不伸长也不缩短的一层称为中性层（见图18-2）。

2）中性轴：中性层和横截面的交线称为中性轴（见图18-2）。

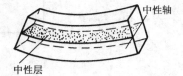

图　18-2

（4）中性层的曲率方程

1）纯弯曲时的曲率方程

$$\frac{1}{\rho} = \frac{M}{EI}$$

2）横力弯曲时的曲率方程

$$\frac{1}{\rho(x)} = \frac{M(x)}{EI}$$

（5）梁横截面上的正应力、强度条件　横截面上的正应力及强度条件如表18-1所示。

表 18-1　正应力、强度条件

正 应 力	强 度 条 件
分布规律　正应力沿截面高度呈线性分布，沿截面宽度均匀分布，在中性轴上的正应力为零，中性轴一边为拉应力，另一边为压应力，最大正应力发生在梁的上、下边缘（见图18-3）。 正应力计算式 $\sigma = \dfrac{My}{I_z}$ 式中　M——横截面上的弯矩 　　　y——横截面上所求正应力点处距中性轴的距离 　　　I_z——整个横截面对中性轴的惯性矩	正应力强度条件 $\sigma_{\max} = \dfrac{M_{\max}}{W_z} \leqslant [\sigma]$ 式中　W_z——抗弯截面系数 　　当梁的 $\sigma_{t\max} \neq \sigma_{c\max}$，且材料的 $[\sigma_t] \neq [\sigma_c]$ 时，则梁的抗拉和抗压强度均应得到满足。 　　强度计算的三类问题 　　强度校核 $\sigma_{\max} = \dfrac{M_{\max}}{W_z} \leqslant [\sigma]$ 　　设计截面 $W_z \geqslant \dfrac{M_{\max}}{[\sigma]}$ 　　确定承载力 $[M_{\max}] \leqslant [\sigma] W_z$ 　　由 $M_{\max}$ 可计算外力

4. 弯曲切应力、强度条件

弯曲切应力、强度条件如表18-2所示。

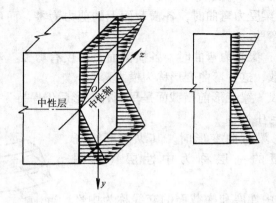

图 18-3

表 18-2　切应力、强度条件

	切　应　力			强　度　条　件
截面形状	分　布　规　律	应力计算式	最大切应力	$\tau_{max} = \dfrac{F_{Qmax}S_{zmax}^{*}}{bI_z} \leqslant [\tau]$
矩形截面	切应力方向和剪力平行。大小沿截面高度呈二次抛物线分布，沿截面宽度均匀分布（见图18-4a）	$\tau = \dfrac{F_QS_z^{*}}{bI_z}$	发生在中性轴 $\tau_{max} = \dfrac{3}{2}\dfrac{F_Q}{A}$	强度条件的三类问题： 强度计算； 设计截面； 确定承载力
工字形截面	腹板承受95%左右的截面上剪力。方向和剪力平行，大小在腹板中接近均匀分布（见图18-4b）	$\tau = \dfrac{F_QS_z^{*}}{bI_z}$	腹板中 $\tau = \dfrac{F_Q}{t_wh_1}$	
圆形截面	中性轴处的切应力方向和剪力平行，各点的切应力相同（见图18-4c）		发生在中性轴 $\tau_{max} = \dfrac{4}{3}\dfrac{F_Q}{A}$	

表中　F_Q——横截面上的剪力；

　　　S_z^{*}——横截面上所求切应力处的水平线以上（以下）部分的面积 A^{*} 对中性轴的静矩；

　　　I_z——横截面对中性轴的惯性矩；

　　　b——所求切应力处的横截面宽度；

　　　t_w——工字形截面腹板宽度；

　　　h_1——工字形截面腹板高度。

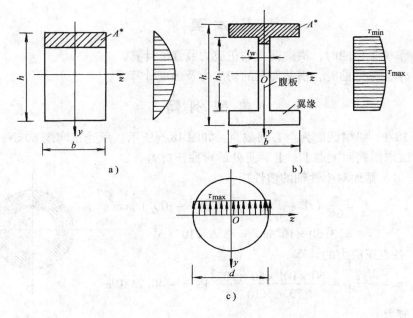

图 18-4

5. 解梁的强度问题

可按图 18-5 所示的解题步骤进行计算。

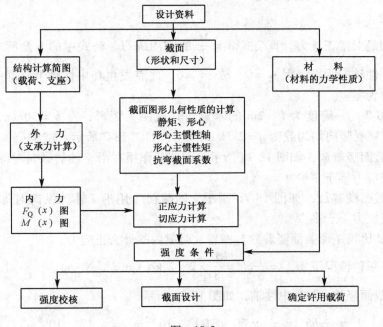

图 18-5

基 本 要 求

1. 掌握梁弯曲时，横截面上的正应力及强度计算。

2. 掌握梁弯曲时，横截面上的切应力及强度计算。

典 型 例 题

例 18-1　梁横截面为空心圆截面，如图 18-6 所示，承受正弯矩 60kN·m 的作用。试求横截面上点 Ⅰ、Ⅱ、Ⅲ 处的弯曲正应力。

解　1）截面对中性轴的惯性矩

$$I_z = \frac{\pi}{64}（D^4 - d^4）= \frac{\pi}{64}（200^4 - 100^4）\text{mm}^4$$
$$= 73.60 \times 10^6 \text{mm}^4 = 73.6 \times 10^{-6} \text{m}^4$$

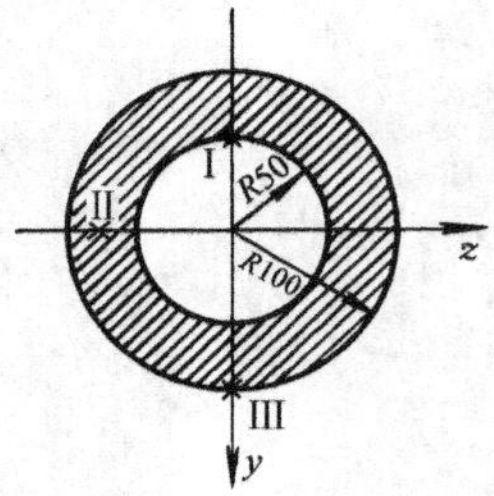

2）各点正应力的计算

$$\sigma_\text{I} = -\frac{My_1}{I_z} = -\frac{60 \times 10^3 \times 50 \times 10^{-3}}{73.6 \times 10^{-6}} \text{Pa} = -40.75 \text{MPa}$$

（压应力）

$$\sigma_\text{II} = 0$$

$$\sigma_\text{III} = \frac{My_3}{I_z} = \frac{60 \times 10^3 \times 100 \times 10^{-3}}{73.6 \times 10^{-6}} \text{Pa} = 81.5 \text{MPa} \quad（拉应力）$$

图　18-6

讨论

本例是对梁正应力计算公式 $\sigma = \frac{My}{I_z}$ 的应用练习。公式中的 y 是所求正应力点处到中性轴的距离。因 $y_2 = 0$，故 $\sigma_2 = 0$，此点发生在中性轴上，即中性轴上的正应力为零。

例 18-2　一跨度为 $l = 2\text{m}$ 的木梁，其截面为矩形，宽 $b = 50\text{mm}$，高 $h = 100\text{mm}$。梁受竖向均匀载荷 $q = 2\text{kN/m}$ 作用，如图 18-7 所示。试求：

1）截面竖着放，如图 18-7a 所示，即载荷作用在沿 y 轴的纵向对称面内时，其最大正应力等于多少？

2）截面横着放，如图 18-7b 所示，即载荷作用沿 z 轴的纵向对称面内时，其最大正应力等于多少？

3）试比较矩形截面竖着放与横着放时梁内的最大正应力。

解　两种情况下 $M_{\max} = \frac{1}{8}ql^2 = \frac{1}{8} \times 2 \times 2^2 \text{kN·m} = 1 \text{kN·m}$

1）截面竖放 z 轴是中性轴，如图 18-7a 所示

$$I_z = \frac{1}{12}bh^3 = \frac{1}{12} \times 50 \times 100^3 \times 10^{-12} \text{m}^4 = 4.17 \times 10^{-6} \text{m}^4$$

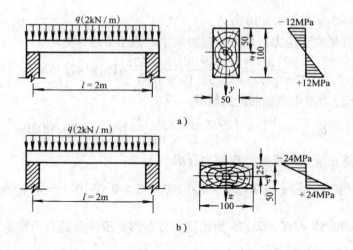

图 18-7

$$\sigma_{max} = \frac{M_{max}}{I_z}y_{max} = \frac{1 \times 10^3 \times 50 \times 10^{-3}}{4.17 \times 10^{-6}}Pa = 12MPa$$

2）截面横放 y 轴是中性轴，如图 18-7b 所示

$$I_y = \frac{1}{12}hb^3 = \frac{1}{12} \times 100 \times 50^3 \times 10^{-12}m^4 = 1.04 \times 10^{-6}m^4$$

$$\sigma_{max} = \frac{M_{max}}{I_y}z_{max} = \frac{1 \times 10^3 \times 25 \times 10^{-3}}{1.04 \times 10^{-6}}Pa = 24MPa$$

3）比较竖放和横放时的最大正应力

$$\frac{\sigma_{max}(横放)}{\sigma_{max}(竖放)} = \frac{24}{12} = 2$$

讨论

同样一根梁，因放置的方式不同，梁内的最大正应力也不同，横放时的最大正应力是竖放时最大正应力的 2 倍，即横放时比竖放更容易破坏。

例 18-3 T 字形截面梁的截面尺寸如图 18-8 所示。若横截面承受在铅垂对称平面内的正弯矩 $M = 30kN \cdot m$，试求：

1）截面上的最大拉应力和最大压应力。

2）证明截面上拉应力之和等于压应力之和，而其组成的合力矩等于截面上的弯矩。

解 1）计算形心主惯性矩 I_z

$$I_z = \left[\frac{150 \times 50^3}{12} + (50 \times 150) \times (25 + 25)^2 \right.$$

$$\left. + \frac{50 \times 150^3}{12} + (50 \times 150) \times (50^2) \right] \times$$

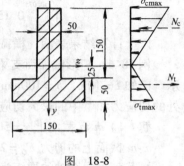

图 18-8

$$10^{-12}\text{m}^4 = 53.13 \times 10^{-6}\text{m}^4$$

2）计算最大正应力。最大拉应力发生在截面下边缘处

$$\sigma_{\text{tmax}} = \frac{My}{I_z} = \left(\frac{30 \times 10^3 \times 0.075}{53.13 \times 10^{-6}}\right)\text{Pa} = 42.35\text{MPa}$$

最大压应力发生在截面上边缘处

$$\sigma_{\text{cmax}} = \frac{My}{I_z} = \left(\frac{30 \times 10^3 \times 0.125}{53.13 \times 10^{-6}}\right)\text{Pa} = -70.58\text{MPa}$$

3）计算正应力的合成。压应力合成

$$F_{\text{Nc}} = \left(-\frac{1}{2} \times 70.58 \times 10^6 \times 0.125 \times 0.05\right)\text{N} = -220.6\text{kN}$$

式中，$\frac{1}{2} \times 70.58 \times 10^6 \times 0.125$ 为正应力分布图受压部分的三角形面积，而 0.05 为横截面上受压部分截面宽度。这个压力也可通过积分而得到，即

$$F_{\text{Nc}} = \int_A \sigma \text{d}A = \int_A \frac{My}{I_z}\text{d}A = \int_{-0.125}^0 \frac{My}{I_z}(0.05\text{d}y)$$

$$= \int_{-0.125}^0 \frac{30 \times 10^3}{53.13 \times 10^{-6}} \times 0.05y\text{d}y = -220.6\text{kN}$$

拉应力合成

$$F_{\text{Nc}} = \left[\frac{1}{2} \times 14.12 \times 10^6 \times 0.05 \times 0.025\right.$$

$$\left. + \frac{1}{2} \times (14.12 + 42.35) \times 10^6 \times 0.05 \times 0.15\right]\text{N} = 220.6\text{kN}$$

或 $\quad F_{\text{Nc}} = \int_A \frac{My}{I_z}d\text{A} = \frac{M}{I_z}\int_A y\text{d}A$

$$= \frac{30 \times 10^3}{53.13 \times 10^{-6}}\left[\int_0^{0.025} 0.05y\text{d}y + \int_{0.025}^{0.075} 0.15y\text{d}y\right] = 220.6kN = \text{N}_C$$

合力矩 $\quad M_z = \int_A (\sigma\text{d}A)y = \frac{30 \times 10^3}{53.13 \times 10^{-6}}$

$$\left[\int_{0.025}^{0.075} 0.15y^2\text{d}y + \int_{-0.125}^{0.025} 0.05y^2\text{d}y\right] = 30\text{kN} \cdot \text{m} = M$$

以上计算结果表明：横截面上的轴力为零，而合力矩就是该截面上的弯矩。

例 18-4 矩形截面简支梁在跨中受集中力 $F = 40\text{kN}$ 的作用，如图 18-9a 所示。已知 $l = 10\text{m}$，$b = 100\text{mm}$，$h = 200\text{mm}$。求：$m\text{-}m$ 截面上距中性轴 $y = 50\text{mm}$ 处的切应力和梁中的最大切应力，并作 $m\text{-}m$ 截面上的切应力分布图。

解 1）$m\text{-}m$ 截面上 $y = 50\text{mm}$ 处的切应力计算

$m\text{-}m$ 截面上的剪力 $F_Q = 20\text{kN}$

横截面对中性轴的惯矩为

$$I_z = \frac{1}{12}bh^3 = \left(\frac{100 \times 200^3}{12}\right)\text{mm}^4 = 66.7 \times 10^{-6}\text{m}^4$$

阴影部分面积对中性轴的静矩为

$$S_z^* = \left[100 \times 50 \times (50 + 25)\right]\text{mm}^3 = 375 \times 10^{-6}\text{m}^3$$

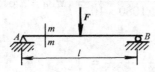

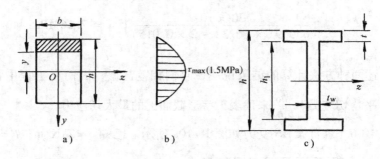

图 18-9

$y = 50\text{mm}$ 处的切应力为

$$\tau = \frac{F_Q S_z^*}{b I_z} = \left(\frac{20 \times 10^3 \times 375 \times 10^{-6}}{100 \times 10^{-3} \times 66.7 \times 10^{-6}}\right)\text{Pa} = 1.12\text{MPa}$$

2）梁中的最大切应力。对于矩截形面梁，最大切应力发生在 $F_{Q\max}$ 的截面上的中性轴处。

全梁的 $F_{Q\max} = 20\text{kN}$，故中性轴处的切应力为

$$\tau_{\max} = \frac{3F_{Q\max}}{2A} = \left(\frac{3 \times 20 \times 10^3}{2 \times 100 \times 200 \times 10^{-6}}\right)\text{Pa} = 1.5\text{MPa}$$

3）作出 $m\text{-}m$ 截面上的切应力分布图

$F_{Qmm} = 20\text{kN}$

$m\text{-}m$ 截面的上边缘处，$\tau = 0$

$m\text{-}m$ 截面的下边缘处，$\tau = 0$

$m\text{-}m$ 截面中性轴处的切应力为 $\tau_{\max} = 1.5\text{MPa}$

切应力分布图如图 18-9b 所示。

例 18-5　在图 18-9 中，若采用 32a 号工字钢（见图 18-9c），试求最大的切应力。

解　若采用 32a 号工字钢，则由型钢表查得

$h = 320\text{mm} = 0.32\text{m}$；

$S_z = 400.5\text{cm}^3 = 400.5 \times 10^{-6}\text{m}^3$；

$I_z = 11080\,\mathrm{cm}^4 = 11080 \times 10^{-8}\,\mathrm{m}^4\,;$

$t_\mathrm{w} = 9.5\,\mathrm{mm} = 0.0095\,\mathrm{m}\,;$

$t = 15\,\mathrm{mm} = 0.015\,\mathrm{m}_\circ$

梁中最大切应力为 $\tau_\mathrm{max} = \dfrac{F_Q S_z}{t_\mathrm{w} I_z} = \left(\dfrac{20 \times 10^3 \times 400.5 \times 10^{-6}}{0.0095 \times 11080 \times 10^{-8}} \right) \mathrm{MPa} = 7.61\,\mathrm{MPa}$

若用近似公式计算，则

$$\tau_\mathrm{max} \approx \frac{F_Q}{t_\mathrm{w} h_1} = \frac{20 \times 10^3}{0.0095 \times (h - 2t)} =$$

$$\left[\frac{20 \times 10^3}{0.0095 \times (0.32 - 2 \times 0.015)} \right] \mathrm{Pa} = 7.26\,\mathrm{MPa}$$

讨论

上述两种方法计算的结果说明，它们相差甚微，因而在工程中常常用腹板上的"平均切应力" $\dfrac{F_Q}{t_\mathrm{w} h_1}$ 来代表工字形截面上的最大切应力。

例 18-6 悬臂梁 AB 受力如图 18-10a 所示。已知 $q = 2\mathrm{kN/m}$，$F = 1.6\mathrm{kN}$，材

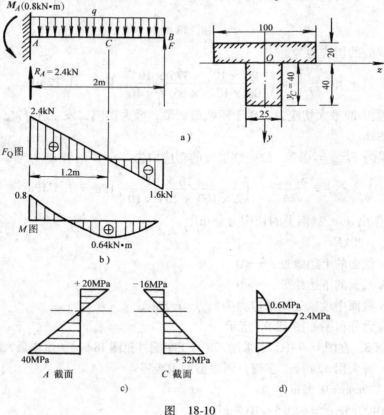

图　18-10

料的许用拉应力为 $[\sigma_\text{t}]$ =25MPa，许用压应力为 $[\sigma_\text{c}]$ =60MPa。试求：

1）绘出固定端截面上的正应力和切应力沿截面高度的分布图。

2）校核 AB 梁的正应力强度。

解 1）绘 F_Q 和 M 图（见图 18-10b）

2）确定中性轴位置

$$\bar{y}_\text{c} = \left(\frac{100 \times 20 \times 50 + 40 \times 25 \times 20}{100 \times 20 + 40 \times 25}\right)\text{mm} = 40\text{mm}$$

3）计算形心主惯性矩

$$I_z = \left(\frac{1}{12} \times 100 \times 20^3 + 100 \times 20 \times 10^2\right)\text{mm}^4 +$$

$$\left(\frac{1}{12} \times 25 \times 40^3 + 25 \times 40 \times 20^2\right)\text{mm}^4 = 8 \times 10^{-7}\text{m}^4$$

4）正应力强度校核。绘最大正弯矩所在截面（C 截面）的正应力分布图和最大负弯矩所在截面（A 截面）的正应力分布图（见图 18-10c）。

A 截面强度校核　该截面的弯矩为负值，表示梁的上边缘受拉，下边缘受压

$$\sigma_\text{tmax} = \frac{My}{I_z} = \left(\frac{0.8 \times 10^3 \times 20 \times 10^{-3}}{8 \times 10^{-7}}\right)\text{Pa} = 20\text{MPa} < [\sigma_\text{t}]$$

$$\sigma_\text{cmax} = \frac{My}{I_z} = \left(-\frac{0.8 \times 10^3 \times 40 \times 10^{-3}}{8 \times 10^{-7}}\right)\text{Pa} = -40\text{MPa} < [\sigma_\text{c}]$$

C 截面强度校核　该截面的弯矩为正值，表示梁的下边缘受拉，上边缘受压

$$\sigma_\text{tmax} = \frac{My}{I_z} = \left(\frac{0.64 \times 10^3 \times 40 \times 10^{-3}}{8 \times 10^{-7}}\right)\text{Pa} = 32\text{MPa} > [\sigma_\text{t}]$$

$$\sigma_\text{cmax} = \frac{My}{I_z} = \left(-\frac{0.64 \times 10^3 \times 20 \times 10^{-3}}{8 \times 10^{-7}}\right)\text{Pa} = -16\text{MPa} < [\sigma_\text{c}]$$

计算结果表明：因为 σ_tmax =32MPa > $[\sigma_\text{t}]$ =25MPa，所以该梁强度不足。这是由于在距固端1.2m处 C 截面的下边缘抗拉强度不足所致。

5）绘固定端 A 截面上的切应力分布图（见图 18-10d）。截面的上、下边缘处的切应力 $\tau = 0$，在中性轴处

当 $b_\perp$ = 100mm 时，$\tau_\perp = \dfrac{F_\text{Q}S_z^*}{bI_z} = \left(\dfrac{2.4 \times 10^3 \times 100 \times 20 \times 10 \times 10^{-9}}{100 \times 10^{-3} \times 8 \times 10^{-7}}\right)\text{Pa} =$ 0.6MPa

当 $b_\text{下}$ = 25mm 时，$\tau_\text{下} = \dfrac{F_\text{Q}S_z^*}{bI_z} = \left(\dfrac{2.4 \times 10^3 \times 100 \times 20 \times 10 \times 10^{-9}}{25 \times 10^{-3} \times 8 \times 10^{-7}}\right)\text{Pa} =$ 2.4MPa

切应力分布图如图 18-10d 所示。

讨论

对于抗拉、抗压性能不同，上下又不对称的梁进行强度计算时，一般来说，

对最大正弯矩所在截面和最大负弯矩所在截面均需要进行强度计算。而解决这类问题的最好方法是，先分别绘出最大正弯矩所在截面的正应力分布图和最大负弯矩所在截面的正应力分布图。

例 18-7 AB 梁的截面形状及其所承受载荷如图 18-11a 所示。已知截面对中性轴的惯性矩 $I_z = 10000\text{cm}^4$，材料的许用拉应力 $[\sigma_t] = 5\text{MPa}$，许用压应力 $[\sigma_c] = 12\text{MPa}$。试求：

1）此梁的截面如何放置才合理？

2）梁的截面经合理放置后，若 $M_0 = 5\text{kN} \cdot \text{m}$ 不变，试求许用集中的载荷 $[F]$ 的值。

解 1）强度校核。将截面按图 18-11b、c 所示的两种形式放置，并分别绘

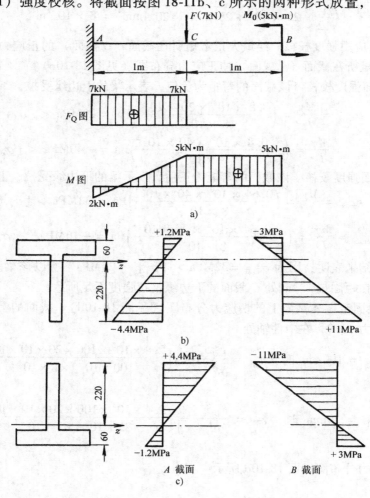

图 18-11

制 A 截面和 B 截面的正应力分布图。由正应力分布图可知，截面若按图 18-11b 所示放置，则 B 截面的下边缘将因最大拉应力 $\sigma_{\text{tmax}} = 11\text{MPa} > [\sigma_\text{t}] = 5\text{MPa}$ 而致使强度不够。若将截面按图 18-11c 所示放置，则该梁的强度在各截面均能得到满足。因此，图 18-11c 所示的放置形式是合理的。

2）计算许用载荷 $[F]$。由于 $M_0 = 5\text{kN} \cdot \text{m}$ 值不变，因此，将截面合理放置后，改变集中力 F 的值，并不影响 BC 段的强度，而只影响 AC 段的强度，许用载荷 $[F]$ 的值决定于 A 截面的负弯矩，由该截面上边缘的抗拉强度条件，得许用弯矩

$$[M] \leqslant \left(\frac{5 \times 10^6 \times 10000 \times 10^{-8}}{220 \times 10^{-3}} \right) \text{N} \cdot \text{m} = 2.27 \text{kN} \cdot \text{m}$$

因为 A 截面上的弯矩　　$|M_A| = |M_0 - F \times 1| = [M] = 2.27\text{kN} \cdot \text{m}$

所以　　　　　　　　$[F] = (5 + 2.27) \text{ kN} = 7.27 \text{kN}$

讨论

由抗拉、抗压性能不相同的材料制成的梁（$[\sigma_\text{c}] > [\sigma_\text{t}]$），一般做成上、下不对称的截面，如 T 字形（见图 18-12）。若用 y_t 表示由中性轴到受拉边缘处的距离，而用 y_c 表示由中性轴到受压边缘处的距离，则此时的强度条件可写成

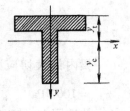

$$\sigma_{\text{tmax}} = \frac{M_{\text{max}}}{I_z} y_\text{t} \leqslant [\sigma_\text{t}] \text{ 和 } \sigma_{\text{cmax}} = \frac{M_{\text{max}}}{I_z} y_\text{c} \leqslant [\sigma_\text{c}]$$

梁内的最大拉应力 σ_{tmax} 与最大压应力 σ_{cmax} 可能发生

图　18-12

在同一截面上，也可能发生在不同截面上，这要由弯矩图中的正、负弯矩的情况而定。

例 18-8　有一外伸梁，受力如图 18-13 所示，已知许用应力 $[\sigma] = 160\text{MPa}$，$[\tau] = 100\text{MPa}$，试选择钢梁的型号。

解　1）作梁的 F_Q 图和 M 图。由内力图可知

$$M_{\text{max}} = 20\text{kN} \cdot \text{m}$$

$$F_{\text{Qmax}} = 50\text{kN}$$

2）按正应力强度条件选择型号。由强度条件

$$\sigma_{\text{max}} = \frac{M_{\text{max}}}{W_z} \leqslant [\sigma]$$

得　　　　　$W_z \geqslant \dfrac{M_{\text{max}}}{[\sigma]} = \left(\dfrac{20 \times 10^3}{160 \times 10^6} \right) \text{m}^3 = 125 \times 10^{-6} \text{m}^3$

若用 16 号工字钢，则其 $W_z' = 141\text{cm}^3 = 141 \times 10^{-6}\text{m}^3 > W_z = 125 \times 10^{-6}\text{m}^3$，能满足梁的正应力强度条件。

3）校核梁的切应力强度。16 号工字钢的有关数据由型钢表查得

$$I_z = 1130\text{cm}^4, \ t_\text{w} = 6\text{mm}, \ S_z = 80.8\text{cm}^3$$

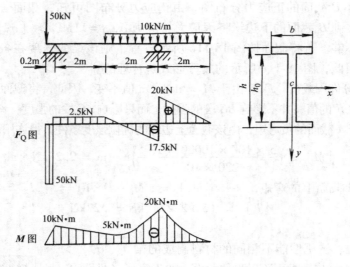

图 18-13

梁内最大切应力 $\tau_{max} = \dfrac{F_{Qmax}S_z}{t_w I_z} = \left(\dfrac{50 \times 10^3 \times 80.8 \times 10^{-6}}{6 \times 10^{-3} \times 1130 \times 10^{-8}} \right) Pa = 59.6 MPa <$

$[\tau] = 100 MPa$

故选用 16 号工字钢能满足切应力强度条件。

讨论

在校核梁的强度或进行截面设计时，必须同时满足梁的正应力强度条件和切应力强度条件。在工程中，通常是先按正应力强度条件设计出截面尺寸，然后再进行切应力强度校核。但由于在一般情况下按正应力强度条件所设计的截面，常常可使得梁内横截面上的最大切应力远远小于材料的许用切应力 $[\tau]$，因此，对于一般的细长梁，我们总是根据梁中的最大正应力来设计截面，而不一定需要进行切应力强度校核。只是在以下几种特殊情况下，才必须注意校核梁的切应力强度：

1）梁的跨度很短而又受到很大的集中力作用，或有很大的集中力作用在支座附近。在这两种情况下，梁内可能出现的弯矩较小，而集中力作用处横截面上的剪力却很大。

2）工字梁的腹板宽度很小，或在焊接、铆接的组合截面钢梁中，当其横截面腹板部分的宽度与梁高之比小于型钢截面的相应比值时，应对腹板上的切应力进行强度校核。

3）木梁。由于木材在顺纹方向的抗剪能力较差，在横力弯曲时可能因中性层上的切应力过大而使梁沿中性层发生剪切破坏。因此，需要按木材顺纹方向的许用切应力 $[\tau]$ 对木梁进行强度校核。

思 考 题

18-1 何谓纯弯曲？为什么推导弯曲正应力公式时，首先从纯弯曲梁开始进行研究？

18-2 推导弯曲正应力公式时，作了哪些假设？它们的根据是什么？为什么要作这些假设？

18-3 何谓中性层？何谓中性轴？中性轴是怎样的一条轴？为什么？

18-4 如图 18-14 所示的各梁及其承载情况，试问各梁哪些段是纯弯曲？哪些段是横力弯曲？

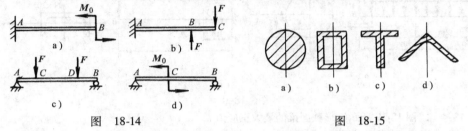

图 18-14   图 18-15

18-5 梁在纵向对称平面受力而发生平面弯曲，试分别画出如图 18-15 所示四种横截面上正应力沿其高度的变化规律。

18-6 内径为 d、外径为 D 的空心圆截面梁，截面对中性轴的惯性矩和抗弯截面系数分别表达为

$$I_z = \frac{\pi D^4}{64} - \frac{\pi d^4}{64}, W_z = \frac{\pi D^3}{32} - \frac{\pi d^3}{32}$$

试问上列两式是否正确，为什么？

18-7 正方形截面悬臂梁承载如图 18-16a 所示，若按图 18-16b、图 18-16c 两种放置，试向抗弯强度何者大？抗弯刚度何者大？

18-8 试分别按正应力强度条件和切应力强度条件，判断矩形截面梁在以下三种情况下的抗弯能力各增加几倍：

1）截面宽度不变而高度增加 1 倍；

2）截面高度不变而宽度增加 1 倍；

3）截面的高宽比不变而面积增大 1 倍。

18-9 试指出图 18-15 中截面弯曲中心的位置。

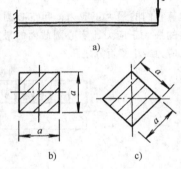

图 18-16

习 题

18-1 有一横截面为 0.8mm×25mm，长度 $l=500$mm 的薄钢尺，由于两端的力偶作用而弯成中心角为 60°的圆弧，设 $E=200$GPa。试求钢尺横截面上的最大正应力。

18-2 简支梁受力如图 18-17 所示。试求 1-1 截面上 A，B 两点处的正应力。

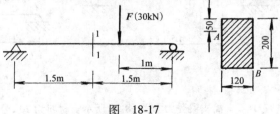

图 18-17

18-3 试求图 18-18 中各梁 D 截面上 a 点的正应力及最大正应力。

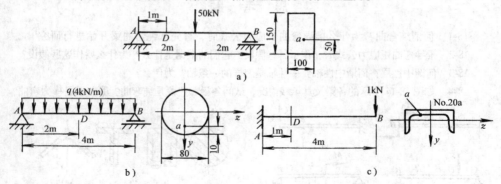

图 18-18

18-4 求图 18-19 所示矩形截面梁的最大正应力。

18-5 简支梁受均布载荷作用,如图 18-20 所示。若分别采用截面面积相等的实心圆截面和空心圆截面。已知 $D_1 = 400mm$,$\frac{d_2}{D_2} = \frac{3}{5}$。试分别计算它们的最大正应力;问空心圆截面的最大正应力比实心圆截面的最大正应力减小了百分之几?

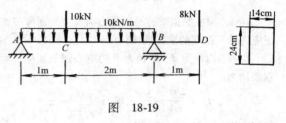

图 18-19

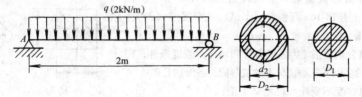

图 18-20

18-6 简支梁受力如图 18-21 所示。材料为 22b 号工字钢,许用应力 $[\sigma]$ = 170MPa。试校核其正应力强度。

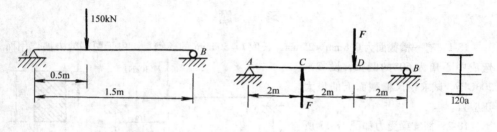

图 18-21   图 18-22

18-7 简支梁受力如图 18-22 所示。材料为 20a 号工字钢,许用应力 $[\sigma]$ = 160MPa。试求许用载荷〔*F*〕。

18-8 一木梁受力如图 18-23 所示。材料的许用应力〔*σ*〕=10MPa。试按如下三种截面形状设计截面的尺寸：1）高、宽之比为 $\frac{h}{b}=2$ 的矩形；2）边长为 *a* 的正方形；3）直径为 *d* 的圆形；4）比较上述三种截面形状梁的材料用量。

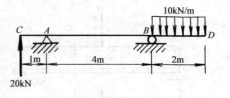

图 18-23

18-9 梁所受载荷及其截面形状如图 18-24 所示。试求梁内的最大拉应力及最大压应力之值，并说明各发生在何处。

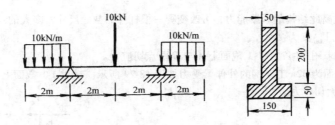

图 18-24

18-10 某梁受力如图 18-25 所示。已知材料的〔*σ*t〕=40MPa，〔*σ*c〕=80MPa。试校核梁的强度。

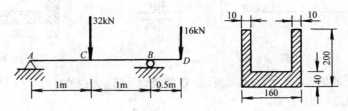

图 18-25

18-11 简支梁受力如图 18-26 所示。已知材料的〔*σ*t〕=30MPa，〔*σ*c〕=80MPa。试确定此梁的许用载荷〔*F*〕。

18-12 由 16 号工字钢制成的简支梁，其上作用着集中载荷 *F* 如图 18-27 所示。在截面 *C-C* 的下边缘处，测得沿梁轴方向的线应变 $\varepsilon=400\times10^{-6}$。已知 *l* = 1.5m，*a*=1m。16 号工字钢的抗弯截面系数 $W=141cm^3$，弹性模量 $E=2.1\times10^5$MPa。试求 *F* 力的大小。

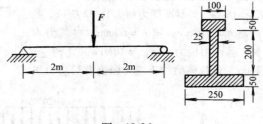

图 18-26

18-13 如图 18-28 所示的 *AB* 梁为 10 号工字钢，其抗弯截面系数 $W=49cm^3$，许用应力〔*σ*〕1=160MPa。*CD* 杆是直径 *d*=10mm 的圆截面钢杆，其许用应力〔*σ*〕2=120MPa。试求：

1）许用载荷 [q]。

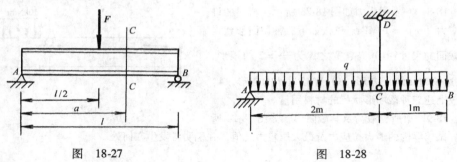

图 18-27　　　　　　　　图 18-28

2）为了提高此结构的承载能力，可改变哪一根杆件的截面尺寸？多大的尺寸为宜？此时的许用载荷 $[q]_{max}$ 又为多大？

18-14　试求图 18-17 中 1-1 截面上 A 与 B 两点切应力。

18-15　截面为 32a 工字钢的外伸梁受力如图 18-29 所示。试求 1-1 截面上 A,B,C,D 四点的切应力及最大切应力。

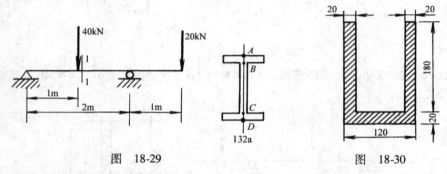

图　18-29　　　　　　　　图　18-30

18-16　梁的截面形状如图 18-30 所示。已知截面上铅直方向的剪力 $F_Q = 120kN$。试画出切应力沿截面高度的分布图。

18-17　试作如图 18-31 所示梁内危险截面上的正应力及切应力的分布图。

18-18　外伸梁受力如图 18-32 所示。截面高 $h = 120mm$，宽 $b = 60mm$。材料为木材，其许用应力 $[\sigma] = 10MPa$，$[\tau] = 2MPa$。试校核梁的正应力强度和切应力强

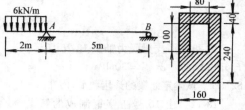

图　18-31

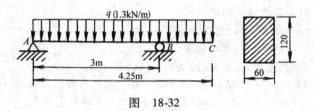

图　18-32

度。

18-19 一钢梁受力如图 18-33 所示。材料的 $[\sigma]$ = 160MPa，$[\tau]$ = 100MPa。试选择工字钢的型号。

18-20 起重机重 W = 50kN，行走于两根工字钢梁所组成的轨道上，如图 18-34 所示。起重机的起重量 F = 10kN，梁的许用应力 $[\sigma]$ = 160MPa，设全部载荷平均分配于两根梁上。试决定起重机对梁的最不利位置，并选择工字钢梁的型号。

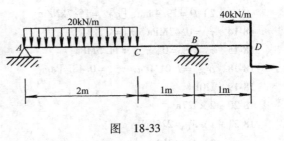

图 18-33

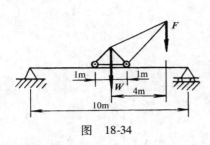

图 18-34

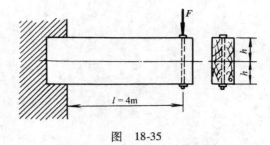

图 18-35

18-21 两根截面尺寸为 b = 20cm，h = 20cm 的木梁互相重叠，左端固定，右端自由。受集中力 F = 15kN，如图 18-35 所示。求：

1）两根梁连接成整体时，梁接缝上的切应力 τ 及剪力 F_Q 等于多少？

2）若两根梁用螺栓连接，螺栓的许用切应力 $[\tau]$ = 80MPa，试求螺栓的截面积 A。

习 题 答 案

18-1 167.6MPa

18-2 $\sigma_a = -9.33$MPa，$\sigma_b = 18.75$MPa，

18-3 1）$\sigma_a = 22.2$MPa，$\sigma_{max} = 66.7$MPa，

2）$\sigma_a = 119.4$MPa，$\sigma_{max} = 159.2$MPa，

3）$\sigma_a = 30.7$MPa，$\sigma_{max} = 124$MPa

18-4 $\sigma_{max} = 10.4$MPa

18-5 41.1%

18-6 强度足够

18-7 $[F]$ = 56.9kN

18-8 1）$b \times h = 144$mm $\times 288$mm

2）$a = 229$mm

3）$d = 273$mm

4）$A_1 : A_2 : A_3 = 1 : 1.26 : 1.41$

18-11　$[F] = 70.6$ kN

18-12　$F = 47.2$ kN

18-13　1) $[q] = 4.18$ kN/m

　　　2) $D = 19.4$ mm, $[q] = 15.7$ kN/m

18-14　$\tau_A = 0.47$ MPa, $\tau_B = 0$

18-15　$\tau_A = \tau_D = 0$, $\tau_{max} = 11.5$ MPa

18-18　$\sigma_{max} = 7.01$ MPa, $\tau_{max} = 0.48$ MPa

18-19　I20b

18-20　$2 \times$ I27a

18-21　1) $F_Q = 225$ kN

　　　2) $A = 2810$ mm^2

第十九章 弯 曲 变 形

内 容 提 要

1. 挠曲线和位移

1）挠曲线：梁在发生弯曲变形后，原为直线的轴线将弯成一条曲线。弯曲后的梁轴线称为梁的挠曲线。其方程为

$$y = f(x)$$

2）弯曲时的截面位移：弯曲时的截面位移如表 19-1 所示。

表 19-1 挠度和转角

	符号	定　义	正 负 规 定
挠度	y	梁轴线上的任意点在垂直于梁轴（x）方向的竖直位移	向下为正；向上为负
转角	θ	梁弯曲变形后的横截面相对于原截面转过的角度	顺时针转向为正；逆时针转向为负

2. 用积分法求梁的挠度和转角

1）挠曲线近似微分方程

$$\frac{\mathrm{d}^2 y}{\mathrm{d}x^2} = -\frac{M(x)}{EI}$$

2）转角方程

$$\theta = \frac{\mathrm{d}y}{\mathrm{d}x} = \int -\frac{M(x)}{EI}\mathrm{d}x + C$$

3）挠度方程

$$y = \iint\left[\int -\frac{M(x)}{EI}\mathrm{d}x\right]\mathrm{d}x + Cx + D$$

当 $\dfrac{M(x)}{EI}$ 为不连续时，则需分段列出 $M(x)$ 方程和挠曲线近似微分方程，并分段积分。

4）积分常数的确定如表 19-2 所示。

表 19-2 边界条件和连续条件的确定

边 界 条 件	连 续 条 件
梁在其支座处的挠度和转角的已知条件 对于图 19-1 A 截面　$y_A = 0$ B 截面　$y_B = 0$ G 截面　$y_G = 0$；$\theta_G = 0$	因梁的挠曲线是一条光滑而连续的曲线，故在同一截面必有相同的转角和挠度。对于图 19-1 B 截面　$y_{B左} = y_{B右}$；$\theta_{B左} = \theta_{B右}$ C 截面　$y_{C左} = y_{C右}$ D 截面　$y_{D左} = y_{D右}$；$\theta_{D左} = \theta_{D右}$ E 截面　$y_{E左} = y_{E右}$

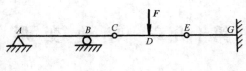

图　19-1

3. 用叠加法求梁的挠度和转角

梁在各种载荷共同作用下任一截面的挠度和转角，等于同一梁在各种载荷单独作用下同一截面挠度和转角的总和。常用到的梁在简单载荷作用下的变形如表 19-3 所示。叠加法在工程计算中具有重要的实用意义，在用变形比较法解简单超静定梁的问题时，也是用叠加法来建立变形协调方程的。

表 19-3　梁在简单载荷作用下的变形

序号	梁 的 简 图	转　　角	挠　　度
1		$\theta_B = \dfrac{M_0 l}{EI}$	$y_B = \dfrac{M_0 l^2}{2EI}$
2		$\theta_B = \dfrac{F l^2}{2EI}$	$y_B = \dfrac{F l^3}{3EI}$
3		$\theta_B = \dfrac{q l^3}{6EI}$	$y_B = \dfrac{q l^4}{8EI}$
4		$\theta_A = \dfrac{M_0 l}{3EI}$ $\theta_B = -\dfrac{M_0 l}{6EI}$	$y_C = \dfrac{M_0 l^2}{16EI}$

序号	梁 的 简 图	转 角	挠 度
5	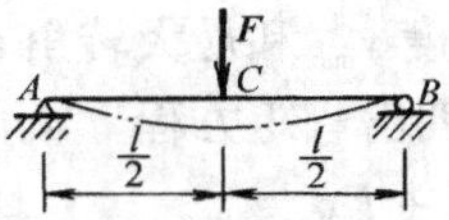	$\theta_A = \dfrac{Fl^2}{16EI}$ $\theta_B = -\theta_A$	$y_C = \dfrac{Fl^3}{48EI}$
6	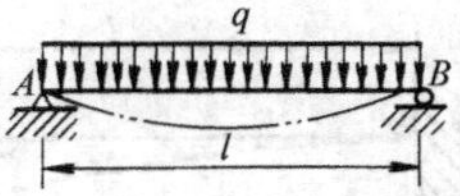	$\theta_A = \dfrac{ql^3}{24EI}$ $\theta_B = -\theta_A$	$y_{中} = \dfrac{5ql^4}{384EI}$

4. 用变形比较法解简单超静定梁

变形比较法解超静定梁的一般步骤为：

1）首先选定多余约束，并把多余约束解除，使超静定梁变成静定梁——基本静定梁。

2）把解除的约束用未知的多余约束力来代替，这时基本静定梁上除了作用着原来的载荷外，还作用着未知的多余约束力。

3）列出基本静定梁在多余约束力作用处梁变形（y 或 θ）的计算式，并与原超静定梁在该约束处的变形进行比较，建立变形谐调方程，求出多余约束力。

4）在求出多余约束力的基础上，根据静力平衡条件，解出超静定梁的其他所有支座力。

5. 刚度条件

工程中通常用弯曲变形后的截面位移来控制梁的变形，其刚度条件为

$$\frac{y_{max}}{l} \leqslant \left[\frac{y}{l}\right]$$

$$\theta_{max} = [\theta]$$

基 本 要 求

1）掌握用积分方法求梁的变形。

2）掌握用叠加法求梁的变形。

3）掌握用变形比较法求解简单超静定梁。

4）熟练运用刚度条件进行梁的刚度计算。

典 型 例 题

例 19-1 已知悬臂梁的抗弯刚度 EI 为常数，其受力如图 19-2 所示。试建立梁的挠曲线方程、转角方程，并求出最大挠度 y_{max} 和最大转角 θ_{max}。

解 1）建立坐标系，如图 19-2 所示，列出弯矩方程

$$M(x) = -Fl + Fx$$

2）建立挠曲线近似微分方程

$$EIy'' = -M(x) = Fl - Fx$$

积分一次得转角方程

$$EI\theta(x) = EIy' = Flx - \frac{1}{2}Fx^2 + C \qquad (a)$$

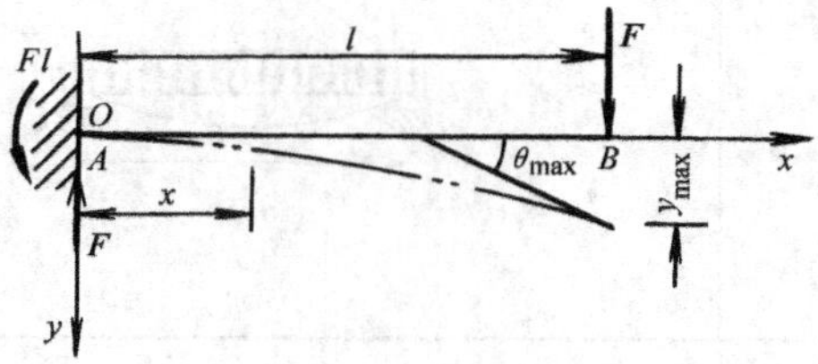

再积分一次得挠曲线方程

$$EIy = \frac{1}{2}Flx^2 - \frac{1}{6}Fx^3 + Cx + D \qquad (b)$$

图 19-2

3）利用边界条件确定积分常数

当 $x = 0$ 时，$\theta_A = 0$，代入式（a），得 $C = 0$

当 $x = 0$ 时，$y_A = 0$，代入式（b），得 $D = 0$

4）建立梁的挠曲线方程和转角方程。将积分常数 $C = 0$ 和 $D = 0$ 代入到式（a）、式（b），可得梁的转角方程和挠曲线方程。

转角方程 $$EI\theta = EIy' = Flx - \frac{1}{2}Fx^2 \qquad (c)$$

挠曲线方程 $$EIy = \frac{1}{2}Flx^2 - \frac{1}{6}Fx^3 \qquad (d)$$

5）求 θ_{max} 和 y_{max}。全梁的最大转角和最大挠度发生在悬臂梁的 B 截面，将 $x = l$ 代入式（c），得

$$\theta_B = \theta_{max} = \theta\Big|_{x=1} = \frac{Fl^2}{2EI} \qquad (\llcorner)$$

将 $x = l$ 代入式（d），得

$$y_B = y_{max} = y\Big|_{x=1} = \frac{Fl^3}{3EI} \qquad (\downarrow)$$

梁的挠曲线大致形状如图中虚线所示。

例 19-2 求如图 19-3 所示梁的 B 与 C 截面的挠度。

解 B 截面的挠度有两部分组成。

1）由图 19-3b 所示可知，由于 C 截面的挠度 y_C 而引起 CB 段的刚性平移，

因此有

$$y_{B1} = y_C = \frac{q\left(\frac{l}{2}\right)^4}{8EI} = \frac{ql^4}{128EI}$$

2）由图 19-3b 所示可知，由于 C 截面的转动 θ_C 将带动 CB 段作刚性转动，因此有

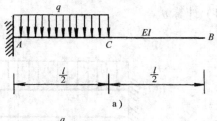

$$y_{B2} = \theta_C \cdot \frac{l}{2} = \frac{q\left(\frac{l}{2}\right)^3}{6EI} \times \frac{l}{2} = \frac{ql^4}{96EI}$$

B 截面的总挠度为

$$y_B = y_{B1} + y_{B2} = \frac{ql^4}{128EI}$$
$$+ \frac{ql^4}{96EI} = \frac{7ql^4}{384EI}$$

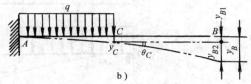

例 19-3 外伸梁受力如图 19-4 所示。EI 为常数。试用叠加法求自由端 C 截面的挠度 y_C。

图 19-3

解 首先将原图看成由图 19-4b、c 两部分所组成。

由图 19-4b 所示可知，因 B 截面的转动将带动 BC 段作刚体般的转动，故有

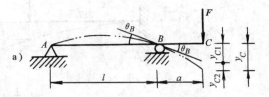

$$y_{C1} = \theta_B a = \frac{ml}{3EI}a = \frac{Fal}{3EI}a$$

而力 F 通过 B 支座，对梁不产生变形。

由图 19-4c 所示可知，C 截面的挠度为

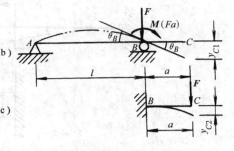

$$y_{C2} = \frac{Fa^3}{3EI}$$

图 19-4

所以，C 截面的总挠度为

$$y_C = y_{C1} + y_{C2} = \frac{Fa^2l}{3EI} + \frac{Fa^3}{3EI} = \frac{Fa^2}{3EI}(l + a)$$

例 19-4 悬臂梁 ABC 受力如图 19-5 所示。EI,q,l 均已知。试用叠加法求 $\theta_B,y_B,\theta_C,y_C$。

解 首先，将原梁设想为由图 19-5b、c、d、e 所示，即 AB 部分受均布载荷

q 及在 B 截面受到集中力 $F = \dfrac{ql}{2}$ 和集中力偶 $M_0 = \dfrac{1}{8}ql^2$ 作用下的悬臂梁，其 AB 部分的刚度为 $2EI$；而 BC 部分可以当作受均布载荷作用下固定于 B 截面的悬臂梁，其 BC 部分的刚度为 EI。

1）计算 θ_B

$$\theta_B = \theta_{B1} + \theta_{B2} + \theta_{B3}$$

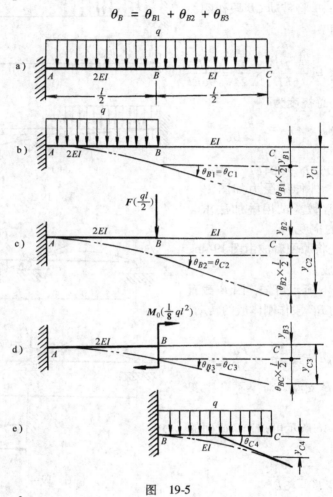

图　19-5

$$\theta_{B1} = \frac{q\left(\dfrac{l}{2}\right)^3}{6 \times 2EI} = \frac{ql^3}{96EI}$$ 表示 AB 部分受均布载荷 q 作用（见图 19-5b）而引起 B 截面的转角。

$$\theta_{B2} = \frac{\dfrac{ql}{2}\left(\dfrac{l}{2}\right)^2}{2 \times 2EI} = \frac{ql^3}{32EI}$$ 表示 AB 部分 B 截面受集中力 $F = \dfrac{ql}{2}$ 作用（见图

19-5c）而引起 B 截面的转角。

$$\theta_{B3} = \frac{\frac{1}{8}ql^2\left(\frac{l}{2}\right)}{2EI} = \frac{ql^3}{32EI}$$ 表示 AB 部分 B 截面受集中力偶 $M_0 = \frac{1}{8}ql^2$ 作用（见图 19-5d）而引起 B 截面的转角。

B 截面总转角为 $\qquad \theta_B = \theta_{B1} + \theta_{B2} + \theta_{B3} = \frac{ql^3}{96EI} + \frac{ql^3}{32EI} + \frac{ql^3}{32EI} = \frac{7ql^3}{96EI}$

2）计算 y_B。同理

$$y_B = y_{B1} + y_{B2} + y_{B3}$$

$$= \frac{q\left(\frac{l}{2}\right)^4}{8 \times 2EI} + \frac{\frac{1}{2}ql\left(\frac{l}{2}\right)^3}{3 \times 2EI} + \frac{\frac{1}{8}ql^2\left(\frac{l}{2}\right)^2}{2 \times 2EI}$$

$$= \frac{17ql^4}{768EI}$$

3）计算 θ_C

$$\theta_C = \theta_{C1} + \theta_{C2} + \theta_{C3} + \theta_{C4} = \theta_B + \theta_{C4}$$

$$\theta_{C4} = \frac{q\left(\frac{l}{2}\right)^3}{6EI} = \frac{ql^3}{48EI}$$ 表示固定于 B 截面的 BC 梁受均布载荷 q 作用（见图 19-5e）而引起 C 截面的转角。

C 截面总转角为 $\qquad \theta_C = \frac{7ql^3}{96EI} + \frac{ql^3}{48EI} = \frac{3ql^3}{32EI}$

4）计算 y_C。同理

$$y_C = y_{C1} + y_{C2} + y_{C3} + y_{C4}$$

$$= \left(y_{B1} + \theta_{B1} \cdot \frac{l}{2}\right) + \left(y_{B2} + \theta_{B2} \cdot \frac{l}{2}\right) + \left(y_{B3} + \theta_{B3} \cdot \frac{l}{2}\right) + y_{C4}$$

$$= y_B + \theta_B \frac{l}{2} + y_{C4}$$

$$y_{C4} = \frac{q\left(\frac{l}{2}\right)^4}{8EI} = \frac{ql^4}{128EI}$$

C 截面总挠度为 $\qquad y_C = \frac{17ql^4}{768EI} + \frac{7ql^3}{96EI} \times \frac{l}{2} + \frac{ql^4}{128EI} = \frac{17ql^4}{256EI}$

例 19-5 如图 19-6 所示的双跨度梁 ABC 受均布载荷 q 作用。试绘此梁的剪力图和弯矩图。设 EI 为常数。

解 1）这是一次超静定梁。解除支座 C 处的约束，使梁成为图 19-6b 所示的简支梁（基本静定梁）。

2）用多余约束力 $\boldsymbol{F}_{RC}$ 来代替支座 C 的约束。这时基本静定梁上除作用着均

布载荷 q 外，还有多余约束力 F_{RC} 作用（见图 19-6b）。

3）列出基本静定梁 C 截面的挠度计算式，并与原超静定梁 C 支座处的挠度（$y_C = 0$）进行比较。

基本静定梁 C 截面因均布载荷 q 和多余约束力 F_{RC} 的作用而产生的挠度分别为

$$y_{Cq} = \frac{5q(2l)^4}{384EI} = \frac{80ql^4}{384EI} = \frac{5ql^4}{24EI}$$

和

$$y_{RC} = -\frac{F_{RC}(2l)^3}{48EI} = -\frac{F_{RC}l^3}{6EI}$$

由于原超静定梁在 C 支座处不可能有竖直位移，即 $y_C = 0$，故可建立变形谐调方程如下

$$y_C = y_{Cq} + y_{RC} = \frac{5ql^4}{24EI} - \frac{F_{RC}l^3}{6EI} = 0$$

解得

$$F_{RC} = \frac{5}{4}ql$$

4）根据静力平衡条件，得 $F_{RA} = F_{RB} = \frac{3}{8}ql$。

5）绘剪力图和弯矩图于图 19-6c、d。

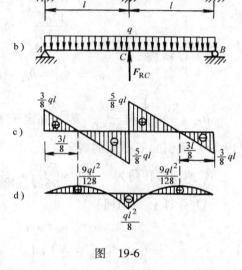

图 19-6

讨论

这里应当指出的是，多余约束的选择虽然并不是惟一的，但选择得适当与否，是否能利用已知的单个载荷作用下梁变形的结果，将对于计算的繁简大有影响。例如，按上述说法，若解除 B 端支承约束，而用 F_{RB} 去代表多余约束力，则计算就要麻烦得多，读者不妨可以一试。

例 19-6 试作图 19-7 所示梁的剪力图和弯矩图，设 EA 为常数。

解 1）这是一次超静定问题。解除中间铰的约束，则应有约束力 F_{RB}，如图 19-7b 所示。连续条件为

$$y_{B左} = y_{B右}$$

计算 $y_{B左}$：$y_{B左}$ 是悬臂梁 AB 上 B 截面的挠度，其值为

$$y_{B左} = -\frac{F_{RB}a^3}{3EI} \tag{a}$$

计算 $y_{B右}$：$y_{B右}$ 是外伸梁 BCD 上 B 截面的挠度。它有两部分组成，第一部分

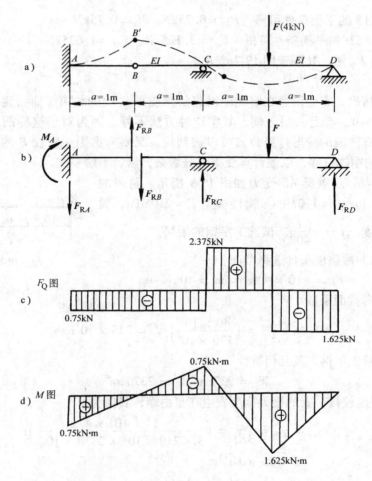

图 19-7

是有 F 作用在 B 截面上引起的挠度，其值为 $-\dfrac{F(2a)^2}{16EI}a$，第二部分是有 F_{RB} 作用在 B 截面上引起的挠度，其值为

$\dfrac{F_{RB}a^2}{3EI}(2a+a)$（见例 19-3 的解答），故

$$y_{B右} = -\frac{F(2a)^2a}{16EI} + \frac{F_{RB}a^2}{3EI}(2a+a) \tag{b}$$

将式（a）和式（b）代入到连续条件，则

$$-\frac{F_{RB}a^3}{3EI} = -\frac{F(2a)^2a}{16EI} + \frac{F_{RB}a^2}{3EI}(2a+a)$$

解得

$$F_{RB} = \frac{3}{16}F = \frac{3 \times 4}{16}\text{kN} = 0.75\text{kN}$$

由悬臂梁 AB 的平衡条件可得 $F_{RA} = 0.75\text{kN}$，$M_A = 0.75\text{kN} \cdot \text{m}$

由外伸梁 BCD 的平衡条件可得 $F_{RC} = 3.125\text{kN}$，$F_{RD} = 1.625\text{kN}$

2）绘 F_Q 图、M 图于图 19-7c、d。

讨论

应当指出，有些读者在解此题时先解除支承 C 处的约束，而后建立变形谐调条件 $y_C = 0$，看上去很方便，其实这种方法不好。因为对于这样的基本静定梁，既没有现成的变形计算公式可以被利用，又要考虑因中间铰 B 的位移而引起 BD 梁的刚体位移，以致计算变得十分繁杂，读者不妨一试。

例 19-7 悬臂梁 AB 受力如图 19-8 所示。材料的许用应力 $[\sigma] = 170\text{MPa}$，弹性模量 $E = 210\text{MPa}$，梁的许用挠度 $[y] = \dfrac{l}{400}$。试选工字钢的型号。

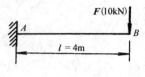

图 19-8

解 1）按强度条件选择截面

$$M_{max} = Fl = (10 \times 4)\text{kN} \cdot \text{m} = 40\text{kN} \cdot \text{m}$$

所需的抗弯截面系数

$$W_z \geqslant \frac{M_{max}}{[\sigma]} = \left(\frac{40 \times 10^3}{170 \times 10^6}\right)\text{m}^3 = 235 \times 10^3 \text{mm}^3$$

选用 20a 号工字钢，其几何特性

$$W_z = 237\text{cm}^3, I_z = 2370\text{cm}^4$$

2）刚度校核：梁的最大挠度发生在自由端，其值为

$$y_{max} = y_B = \frac{Fl^3}{3EI} = \left(\frac{10 \times 10^3 \times 4^3}{3 \times 210 \times 10^9 \times 2370 \times 10^{-8}}\right)\text{m}$$

$$= 4.28 \times 10^{-2}\text{m}$$

$$[y] = \frac{l}{400} = \frac{4}{400}\text{m} = 1 \times 10^{-2}\text{m}$$

因为 $y_{max} > [y]$，所以刚度不满足要求。

由

$$y_{max} = \frac{Fl^3}{3EI} \leqslant [y]$$

得

$$I \geqslant \frac{Fl^3}{3E[y]} = \left(\frac{10 \times 10^3 \times 4^3}{3 \times 210 \times 10^3 \times 1 \times 10^{-2}}\right)\text{mm}^4$$

$$= 10200 \times 10^4 \text{mm}^4$$

选用 32a 号工字钢，其几何特性 $I_z = 11080\text{cm}^4 = 11080 \times 10^4 \text{mm}^4$ 和 $W_z = 692\text{cm}^3 = 692 \times 10^3 \text{mm}^3$，因满足强度条件和刚度条件，故选用之。

思 考 题

19-1 什么是挠曲线？什么是挠曲线近似微分方程？

19-2 什么是挠度？什么是转角？什么是挠曲线方程？什么是转角方程？

19-3 微分方程 $y'' = -\dfrac{M}{EI}$ 的近似性包含哪几个方面？

19-4 边界条件和连续条件如何区别？怎样确定积分常数？

19-5 利用叠加法求梁变形的前提条件是什么？

19-6 写出图 19-9 所示梁的边界条件和连续条件。

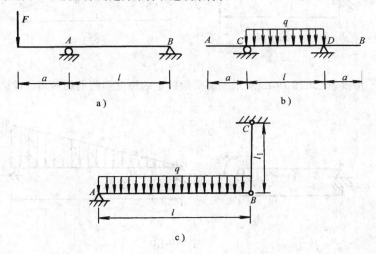

图　19-9

19-7 用积分法求图 19-10 所示梁的挠曲线方程时，需要将梁分成几段来写挠曲线微分方程？共有多少个积分常数？列出为确定这些常数所必需的位移条件。

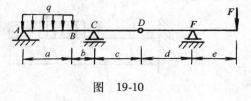

图　19-10

19-8 试画出图 19-11 所示各梁的挠曲线大致形状。

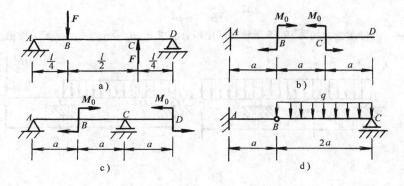

图　19-11

习　　题

19-1　用积分法求图 19-12 所示各悬臂梁自由端的挠度和转角。设梁的抗弯刚度为 EI。

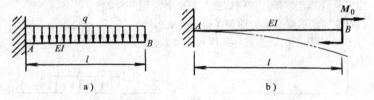

图　19-12

19-2　用积分法求图 19-13 所示各简支梁跨中的挠度和两端的转角。设梁的抗弯刚度为 EI。

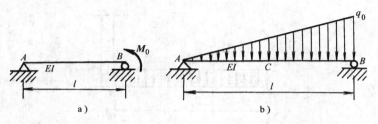

图　19-13

19-3　用积分法求图 19-14 所示各梁的挠曲线方程、转角方程，和 B 截面的转角和挠度。设 $EI =$ 常数。

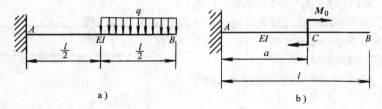

图　19-14

19-4　外伸梁受力如图 19-15 所示。试用积分法求 θ_A, θ_B 及 y_D, y_C。设 $EI =$ 常数。

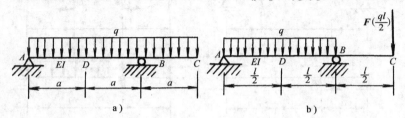

图　19-15

19-5　用叠加法计算图 19-16 所示悬臂梁自由端的挠度和转角。

19-6　用叠加法求图 19-17 所示简支梁 C 截面的挠度和两端的转角。

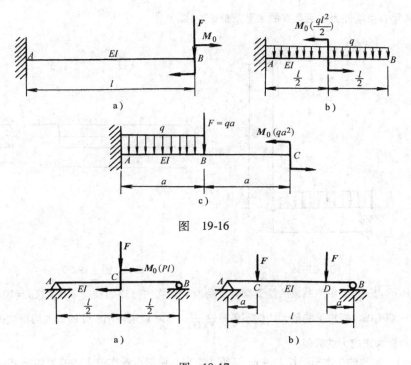

图 19-16

图 19-17

19-7 用叠加法求图 19-18 所示外伸梁自由端的挠度和转角。

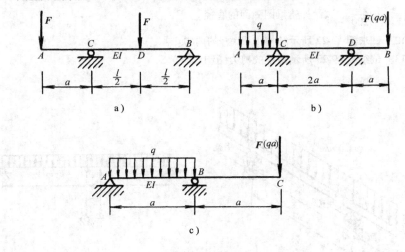

图 19-18

19-8 图 19-19 所示梁 AB 的右端由拉杆 BC 支承。已知梁的截面为 200mm × 200mm 的正方形，材料的弹性模量 $E_1 = 10$GPa；拉杆的横截面面积 $A = 250$mm^2，材料的弹性模量 $E_2 = 200$GPa。试求拉杆的伸长 Δl 及梁的中点在竖直方向的位移 δ。

19-9 如图 19-20 所示，矩形截面 $b \times h$ 的悬臂梁受集中载荷 F 作用。材料的弹性模量为

E，试求梁自由端外力作用点 B 的水平及铅垂位移。

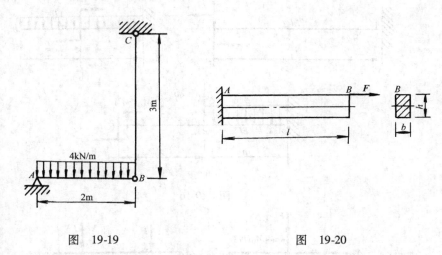

图 19-19 图 19-20

19-10 45a 号工字钢制的简支梁，承受沿梁长均匀分布的载荷 q，梁长 $l = 10\text{m}$，弹性模量 $E = 200\text{GPa}$。要求梁的最大挠度不得超过 $\dfrac{l}{600}$。试求该梁许用承受的最大均布载荷 $[q]$ 及此时梁内最大正应力的数值。

19-11 屋架的松木桁梁长 $l = 4\text{m}$，截面为圆形，两端可看作铰支，放置如图 19-21 所示。屋面均匀载荷 $q = 1.4\text{kN/m}^2$。松木的许用应力 $[\sigma] = 10\text{MPa}$，弹性模量 $E = 10\text{GPa}$。梁的许用挠度 $[y] = \dfrac{l}{200}$。试设计桁梁圆截面的直径。

19-12 试求图 19-22 所示结构中 CD 杆的内力。

19-13 试绘图 19-23 所示两梁的剪力图和弯矩。

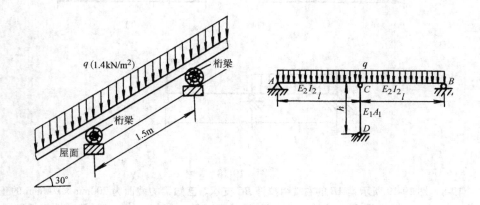

图 19-21 图 19-22

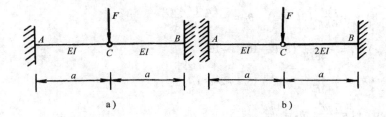

图 19-23

19-14 试求图 19-24 所示梁的支座力，并作梁的剪力图和弯矩图。

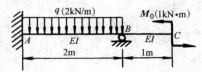

图 19-24

习 题 答 案

19-1 a) $y_B = \dfrac{ql^4}{8EI}$, $\theta_B = \dfrac{ql^3}{6EI}$

b) $y_B = \dfrac{M_0 l^2}{2EI}$, $\theta_B = \dfrac{M_0 l}{EI}$

19-2 a) $\theta_A = \dfrac{M_0 l}{6EI}$, $\theta_B = -\dfrac{M_0 l}{3EI}$

b) $y_C = \dfrac{ql^4}{768EI}$

19-3 a) $y_B = \dfrac{41ql^4}{384EI}$, $\theta_B = \dfrac{7ql^3}{48EI}$

b) $y_B = \dfrac{M_0 a}{EI}\left(l - \dfrac{a}{2} \right)$, $\theta_B = \dfrac{M_0 a}{EI}$

19-4 a) $y_C = \dfrac{qa^4}{8EI}$, $y_D = \dfrac{qa^4}{12EI}$

b) $\theta_A = \dfrac{qa^3}{6EI}$, $\theta_B = 0$

19-5 a) $y_B = \dfrac{1}{EI}\left(\dfrac{M_0 l^2}{2} + \dfrac{Fl^3}{3} \right)$, $\theta_B = \dfrac{1}{EI}\left(M_0 l + \dfrac{Fl^2}{2} \right)$

b) $y_B = -\dfrac{ql^4}{16EI}$, $\theta_B = -\dfrac{ql^3}{12EI}$

c) $y_C = -\dfrac{7ql^4}{8EI}$, $\theta_C = -\dfrac{4qa^3}{3EI}$

19-6 a) $y_C = \dfrac{Pl^3}{48EI}$, $\theta_A = \dfrac{Pl^2}{48EI}$

b) $y_C = \dfrac{Pa^2}{6EI} \ (3l - 4a)$, $\theta_B = -\dfrac{Pa \ (l-a)}{2EI}$

19-7　a) $y_A = -\dfrac{p}{48EI} \ (3al^2 - 16a^2 l - 16a^3)$

$\theta_A = -\dfrac{P}{48EI} \ (-3l^2 + 16al + 24a^2)$

b) $y_B = \dfrac{7qa^4}{6EI}$, $\theta_B = \dfrac{4qa^3}{3EI}$

c) $y_C = \dfrac{5qa^4}{8EI}$, $\theta_C = \dfrac{19qa^3}{24EI}$

19-8　$\Delta l = 0.24\text{mm}$, $\delta = 0.745\text{mm}$

19-9　$\delta_{Bx} = \dfrac{4Fl}{Ebh} \ (\rightarrow)$, $\delta_{By} = \dfrac{3Fl^2}{Ebh^2} + \dfrac{18Fl^2}{E^2 b^2 h^2} \ (\downarrow)$

19-10　$[q] = 8.25\text{kN/m}$, $\sigma_{\max} = 72.1\text{MPa}$

19-11　$D = 160\text{mm}$

19-12　$N_{CD} = \dfrac{\dfrac{5ql^4}{24E_2 I_2}}{\dfrac{l^3}{6E_2 I_2} + \dfrac{h}{E_1 A_1}}$

19-14　$F_{RA} = 3.25\text{kN}$, $M_A = 1.5\text{kN} \cdot \text{m}$, $F_{RB} = 0.75\text{kN}$

第二十章　平面应力状态分析　强度理论

内容提要

1. 应力状态的概念

（1）一点的应力状态　受力构件内一点的所有截面上的应力变化情况称为一点的应力状态。

（2）单元体　单元体是围绕所研究的点，用边长无限小取出的正六面体。

特征：各面上的应力认为是均匀分布的；各相互平行面上的应力大小相等。

（3）主平面、主应力

1）主平面：应力单元体中切应力为零的平面称为主平面。

2）主应力：主平面上的正应力称为主应力。主应力分别用 $\sigma_1,\sigma_2,\sigma_3$ 表示，且规定按代数值大小排列 $\sigma_1 \geq \sigma_2 \geq \sigma_3$。

（4）应力状态的分类　应力状态的分类如表 20-1 所示。

表 20-1　应力状态的分类

	定　义	图　示
单向应力状态 （平面应力状态或简单应力状态）	只有一个主应力不等于零	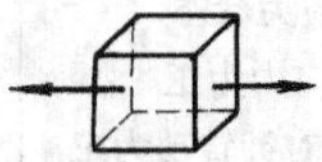
二向应力状态 （平面应力状态或复杂应力状态）	两个主应力不等于零	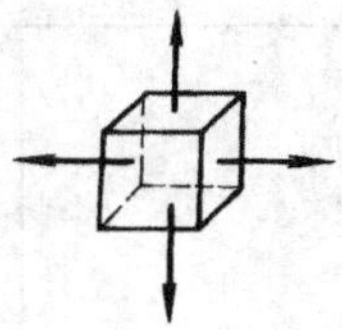
三向应力状态 （空间应力状态或复杂应力状态）	三个主应力都不等于零	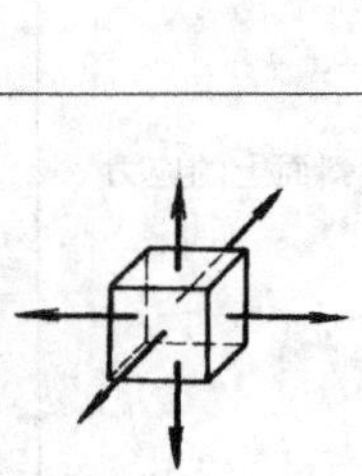

（5）平面应力状态　应力分量都处于同一坐标平面内（如 x,y 平面），而该平面以外的应力分量均等于零（见图20-1）。其中法线为 x 的平面称为 x 平面，x 平面上的应力用 σ_x，τ_x 表示；同理，y 平面上的应力用 σ_y，τ_y 表示；α 平面上的应力用 σ_α，τ_α 表示。

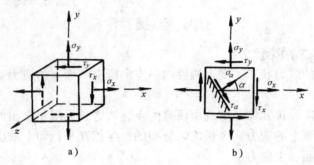

a)　　　　　　b)

图　20-1

2. 平面应力状态分析的数解法

平面应力状态分析的数解法如表20-2所示。

表 20-2　平面应力状态分析的数解法

	计 算 公 式	图 示
平面应力状态 σ：以拉应力为正 τ：以顺时针转动为正 α：以逆时针转动为正		
任意斜面上的应力	$\sigma_\alpha = \dfrac{\sigma_x + \sigma_y}{2} + \dfrac{\sigma_x - \sigma_y}{2}\cos2\alpha - \tau_x\sin2\alpha$ $\tau_\alpha = \dfrac{\sigma_x - \sigma_y}{2}\sin2\alpha + \tau_x\cos2\alpha$ $\sigma_\beta = \dfrac{\sigma_x + \sigma_y}{2} + \dfrac{\sigma_x - \sigma_y}{2}\cos2\beta - \tau_x\sin2\beta$ $\quad = \dfrac{\sigma_x + \sigma_y}{2} - \dfrac{\sigma_x - \sigma_y}{2}\cos2\alpha + \tau_x\sin2\alpha$ $\tau_\beta = \dfrac{\sigma_x - \sigma_y}{2}\sin2\beta + \tau_x\cos2\beta$ $\quad = -\left(\dfrac{\sigma_x - \sigma_y}{2}\sin2\alpha + \tau_x\cos2\alpha\right)$ 由上述计算可知 $\sigma_x + \sigma_y = \sigma_\alpha + \sigma_\beta$；$\tau_\alpha = -\tau_\beta$	

（续）

	计 算 公 式	图 示
主应力 主平面	$\sigma_{\pm}{}' = \dfrac{\sigma_x + \sigma_y}{2} + \sqrt{\left(\dfrac{\sigma_x - \sigma_y}{2}\right)^2 + \tau_x{}^2}$ $\sigma_{\pm}{}'' = \dfrac{\sigma_x + \sigma_y}{2} - \sqrt{\left(\dfrac{\sigma_x - \sigma_y}{2}\right)^2 + \tau_x{}^2}$ $\tan 2\alpha_0 = -\dfrac{2\tau_x}{\sigma_x - \sigma_y}$ 当 $\sigma_x > \sigma_y$ 时，α_0 是 σ_x 与 $\sigma_{\pm}{}'$ 之间的夹角； 当 $\sigma_x < \sigma_y$ 时，α_0 是 σ_x 与 $\sigma_{\pm}{}''$ 之间的夹角	
最大切应力 方位	$\tau_{\min}^{\max} = \pm\sqrt{\left(\dfrac{\sigma_x - \sigma_y}{2}\right)^2 + \tau_x{}^2}$ $\tan 2\alpha_1 = \dfrac{\sigma_x - \sigma_y}{2\tau_x}$ $\sigma_{\alpha 1} = \dfrac{\sigma_x + \sigma_y}{2}$	

3. 平面应力状态分析的图解法

（1）应力圆

应力圆方程　　$\left(\sigma_\alpha - \dfrac{\sigma_x + \sigma_y}{2}\right)^2 + \tau_\alpha = \left(\dfrac{\sigma_x - \sigma_y}{2}\right)^2 + \tau_x{}^2$

应力圆的圆心坐标　　$\left(\dfrac{\sigma_x + \sigma_y}{2}, 0\right)$

应力圆的半径　　$R = \sqrt{\left(\dfrac{\sigma_x - \sigma_y}{2}\right)^2 + \tau_x{}^2}$

（2）应力圆的作法　若已知一平面应力状态中的 $\sigma_x, \sigma_y, \tau_x, \tau_y$，则取横坐标为 σ 轴，纵坐标为 τ 轴，选定比例，由 (σ_x, τ_x) 确定点 D_x，由 (σ_y, τ_y) 确定点 D_y。以 $\overline{D_x D_y}$ 为直径作圆，即得相应于该单元体的应力圆（见图 20-2）。

（3）单元体和应力圆之间的对应关系　单元体和应力圆之间的对应关系见图 20-2 和表 20-3。

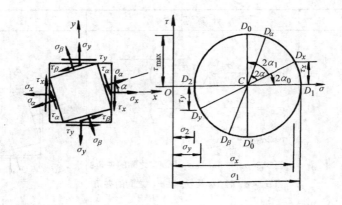

图 20-2

表 20-3　单元体和应力圆间的关系

单 元 体	应 力 圆
单元体某面上的应力分量 $(\sigma_x \tau_x, \sigma_y \tau_y, \sigma_\alpha \tau_\alpha)$	应力圆某定点的坐标 (D_x 坐标、D_y 坐标、D_α 坐标)
单元体两平面间的夹角 α	应力圆两对应点所夹中心角 2α
单元体的主应力值 (σ_1, σ_2)	应力圆与 σ 轴相交的坐标 (D_1, D_2)
单元体中最大或最小切应力 (τ_{max}, τ_{min})	应力圆中最高或最低的点 (D_0 或 D_0' 点的纵坐标)

4. 三向应力状态的概念

（1）三向应力圆　对于一个三向应力状态的主平面单元体（见图 20-3a），可以根据 σ_1 与 σ_2，σ_2 与 σ_3，σ_1 与 σ_3 绘制出三个应力圆。若将这三个应力圆绘在同一 σ-τ 坐标中（见图 20-3b），即为三向应力圆。由 σ_1 与 σ_3 所作的应力圆 A，表示单元体中与主应力 σ_2 平行的一族斜截面（见图 20-3c）上的应力变化规律；由 σ_2 与 σ_3 所作的应力圆 B，表示单元体中与主应力 σ_1 平行的一族斜截面（见图 20-3d）上的应力变化规律；由 σ_1 与 σ_2 所作的应力圆 C，表示单元体中与主应力 σ_3 平行的一族斜截面（见图 20-3e）上的应力变化规律。

（2）最大应力圆（极限应力圆）　在三向应力圆中，由 σ_1 与 σ_3 所作的应力圆是三个应力圆中最大的应力圆（图 20-3 中的 A 圆），称为最大应力圆，即为极限应力圆。

（3）最大切应力　从三向应力圆中知道，在三向应力状态的单元体中，有三对主切应力（见图 20-4），它们分别为

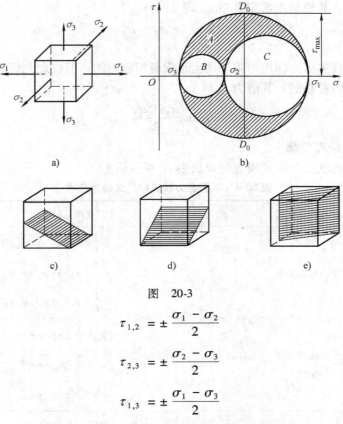

图 20-3

$$\tau_{1,2} = \pm \frac{\sigma_1 - \sigma_2}{2}$$

$$\tau_{2,3} = \pm \frac{\sigma_2 - \sigma_3}{2}$$

$$\tau_{1,3} = \pm \frac{\sigma_1 - \sigma_3}{2}$$

由图 20-4 所示可知，三向应力状态的单元体中的最大切应力就是最大应力

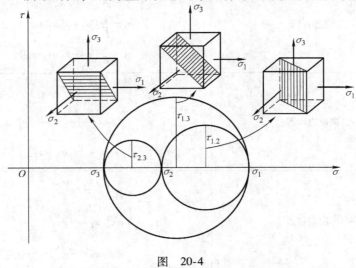

图 20-4

圆中的半径，其值是主切应力 $\tau_{1,3}$，即

$$\tau_{\substack{\max \\ \min}} = \pm \frac{\sigma_1 - \sigma_3}{2}$$

注意：在主应力作用的主平面上是没有切应力的；但在最大切应力作用的面上是有正应力存在的，其值为

$$\sigma = \frac{\sigma_1 + \sigma_3}{2}$$

5. 广义胡克定律

不同应力状态的广义胡克定律如表 20-4 所示。

表 20-4　不同应力状态的广义胡克定律

应力状态形式	广义胡克定律公式
空间应力状态	$\varepsilon_x = \dfrac{1}{E}\left[\sigma_x - \nu(\sigma_y + \sigma_z)\right]$ $\varepsilon_y = \dfrac{1}{E}\left[\sigma_y - \nu(\sigma_x + \sigma_z)\right]$ $\varepsilon_z = \dfrac{1}{E}\left[\sigma_z - \nu(\sigma_y + \sigma_x)\right]$
平面应力状态 ($\sigma_z = 0$)	$\varepsilon_x = \dfrac{1}{E}\left[\sigma_x - \nu\sigma_y\right]$ $\varepsilon_y = \dfrac{1}{E}\left[\sigma_y - \nu\sigma_x\right]$ $\varepsilon_z = -\dfrac{\nu}{E}\left[\sigma_x + \sigma_y\right]$
三向应力状态	$\varepsilon_1 = \dfrac{1}{E}\left[\sigma_1 - \nu(\sigma_2 + \sigma_3)\right]$ $\varepsilon_2 = \dfrac{1}{E}\left[\sigma_2 - \nu(\sigma_1 + \sigma_3)\right]$ $\varepsilon_3 = \dfrac{1}{E}\left[\sigma_3 - \nu(\sigma_1 + \sigma_2)\right]$
二向应力状态	$\varepsilon_1 = \dfrac{1}{E}\left[\sigma_1 - \nu\sigma_2\right]$ $\varepsilon_2 = \dfrac{1}{E}\left[\sigma_2 - \nu\sigma_1\right]$ $\varepsilon_3 = -\dfrac{\nu}{E}\left[\sigma_1 + \sigma_2\right]$
单向应力状态	$\varepsilon_1 = \dfrac{\sigma_1}{E}$ $\varepsilon_2 = -\nu\dfrac{\sigma_1}{E}$ $\varepsilon_3 = -\nu\dfrac{\sigma_1}{E}$

6. 强度理论

常用的四个强度理论如表 20-5 所示。

表 20-5　常用的四个强度理论

	基本假设	强度条件	适用范围
第一强度理论	三个主应力中最大的拉应力 σ_1 到达材料的极限应力值时，材料便发生破坏	$\sigma_{r1} \leqslant [\sigma]$	脆性材料的断裂破坏
第二强度理论	最大拉应变 ε_1 是引起材料脆断破坏的主因	$\sigma_{r2} \leqslant \sigma_1 - \nu(\sigma_2 + \sigma_3) \leqslant [\sigma]$	脆性材料的断裂破坏
第三强度理论	最大切应力是引起材料破坏的主因	$\sigma_{r3} = \sigma_1 - \sigma_3 \leqslant [\sigma]$	塑性材料
第四强度理论	形状改变比能是使材料达到破坏状态的决定因素	$\sigma_{r4} = \sqrt{\dfrac{1}{2}\left[(\sigma_1-\sigma_2)^2 + (\sigma_2-\sigma_3)^2 + (\sigma_3-\sigma_1)^2\right]} \leqslant [\sigma]$	塑性材料

基 本 要 求

1）掌握应力状态的概念。

2）掌握用数解法求解平面应力状态。

3）掌握用图解法求解平面应力状态。

4）了解广义胡克定律的运用。

5）会复杂应力状态下的强度计算。

典 型 例 题

例 20-1　试定性地绘出图 20-5a 所示梁内 1、2、3、4 四点处的应力单元体。

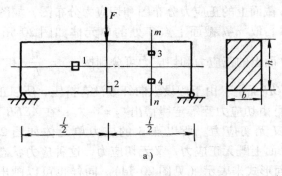

a）

图　20-5

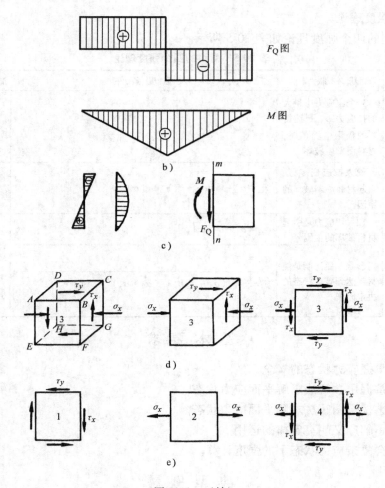

图 20-5 （续）

解 1）绘出 F_Q 图、M 图，如图 20-5b 所示。

2）画出 m-n 截面上的正应力分布图和切应力分布图，如图 20-5c 所示。

3）取单元体。取 m-n 截面上点 3 处的单元体如图 20-5d 所示。单元体中

$BFGC$ 面和 $AEHD$ 面上的正应力和切应力可分别按 $\sigma_x = \dfrac{M}{I_z}y$ 和 $\tau_x = \dfrac{F_Q S_z^*}{b I_z}$ 计算；

在 $ABCD$ 面和 $EFGH$ 面上，由于假设纵向纤维没有挤压，所以正应力为零，而该平面上的切应力可由切应力互等定律得出 $\tau_y = -\tau_x$；在 $AEFB$ 面和 $DHGC$ 面上，则既无正应力，又无切应力。所以点 3 的应力单元体如图 20-5d 所示。由于 $AEFB$ 面和 $DHGC$ 面上既无正应力，又无切应力，这种应力状态属于平面应力状态，它可以用平面形式来表示（见图 20-5d）。同样也可以画出 1、2、4 各点的应力单元体，如图 20-5e 所示。

例 20-2 应力单元体如图 20-6a 所示。试用数解法求：

1) 图中所示截面（$\alpha = 30°$，$\beta = \alpha + 90°$）上的应力。

2) 主应力并作主应力单元体。

3) 最大切应力及其作用平面。

4) 线应变 ε_α，ε_β。

5) 线应变 ε_x，ε_y，ε_z。

6) 主应变 ε_1，ε_2，ε_3。

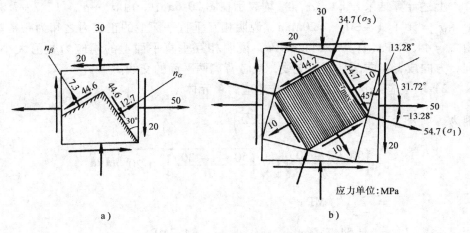

应力单位：MPa

a)   b)

图 20-6

解 1）求 α 截面和 β 截面上的应力

$$\sigma_\alpha = \frac{\sigma_x + \sigma_y}{2} + \frac{\sigma_x - \sigma_y}{2}\cos2\alpha - \tau_x\sin2\alpha$$

$$= \left[\frac{50 + (-30)}{2} + \frac{50 - (-30)}{2}\cos(2 \times 30°) - 20\sin(2 \times 30°)\right]\text{MPa}$$

$$= 12.7\text{MPa}$$

$$\tau_\alpha = \frac{\sigma_x - \sigma_y}{2}\sin2\alpha + \tau_x\cos2\alpha$$

$$= \left[\frac{50 - (-30)}{2}\sin(2 \times 30°) + 20\cos(2 \times 30°)\right]\text{MPa}$$

$$= 44.6\text{MPa}$$

$$\sigma_\beta = \frac{\sigma_x + \sigma_y}{2} + \frac{\sigma_x - \sigma_y}{2}\cos2\beta - \tau_x\sin2\beta$$

$$= \left\{\frac{50 + (-30)}{2} + \frac{50 - (-30)}{2}\cos[2(30° + 90°)] - \right.$$

$$\left. 20\sin[2(30° + 90°)]\right\}\text{MPa}$$

$$= 7.3\text{MPa}$$

$$\tau_\beta = \frac{\sigma_x - \sigma_y}{2}\sin2\beta + \tau_x\cos2\beta$$

$$= \left\{\frac{50 - (-30)}{2}\sin[2(30° + 90°)] + 20\cos[2(30° + 90°)]\right\}\text{MPa}$$

$$= -44.6\text{MPa}$$

讨论

上述计算结果 σ_α，τ_α，σ_β，τ_β 均表示在图 20-6a 中。由 $\sigma_\alpha + \sigma_\beta = 12.7 + 7.3 = \sigma_x + \sigma_y = 50 + (-30) = 20\text{MPa}$，说明相互垂直平面上的正应力之和为一常数。由 $\tau_\alpha = 44.6\text{MPa}$、$\tau_\beta = -44.6\text{MPa}$，说明相互垂直平面上的切应力数值大小相同，方向或者指向两平面的交线，或者背离两平面的交线。

2) 求主应力 σ_1，σ_2，σ_3，并作主应力单元体

因为

$$\sigma_{\min}^{\max} = \frac{\sigma_x + \sigma_y}{2} \pm \sqrt{\left(\frac{\sigma_x - \sigma_y}{2}\right)^2 + \tau_x^2}$$

$$= \left\{\frac{50 + (-30)}{2} \pm \sqrt{\left[\frac{50 - (-30)}{2}\right]^2 + 20^2}\right\}\text{MPa}$$

$$= \begin{matrix} 54.7 \\ -34.7 \end{matrix} \text{MPa}$$

所以 $\sigma_1 = 54.7\text{MPa}, \sigma_2 = 0, \sigma_3 = -34.7\text{MPa}$

由

$$\tan2\alpha_0 = \frac{-2\tau_x}{\sigma_x - \sigma_y} = \frac{-2 \times 20}{50 - (-30)} = -0.5$$

得 $2\alpha_0 = -26.56°$ $\alpha_0 = -13.28°$ $\alpha_0{}' = \alpha_0 + 90° = 76.72°$

讨论

根据 $\alpha_0 = -13.28°$ 和 $\alpha_0{}' = 76.72°$ 画出主应力单元体，如图 20-6b 所示。因为 $\sigma_x > \sigma_y$，所以 $\alpha_0 = -13.28°$ 是 σ_1 的作用面。而 $\alpha_0{}' = 76.72°$ 是 σ_3 的作用面。确定 $\alpha_0 = -13.28°$ 是哪个主应力的方位，也可以用回代法，即将 α_0 的值代入到 σ_α 的表达式中去加以确定。

3) 求最大切应力及其作用面

$$\tau_{\max} = \frac{\sigma_1 - \sigma_3}{2} = \left[\frac{54.7 - (-34.7)}{2}\right]\text{MPa} = 44.7\text{MPa}$$

在最大切应力面上有正应力其值

$$\sigma_{\alpha1} = \frac{\sigma_1 + \sigma_3}{2} = \left(\frac{54.7 - 34.7}{2}\right)\text{MPa} = 10\text{MPa}$$

由

$$\tan2\alpha_1 = \frac{\sigma_x - \sigma_y}{2\tau_x} = \frac{50 - (-30)}{2 \times 20} = 2$$

得 $\qquad 2\alpha_1 = 63.44° \qquad \alpha_1 = 31.72° \qquad \alpha_1{}' = 121.72°$

讨论

根据 $\alpha_1 = 31.72°$ 代入 τ_α 的表达式中,得 $\tau_{31.72°} = 44.7\text{MPa} = \tau_{\max}$,所以 $\alpha_1 = 31.72°$ 是 $\tau_{\max}$ 作用面,$\tau_{\max}$ 的作用面也可由 σ_1 所在主平面按逆时针转 45° 而得到。最大切应力作用面如图 20-6b 所示。

4)求线应变 ε_α 与 ε_β

$$\varepsilon_\alpha = \frac{1}{E}[\sigma_\alpha - \nu(\sigma_\beta + \sigma_\gamma)]$$

$$= \frac{1}{2 \times 10^{11}} \times [12.7 \times 10^6 - 0.3 \times (7.3 \times 10^6)]$$

$$= 52.6 \times 10^{-6}$$

$$\varepsilon_\beta = \frac{1}{E}[\sigma_\beta - \nu(\sigma_\alpha + \sigma_\gamma)]$$

$$= \frac{1}{2 \times 10^{11}} \times [7.3 \times 10^6 - 0.3 \times (12.7 \times 10^6)]$$

$$= 17.5 \times 10^{-6}$$

5)求线应变 $\varepsilon_x, \varepsilon_y, \varepsilon_z$

$$\varepsilon_x = \frac{1}{E}[\sigma_x - \nu(\sigma_y + \sigma_z)]$$

$$= \frac{1}{2 \times 10^{11}} \times [50 \times 10^6 - 0.3 \times (-30 \times 10^6)]$$

$$= 295 \times 10^{-6}$$

$$\varepsilon_y = \frac{1}{E}[\sigma_y - \nu(\sigma_x + \sigma_z)]$$

$$= \frac{1}{2 \times 10^{11}} \times [(-30 \times 10^6) - 0.3 \times (50 \times 10^6)]$$

$$= -225 \times 10^{-6}$$

$$\varepsilon_z = \frac{1}{E}[\sigma_z - \nu(\sigma_x + \sigma_y)]$$

$$= \frac{1}{2 \times 10^{11}} \times [0 - 0.3 \times (50 \times 10^6 - 30 \times 10^6)]$$

$$= -30 \times 10^{-6}$$

6)求主应变 $\varepsilon_1, \varepsilon_2, \varepsilon_3$

$$\varepsilon_1 = \frac{1}{E}[\sigma_1 - \nu(\sigma_2 + \sigma_3)]$$

$$= \frac{1}{2 \times 10^{11}} \times [54.7 \times 10^6 - 0.3 \times (-34.7 \times 10^6)]$$

$$= 326 \times 10^{-6}$$

$$\varepsilon_2 = \frac{1}{E} [\sigma_2 - \nu (\sigma_1 + \sigma_3)]$$

$$= \frac{1}{2 \times 10^{11}} \times [0 - 0.3 \times (54.7 \times 10^6 - 34.7 \times 10^6)]$$

$$= - 30 \times 10^{-6}$$

$$\varepsilon_3 = \frac{1}{E} [\sigma_3 - \nu (\sigma_1 + \sigma_2)]$$

$$= \frac{1}{2 \times 10^{11}} \times [(- 34.7 \times 10^6) - 0.3 \times (54.7 \times 10^6)]$$

$$= - 256 \times 10^{-6}$$

例 20-3 应力单元体如图 20-7a 所示。试用图解法求：

1）斜面 $\alpha = 30°$；$\beta = \alpha + 90°$ 上的应力。

2）主应力及其作用面。

3）最大切应力及其作用面。

解 1）作应力圆。按一定的比例，在 σ-τ 坐标系上，根据 $\sigma_x = 50\text{MPa}$、$\tau_x = 20\text{MPa}$，定出 D_x 点；由 $\sigma_y = - 30\text{MPa}$，$\tau_y = - 20\text{MPa}$，定出 D_y 点。连接 $D_x D_y$ 与 σ 轴相交于 C 点，以 C 点为圆心，以 CD_x 为半径作应力圆于图 20-7b 所示。

2）求斜面 $\alpha = 30°$，$\beta = \alpha + 90°$ 上的应力。由应力圆上 D_x 点沿圆周逆时针转到 D_α 点，使 $D_x D_\alpha$ 所对的圆心角为 $2\alpha = 2 \times 30° = 60°$，则可由 D_α 点的横坐标得 $\sigma_\alpha = 12.7\text{MPa}$，由 D_α 点的纵坐标得 $\tau_\alpha = 44.6\text{MPa}$。因为 β 截面与 α 截面相垂直，因此与 β 截面相对应的 D_β 与 D_α 是应力圆直径的两个端点，只要延长半径 CD_α 与圆周相交便能得到 D_β 点，由 D_β 点的横坐标得 $\sigma_\beta = 7.3\text{MPa}$，$D_\beta$ 点的纵坐标得 $\tau_\beta = - 44.6\text{MPa}$。

所以 　　　$\sigma_\alpha = 12.7\text{MPa}$，　$\tau_\alpha = 44.6 \text{ MPa}$

　　　　　$\sigma_\beta = 7.3\text{MPa}$，　$\tau_\beta = - 44.6 \text{ MPa}$

3）主应力及其作用面。由应力圆可知，A、B 两点的纵坐标为零，即切应力为零。所以 $OA = \sigma_1 = 54.7\text{MPa}$，$OB = \sigma_3 = - 34.7\text{MPa}$。

另外，由应力圆也可知，$D_x A$ 的圆心角 $2\alpha_0 = - 26.56°$（由 D_x 到 A 系顺时针方向），σ_1 的作用面应从 x 平面顺时针转 $\alpha_0 = - 13.28°$，如图 20-7c 所示。

4）求最大切应力及其作用面。由应力圆可知，D_0 点的纵坐标为最大，最大切应力

$$\tau_{\max} = 44.7 \text{ MPa}$$

最大切应力平面上还有正应力 　$\sigma_{\alpha 1} = 10 \text{ MPa}$

其作用平面是从最大主应力 σ_1 的作用平面逆时针转 45° 角而得到（见图 20-7c）。

例 20-4 每边长均为 10mm 的钢质立方体放入一个宽度为 10mm 的两侧刚性

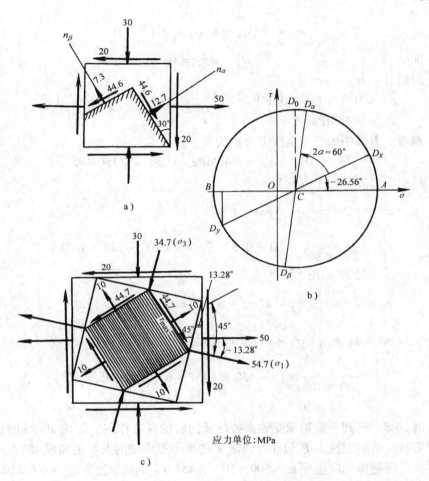

应力单位：MPa

图 20-7

槽中，如图 20-8 所示。立方体的表面上承受压力 $F = -15\text{kN}$ 作用。已知材料的 $E = 200\text{GPa}$，$\nu = 0.3$。试求钢质立方体中的三个主应力和主应变。

解 根据所设立的坐标系

$$\sigma_y = \frac{F}{A} = \left(\frac{-15 \times 10^3}{10 \times 10 \times 10^{-6}}\right)\text{Pa}$$

$$= -150\text{MPa}$$

因为钢质立方体在 z 方向无任何约束，所以沿 z 方可以自由伸长，故 $\sigma_z = 0$。另外，沿 x 方向为刚性，因此，限制沿 x 的变形，有变形条件

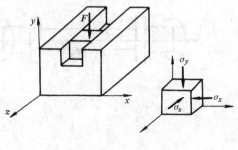

图 20-8

$$\varepsilon_x = \frac{1}{E}[\sigma_x - \nu(\sigma_y + \sigma_z)] = 0$$

即

$$\sigma_x - \nu\sigma_y = 0$$

所以　　$\sigma_x = \nu\sigma_y$

$$\sigma_x = 0.3 \times (-150)\,\mathrm{MPa}$$

$$= -45\,\mathrm{MPa}$$

钢质立方体中的三个主应力分别为

$$\sigma_1 = 0 \qquad \sigma_2 = -45\,\mathrm{MPa} \qquad \sigma_3 = -150\,\mathrm{MPa}$$

沿主应力方向的主应变为

$$\varepsilon_1 = \varepsilon_z = \frac{1}{E}[\sigma_1 - \nu(\sigma_2 + \sigma_3)]$$

$$= \frac{1}{200 \times 10^9} \times [0 - 0.3 \times (-45 \times 10^6 - 150 \times 10^6)]$$

$$= 292 \times 10^{-6}$$

$$\varepsilon_2 = \varepsilon_x = \frac{1}{E}[\sigma_2 - \nu(\sigma_1 + \sigma_3)] = 0$$

$$\varepsilon_3 = \varepsilon_y = \frac{1}{E}[\sigma_3 - \nu(\sigma_1 + \sigma_2)]$$

$$= \frac{1}{200 \times 10^9} \times [(-150 \times 10^6) - 0.3 \times (-45 \times 10^6)]$$

$$= -682 \times 10^{-6}$$

例 20-5　已知一圆轴承受轴向拉伸及扭转的联合作用，如图 20-9a 所示。为了用实验方法测定拉力 F 与外力偶矩 T 的值，可沿轴向及与轴向成 45°方向测出线应变。现测得轴向应变 $\varepsilon_0 = 500 \times 10^{-6}$，45°方向的线应变为 $\varepsilon_{45°} = 400 \times 10^{-6}$。若轴的直径 $D = 100\mathrm{mm}$，弹性模量 $E = 200\mathrm{GPa}$，泊松比 $\nu = 0.3$。试求 F 和 T 的值。

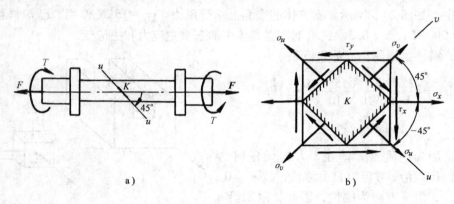

a)　　　　　　　　　　　　　b)

图　20-9

解 1）K 点处的应力状态分析。在 K 点处取出单元体，应力状态如图 20-9b 所示。它是平面应力状态，其横截面上的应力分量是

$$\sigma_x = \frac{F_N}{A} = \frac{F}{A}, \quad \tau_x = \frac{M_n}{W_P} = \frac{T}{\frac{\pi}{16}D^3}$$

2）计算外力的大小 F。由广义胡克定律

$$\varepsilon_x = \frac{1}{E}(\sigma_x - \nu\sigma_y) = \frac{\sigma_x}{E} = \varepsilon_0 = 500 \times 10^{-6}$$

可得 $\quad \sigma_x = E\varepsilon_0 = (200 \times 10^9 \times 500 \times 10^{-6})\text{N/m}^2 = 100 \times 10^6 \text{N/m}^2$

由此得到 $\quad F = \sigma_x A = [100 \times 10^6 \times \frac{\pi}{4} \times (100)^2 \times 10^{-6}]\text{N} = 0.785 \times 10^6 \text{ kN}$

3）计算外力偶矩 T。

$$\varepsilon_{-45°} = \frac{1}{E}(\sigma_{-45°} - \nu\sigma_{45°}) = 400 \times 10^{-6}$$

$$\sigma_{-45°} = \frac{\sigma_x}{2} + \frac{\sigma_x}{2}\cos 2(-45°) - \tau_x \sin 2(-45°)$$

$$= \frac{\sigma_x}{2} + \tau_x = 50 \times 10^6 + \tau_x$$

$$\sigma_{45°} = \frac{\sigma_x}{2} + \frac{\sigma_x}{2}\cos 2(45°) - \tau_x \sin 2(45°)$$

$$= \frac{\sigma_x}{2} - \tau_x = 50 \times 10^6 - \tau_x$$

由 $\quad \dfrac{1}{200 \times 10^9}[50 \times 10^6 + \tau_x - 0.3 \times (50 \times 10^6 - \tau_x)] = 400 \times 10^{-6}$

得 $\quad \tau_x = 34.6 \times 10^6 \text{N/m}^2$

因为 $\quad \tau_x = \dfrac{M_n}{W_P} = \dfrac{T}{\frac{\pi}{16}D^3}$

所以 $\quad T = \tau_x \dfrac{\pi}{16}D^3 = [34.6 \times 10^6 \times \dfrac{\pi}{16} \times (100)^3 \times 10^{-9}]\text{m} \cdot \text{N}$

$$= 6.79 \times 10^3 \text{ N} \cdot \text{m} = 6.79 \text{ kN} \cdot \text{m}$$

例 20-6 已知材料的许用应力 $[\sigma] = 150\text{MPa}$，$[\tau] = 95\text{MPa}$。试对图 20-10a 所示的简支梁 AB 进行强度计算。

解 作出梁的剪力图和弯矩图，如图 20-10b，c 所示。

作出 C 截面之左的正应力分布图和切应力分布图，如图 20-10d 所示。

对于这种梁的强度校核一般应包括以下三部分内容：最大正应力强度计算；最大切应力强度计算；在 M 较大、F_Q 较大的截面处，对翼缘和腹板相交的点进

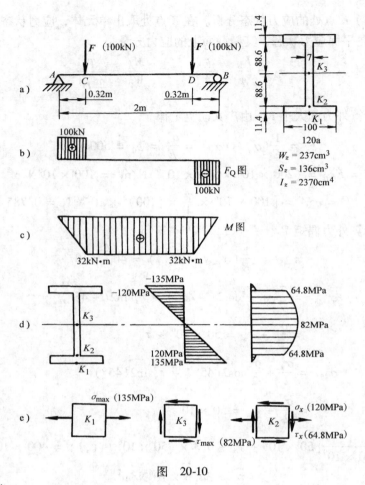

图　20-10

行强度计算。

1）正应力强度计算。由弯矩图可知，全梁的最大弯矩 $M_C = 32\text{kN} \cdot \text{m}$，从 C 截面的下边缘 K_1 点处取应力单元体如图 20-10e 所示，因最大正应力

$$\sigma_{\max} = \frac{M_{\max}}{W_z} = \left(\frac{32 \times 10^3}{237 \times 10^{-6}}\right)\text{Pa} = 135\text{MPa} < [\sigma] = 150\text{MPa}$$

所以，AB 梁的正应力强度满足。

2）切应力强度计算。由剪力图可知，全梁的最大剪力 $F_{Q\max} = 100\text{kN}$，在 C 截面的中性轴上的 K_3 点处取应力单元体如图20-10e所示，因最大切应力

$$\tau_{\max} = \frac{F_{Q\max}S_z}{t_w I_z} = \left(\frac{100 \times 10^3 \times 136 \times 10^{-6}}{7 \times 10^{-3} \times 2370 \times 10^{-8}}\right)\text{Pa} = 82\text{MPa} < [\tau] = 95\text{MPa}$$

所以，AB 梁的切应力强度满足。

3）翼缘与腹板交接处的强度计算。由内力图知，C 截面之左的 $F_{QC左} =$

100kN，$M_C = 32$kN·m。从 C 截面翼缘和腹板交接处 K_2 点取应力单元体如图 20-10e所示。因为

$$\sigma_x = \frac{M_C y}{I_z} = \left(\frac{32 \times 10^3 \times 88.6 \times 10^{-3}}{23.7 \times 10^{-6}}\right)\text{Pa} = 120\text{MPa}$$

$$\tau_x = \frac{F_Q S_z^*}{t_w I_z}$$

$$= \left(\frac{100 \times 10^3 \times \left[100 \times 11.4 \times \frac{1}{2} \times (11.4 + 177.2) \times 10^{-9}\right]}{7 \times 10^{-3} \times 23.7 \times 10^{-6}}\right)\text{Pa}$$

$$= 64.8\text{MPa}$$

所以，该点处于复杂应力状态，应选用适当的强度理论进行强度计算。现对 K_2 按第四强度理论进行强度校核如下：

因为　　$\sigma_{r4} = \sqrt{\sigma_x^2 + 3\tau_x^2} = \sqrt{120^2 + 3 \times 64.8^2}\text{MPa} = 164\text{MPa} > [\sigma]$

所以，K_2 点处的强度不满足要求，即梁的强度不满足要求。

讨论

从本例计算中可以看出：全梁的正应力强度和切应力强度虽然满足了强度要求，但在 M 较大和 F_Q 较大的翼缘和腹板交接处的 K_2 点，因为处于复杂应力状态，具有较大的正应力和较大的切应力，所以组合起来的主应力就比较大了，容易发生破坏。对这些处于复杂应力状态的点，选用适当的强度理论对它们进行强度计算是非常必要的。

例 20-7　试证明塑性材料的许用切应力 $[\tau]$ 与许用正应力 $[\sigma]$ 的关系为 $[\tau] = (0.5 \sim 0.6)[\sigma]$。

证明　在纯切应力状态时，有

$$\sigma_1 = \tau \qquad \sigma_2 = 0 \qquad \sigma_3 = -\tau$$

因为是塑性材料，所以按第三强度理论有

$$\sigma_{r3} = \sigma_1 - \sigma_3 = \tau - (-\tau) = 2\tau \leqslant [\sigma]$$

若比较纯剪切时的切应力强度条件

$$\tau \leqslant [\tau]$$

则有　　　　　　　　　　　　$[\tau] = 0.5[\sigma]$

若按第四强度理论

$$\sigma_{r4} = \sqrt{\frac{1}{2}\left[(\sigma_1 - \sigma_2)^2 + (\sigma_2 - \sigma_3)^2 + (\sigma_3 - \sigma_1)^2\right]} = \sqrt{3}\,\tau \leqslant [\sigma]$$

则有　　　　　　　　　　　　$[\tau] = \frac{[\sigma]}{\sqrt{3}} \approx 0.6[\sigma]$

因而，塑性材料的 $[\tau]$ 与 $[\sigma]$ 间的关系为

$$[\tau] = (0.5 \sim 0.6)[\sigma]$$

思 考 题

20-1 什么叫一点的应力状态？为什么要研究一点的应力状态？

20-2 什么叫主平面和主应力？主应力和正应力有什么区别？如何确定平面应力状态的三个主应力及其作用平面？

20-3 图 20-11 所示各单元体分别属于哪一类应力状态？

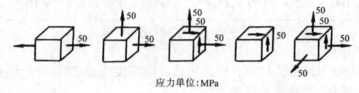

应力单位：MPa

图 20-11

20-4 一单元体和相应的应力圆如图 20-12 所示。试在应力圆上标出单元体上各斜截面所对应的点。

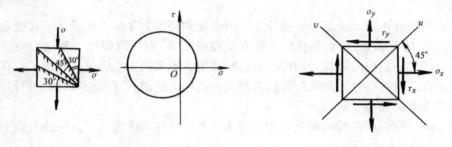

图 20-12   图 20-13

20-5 已知一平面应力状态如图 20-13 所示。材料的 E 与 ν 均已知。试列出 ε_u 及 ε_v 的表达式（u 与 v 是相互垂直）。

20-6 单元体某方向上的线应变若为零，则其相应的正应力也必定为零；若在某方向的正应力为零，则该方向的线应变也必定为零。以上说法是否正确？为什么？

20-7 什么叫强度理论？为什么要研究强度理论？

20-8 为什么按第三强度理论建立的强度条件较按第四强度理论建立的强度条件进行强度计算的结果偏于安全？

习 题

20-1 试定性地绘出图 20-14 所示杆件中 A,B,C 点的应力单元体。

20-2 已知单元体的应力状态如图 20-15 所示。试用数解法求指定斜截面上的应力，并表示于图中。

20-3 已知单元体的应力状态如图 20-16 所示。图中应力单位均为 MPa，试用数解法求：

1）指定斜截面上的应力，并表示于图中。

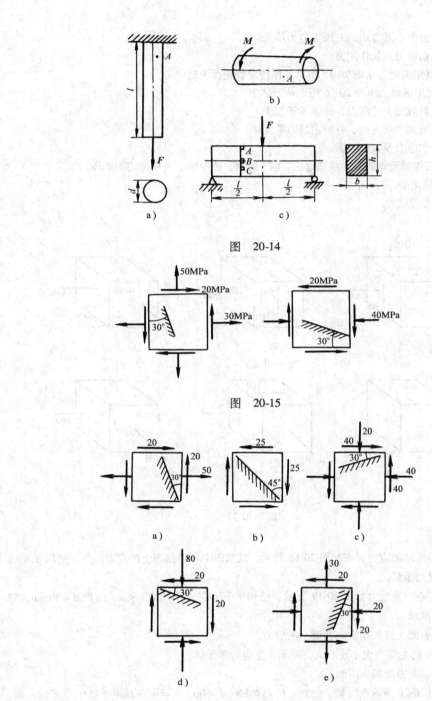

图 20-14

图 20-15

图 20-16

2）主应力大小及方向，并画主应力单元体。

3）最大切应力及其作用面。

20-4 试用图解法求图 20-15 中单元体指定斜截面上的应力。

20-5 试用图解法求图 20-16 所示单元体中

1）指定斜截面上的应力，并表示于图中。

2）主应力大小及方向，并画主应力单元体。

3）最大切应力及其作用面。

20-6 已知单元体的应力状态如图 20-17 所示，图中的应力单位均为 MPa，试求：

（1）主应力 $\sigma_1,\sigma_2,\sigma_3$。

（2）最大切应力。

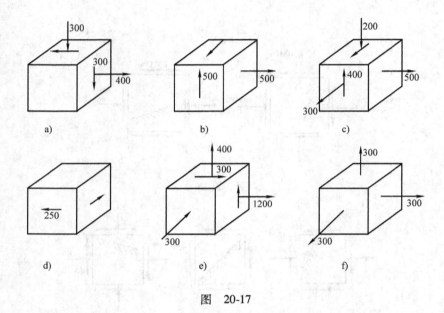

图　20-17

20-7 单元体的应力状态如图 20-18 所示。试求图中各斜截面上的应力，并分别用 a,b,c,d,e 在应力圆上标明。

20-8 空心圆轴受力如图 20-19 所示。已知 $F = 20\text{kN}$，$T = 600\text{N} \cdot \text{m}$，内径 $d = 50\text{mm}$，壁厚 $t = 2\text{mm}$。试求：

1）圆轴表面 A 点处指定斜截面上的应力。

2）A 点处的主应力大小及方向，并画出主应力单元体。

3）最大切应力及其作用面。

20-9 图 20-20 所示简支梁，已知：$F = 140\text{kN}$，$l = 4\text{m}$。A 点所在截面在集中力 F 的左侧，且无限接近力 F 作用截面。试求：

1）A 点处指定斜截面上的应力。

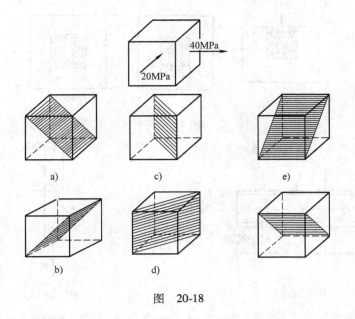

图 20-18

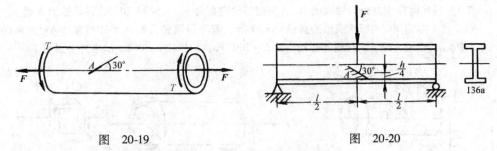

图 20-19   图 20-20

2）A 点处的主应力及主平面位置，并用主应力单元体表示。

20-10　已知一主应力单元体的 $\sigma_1 = 30\text{MPa}$，$\sigma_2 = 15\text{MPa}$，$\sigma_3 = -45\text{MPa}$，材料的弹性模量 $E = 200\text{GPa}$，泊松比 $\nu = 0.25$。试计算该点的主应变。

20-11　已知某点处于平面应力状态，现在该点处测得 $\varepsilon_x = 500 \times 10^{-6}$，$\varepsilon_y = -465 \times 10^{-6}$。若材料的弹性模量 $E = 210\text{GPa}$，泊松比 $\nu = 0.33$。试求该点处的正应力 σ_x 和 σ_y。

20-12　边长为 20cm 匀质材料的立方体，放入刚性凹座内，顶面受轴向力 $F = 400\text{kN}$ 作用，如图 20-21 所示。已知材料的弹性模量 $E = 2.6 \times 10^4\text{MPa}$，$\nu = 0.18$。试求下列两种情况下立方体中产生的应力：

1）凹座的宽度正好是 20cm。

2）凹座的宽度均为 20.001cm。

20-13　简支梁由 14 号工字钢制成，受 $F = 59.4\text{kN}$ 作用，如图 20-22 所示。已知材料的弹性模量 $E = 200\text{GPa}$，泊松比 $\nu = 0.3$。求中性层 K 点处沿 45°方向的应变。

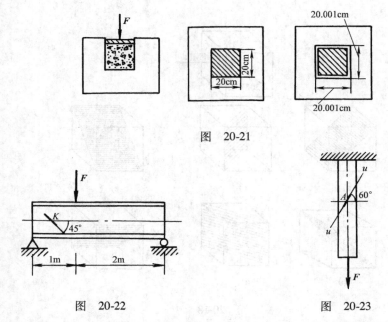

图 20-21

图 20-22   图 20-23

20-14 图 20-23 所示一钢杆，截面为 $d = 20\text{mm}$ 的圆形。其弹性模量 $E = 200\text{GPa}$，泊松比 $\nu = 0.3$。现从钢杆 A 点处与轴线成 30°方向测得线应变为 $\varepsilon_{30°} = 540 \times 10^{-6}$。试求拉力 F 值。

20-15 如图 20-24 所示圆轴的直径 $d = 20\text{mm}$，若测得圆轴表面 A 点处与轴线 45°方向的线应变 $\varepsilon_{45°} = 520 \times 10^{-6}$，材料的弹性模量 $E = 200\text{GPa}$，泊松比 $\nu = 0.3$。试求外力偶矩 T。

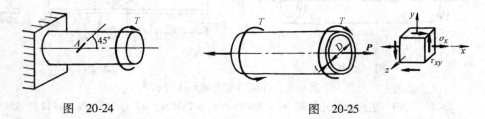

图 20-24   图 20-25

20-16 如图 20-25 所示，一内径为 D、壁厚为 t 的薄壁钢质圆管。材料的弹性模量为 E，泊松比为 ν。若钢管承受轴向拉力 P 和力偶矩作用，试求该钢管壁厚的改变量 Δt。

20-17 有一铸铁制成的零件。已知危险点处的主应力为 $\sigma_1 = 24\text{MPa}$，$\sigma_2 = 0$，$\sigma_3 = -36\text{MPa}$，设材料的许用拉应力 $[\sigma_t] = 35\text{MPa}$，许用压应力 $[\sigma_c] = 120\text{MPa}$，泊松比 $\nu = 0.3$。试用第二强度理论校核其强度。

20-18 从低碳钢制成的零件中的某点处取出一单元体，其应力状态如图 20-26 所示。已知 $\sigma_x = 40\text{MPa}$，$\sigma_y = 40\text{MPa}$，$\tau_x = 60\text{MPa}$。材料的许用应力为 $[\sigma] = 140\text{MPa}$。试用第三强度理论和第四强度理论分别对其进行强度校核。

20-19 由 25b 工字钢制成的简支梁，受力如图 20-27 所示。材料的 $[\sigma] = 120\text{MPa}$，$[\tau] = 100\text{MPa}$。试对梁作全面的强度校核。

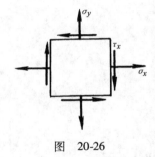

图 20-26

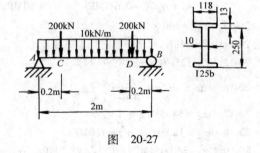

图 20-27

习 题 答 案

20-2　a) $\sigma_\alpha = 52\text{MPa}$, $\tau_\alpha = -18.7\text{MPa}$

　　　b) $\sigma_\alpha = -27.32\text{MPa}$, $\tau_\alpha = -27.32\text{MPa}$

20-3　a) $\sigma_1 = 57\text{MPa}$, $\sigma_2 = 0$, $\sigma_3 = -7\text{MPa}$, $\alpha_0 = 19°20'$

　　　b) $\sigma_1 = 25\text{MPa}$, $\sigma_2 = 0$, $\sigma_3 = -25\text{MPa}$, $\alpha_0 = \pm45°$

　　　c) $\sigma_1 = 11.2\text{MPa}$, $\sigma_2 = 0$, $\sigma_3 = -71.2\text{MPa}$, $\alpha_0 = -38°$

　　　d) $\sigma_1 = 4.7\text{MPa}$, $\sigma_2 = 0$, $\sigma_3 = -84.7\text{MPa}$, $\alpha_0 = -13°17'$

　　　e) $\sigma_1 = 37\text{MPa}$, $\sigma_2 = 0$, $\sigma_3 = -27\text{MPa}$, $\alpha_0 = 19°20'$

20-6　a) $\sigma_1 = 500\text{MPa}$, $\sigma_2 = 0$, $\sigma_3 = -410\text{MPa}$, $\tau_{\max} = 460\text{MPa}$

　　　b) $\sigma_1 = 500\text{MPa}$, $\sigma_2 = 500\text{MPa}$, $\sigma_3 = -500\text{MPa}$, $\tau_{\max} = 500\text{MPa}$

　　　c) $\sigma_1 = 520\text{MPa}$, $\sigma_2 = 500\text{MPa}$, $\sigma_3 = -420\text{MPa}$, $\tau_{\max} = 470\text{MPa}$

　　　d) $\sigma_1 = 250\text{MPa}$, $\sigma_2 = 0$, $\sigma_3 = -250\text{MPa}$, $\tau_{\max} = 250\text{MPa}$

　　　e) $\sigma_1 = 1300\text{MPa}$, $\sigma_2 = 300\text{MPa}$, $\sigma_3 = -300\text{MPa}$, $\tau_{\max} = 800\text{MPa}$

　　　f) $\sigma_1 = \sigma_2 = \sigma_3 = 300\text{MPa}$, $\tau_{\max} = 0$

20-7　$\sigma_1 = 40\text{MPa}$, $\sigma_2 = 0$, $\sigma_3 = -20\text{MPa}$

　　　a) $\tau_{1,2} = 20\text{MPa}$, $\sigma_0 = 20\text{MPa}$

　　　b) $\tau_{1,2} = -20\text{MPa}$, $\sigma_0 = 20\text{MPa}$

　　　c) $\tau_{1,3} = \tau_{\max} = 30\text{MPa}$, $\sigma_0 = 10\text{MPa}$

　　　d) $\tau_{1,3} = -30\text{MPa}$, $\sigma_0 = 10\text{MPa}$

　　　e) $\tau_{2,3} = 10\text{MPa}$, $\sigma_0 = -10\text{MPa}$

　　　f) $\tau_{2,3} = -10\text{MPa}$, $\sigma_0 = -10\text{MPa}$

20-8　1) $\sigma_\alpha = -48.2\text{MPa}$, $\tau_\alpha = 10.2\text{MPa}$

　　　2) $\sigma_1 = 110\text{MPa}$, $\sigma_2 = 0$, $\sigma_3 = -48.8\text{MPa}$

20-9　1) $\sigma_\alpha = 2.13\text{MPa}$, $\tau_\alpha = 24.3\text{MPa}$

　　　2) $\sigma_1 = 84.9\text{MPa}$, $\sigma_2 = 0$, $\sigma_3 = -5\text{MPa}$

20-10　$\varepsilon_1 = 188 \times 10^{-6}$, $\varepsilon_2 = 93.8 \times 10^{-6}$, $\varepsilon_3 = -281 \times 10^{-6}$

20-11　$\sigma_x = 81.7\text{MPa}$, $\sigma_y = -70.7\text{MPa}$

20-12　1) $\sigma_1 = \sigma_2 = -2.2\text{MPa}$, $\sigma_3 = -10\text{MPa}$

2) $\sigma_1 = \sigma_2 = -0.61$ MPa, $\sigma_3 = -10$MPa

20-13 $\varepsilon_{45°} = 390 \times 10^{-6}$

20-14 $F = 64$kN

20-15 $T = 125.7$kN $\cdot$ m

20-16 $\Delta t = \varepsilon t = -\dfrac{P\nu}{\pi ED}$

20-17 $\sigma_{r2} = 34.8$MPa

20-18 $\sigma_{r3} = 120$MPa, $\sigma_{r4} = 110$MPa

20-19 $\sigma_{max} = 106.4$MPa, $\tau_{max} = 98.7$MPa, $\sigma_{r3} = 152.4$MPa $> [\sigma]$

第二十一章 组合变形

内容提要

1. 组合变形的概念

杆件受力之后，同时产生两种或两种以上基本变形的情况，称为组合变形。如图 21-1a 所示的檩条，将产生相互垂直的两个平面弯曲的组合变形。图 21-1b 所示的钻床立柱，将产生拉伸与弯曲的组合变形。图 21-1c 所示的传动轴，将产生扭转与弯曲的组合变形。

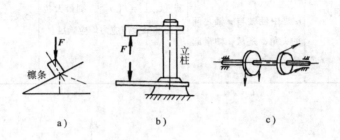

图　21-1

2. 组合变形的解题方法和计算步骤

组合变形的解题方法和计算步骤如表 21-1 所示。

表 21-1　组合变形的解题方法和计算步骤

计算步骤	解 题 方 法
1. 外力分析	载荷分析：使简化与分解后的每一外力分量只产生一种基本变形
2. 内力分析	作出各基本变形的内力图，确定危险截面位置及其内力分量
3. 应力分析	根据基本变形下横截面上的应力变化规律，确定危险截面上危险点的位置及其应力分量
4. 取单元体	利用基本变形时的应力计算式，先分别算出每一种基本变形下危险点处横截面上的正应力和切应力，然后分别叠加，取出危险点处的应力单元体，计算出主应力
5. 强度分析	按危险点的应力状态及材料破坏的可能性，选取适当的强度条件，进行强度计算

3. 斜弯曲

斜弯曲的应力计算、强度条件及挠度计算如表 21-2 所示。

表 21-2　斜弯曲

外力、变形特点	应力计算	强度条件	挠度计算
外力特点：杆件承受横向力的作用，其作用线过截面的弯曲中心，但不通过也不平行于横截面的任一形心主轴（见图21-2a） 变形特点：杆件变形后的轴线不在外力作用的纵向平面内	任意截面上任意点处的正应力 $$\sigma = \frac{M_y}{I_y}z + \frac{M_z}{I_z}y$$ 中性轴位置 $$\frac{M_y}{I_y}z_0 + \frac{M_z}{I_z}y_0 = 0$$ 方位角（见图21-2b） $$\tan\alpha = \left|\frac{y_0}{z_0}\right| = \frac{I_z}{I_y}\frac{M_y}{M_z}$$ α 是中性轴与 z 轴之间的夹角，是从 z 轴量起的	危险点距中性轴最远的点。截面若有棱角时，则危险点必在棱角处；若无棱角，则危险点在周边上平行于中性轴的切点处（见图21-2b）。危险点是单向应力状态（见图21-2c），强度条件为 $$\sigma_{max} = \frac{M_{ymax}}{W_y} + \frac{M_{zmax}}{W_z} \leq [\sigma]$$ 若 $[\sigma_c] \neq [\sigma_t]$，则最大拉应力和最大压应力均应满足	分别求出两主惯性平面内的挠度 f_y 和 f_z，然后求其矢量和，即为所求挠度，其值为 $$f = \sqrt{f_y^2 + f_z^2}$$ 方位角 $$\tan\beta = \frac{I_z}{I_z}\tan\varphi = \tan\alpha$$ $\beta = \alpha$（见图21-2d） 合成挠度垂直中性轴

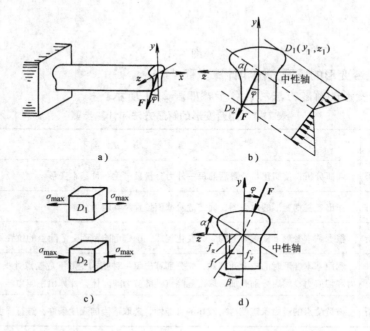

a)　　　　　　　b)

c)　　　　　　　d)

图　21-2

4. 轴向拉伸和弯曲的组合变形

轴向拉压和弯曲组合变形的强度条件与应力计算如表21-3所示。

表21-3 轴向拉压和弯曲的组合变形

轴向力和横向力共同作用		偏心拉伸（压缩）	
应 力 计 算	强 度 条 件	应 力 计 算	强 度 条 件
若轴向力引起的轴力为 F_N，两主惯性平面内的横向力引起的弯矩为 M_y 和 M_z，则 $$\sigma = \pm \frac{F_N}{A}$$ $$\pm \frac{M_y}{I_y}z \pm \frac{M_z}{I_z}y$$ 式中，拉应力取 + 号，压应力取 − 号	由内力图确定危险截面，由应力分布图确定危险点。危险点单向应力状态，其强度条件为 $$\sigma_{max} = \frac{F_{Nmax}}{A}$$ $$+ \frac{M_{ymax}}{W_y}$$ $$+ \frac{M_{zmax}}{W_z} \leqslant [\sigma]$$	在偏心力的作用之下，各横截面上的内力分量相同，应力情况也相同，故任一点处的正应力为 $$\sigma = \pm \frac{F_N}{A} \pm \frac{M_y z}{I_y} \pm \frac{M_z y}{I_z}$$ 或 $$\sigma = \pm \frac{F_N}{A}\left(1 + \frac{z_F z}{i_y^2} + \frac{y_F y}{i_z^2}\right)$$ 中性轴的截矩为 $$a_y = -\frac{i_z^2}{y_F}; a_z = -\frac{i_z^2}{z_F}$$	危险点在离中性轴最远的点处。截面若有棱角，则危险点在棱角处；若无棱角，则危险点在截面周边上平行于中性轴的切点处（见图21-3a），危险点为单向应力状态（见图21-3b），其强度条件为 $$\sigma_{max} =$$ $$\frac{F}{A}\left(1 + \frac{z_F z_1}{i_y^2} + \frac{y_F y_1}{i_z^2}\right)$$ $$\leqslant [\sigma]$$

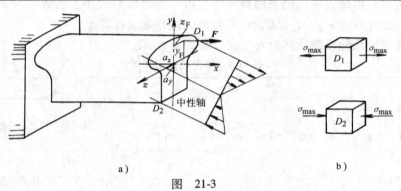

a)

图 21-3

b)

5. 扭转和弯曲的组合变形

扭转和弯曲组合变形的应力计算和强度条件如表21-4所示。

表21-4 扭转和弯曲的组合变形

应 力 计 算	强 度 条 件
弯扭组合变形的杆件，其横截面上的内力分量为扭矩 M_n，弯矩 M_y、M_z。横截面上的应力分量为切应力 τ 和正应力 σ。若弯扭杆件为圆截面，则可先算出其合成弯矩 $$M = \sqrt{M_y^2 + M_z^2}$$ 由扭矩引起的切应力 $$\tau = \frac{M_n}{W_n}$$ 由弯矩引起的正应力 $$\sigma = \frac{M}{W}$$	危险截面上的内力有 M_n 和合成弯矩 M。危险点位于合成弯矩作用平面与横截面相交的截面周边处，如图21-4a中的 D_1 和 D_2 点。其应力状态为二向应力状态，如图21-4b。由于受扭转和弯曲组合变形的杆件多为塑性材料，因此可选用第三或第四强度理论进行强度计算。其强度条件为 $$\sigma_{r3} = \sqrt{\sigma^2 + 4\tau^2} = \frac{\sqrt{M^2 + M_n^2}}{W} \leqslant [\sigma]$$ $$\sigma_{r4} = \sqrt{\sigma^2 + 3\tau^2} = \frac{\sqrt{M^2 + 0.75M_n^2}}{W} \leqslant [\sigma]$$

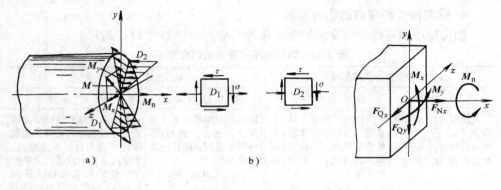

图 21-4　　　　　　　　　　　　　　　　图 21-5

6. 组合变形的一般情况

对于一些受到复杂外力作用的杆件，其危险截面上最多可能出现六个内力分量，即轴向力 F_{Nx}；剪力 F_{Qy}；剪力 F_{Qz}；扭矩 M_n；弯矩 M_y；弯矩 M_z，如图 21-5 所示。解题方法：仍采用叠加法。由于剪力影响较小，所以一般不予计算，因此只要计算出 F_{Nx}, M_n, M_y, M_z 后就可以进行强度计算。

常用的几种强度计算的表达式如表 21-5 所示。

表 21-5　常用的强度计算式

	强 度 条 件	适 用 范 围
1	$\sigma_{r3} = \sigma_1 - \sigma_3 \leqslant [\sigma]$ $\sigma_{r4} = \sqrt{\dfrac{1}{2}[(\sigma_1 - \sigma_2)^2 + (\sigma_2 - \sigma_3)^2 + (\sigma_3 - \sigma_1)^2]} \leqslant [\sigma]$	适用于一切复杂应力状态
2	$\sigma_{r3} = \sqrt{\sigma^2 + 4\tau^2} \leqslant [\sigma]$ $\sigma_{r4} = \sqrt{\sigma^2 + 3\tau^2} \leqslant [\sigma]$	二向应力状态（$\sigma_z = 0$）中的 $\sigma_y = 0$。若杆件同时受拉压、扭转、弯曲时，则 $\sigma = \pm\dfrac{F_N}{A} \pm \dfrac{M}{W}$
3	$\sigma_{r3} = \dfrac{\sqrt{M^2 + M_n^2}}{W} \leqslant [\sigma]$ $\sigma_{r4} = \dfrac{\sqrt{M^2 + 0.75M_n^2}}{W} \leqslant [\sigma]$	仅适用于弯曲和扭转组合变形中的圆轴

基 本 要 求

1）了解组合变形的概念。

2）掌握斜弯曲组合变形、拉伸（压缩）和弯曲组合变形、扭转与弯曲组合变形杆件的应力计算。

3）熟练运用强度理论进行组合变形的强度计算。

典 型 例 题

例 21-1 截面形状如图 21-6 所示，已知截面的形心主惯性矩 $I_z = 48 \times 10^{-6}$ m⁴，$I_y = 3 \times 10^{-6}$ m⁴，截面上的弯矩 $M_z = 30\text{kN} \cdot \text{m}$，$M_y = 3\text{kN} \cdot \text{m}$。试绘该截面上的正应力分布图。

解 1）绘正应力 σ_{Mz}，σ_{My} 分布图（见图 21-6b）。

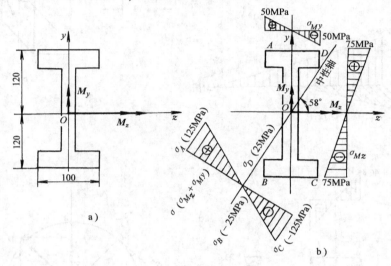

a)

b)

图 21-6

2）角点应力计算

$$\sigma_A = \frac{M_z}{I_z}y_{max} + \frac{M_y}{I_y}z_{max}$$

$$= \left(\frac{30 \times 10^3}{48 \times 10^{-6}} \times 120 \times 10^{-3} + \frac{3 \times 10^3}{3 \times 10^{-6}} \times 50 \times 10^{-3}\right)\text{Pa}$$

$$= (75 + 50)\text{MPa} = 125\text{MPa}$$

$$\sigma_B = -\frac{M_z}{I_z}y_{max} + \frac{M_y}{I_y}z_{max} = (-75 + 50)\text{MPa} = -25\text{MPa}$$

$$\sigma_C = -\frac{M_z}{I_z}y_{max} - \frac{M_y}{I_y}z_{max} = (-75 - 50)\text{MPa} = -125\text{MPa}$$

$$\sigma_D = \frac{M_z}{I_z}y_{max} - \frac{M_y}{I_y}z_{max} = (75 - 50)\text{MPa} = 25\text{MPa}$$

3）中性轴位置（见图 21-6b）

由

$$\tan\alpha = \frac{M_y}{M_z} \cdot \frac{I_z}{I_y} = \frac{3 \times 10}{30 \times 10} \times \frac{48 \times 10^{-6}}{3 \times 10^{-6}} = 1.6$$

解得

$$\alpha = 58°$$

4）绘正应力分布图如图 21-6b 所示。

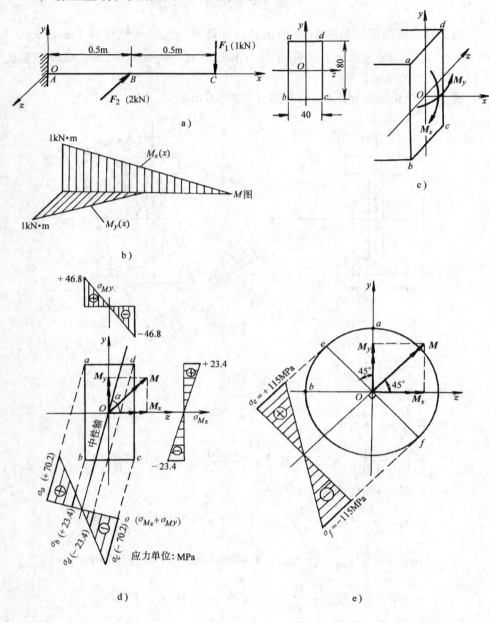

图　21-7

例 21-2　矩形截面的悬臂梁承受载荷如图 21-7a 所示。试确定危险截面、危险点所在位置，计算梁内最大正应力的值。若将截面改为直径 $D = 50$mm 的圆形，试确定危险点的位置，并计算最大正应力。

解 1）外力分析。此梁在力 F_1 作用下将在 Oxy 平面内发生平面弯曲，在力 F_2 作用下将在 Oxz 平面内发生平面弯曲，故此梁的变形为两个平面弯曲的组合——斜弯曲。

2）内力分析。分别绘出 $M_z(x)$ 和 $M_y(x)$ 图（见图 21-7b），两个平面内的最大弯矩都发生在固定端 A 截面上，其值分别为

$$M_z = 1 \times 1 = 1\text{kN} \cdot \text{m}（ad \text{ 边受拉}，bc \text{ 边受压}）（见图 21-7c）$$

$$M_y = 2 \times 0.5 = 1\text{kN} \cdot \text{m}（ab \text{ 边受拉}，cd \text{ 边受压}）（如图 21-7c）$$

由于此梁为等截面杆，故 A 截面为该梁的危险截面。

3）应力分析。绘 σ_{Mz}, σ_{My} 分布图（见图 21-7d）。

角点应力计算

$$\sigma_a = +\frac{M_z}{W_z} + \frac{M_y}{W_y}$$

$$= +\frac{1 \times 10^3}{\dfrac{1}{6} \times 40 \times 80^2 \times 10^{-9}} + \frac{1 \times 10^3}{\dfrac{1}{6} \times 80 \times 40^2 \times 10^{-9}}$$

$$= +23.4 \times 10^6 + 46.8 \times 10^6$$

$$= +70.2 \times 10^6 \text{Pa}$$

$$= 70.2\text{MPa}$$

$$\sigma_b = -\frac{M_z}{W_z} + \frac{M_y}{W_y} = (-23.4 \times 10^6 + 46.8 \times 10^6)\text{Pa} = +23.4\text{MPa}$$

$$\sigma_c = -\frac{M_z}{W_z} - \frac{M_y}{W_y} = (-23.4 \times 10^6 - 46.8 \times 10^6)\text{Pa} = -70.2\text{MPa}$$

$$\sigma_d = +\frac{M_z}{W_z} - \frac{M_y}{W_y} = (+23.4 \times 10^6 - 46.8 \times 10^6)\text{Pa} = -23.4\text{MPa}$$

确定中性轴位置

由

$$\tan\alpha = \frac{I_z}{I_y}\left(\frac{M_y}{M_z}\right) = \frac{\dfrac{40 \times 80^3}{12}}{\dfrac{80 \times 40^3}{12}} \times \frac{1 \times 10^3}{1 \times 10^3} = 4$$

得 $\alpha = 76°$，绘中性轴于图 21-7d 中。

4）若将截面改成 $D = 50\text{mm}$ 的圆形。对于圆形截面，通过形心的任意轴都是形心主轴，其弯矩矢量和中性轴一致（见图 21-7e）。因为危险截面的合成弯矩为

$$M = \sqrt{M_z^2 + M_y^2} = \sqrt{1^2 + 1^2}\text{kN} \cdot \text{m} = 1.41\text{kN} \cdot \text{m}$$

所以，最大正应力为 $\sigma_{\max} = \dfrac{M}{W} = \dfrac{1.41 \times 10^3}{\dfrac{\pi}{32} \times 50^3 \times 10^{-9}}\text{Pa} = 115\text{MPa}$

作合成弯矩 **M** 矢量的平行线与圆周相切的 e 和 f 两点，即为危险点。e 点为最大拉应力，f 点为最大压应力，正应力分布图如图 21-7e。

讨论

1）有人认为若将截面改为直径 $D = 50\text{mm}$ 的圆形，则该截面上的最大拉应力为

$$\sigma_{\max} = \frac{M_z}{W_z} + \frac{M_y}{W_y}$$

$$= \left(\frac{1 \times 10^3}{\frac{\pi}{32} \times 50^3 \times 10^{-9}} + \frac{1 \times 10^3}{\frac{\pi}{32} \times 50^3 \times 10^{-9}} \right) \text{Pa}$$

$$= 163\text{MPa}$$

其实，这是一个错误的计算结果，许多初学变形体静力学的读者常会犯这样的错误。因为对于圆形截面（见图 21-7e），$\sigma_{Mz} = \dfrac{M_z}{W_z}$ 是弯矩 M_z 引起的最大正应力，发生在圆截面的 a 点，而 $\sigma_{My} = \dfrac{M_y}{W_y}$ 是弯矩 M_y 引起的最大正应力，它发生在圆截面的 b 点。显然不能将两个不同点处的正应力相加而作为该截面上的最大正应力。

2）截面为正方形、圆形或正多边形时，因为这些截面的形心主惯性矩相等，即 $I_z = I_y$，所以梁的变形总是发生在外力作用平面内。因此，对于正多边形截面的梁，只发生平面弯曲。

例 21-3 试绘图 21-8a 所示构件底截面上的正应力分布图。已知 $F = 100\text{kN}$，$a = 0.2\text{m}$，$b = 0.4\text{m}$，$y_F = 0.05\text{m}$，$z_F = 0.2\text{m}$。

解 1）外力简化（见图 21-8b）。将偏心力 F 向形心简化，得

轴向力 $F_x = F = 100\text{kN}$

力偶矩 $M'_y = Fz_F = 100 \times 0.2 = 20\text{kN} \cdot \text{m}$

$M'_z = Fy_F = 100 \times 0.05 = 5\text{kN} \cdot \text{m}$

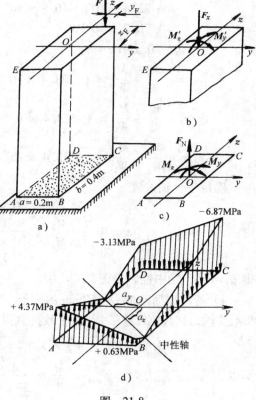

图 21-8

2）内力计算（见图 21-8c）。底截面上的内力有

轴力 $F_N = F_x = 100kN$

弯矩 $M_y = M'_y = 20kN \cdot m$（AB 边受拉，CD 边受压）

$M_z = M'_z = 5kN \cdot m$（AD 边受拉，BC 边受压）

3）应力计算。截面的有关几何量计算

$$A = ab = 0.2 \times 0.4m^2 = 0.08m^2$$

$$W_z = \frac{1}{6}a^2b = \frac{1}{6} \times 0.2^2 \times 0.4m^3 = 0.00267m^3;$$

$$W_y = \frac{1}{6}b^2a = \frac{1}{6} \times 0.4^2 \times 0.2m^3 = 0.00533m^3;$$

底截面上角点的应力计算

$$\sigma_A = -\frac{F_N}{A} + \frac{M_z}{W_z} + \frac{M_y}{W_y}$$

$$= \left(-\frac{100 \times 10^3}{0.08} + \frac{5 \times 10^3}{0.00267} + \frac{20 \times 10^3}{0.00533}\right)Pa$$

$$= (-1.25 + 1.87 + 3.75)MPa$$

$$= 4.37MPa$$

$$\sigma_B = -\frac{F_N}{A} - \frac{M_z}{W_z} + \frac{M_y}{W_y} = (-1.25 - 1.87 + 3.75)MPa = 0.63MPa$$

$$\sigma_C = -\frac{F_N}{A} - \frac{M_z}{W_z} - \frac{M_y}{W_y} = (-1.25 - 1.87 - 3.75)MPa = -6.87MPa$$

$$\sigma_D = -\frac{F_N}{A} + \frac{M_z}{W_z} - \frac{M_y}{W_y} = (-1.25 + 1.87 - 3.75)MPa = -3.13MPa$$

4）确定中性轴位置

$$i_z^2 = \frac{I_z}{A} = \frac{\frac{1}{12}ba^3}{A} = \frac{a^2}{12} = \frac{0.2^2}{12}m^2 = 0.0033m^2$$

$$i_y^2 = \frac{I_y}{A} = \frac{\frac{1}{12}ab^3}{A} = \frac{b^2}{12} = \frac{0.4^2}{12}m^2 = 0.00133m^2$$

中性轴在两坐标轴上的截矩为

$$a_y = -\frac{i_z^2}{y_F} = -\frac{0.0033}{0.05}m = -0.0067m$$

$$a_z = -\frac{i_y^2}{z_F} = -\frac{0.00133}{0.2}m = -0.0665m$$

绘中性轴及底截面上的正应力分布图如 21-8d 所示。

例 21-4 小型压力机的框架如图 21-9a 所示。材料的许用拉应力 $[\sigma_t]$ = 28MPa，许用压应力 $[\sigma_c] = 106MPa$。$F = 1480kN$。试对立柱进行强度校核。

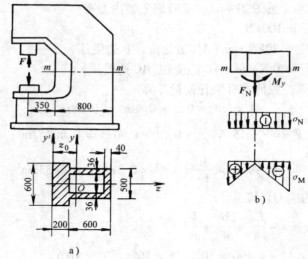

图 21-9

解 1）截面的有关几何量。形心 O 的坐标（y' 轴为参考轴）

$$z_0 = \frac{\sum A_i z_i}{\sum A_i}$$

$$= \left(\frac{0.2 \times 0.6 \times 0.1 + 0.6 \times 0.5 \times 0.5 - 0.56 \times 0.43 \times 0.48}{0.2 \times 0.6 + 0.6 \times 0.5 - 0.56 \times 0.43}\right)\text{m}$$

$$= 0.26\text{m}$$

$$A = (0.2 \times 0.6 + 0.6 \times 0.5 - 0.56 \times 0.43)\text{m}^2 = 0.18\text{m}^2$$

惯性矩 I_y

$$I_y = \left[\frac{0.6 \times 0.2^3}{12} + 0.6 \times 0.2 \times (0.26 - 0.1)^2\right]$$

$$+ \left[\frac{0.5 \times 0.6^3}{12} + 0.6 \times 0.5 \times (0.5 - 0.26)^2\right]$$

$$- \left[\frac{0.43 \times 0.56^3}{12} + 0.43 \times 0.56 \times (0.48 - 0.26)^2\right]$$

$$= 119 \times 10^{-4}\text{m}^4$$

2）$m\text{-}m$ 截面上的内力

轴力 $F_N = 1480\text{kN}$；弯矩 $M_y = 1480 \times (0.35 + 0.26) = 903\text{kN·m}$。内力方向如图 21-9b 所示。

3）强度校核。由 F_N 和 M_y 产生的正应力 σ_N 和 σ_M 在截面上的分布情况如图 21-9b 所示。可见，最大拉应力发生在截面内侧边缘，最大压应力发生在外侧边缘，由

$$(\sigma_t)_{\max} = \frac{F_N}{A} + \frac{M_y}{I_y}z_0$$

$$= \left(\frac{1480 \times 10^3}{0.18} + \frac{903 \times 10^3 \times 0.26}{119 \times 10^{-4}} \right) Pa$$

$$= (8.2 + 19.7) MPa$$

$$= 27.9 MPa < [\sigma_t] = 28 MPa$$

$$(\sigma_c)_{max} = \frac{F_N}{A} - \frac{M_y}{I_y} \times 0.54$$

$$= \left(\frac{1480 \times 10^3}{0.18} - \frac{903 \times 10^3 \times 0.54}{119 \times 10^{-4}} \right) Pa$$

$$= (8.2 - 41) MPa$$

$$= -32.8 MPa < [\sigma_c] = 106 MPa$$

可知立柱的强度满足。

例 21-5 一钢制圆轴，装有两个带轮 A 和 B。两轮有相同的直径 $D = 1m$，及相同的重量 $P = 5kN$。A 轮带上的张力是水平方向的，B 轮上带的张力是铅垂方向的，它们的大小如图 21-10a 所示。设材料的许用应力 $[\sigma] = 80MPa$。试按第三强度理论求圆轴所需直径。

解 1) 外力简化。将轮上带的张力向截面形心简化，并考虑到轮子的重力，轴的计算简图如图 21-10b 所示。C 和 D 处的约束力求出后也标在计算简图上。

2) 内力分析。根据计算简图，绘出扭矩图及垂直平面与水平面内的弯矩图（见图 21-10c、d、e）。由内力分析可知，C 和 B 截面可能是危险截面，两截面上的合成弯矩分别为

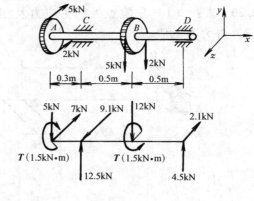

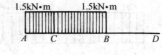

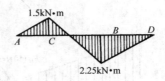

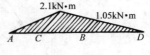

$$M_C = \sqrt{1.5^2 + 2.1^2} kN \cdot m$$
$$= 2.58 kN \cdot m$$

$$M_B = \sqrt{2.25^2 + 1.05^2} kN \cdot m$$
$$= 2.49 kN \cdot m$$

由于 $M_C > M_B$，所以 C 截面为危险截面，该截面上的内力为

弯矩 $M = M_C = 2.58 kN \cdot m$

扭矩 $M_n = 1.5 kN \cdot m$

3) 设计截面。根据第三强度

图 21-10

理论的强度条件 $\sigma_{r3} = \dfrac{\sqrt{M^2 + M_n^2}}{W} \leqslant [\sigma]$，可知圆轴所需的抗弯截面模量为

$$W \geqslant \frac{\sqrt{M^2 + M_n^2}}{[\sigma]} = \frac{\sqrt{(2.58 \times 10^3)^2 + (1.5 \times 10^3)^2}}{80 \times 10^6}\mathrm{m}^3 = 37.3 \times 10^{-6}\mathrm{m}^3$$

圆轴所需直径为

$$d = \sqrt[3]{\frac{32W}{\pi}} = 7.2 \times 10^{-2}\mathrm{m} = 72\mathrm{mm}$$

讨论

因为危险截面确实是根据内力 M_n 和 M 决定的，所以要特别注意具有两个平面弯曲时弯矩 M_z 和 M_y 的合成，危险截面经常发生在合成弯矩 M 最大的所在截面。

例21-6 圆截面的水平折杆受力如图21-11a所示。已知直径 $d = 40\mathrm{mm}$，$a = 500\mathrm{mm}$。当在自由端加载荷 F 的过程中，已测得危险点处的主应变为 $\varepsilon_1 = 237 \times 10^{-6}$，$\varepsilon_3 = -67.3 \times 10^{-6}$。已知材料的弹性模量 $E = 209 \times 10^9\mathrm{Pa}$，泊松比 $\nu = 0.26$。求：（1）危险点处的主应力及相当应力 σ_{r3} 和 σ_{r4}；（2）主应变 ε_2；（3）外力 F 的值。

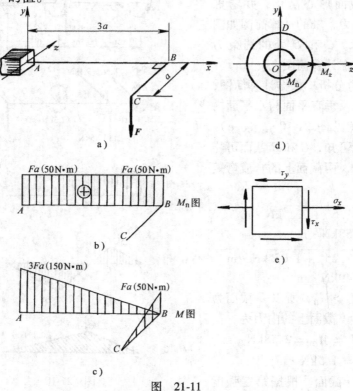

图 21-11

解 1）绘内力图，确定危险截面。作出内力图如图 21-11b、c 所示。由内力图可知，危险截面为固端 A 截面。内力有（见图 21-11d）

$$M_z = 3Fa \qquad M_n = Fa$$

2）应力分析。危险截面的上、下边缘处最危险。取出 D 点的应力单元体如图 21-11e 所示，图中

$$\sigma_x = \frac{M_z}{W}, \tau_x = \frac{M_n}{W_p}$$

因为该点处的主应变 $\varepsilon_1 = 237 \times 10^{-6}, \varepsilon_3 = -67.3 \times 10^{-6}$ ，又因为该点为二向应力状态（$\sigma_2 = 0$），所以

$$\varepsilon_1 = \frac{1}{E}[\sigma_1 - \nu\sigma_3] = \frac{1}{209 \times 10^9} \times [\sigma_1 - 0.26\sigma_3] = 237 \times 10^{-6}$$

$$\varepsilon_3 = \frac{1}{E}[\sigma_3 - \nu\sigma_1] = \frac{1}{209 \times 10^9} \times [\sigma_3 - 0.26\sigma_1] = -67.3 \times 10^{-6}$$

解得
$$\sigma_1 = 49.2\text{MPa}, \sigma_2 = 0, \sigma_3 = -1.3\text{MPa}$$

3）计算相当应力

$$\sigma_{r3} = \sigma_1 - \sigma_3 = [49.2 - (-1.3)]\text{MPa} = 50.5\text{MPa}$$

$$\sigma_{r4} = \sqrt{\frac{1}{2}[(\sigma_1 - \sigma_2)^2 + (\sigma_2 - \sigma_3)^2 + (\sigma_3 - \sigma_1)^2]}$$

$$= \sqrt{\frac{1}{2}[(49.2)^2 + (-1.3)^2 + (-1.3 - 49.2)^2]}\text{MPa}$$

$$= 49.9\text{MPa}$$

4）计算主应变 ε_2

$$\varepsilon_2 = \frac{1}{E}[\sigma_2 - \nu(\sigma_1 + \sigma_3)]$$

$$= -\frac{\nu}{E}(\sigma_1 + \sigma_3)$$

$$= -\frac{0.26}{209 \times 10^9} \times [49.2 \times 10^6 + (-1.3 \times 10^6)]$$

$$= -59.6 \times 10^{-6}$$

5）计算外力 F 值

因为
$$\sigma_1 + \sigma_3 = \sigma_x + \sigma_y$$

所以
$$\sigma_x = \sigma_1 + \sigma_3 = (49.2 - 1.3)\text{MPa} = 47.9\text{MPa}$$

又因为
$$\sigma_x = \frac{M_z}{W}$$

所以
$$M_z = 3Fa = \sigma_x W = 47.9 \times \frac{\pi}{32} \times 40^3 \times 10^{-9}$$

解得 $F = 200\text{N}$

例 21-7 结构受力如图 21-12a 所示。钢制 AB 圆杆的横截面面积 $A = 80 \times 10^{-4}\text{m}^2$，抗弯截面系数 $W = 100 \times 10^{-6}\text{m}^3$，抗扭截面系数 $W_P = 200 \times 10^{-6}\text{m}^3$，材料的许用应力 $[\sigma] = 128\text{MPa}$。试对此杆进行强度校核。

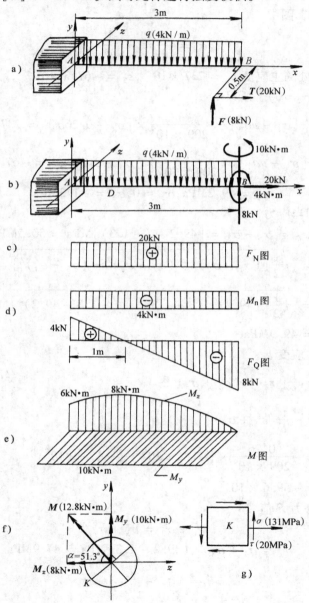

图 21-12

解 1）对 *AB* 杆进行外力简化（图 21-12b）。

2）作 *AB* 杆内力图（图 21-12c、d、e），确定危险截面。

由内力图可知，距 *A* 截面 1m 处的 *D* 截面为危险截面，其面上的内力有

轴力 $\quad F_N = 20\text{kN}$（拉）； 扭矩 $\quad M_n = 4\text{kN} \cdot \text{m}$；

弯矩 $\quad M = \sqrt{M_z^2 + M_y^2} = \sqrt{8^2 + 10^2}\text{kN} \cdot \text{m} = 12.8\text{kN} \cdot \text{m}$；

方位角 $\quad \tan\alpha = \dfrac{M_y}{M_z} = \dfrac{10}{8} = 1.25, \alpha = 51.3°$，如图 21-12f 所示。

3）应力分析。由图 21-12f 可知，*D* 截面上的 *K* 点是危险点。作出 *K* 点的应力单元体，如图 21-12g 所示。因为

$$\sigma = \sigma_{F_N} + \sigma_M = \frac{F_N}{A} + \frac{M}{W} = \left(\frac{20 \times 10^3}{80 \times 10^{-4}} + \frac{12.8 \times 10^3}{100 \times 10^{-6}}\right)\text{Pa} = 131\text{MPa}$$

$$\tau = \frac{M_n}{W_P} = \left(\frac{4 \times 10^3}{200 \times 10^{-6}}\right)\text{Pa} = 20\text{MPa}$$

所以 $\quad \sigma_{r3} = \sqrt{\sigma^2 + 4\tau^2} = \sqrt{131^2 + 4 \times 20^2}\text{MPa} = 137\text{MPa} > [\sigma] = 128\text{MPa}$

计算结果表明强度不足。

讨论

应该指出的是，不少读者在解此题时不画内力图，而毫无根据地判断固定端 *A* 截面为危险截面，其计算结果为 $\sigma_{r3} = 126\text{MPa} < [\sigma]$，从而得出强度足够的错误结论。

思 考 题

21-1 什么是组合变形？在组合变形的强度计算中，应用叠加原理的前提是什么？

21-2 为了分析图 21-13 所示各杆的 *AB*、*BC*、*CD* 段的内力，外力 *F* 应如何简化？各段横截面上的内力有哪几种？各段的内力图如何绘制？

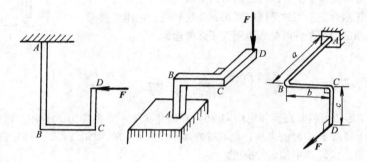

图 21-13

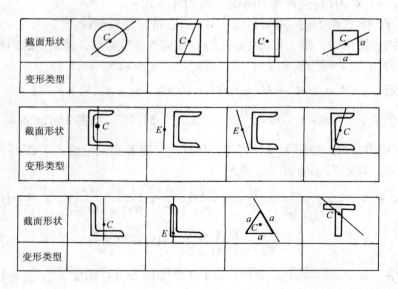

截面形状	 	 	 	
变形类型				

截面形状	 	 	 	
变形类型				

截面形状	 	 	 	
变形类型				

图　21-14

21-3　图 21-14 所示为几种梁的横截面及载荷作用平面情况，试指出各梁将发生哪种类型的变形？外力应该怎样简化和分解？

21-4　已知圆轴的直径 D，其 $W_z = W_y = \dfrac{\pi D^3}{32}$，$W_P = \dfrac{\pi D^3}{16}$，危险截面上的内力有：弯矩 M_y、M_z 和扭矩 M_n。则 $\sigma_{r3} = \sqrt{\sigma^2 + 4\tau^2}$，其中，$\sigma = \dfrac{M_y}{W_y} + \dfrac{M_z}{W_z}$，$\tau = \dfrac{M_n}{W_P}$。此式对吗？若不对，则 σ_{r3} 应如何计算？

21-5　试分析下列各种受力情况时（见图 21-15）杆件底截面上的内力：（1）力 F 作用在 E 点；（2）力 F 作用在 K 点；（3）力 F 作用在形心 C 点。

21-6　对承受组合变形的杆件如何建立强度条件？为什么校核构件在弯扭组合变形下的强度时要用到强度理论？在建立斜弯曲或偏心拉压的强度条件时是否也用到了强度理论？

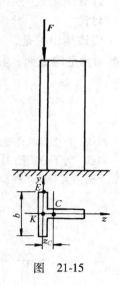

图　21-15

习　　题

21-1　矩形截面的简支梁（见图 21-16）在跨中央受一个集中力 F 作用。已知 $F = 10\text{kN}$，与形心主轴 y 形成 $\varphi = 15°$ 的夹角，设木材的弹性模量 $E = 10^4\text{MPa}$。试求：（1）跨中截面上正应力的分布图；（2）跨中截面的挠度。

21-2　矩形截面的悬臂梁承受载荷如图 21-17 所示，已知材料的许用应力 $[\sigma] = 10\text{MPa}$，

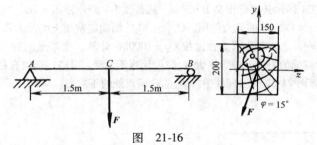

图 21-16

弹性模量 $E = 10^4 \text{MPa}$。试求：（1）设计矩形截面的尺寸

b、$h\left(\dfrac{h}{b} = 2\right)$；（2）自由端的挠度 f。

21-3 简支于屋架上的檩条承受均布载荷 $q = 14\text{kN/m}$ 作用，如图 21-18 所示。檩条跨长 $l = 4\text{m}$，采用工字钢制造，其许用应力 $[\sigma] = 160\text{MPa}$。试选择工字钢型号。

21-4 试求图 21-19 所示 AB 梁中的最大拉应力，并说明发生在何处。梁的截面为 $100\text{mm} \times 200\text{mm}$ 的矩形。

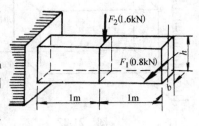

图 21-17

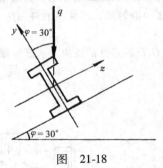

图 21-18

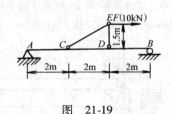

图 21-19

21-5 某水塔（如图 21-20 所示）盛满水时连同基础总重为 $G = 200\text{kN}$，在离地面 $H = 15\text{mm}$ 处受水平风力的合力 $F = 60\text{kN}$ 的作用。圆形基础的直径 $d = 6\text{m}$，埋置深度 $h = 3\text{m}$，地基为红粘土，其许用的承载应力为 $[\sigma] = 0.15\text{MPa}$。求：（1）绘制基础底面的正应力分布图；（2）校核基础底部地基的强度。

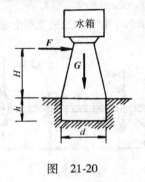

图 21-20

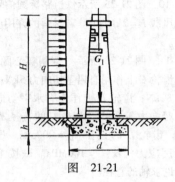

图 21-21

21-6 图 21-21 所示砖砌烟囱高 $H=30m$，底截面 1-1 的外径 $d_1=3m$，内径 $d_2=2m$，自重 $G_1=2000kN$，受 $q=1kN/m$ 的风力作用。试求：（1）烟囱底截面上的最大压应力；（2）若烟囱的基础埋深 $h=4m$，基础及填土自重按 $G_2=1000kN$ 计算，地基土的许用压应力 $[\sigma]=0.3MPa$，则圆形基础的直径 d 应为多大（注：计算风力时，可略去烟囱直径的变化）？

21-7 试计算图 21-22 所示杆件中 A,B,C,D 四点处的正应力。

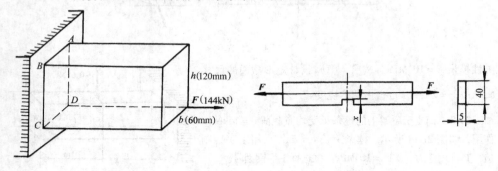

图 21-22   图 21-23

21-8 受拉构件的形状如图 21-23 所示。已知截面为 $40mm \times 5mm$ 的矩形，通过轴线的拉力 $F=12kN$。现在要对该拉杆开一切口。若不计应力集中的影响，当材料的许用应力 $[\sigma]=100MPa$ 时，试确定切口的许用最大深度 x。

21-9 试计算图 21-24 所示杆件中阴影截面上 A,B,C,D 四点处的正应力。已知截面的宽度 $b=60mm$，截面的高度 $h=120mm$。

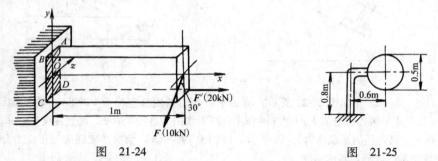

图 21-24   图 21-25

21-10 图 21-25 所示铁道路标圆信号板，装在外径 $D=60mm$ 的空心圆柱上，信号板所受的最大风载 $P=2kN/m^2$。若材料的许用应力为 $[\sigma]=60MPa$，试按第三强度理论选定空心柱的厚度。

21-11 图 21-26 所示一钢制实心圆轴，轴上的齿轮 C 上作用有铅垂切向力 5kN；径向力 1.82kN；齿轮 D 上作用有水平切向力 10kN，径向力 3.64kN。齿轮 C 的直径 $d_C=400mm$，齿轮 D 的直径 $d_D=200mm$。设材料的许用应力 $[\sigma]=100MPa$。试按第四强度理论求轴的直径。

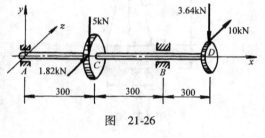

图 21-26

21-12 直径 $d = 30mm$ 的圆轴，承受扭转力偶矩 M_n 和水平面内的力偶矩 M 的联合作用（见图 21-27）。为了测定 M_n 与 M 之值，在圆轴表面沿轴线方向及与轴线成 45°方向上进行应变测试，现测得应变值分别为 $\varepsilon_{0°} = 500 \times 10^{-6}$，$\varepsilon_{45°} = 426 \times 10^{-6}$。试求 M_n 和 M。已知：材料的 $E = 210GPa$，$\nu = 0.28$。

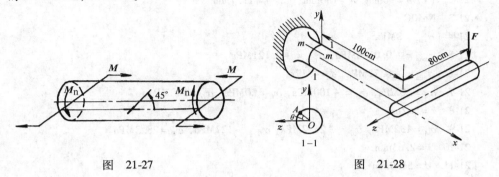

图 21-27 　　　　　　　　　　　图 21-28

21-13 某曲柄轴的端截面受垂直向下载荷 F 作用，如图 21-28 所示。与 x 轴平行的直线 m—m 通过截面 1-1 图边上的 A 点，已知 OA 与 z 轴的夹角 $\theta = 30°$。现在表面 A 点测得与直线 m—m 成 $\alpha = 45°$方向的线应变 $\varepsilon_{45°} = 700 \times 10^{-6}$。试求 F 值。已知轴的直径 $d = 200mm$，$E = 200GPa$，$\nu = 0.33$。

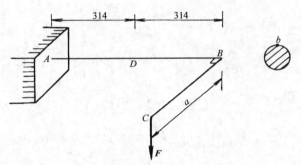

图 21-29

21-14 一直径为 20mm 的圆截面折杆，在截面 C 处受垂直于水平面 ABC 的载荷 F 作用，如图 21-29 所示。现测得 D 截面顶部表面 b 点处的主应变 $\varepsilon_1 = 508 \times 10^{-6}$，$\varepsilon_3 = -228 \times 10^{-6}$。试求外力 F 的值和长度 a。已知 $E = 200GPa$，$\nu = 0.3$。

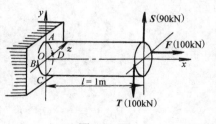

21-15 某圆轴受力如图 21-30 所示。已知圆轴的直径 $D = 100mm$，材料的许用应力 $[\sigma] = 160MPa$。试按第三强度理论进行强度计算。

图 21-30

习 题 答 案

21-1　$\sigma_{max} = 9.8MPa$；$f = 6.02mm$

21-2　（1）$b = 90mm$，$h = 180mm$；（2）$f = 19.7mm$

21-3　No40C

21-4　$\sigma_{max} = 8MPa$

21-5　$\sigma_{max} = -0.0198MPa$，$\sigma_{min} = -0.121MPa$

21-6　$\sigma_{min} = -0.72MPa$，$d = 4.17m$

21-7　$\sigma_A = 20MPa$，$\sigma_B = -100MPa$，$\sigma_C = 20MPa$，$\sigma_D = 140MPa$

21-8　$x = 5.2mm$

21-9　$\sigma_A = 132MPa$，$\sigma_B = -23.2MPa$，$\sigma_C = -127MPa$，$\sigma_D = 28.3MPa$

21-10　$t = 2.65mm$

21-11　$d = 51.9mm$

21-12　$M_n = 214N \cdot m$，$M = 278N \cdot m$

21-13　$F = 157kN$

21-14　$F = 200kN$，$a = 314mm$

21-15　$\sigma_{r3} = 137MPa$

第二十二章 压杆稳定

内 容 提 要

1. 稳定平衡和不稳定平衡的概念

稳定平衡和不稳定平衡的定义如表 22-1 所示。

表 22-1 稳定平衡和不稳定平衡

名 称	定 义	图 例
稳定平衡	物体处于平衡状态，如有微小干扰，物体离开平衡位置，但除去干扰后，物体又能恢复原来的平衡状态，则物体在原来的平衡状态称为稳定平衡状态	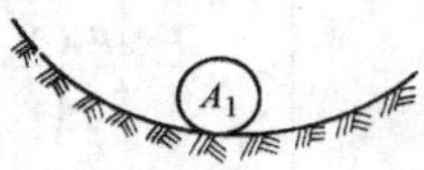
不稳定平衡	物体处于平衡状态，如有微小干扰，物体离开平衡位置，但除去干扰后，物体不能恢复原来的平衡状态，并且进一步离开，直至破坏，则物体在原来的平衡状态称为不稳定平衡状态	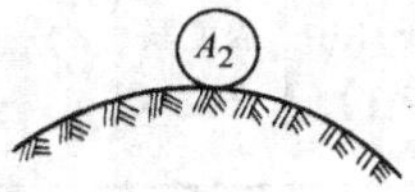
临界平衡	物体处于平衡状态，如有微小干扰，物体离开平衡位置，但除去干扰后，物体不能恢复原来的平衡状态，而在新的位置保持平衡，则物体在原来的平衡状态称为临界平衡状态	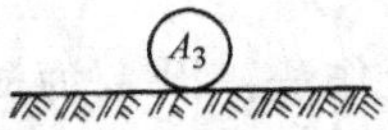

2. 临界压力的概念

由稳定平衡过渡到不稳定平衡的临界值称为临界力。

对于细长压杆，作用在压杆上的力随着外力的增加，细长压杆原有直线状态平衡也会从稳定的平衡过渡到不稳定的平衡。当压力 $F < F_{cr}$ 时，压杆处于稳定平衡状态，当 $F > F_{cr}$ 时，压杆处于不稳定平衡状态。

F_{cr} 称为临界压力，是指压杆由原来的直线平衡状态转变为微弯平衡状态时的压力值，也即开始丧失稳定平衡状态时的压力值。

3. 临界力、临界应力的计算

压杆临界力的计算是压杆稳定一章中的关键，临界力的大小和压杆的支承情况、杆的长度、截面形状以及材料的性质均有关。

1）压杆临界力、临界应力计算。压杆临界力、临界应力计算如表 22-2 所示。

表 22-2　压杆临界力、临界应力计算

名称	破坏形式	适用范围	临界应力	临界压力	说明
大柔度压杆（细长压杆）	失稳破坏	$\lambda \geqslant \lambda_p$ 柔度 $\lambda = \dfrac{\mu l}{i}$；$\lambda_p = \pi \sqrt{\dfrac{E}{\sigma_p}}$ 长度系数： $\mu \begin{cases} \text{两端固定} \mu = 0.5 \\ \text{两端铰支} \mu = 1 \\ \text{一端固定，一端铰支} \mu = 0.7 \\ \text{一端固定，一端自由} \mu = 2 \end{cases}$	$\sigma_{cr} = \dfrac{\pi^2 E}{\lambda^2}$	$F_{cr} = \dfrac{\pi^2 EI}{(\mu l)^2}$	$i = \sqrt{\dfrac{I}{A}}$，i 和 I 都是对截面某一形心主惯性轴而言，即 $i_z = \sqrt{\dfrac{I_z}{A}}$，$i_y = \sqrt{\dfrac{I_y}{A}}$ 计算时应使 λ 达到最大时所对应的 i 式 I 值
中柔度压杆（中长压杆）	失稳和强度联合破坏	$\lambda_0 \leqslant \lambda \leqslant \lambda_p$ $\lambda_0 = \dfrac{a - \sigma_s}{\lambda}$	$\sigma_{cr} = a - b\lambda$	$F_{cr} = (a - b\lambda) A$	a、b 是和材料有关的系数，由表可查

2）临界应力总图。表示压杆临界应力随着不同柔度 λ 变化规律的图线称为临界应力总图。

作法：以 λ 为横坐标，σ_{cr} 为纵坐标。把大柔度压杆、中柔度压杆、小柔度压杆（强度控制）的临界应力的计算式表示在同一张图中（见图 22-1）。

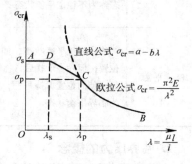

图　22-1

3）临界力计算的一般步骤：

a. 根据支承情况确定长度系数 μ。

b. 计算柔度 $\lambda = \dfrac{\mu l}{i}$。

c. 根据最大的 λ 值，确定压杆临界力的计算式

$$\lambda \geqslant \lambda_p \quad 用欧拉公式 \quad F_{cr} = \dfrac{\pi^2 EI}{(\mu l)^2}$$

$$\lambda_0 \leqslant \lambda \leqslant \lambda_p \quad 用直线公式 \quad F_{cr} = (a - b\lambda) A$$

4. 压杆的稳定计算

压杆的稳定计算如表 22-3 所示。

表 22-3　压杆的稳定计算

名　称	计　算　公　式
安全系数法	稳定条件　$F \leqslant \dfrac{F_{cr}}{[n_w]} = [F_{cr}]$ 式中　F——压杆的工作力 　　　F_{cr}——压杆的临界力 　　　$[n_w]$——设计要求的稳定安全系数 　　　$[F_{cr}]$——压杆的许用临界力 用安全系数表示的稳定条件　$n = \dfrac{F_{cr}}{F} \geqslant [n_w]$ 　　　n——压杆的工作安全系数
折减系数法	稳定条件　$\sigma = \dfrac{F}{A} \leqslant \varphi [\sigma]$ 式中　σ——压杆的工作应力 　　　φ——折减系数,其值小于1,根据 λ 可查表而得 　　　$[\sigma]$——许用应力

基 本 要 求

1) 了解压杆稳定性的概念。

2) 掌握柔度计算 $\lambda = \dfrac{\mu l}{i}$。

3) 根据 λ 值,能确定临界力的计算公式。

4) 能用安全系数法进行稳定计算。

5) 能用 φ 系数法进行稳定计算。

典 型 例 题

例 22-1　两端铰支压杆的长度 $l = 1.2\text{m}$,材料为 Q235 钢,$E = 200\text{GPa}$,$\sigma_p = 200\text{MPa}$,$\sigma_s = 240\text{MPa}$。已知截面的面积 $A = 900\text{mm}^2$,若截面的形状分别为圆形、正方形、$\dfrac{d}{D} = 0.7$ 的空心圆管。试分别计算各杆的临界力。

解　1) 圆形截面

直径
$$D = \sqrt{\frac{4A}{\pi}} = \sqrt{\frac{4 \times 900}{\pi}}\text{mm} = 33.85\text{mm}$$
$$= 33.85 \times 10^{-3}\text{m}$$

惯性半径
$$i = \sqrt{\frac{I}{A}} = \sqrt{\frac{\pi D^4/64}{\pi D^2/4}} = \frac{D}{4} = \frac{33.85 \times 10^{-3}}{4}\text{m}$$
$$= 8.46 \times 10^{-3}\text{m}$$

柔度
$$\lambda = \frac{\mu l}{i} = \frac{1 \times 1.2}{8.46 \times 10^{-3}} = 142$$

$$\lambda_p = \pi \sqrt{\frac{E}{\sigma_p}} = \pi \sqrt{\frac{200 \times 10^9}{200 \times 10^6}} = 99.3$$

因为 $\lambda = 142 > \lambda_p = 99.3$，所以属细长压杆，用欧拉公式计算临界力

$$F_{cr} = \frac{\pi^2 EI}{(\mu l)^2} = \frac{\pi^2 \times 200 \times 10^9 \times \frac{\pi}{64} \times (33.85 \times 10^{-3})^4}{(1 \times 1.2)^2} N$$
$$= 88.3 kN$$

2）正方形截面

截面边长
$$a = \sqrt{A} = \sqrt{900} mm = 30 \times 10^{-3} m$$

$$i = \sqrt{\frac{I}{A}} = \sqrt{\frac{a^4/12}{a^2}} = \frac{a}{\sqrt{12}} = \frac{30 \times 10^{-3}}{\sqrt{12}} m = 8.66 \times 10^{-3} m$$

$$\lambda = \frac{\mu l}{i} = \frac{1 \times 1.2}{8.66 \times 10^{-3}} = 138$$

因为 $\lambda = 138 > \lambda_p = 99.3$，所以属细长压杆，用欧拉公式计算临界力

$$F_{cr} = \frac{\pi^2 EI}{(\mu l)^2} = \frac{\pi^2 \times 200 \times 10^9 \times \frac{1}{12} \times (30 \times 10^{-3})^4}{(1 \times 1.2)^2} N = 92.5 kN$$

3）空心圆管截面。因为 $\frac{d}{D} = 0.7$，所以 $\frac{\pi}{4}(D^2 - d^2) = \frac{\pi}{4}[D^2 - (0.7D)^2] = A$

得
$$D = 47.4 \times 10^{-3} m, \quad d = 33.18 \times 10^{-3} m$$

惯性矩
$$I = \frac{\pi}{64}(D^4 - d^4) = \left[\frac{\pi}{64}(47.4^4 - 33.18^4) \times 10^{-12}\right] m^4$$
$$= 1.88 \times 10^{-7} m^4$$

$$i = \sqrt{\frac{I}{A}} = \sqrt{\frac{1.88 \times 10^{-7}}{900 \times 10^{-6}}} = 1.45 \times 10^{-2}$$

$$\lambda = \frac{\mu l}{i} = \frac{1 \times 1.2}{1.45 \times 10^{-12}} = 82.7$$

$$\lambda_0 = \frac{a - \sigma_s}{b} = \frac{304 - 235}{1.12} = 61.6$$

因为 $\lambda_0 < \lambda < \lambda_p$，所以属中长压杆，用直线公式计算临界力
$$F_{cr} = (a - b\lambda)A = [(304 - 1.12 \times 82.7) \times 10^6 \times 900 \times 10^{-6}] N$$
$$= 190 kN$$

讨论

三根杆件截面积均相同，但临界力相差很大，空心圆管截面具有最大的临界

力。这说明此种截面较为合理，具有较大的惯性矩和惯性半径，从而使得柔度 λ 值比较小。

例 22-2 如图 22-2 所示压杆若在纸平面内失稳，两端可视为铰支，若在与纸垂直的平面内失稳，可视为两端固定。材料为 Q235 钢，$E = 200\text{GPa}$，$\sigma_p = 200\text{MPa}$，$\sigma_s = 235\text{MPa}$，$l = 2\text{m}$。截面尺寸为 $b = 40\text{mm}$，$h = 65\text{mm}$。设计要求稳定安全系数 $[n_w] = 2$。试校核压杆的稳定性。

解 由于该压杆在两个形心主惯性平面内的支承条件不同，因此，首先须分别计算出压杆在两个形心主惯性平面失稳时的临界力，然后再对压杆进行稳定计算。

1) 计算压杆在纸平面内绕 y 轴失稳时的临界力的大小 $(F_{cr})_y$

$$I_y = \frac{1}{12}bh^3 = \left(\frac{1}{12} \times 40 \times 65^3 \times 10^{-12}\right)\text{m}^4$$
$$= 9.15 \times 10^{-7}\text{m}^4$$

$$A = bh = (40 \times 65)\text{mm}^2 = 2.6 \times 10^{-3}\text{m}^2$$

$$i = \sqrt{\frac{I_y}{A}} = \sqrt{\frac{9.15 \times 10^{-7}}{2.6 \times 10^{-3}}}\text{m} = 1.87 \times 10^{-2}\text{m}$$

因为在纸平面失稳，两端可视为铰支，所以 $\mu_y = 1$

$$\lambda_y = \frac{\mu_y l}{i_y} = \frac{1 \times 2}{1.87 \times 10^{-2}} = 107$$

$$\lambda_p = \pi\sqrt{\frac{E}{\sigma_p}} = \pi\sqrt{\frac{200 \times 10^9}{200 \times 10^6}} = 99.3$$

$\lambda_y = 107 > \lambda_p = 99.3$，该压杆在纸平内失稳时属细长压杆，用欧拉公式计算临界力

$$(F_{cr})_y = \frac{\pi^2 E I_y}{(\mu_y l)^2} = \frac{\pi^2 \times 200 \times 10^9 \times 9.15 \times 10^{-7}}{(1 \times 2)^2}\text{N}$$
$$= 451\text{kN}$$

2) 计算压杆在垂直纸平面绕 z 轴失稳时的临界力的大小 $(F_{cr})_z$

$$I_z = \frac{1}{12}hb^3 = \left(\frac{1}{12} \times 65 \times 40^3 \times 10^{-12}\right)\text{m}^4$$
$$= 3.47 \times 10^{-7}\text{m}^4$$

$$i_z = \sqrt{\frac{I_z}{A}} = \sqrt{\frac{3.47 \times 10^{-7}}{2.6 \times 10^{-3}}}\text{m} = 1.16 \times 10^{-2}\text{m}$$

因为在垂直纸平面内失稳时两端可视为固定，所以 $\mu_z = 0.5$

图 22-2

F(180kN)

F(180kN)

$$\lambda_z = \frac{\mu_z l}{i_z} = \frac{0.5 \times 2}{1.16 \times 10^{-2}} = 86$$

$$\lambda_0 = \frac{a - \sigma_s}{b} = \frac{304 - 235}{1.12} = 61.6$$

$\lambda_0 < \lambda_z < \lambda_p$，该压杆在垂直纸平内失稳时属中长压杆，用直线公式计算临界力

$$(\sigma_{cr})_z = a - b\lambda = (304 - 1.12 \times 86) \text{ MPa} = 208\text{MPa}$$

$$(F_{cr})_z = \sigma_{cr} A = (208 \times 10^6 \times 2.6 \times 10^{-3}) \text{ N} = 540\text{kN}$$

3）稳定计算。由上面的计算可知，该压杆将可能在纸平面内绕 y 轴先失稳，故其临界力为 $F_{cr} = (F_{cr})_y = 451\text{kN}$，其工作安全系数

$$n = \frac{F_{cr}}{F} = \frac{451}{180} = 2.51 > [n_w] = 2$$

压杆稳定计算符合设计要求。

讨论

1）本题值得注意的是，尽管 $I_y > I_z$，EI_z 是压杆的最小抗弯刚度，但由于在两个主惯性平面内的支承条件不一样，所以该压杆将在抗弯刚度最大的纵向平面（纸平面）内失去稳定。

2）为了确定压杆的临界力，也可以比较两主惯性平面内的柔度，由

$$\lambda_y = 107, \quad \lambda_z = 86$$

可知 $\lambda_y > \lambda_z$，从而可判断该压杆肯定在纸平面内先失稳。因此，只计算出 $(F_{cr})_y = 451\text{kN}$ 即可。

例 22-3 两端铰支的压杆由两根 20b 槽钢组成一个整体，材料的弹性模量

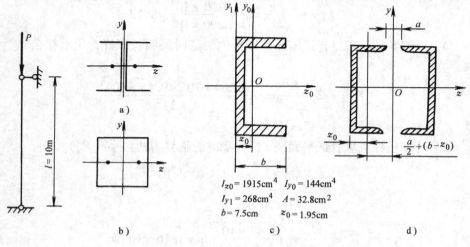

$I_{z0} = 1915\text{cm}^4 \quad I_{y0} = 144\text{cm}^4$
$I_{y1} = 268\text{cm}^4 \quad A = 32.8\text{cm}^2$
$b = 7.5\text{cm} \quad z_0 = 1.95\text{cm}$

图 22-3

$E = 2 \times 10^5 \text{MPa}$。试求：（1）截面如图 22-3a 所示布置时杆的临界力；（2）截面如图 22-3b 所示布置时杆的临界力；（3）截面应如何布置，杆的临界力才最大？其值为多少？

解 1）查型钢表得槽钢 20b 的截面几何性能如图 22-3c 所示。

2）截面如图 22-3a 所示布置时杆的临界力

$$I_z = 2I_{z0} = 2 \times 1915 \text{cm}^4 = 3830 \times 10^{-8} \text{m}^4$$

$$I_y = 2I_{y1} = 2 \times 268 \text{cm}^4 = 536 \times 10^{-8} \text{m}^4$$

因为 $I_z > I_y$，所以

$$i_{\min} = \sqrt{\frac{I_y}{2A}} = \sqrt{\frac{536}{2 \times 32.8}} \text{cm} = 2.86 \times 10^{-2} \text{m}$$

$$\lambda_{\max} = \frac{\mu l}{i_{\min}} = \frac{1 \times 10}{2.86 \times 10^{-2}} = 350$$

$\lambda > \lambda_p \approx 100$，此杆属细长压杆，用欧拉公式计算临界力

$$F_{cr} = \frac{\pi^2 E I_y}{(\mu l)^2} = \frac{\pi^2 \times 200 \times 10^9 \times 536 \times 10^{-8}}{(1 \times 10)^2} \text{N} = 106 \text{kN}$$

3）截面如图 22-3b 所示布置时杆的临界力

$$I_z = 2I_{z0} = 2 \times 1915 \text{cm}^4 = 3830 \times 10^{-8} \text{m}^4$$

$$I_y = 2[I_{y0} + A (b - z_0)^2]$$
$$= 2[144 + 32.8 \times (7.5 - 1.95)^2] \text{cm}^4$$
$$= 2310 \times 10^{-8} \text{m}^4$$

因为 $I_z > I_y$ 所以

$$i_{\min} = \sqrt{\frac{I_y}{2A}} = \sqrt{\frac{2310}{2 \times 32.8}} \text{cm} = 5.93 \times 10^{-2} \text{m}$$

$$\lambda_{\max} = \frac{\mu l}{i_{\min}} = \frac{1 \times 10}{5.93 \times 10^{-2}} = 169$$

$\lambda > \lambda_p \approx 100$，属细长压杆，用欧拉公式计算临界力

$$F_{cr} = \frac{\pi^2 E I_y}{(\mu l)^2} = \frac{\pi^2 \times 200 \times 10^9 \times 2310 \times 10^{-8}}{(1 \times 10)^2} \text{N} = 456 \text{kN}$$

讨论

经上述计算可知，尽管图 22-3a 与图 22-3b 两种布置时截面积均相同，但是图 22-3b 布置形式的临界力是图 22-3a 布置形式的临界力的 4.3 倍，这是由于图 22-3b 布置的截面形式较图 22-3a 更为合理。

4）求杆的最大临界力。若杆的截面按图 22-3d 所示布置，并使 $I_z = I_y$，则杆将具有最大的临界力

$$I_z = 2I_{z0} = 3830 \text{cm}^4$$

$$I_y = 2\left[I_{y0} + A\left(\frac{a}{2} + b - z_0\right)^2\right] = I_z = 3830\text{cm}^4$$

即 $$2 \times \left[144 + 32.8 \times \left(\frac{a}{2} + 7.5 - 1.95\right)^2\right] = 3830$$

得 $a = 3.6\text{cm}$

所以只要将两槽钢分开布置，并使 $a \geqslant 3.6\text{cm}$（见图22-3d），压杆将具有最大的临界力

$$I_y = I_z = 3830 \times 10^{-8}\text{m}^4$$

$$i = \sqrt{\frac{I}{2A}} = \sqrt{\frac{3830}{2 \times 32.8}}\text{cm} = 7.64 \times 10^{-2}\text{m}$$

$$\lambda = \frac{\mu l}{i} = \frac{1 \times 10}{7.64 \times 10^{-2}} = 131$$

$\lambda > \lambda_p \approx 100$，用欧拉公式计算临界力

$$F_{cr} = \frac{\pi^2 EI}{(\mu l)^2} = \frac{\pi^2 \times 200 \times 10^9 \times 3830 \times 10^{-8}}{(1 \times 10)^2}\text{N} = 755\text{kN}$$

例 22-4   结构受力如图22-4a所示，CD 柱由 Q235 钢制成，$E = 200\text{GPa}$，$\sigma_p = 200\text{MPa}$，许用应力 $[\sigma] = 120\text{MPa}$。柱的截面积为 $a = 60\text{mm}$ 的正方形。试求：（1）当 $F = 40\text{kN}$ 时，CD 柱的稳定安全系数 n；（2）如设计要求稳定安全系数 $[n_w] = 3$，结构的许用载荷 $[F]$；（3）用 φ 系数法计算结构的许用载荷。

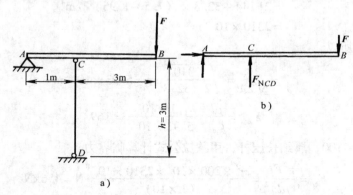

图 22-4

解 1）计算 CD 柱的内力和外力 F 的关系（见图22-4b）。由平衡条件 $\sum M_{iA} = 0$ 可知 $F = \frac{1}{4}F_{NCD}$。

2）计算 CD 柱的临界力

因 $$I = \frac{a^4}{12}, \quad A = a^2$$

故

$$i = \sqrt{\frac{I}{A}} = \sqrt{\frac{a^4/12}{a^2}} = \frac{a}{\sqrt{12}} = \frac{60 \times 10^{-3}}{\sqrt{12}} \text{m}$$

$$= 1.73 \times 10^{-2} \text{m}$$

$$\lambda = \frac{\mu l}{i} = \frac{1 \times 3}{1.73 \times 10^{-3}} = 173$$

$$\lambda_p = \pi \sqrt{\frac{E}{\sigma_p}} = \pi \sqrt{\frac{200 \times 10^9}{200 \times 10^6}} = 99.3$$

因为 $\lambda > \lambda_p$，所以 *CD* 柱属细长杆，用欧拉公式计算临界力

$$F_{cr} = \frac{\pi^2 EI}{(\mu l)^2} = \frac{\pi^2 \times 200 \times 10^9 \times \frac{1}{12} \times 60^4 \times 10^{-12}}{(1 \times 3)^2} \text{N}$$

$$= 236.6 \text{kN}$$

3）确定 *CD* 柱的稳定安全系数。因为

$$F_{NCD} = 4F = 160 \text{kN}$$

所以 *CD* 柱的稳定安全系数为

$$n = \frac{F_{cr}}{F_{NCD}} = \frac{236.6}{160} = 1.48$$

注意：此安全系数即为 *CD* 柱工作时的安全系数。

4）安全系数法计算许用载荷（$[n_w] = 3$）。由 *CD* 柱的稳定条件

$$[F_{NCD}] = [F_{cr}] = \frac{F_{cr}}{[n_w]} = \frac{236.6}{3} \text{kN} = 78.9 \text{kN}$$

再由

$$F = \frac{1}{4} F_{NCD}$$

所以

$$[F] = \frac{[F_{NCD}]}{4} = \frac{78.9}{4} \text{kN} = 19.7 \text{kN}$$

5）用 φ 系数法计算许用载荷。因 $\lambda = 173$，查表得 $\varphi = 0.2355$

$$[F_{NCD}] = [F_{cr}] = \varphi A [\sigma]$$

$$= 0.2355 \times 60 \times 60 \times 10^{-6} \times 120 \times 10^6 \text{N}$$

$$= 102 \text{kN}$$

所以

$$[F] = \frac{[F_{NCD}]}{4} = \frac{102}{4} \text{kN} = 25.4 \text{kN}$$

讨论

上述计算所得的许用载荷分别为 19.7kN 和 25.4kN，这是一个矛盾的结果吗？许用载荷到底是 19.7kN，还是 25.4kN？这里应当指出的是，φ 系数表中的稳定安全系数 $[n_w]$ 不是一个定值，它是随 λ 值的变化而改变的量。而稳定安

全系数法中的安全系数 $[n_w]$ 是一个规定的特定值，他们之间没有关系，是两种方法中各自采用的安全系数。正因为如此，用 φ 系数法计算的结果不能与用安全系数法所得的结果进行比较。

例 22-5　两端铰支的工字钢压杆，长 $l = 4\text{m}$，承受轴向压力 $F = 400\text{kN}$ 作用。由于安装的需要，在翼缘上开了四个直径 $d = 30\text{mm}$ 的螺孔，如图 22-5 所示。材料为 Q235 钢，许用应力 $[\sigma] = 160\text{MPa}$。试确定工字钢的型号。

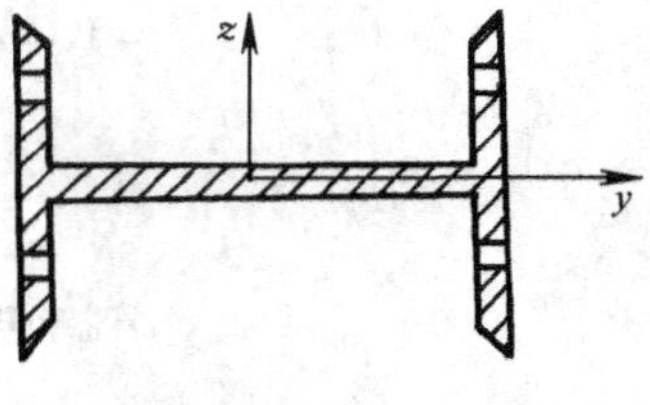

图　22-5

解　1）按稳定条件选择工字钢的型号。因为根据稳定条件 $\sigma = \dfrac{F}{A} \leqslant \varphi [\sigma]$ 中 A 和 φ 均为未知量，所以需采用逐次渐进的方法进行计算。

a. 设 $\varphi_1 = 0.5$，由 $\sigma = \dfrac{F}{A} \leqslant \varphi [\sigma]$ 得

$$A_1 \geqslant \frac{F}{\varphi_1 [\sigma]} = \frac{400 \times 10^3}{0.5 \times 160 \times 10^6}\text{m}^2 = 50 \times 10^{-4}\text{m}^2$$

按 A_1 值，初选 25b 工字钢，由型钢表查得

$$A_1' = 53.5 \times 10^{-4}\text{m}^2$$

$$i_y = 24.04\text{mm}, \quad i_z = 99.38\text{mm}$$

当两端为球铰支座时，只需考虑最小刚度平面内的稳定性，即

$$\lambda_{\max} = \lambda_y = \frac{\mu_y l}{i_y} = \frac{1 \times 4000}{24.04} = 166.4$$

由 $\lambda_{\max}$ 值查表得 $\varphi_1' = 0.253$。因 $\varphi_1' < \varphi_1$，且两者相差太大，所以初选截面太小，不满足稳定条件，应重新假设 φ 值。

b. 设
$$\varphi_2 = \frac{\varphi_1 + \varphi_1'}{2} = \frac{0.5 + 0.253}{2} = 0.38$$

$$A_2 \geqslant \frac{F}{\varphi_2 [\sigma]} = \frac{400 \times 10^3}{0.38 \times 160 \times 10^6}\text{m}^2 = 65.79 \times 10^{-4}\text{m}^2$$

选 32a 工字钢　　$A_2' = 67.05 \times 10^{-4}\text{m}^2$，$i_y = 26.19\text{mm}$

$$\lambda_y = \frac{\mu_y l}{i_y} = \frac{1 \times 4000}{26.19} = 152.7$$

由 $\lambda_y = 152.7$ 查得 $\varphi_2' = 0.297$。φ_2' 和 φ_2 仍相差较大，再试算。

c. 设
$$\varphi_3 = \frac{\varphi_2 + \varphi_2'}{2} = \frac{0.38 + 0.297}{2} = 0.34$$

$$A_3 \geqslant \frac{F}{\varphi_3 [\sigma]} = \frac{400 \times 10^3}{0.34 \times 160 \times 10^6}\text{m}^2 = 73.53 \times 10^{-4}\text{m}^2$$

选 36b 工字钢 $\quad A'_3 = 83.5 \times 10^{-4} \text{m}^2$，$i_y = 26.4\text{mm}$

$$\lambda_y = \frac{\mu_y l}{i_y} = \frac{1 \times 4000}{26.4} = 151.5$$

由 $\lambda_y = 151.5$，查表得 $\varphi'_3 = 0.301$，φ_3 和 φ'_3 接近。对压杆进行稳定计算

$$\sigma = \frac{F}{A} = \left(\frac{400 \times 10^3}{83.5 \times 10^{-4}}\right)\text{Pa} = 47.5\text{MPa} < \varphi\left[\sigma\right]$$

$$= (0.301 \times 160)\text{MPa} = 48.2\text{MPa}$$

稳定条件满足，所以选用 36b 工字钢。

2）校核压杆开孔处的抗压强度。压杆开孔处横截面面积受到削弱，该截面抗压强度要进行校核。36b 工字钢翼缘平均厚度 $t = 15.8\text{mm}$，故截面的净面积为

$A_{净} = A - 4dt = (83.5 \times 10^2 - 4 \times 30 \times 15.8)\text{mm}^2 = 6454\text{mm}^2$。

正应力为

$$\sigma = \frac{F}{A_{净}} = \left(\frac{400 \times 10^3}{6454 \times 10^{-6}}\right)\text{Pa} = 62\text{MPa} < \left[\sigma\right]$$

$$= 160\text{MPa}$$

故压杆的强度也足够。

讨论

对于压杆横截面上有开洞，在稳定计算时用压杆原横截面面积计算，但之后须进行强度计算。强度计算时用压杆的净面积计算，这样可以保证在削弱截面处不破坏。

思 考 题

22-1 压杆的失稳和梁的弯曲变形有何本质区别？

22-2 临界力是使压杆丧失稳定的最小载荷；临界力是压杆维持直线稳定平衡状态的最大载荷。这两句话对吗？矛盾吗？到底何为临界力？

22-3 欧拉公式的适用范围是什么？如用欧拉公式来计算中长压杆的临界力，会引起什么后果？

22-4 用稳定安全系数法和 φ 系数法设计压杆的截面时，是用压杆的临界力还是用工作压力来计算？为什么？压杆的临界力与工作压力有什么关系？

22-5 什么是折减系数 φ？它与哪些因素有关？用 φ 系数法对压杆进行稳定计算时，是否要区别细长杆、中长杆和短粗杆？为什么？

22-6 对于两端铰支、由 Q235 钢制成的圆截面压杆，杆长 l 应比直径 d 大多少倍时，才能应用欧拉公式。

22-7 用稳定安全系数法计算的结果与用 φ 系数法计算结果是否一致？为什么？

22-8 两端为球铰支承的等直压杆，其横截面分别为如图 22-6 所示形式。试问压杆失稳时，杆件将绕横截面上的哪根轴转动。

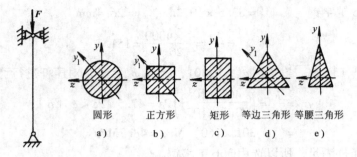

图 22-6

22-9 由 1、2 两杆组成的简单桁架有图 22-7a、b 所示两种形式。试问它们的承载能力是否相同？

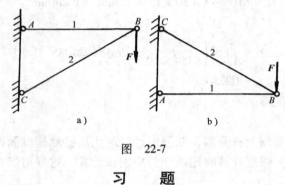

图 22-7

习 题

22-1 三根直径均为 $d = 16\text{mm}$ 的圆杆，其长度及支承情况如图 22-8 所示。圆杆的材料为 Q235 钢，$E = 200\text{GPa}$，$\sigma_p = 200\text{MPa}$。试求：（1）哪根压杆最容易失稳；（2）三杆中最大的临界压力值。

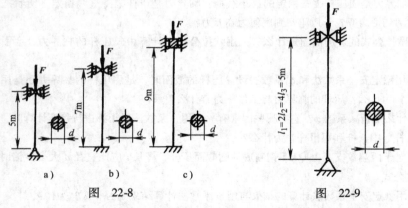

图 22-8　　　　　图 22-9

22-2 三根直径均为 $d = 160\text{mm}$ 的钢材，长度分别为 $l_1 = 2l_2 = 4l_3 = 5\text{m}$，如图 22-9 所示，杆材料均为 Q235 钢，$E = 200\text{GPa}$，$\sigma_p = 200\text{MPa}$，$\sigma_s = 240\text{MPa}$。试求各杆的临界压力。

22-3 有两根长度、横截面面积、杆端约束和材料均相同的细长压杆，一根的横截面为圆形，另一根为正方形。试求圆杆和方杆的临界力之比。

22-4 截面为矩形 $b \times h$ 的压杆，两端用柱形铰联接。在 xy 平面为弯曲时，可视为两端铰支，在 xz 平面内弯曲时，可视为两端固定，如图 22-10 所示。压杆的材料为 Q235 钢，$E = 200\text{GPa}$，$\sigma_p = 200\text{MPa}$。试求：（1）当 $b = 40\text{mm}$，$h = 60\text{mm}$ 时，压杆的临界力；（2）当欲使压杆在两个平面（xy 和 xz 平面）内失稳的可能性相同时，b 和 h 的比值。

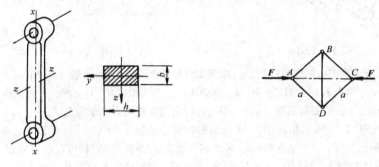

图　22-10　　　　　　　　　　图　22-11

22-5 由五根直径为 $d = 50\text{mm}$ 的圆钢杆组成正方形结构，如图 22-11 所示，结构联接处均为光滑铰链，正方形边长 $a = 1\text{m}$，材料为 Q235 钢。试求结构的临界载荷值。

22-6 如图 22-12 所示刚性杆 AB，在 C 点处由 Q235 钢制成的杆①支持。已知杆①的直径 $d = 50\text{mm}$，$l = 3\text{m}$，$\sigma_p = 200\text{MPa}$，$E = 200\text{GPa}$。试问：（1）A 处能施加的最大载荷 F 为多少？（2）若在 D 处再加一根与杆①条件相同的杆②，则 A 处能施加的最大载荷 F 又为多少？

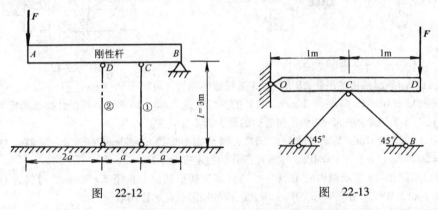

图　22-12　　　　　　　　　　图　22-13

22-7 刚性杆 OCD 的左端为固定铰支座，在 C 截面处由两根钢柱支承，如图 22-13 所示。已知钢柱 AC 和 BC 的两端均为铰接，长度 $l = 1\text{m}$，截面为边长 $a = 20\text{mm}$ 的正方形，材料的弹性模量 $E = 200\text{GPa}$，比例极限 $\sigma_p = 200\text{MPa}$。试求能施加在刚性杆 D 端的最大载荷值 $F_{\max}$。

22-8 简易起重机如图 22-14 所示。压杆 BD 为 20 号槽钢，材料为 Q235 钢，$E = 200\text{GPa}$，$\sigma_p = 200\text{MPa}$，$\sigma_s = 240\text{MPa}$。起重机的最大起重量 $F = 40\text{kN}$。试求 BD 杆稳定的工作安全系数。

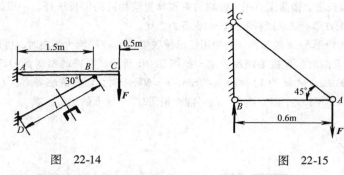

图　22-14　　　　　　　　　　　　　图　22-15

22-9　简易起重架由两圆钢杆组成，如图 22-15 所示。杆 AB 的直径 $d_1 = 30\text{mm}$，杆 AC 的直径 $d_2 = 20\text{mm}$，两材料均为 Q235 钢，$E = 200\text{GPa}$，$\sigma_p = 240\text{MPa}$，$\lambda_0 = 60$，$\lambda_p = 100$，规定强度安全系数 $n = 2$，稳定安全系数 $[n_w] = 3$。试确定起重机的最大起重量 F。

22-10　在图 22-16 所示结构中，AB 为圆形截面，直径 $d = 80\text{mm}$，A 端固定，B 端铰支。BC 为正方形截面的杆，边长 $a = 70\text{mm}$，C 端亦为铰支。AB 杆及 BC 杆可以各自独立发生弯曲变形，两杆的材料均为 Q235 钢，$E = 200\text{GPa}$，$l = 3\text{m}$，规定稳定安全系数 $[n_w] = 2.5$。试求此结构的许用载荷 $[F]$。

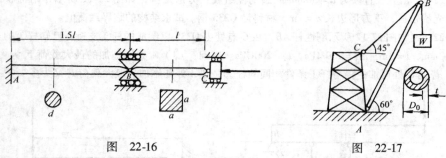

图　22-16　　　　　　　　　　　　　图　22-17

22-11　简易起重机的吊杆 AB 是 Q235 钢制造的圆管，可视为两端铰支。杆长 $l = 5\text{m}$，圆管的外径 $D_0 = 110\text{mm}$，壁厚 $t = 10\text{mm}$。材料的弹性模量 $E = 2 \times 10^5 \text{MPa}$。现设计要求稳定安全系数 $[n_w] = 3$。试求图 22-17 所示位置时的最大起重量 $[W]$。

22-12　长为 2.2m、两端铰支的某压杆，横截面为直径 $d = 80\text{mm}$ 的圆形，材料是 Q235 钢，$E = 200\text{GPa}$，$[\sigma] = 160\text{MPa}$。试求此压杆的稳定安全系数。

22-13　图 22-18 所示结构的 AB 和 AC 两杆都为圆形截面，直径 $d = 80\text{mm}$。材料为 Q235 钢，$E = 2 \times 10^5 \text{MPa}$，$[\sigma] = 160\text{MPa}$。求此结构的极限载荷和许用载荷。

22-14　图 22-19 所示的简单构架受均布载荷 $q = 50\text{kN/m}$，撑杆 AB 为圆截面木柱，材料的 $[\sigma] = 11\text{MPa}$。试设计 AB 杆的直径。

22-15　一钢柱两端固定，长 $l = 4\text{m}$，用两根 10 号槽钢组成。材料为 Q235 钢，许用应力 $[\sigma] = 160\text{MPa}$。现用图 22-20 所示的两种方式组合。第一种是将两根槽钢沿整个壁的长度紧密结合成为一个工字钢（见图 22-20a），第二种是将槽钢布置成图 22-20b 所示的形式。试求：（1）按图 22-20a 所示形式组合时，柱的许用载荷；（2）当按图 22-20b 所示形式组合时，柱的最大许用载荷。问此时两槽钢间的最小距离 x 为多大?

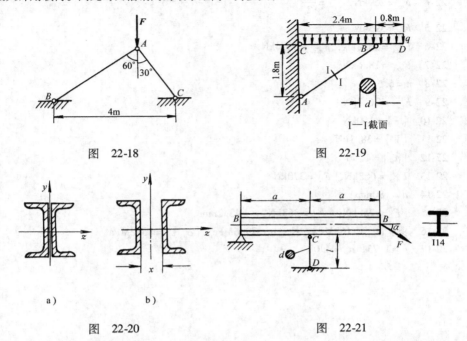

图 22-18   图 22-19

图 22-20   图 22-21

22-16 一结构如图 22-21 所示。已知 $F = 25\text{kN}$, $\alpha = 30°$, $a = 1.25\text{m}$, $l = 0.55\text{m}$, $d = 20\text{mm}$, 材料为 Q235 钢, $E = 200\text{GPa}$, $\sigma_\text{p} = 200\text{MPa}$, $[\sigma] = 160\text{MPa}$。试问此结构是否安全?

22-17 梁、柱结构如图 22-22 所示。梁采用 16 号工字钢, 柱用两根 63mm × 63mm × 10mm 的角钢组成。梁及柱的材料均为 Q235 钢, $E = 200\text{GPa}$, $\sigma_\text{p} = 200\text{MPa}$, $\sigma_\text{s} = 240\text{MPa}$, 强度安全系数 $n = 1.4$, 稳定安全系数 $[n_\text{w}] = 2$。试校核结构的强度和稳定性。

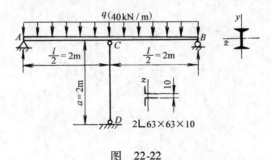

图 22-22

习 题 答 案

22-1 α, $F_\text{cr} = 3130\text{kN}$

22-2 杆 a: $F_\text{cr} = 2540\text{kN}$, 杆 b: $F_\text{cr} = 4710\text{kN}$, 杆 c: $F_\text{cr} = 4830\text{kN}$

22-3 0.955

22-4 $F_{cr} = 269\text{kN}$, $\dfrac{b}{h} = \dfrac{1}{2}$

22-5 $F_{cr} = 595\text{kN}$

22-6 $F_{max} = 16.8\text{kN}$, $F_{max} = 50.4\text{kN}$

22-7 $F_{max} = 18.6\text{kN}$

22-8 $n = 6.5$

22-9 $F_{max} = 26.7\text{kN}$

22-10 $[F] = 160\text{kN}$

22-11 $[W] = 38.1\text{kN}$

22-12 $[n_w] = 1.96$

22-13 $F_{max} = 662\text{kN}$, $[F] = 370\text{kN}$

22-14 $d = 180\text{mm}$

22-15 $[F] = 258\text{kN}$, $[F] = 363\text{kN}$, $x = 43.2\text{mm}$

22-16   梁: $\sigma_{max} = 163\text{MPa}$ 柱: $\sigma = 79.6\text{MPa}$, $[\sigma_{cr}] = 83.2\text{MPa}$

22-17 $n = 1.75$, $n_w = 4.08$

第五篇 变形体动力学

第二十三章 动 载 荷

内 容 提 要

1. 动载荷的概念

如果构件本身处于加速运动状态，或者所受的载荷明显随时间而变化，那么，构件受到的载荷就是动载荷。

2. 动荷系数

各种运动状态的动荷系数如表 23-1 所示。

表 23-1 各种运动状态的动荷系数

		动 荷 系 数
等加速直线运动		$K_d = 1 + \dfrac{a}{g}$
冲击问题	自由落体冲击	$K_d = 1 + \sqrt{1 + \dfrac{2H}{\delta_{st}}}$ δ_{st} 为冲击物的重量 Q 作为静载荷沿冲击方向作用于冲击点所引起的冲击点的静位移
	水平冲击	$K_d = \sqrt{\dfrac{v^2}{g\delta_{st}}}$ v 为冲击物的水平速度的大小
	起吊重物时冲击	$K_d = 1 + \sqrt{\dfrac{v^2}{g\delta_{st}}}$

3. 构件受动载作用的应力和位移计算

动载荷 F_d、动应力 σ_d、动应变 ε_d、动位移 δ_d 均可以由相应的静载荷 F、静应力 σ_{st}、静应变 ε_{st}、静位移 δ_{st} 乘上一个动荷系数 K_d 而得到，即

$$F_d = K_d F, \quad \sigma_d = K_d \sigma_{st}, \quad \varepsilon_d = K_d \varepsilon_{st}, \quad \delta_d = K_d \delta_{st}$$

基 本 要 求

1）掌握杆件在各种运动时的动荷系数 K_d 的计算。

2）掌握杆件在动载荷作用时的应力和变形的计算。

典 型 例 题

例 23-1 试确定图 23-1a 所示起重机吊索所需的横截面面积 A。已知提升重物的 $P = 40kN$，上升时的最大加速度 $a = 5m/s^2$，绳索的许用拉应力 $[\sigma]$ = 80MPa。设绳索的质量相对于物体的质量来说很小，可以忽略不计。

解 1）惯性力。这是个匀加速直线运动问题。因为加速度与运动方向一致，所以惯性力 $\dfrac{P}{g}a$ 的方向向下（见图 23-1b）

2）动荷系数

$$K_d = 1 + \frac{a}{g} = 1 + \frac{5}{9.8} = 1.51$$

3）计算物体静止时，绳索所需的横截面积 A_{st}，并由强度条件

$$A_{st} \geq \frac{P}{[\sigma]} = \left(\frac{40 \times 10^3}{80 \times 10^{-6}} \right) m^2 = 0.5 \times 10^{-3} m^2$$

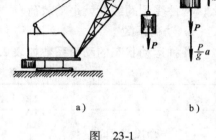

a)   b)

图　23-1

4）计算绳索所需要的横截面积 A_d

$$A_d = K_d A_{st} = 1.51 \times 0.5 \times 10^{-3} m^2$$
$$= 0.755 \times 10^{-3} m^2 = 755 mm^2$$

例 23-2 两根长度相等的圆截面杆，材料相同，受重量相等的重物从相同高度处自由落体冲击，试计算各杆的最大冲击应力。已知：$l = 600mm$，$H = 50mm$，$d = 22mm$，$E = 200GPa$，$P = 200N$，杆的质量忽略不计。

解 1）求等截面杆（见图 23-2a）的冲击应力。重物 P 以静载荷方式作用于杆，杆内的最大正应力为

$$(\sigma_{st})_1 = \frac{P}{A} = \left(\frac{200}{\frac{\pi}{4} \times 22^2 \times 10^{-6}} \right) Pa = 0.53 MPa$$

冲击点的静位移

$$(\delta_{st})_1 = \frac{Pl}{EA} = \left(\frac{200 \times 600 \times 10^{-3}}{200 \times 10^9 \times \frac{\pi}{4} \times 22^2 \times 10^{-6}} \right) m = 1.58 \times 10^{-3} mm$$

动荷系数

$$K_{d1} = 1 + \sqrt{1 + \frac{2H}{(\delta_{st})_1}}$$

$$= 1 + \sqrt{1 + \frac{2 \times 50}{1.58 \times 10^{-3}}} = 253$$

杆内最大正应力为

$$\sigma_{d1} = K_{d1}(\sigma_{st})_1 = 253 \times 0.53 \text{MPa} = 134 \text{MPa}$$

2）求变截面杆（见图 23-2b）的冲击应力。重物以静载荷方式作用于杆，杆内最大正应力发生在中间段，其值为

$$(\sigma_{st})_2 = (\sigma_{st})_1 = 0.53 \text{MPa}$$

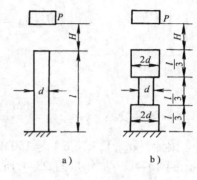

图 23-2

冲击点的静位移

$$(\delta_{st})_2 = \frac{Pl/3}{EA_1} + \frac{P2l/3}{EA_2}$$

$$= \left(\frac{200 \times 600 \times 10^{-3}}{3 \times 200 \times 10^9 \times \frac{\pi}{4} \times 22^2 \times 10^{-6}} + \frac{200 \times 2 \times 600 \times 10^{-3}}{3 \times 200 \times 10^9 \times \frac{\pi}{4} \times 44^2 \times 10^{-6}} \right) \text{m}$$

$$= 0.789 \times 10^{-3} \text{mm}$$

动荷系数

$$K_{d2} = 1 + \sqrt{1 + \frac{2H}{(\delta_{st})_2}} = 1 + \sqrt{1 + \frac{2 \times 50}{0.789 \times 10^{-3}}} = 357$$

杆内最大正应力为

$$\sigma_{d2} = K_{d2}(\sigma_{st})_2 = 357 \times 0.53 \text{MPa} = 189 \text{MPa}$$

例 23-3 试校核图 23-3 所示的梁在承受水平冲击载荷作用时的强度。已知：冲击物的 $P = 500 \text{kN}$，冲向梁时的速度 $v = 0.35 \text{m/s}$，冲击载荷作用在梁的中点处，梁的抗弯截面模量 $W = 10 \times 10^{-3} \text{m}^3$，截面对中性轴的惯性矩 $I = 5 \times 10^{-3} \text{m}^4$，弹性模量 $E = 200 \text{GPa}$，许用应力 $[\sigma] = 160 \text{MPa}$。

解 1）这是一个水平冲击问题。当重物 P 以静载荷方式从水平方向作用在梁的跨中时，跨中截面的水平位移为

$$\delta_{st} = \frac{Pl^3}{48EI} = \left(\frac{500 \times 10^3 \times 8^3}{48 \times 200 \times 10^9 \times 5 \times 10^{-3}} \right) \text{m}$$

$$= 0.00533 \text{m}$$

2）动荷系数的计算

$$K_d = \frac{v}{\sqrt{g\delta_{st}}} = \frac{0.35}{\sqrt{9.8 \times 0.00533}} = 1.53$$

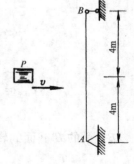

图 23-3

3）求最大弯矩 $(M_{max})_d$

$$(M_{max})_d = K_d (M_{max})_{st} = 1.53 \times \frac{Pl}{4}$$

$$= 1.53 \times \frac{500 \times 10^3 \times 8}{4} \text{N} \cdot \text{m}$$

$$= 1530 \text{kN} \cdot \text{m}$$

4）强度校核　$(\sigma_{max})_d = \dfrac{(M_{max})_d}{W} = \dfrac{1530 \times 10^3}{10 \times 10^{-3}} \text{Pa} = 153 \text{MPa}$

因为 $(\sigma_{max})_d < [\sigma] = 160 \text{MPa}$，所以此梁的强度是足够的。

例 23-4　结构如图 23-4 所示。已知：$\dfrac{Pa^3}{EI} = 0.01 \text{m}$，$\dfrac{Pa^2}{EI} = 0.005 \text{rad}$，$a = 2 \text{m}$。重物 P 若从高度 $H = 0.1 \text{m}$ 处自由落下冲击 AB 梁的跨中时，试求 A, B, C 各截面的挠度和转角。

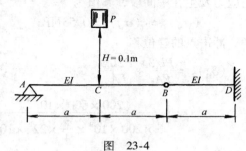

图　23-4

解　1）静位移计算。当重物 P 以静载方式作用梁上时

$$y_B = \frac{Pa^3}{6EI} = \frac{0.01}{6} \text{m} = 1.67 \times 10^{-3} \text{m}$$

而引起 AB 梁的刚性转动为

$$\theta' = \frac{y_B}{2a} = \frac{1.67 \times 10^{-3}}{2 \times 2} \text{rad} = 4.17 \times 10^{-4} \text{rad}$$

AB 梁的 θ_A，θ_C，y_C，$\theta_{B左}$ 分别为

$$\theta_A = \frac{P(2a)^2}{16EI} + \theta' = \frac{Pa^2}{4EI} + 4.17 \times 10^{-4} \text{rad}$$

$$= 1.67 \times 10^{-3} \text{rad}$$

$$\theta_C = \theta' = 4.17 \times 10^{-4} \text{rad}$$

$$y_C = \frac{P(2a)^3}{48EI} + \frac{y_B}{2} = \frac{Pa^3}{6EI} + 0.83 \times 10^{-3} \text{rad}$$

$$= 2.5 \times 10^{-3} \text{m}$$

$$\theta_{B左} = -\frac{P(2a)^2}{16EI} + \theta' = -\frac{Pa^2}{4EI} + 4.17 \times 10^{-4} \text{rad}$$

$$= -8.33 \times 10^{-4} \text{rad}$$

BD 梁的 B 截面的转角

$$\theta_{B右} = -\frac{\frac{P}{2}a^2}{2EI} = -\frac{Pa^2}{4EI} = -1.25 \times 10^{-3} \text{rad}$$

2）动荷系数

$$K_{\mathrm{d}} = 1 + \sqrt{1 + \frac{2H}{\delta_{\mathrm{st}}}} = 1 + \sqrt{1 + \frac{2 \times 0.1}{2.5 \times 10^{-3}}} = 10$$

3）*AB* 梁冲击时的挠度和转角

$$(\theta_A)_{\mathrm{d}} = K_{\mathrm{d}}\theta_A = 10 \times 1.67 \times 10^{-3}\mathrm{rad}$$
$$= 1.67 \times 10^{-2}\mathrm{rad}$$
$$(\theta_C)_{\mathrm{d}} = K_{\mathrm{d}}\theta_C = 10 \times 4.17 \times 10^{-4}\mathrm{rad}$$
$$= 4.17 \times 10^{-3}\mathrm{rad}$$
$$(y_C)_{\mathrm{d}} = K_{\mathrm{d}}y_C = 10 \times 2.5 \times 10^{-3}\mathrm{m}$$
$$= 2.5 \times 10^{-2}\mathrm{m}$$
$$(\theta_{B左})_{\mathrm{d}} = K_{\mathrm{d}}\,(\theta_{B左}) = 10 \times\,(-8.33 \times 10^{-4})\,\mathrm{rad}$$
$$= -8.33 \times 10^{-3}\mathrm{rad}$$
$$(\theta_{B右})_{\mathrm{d}} = K_{\mathrm{d}}\,(\theta_{B右}) = 10 \times\,(-1.25 \times 10^{-3})\,\mathrm{rad}$$
$$= -1.25 \times 10^{-2}\mathrm{rad}$$
$$(y_B)_{\mathrm{d}} = K_{\mathrm{d}}\,(y_B) = 10 \times 1.67 \times 10^{-3}\mathrm{m} = 1.67 \times 10^{-2}\mathrm{m}$$

思 考 题

23-1　举几个生活和生产中见到的动载荷作用的例子。

23-2　冲击实用计算时，作了三个假定，使计算简化。这三个假定使计算结果偏于安全，为什么？

23-3　悬臂梁上方有重物落下。落于悬臂梁中点的动荷系数与落于悬臂梁自由端的动荷系数，何者为大？是落于中点危险还是落于自由端危险？为什么？

23-4　重物 *P* 分别从上方、下方和水平方向冲击相同的简支梁的中点，如图 23-5 所示。设重物与梁接触时的速度均为 *v*，梁的质量忽略不计。这三种情况下梁内最大应力是否相同？

23-5　有一重物 *P* 自高度 *H* 自由落下，冲击在梁上的 *C* 处（见图 23-6）。为了计算梁内的最大动应力，应计算动荷系数 $K_{\mathrm{d}} = 1 + \sqrt{1 + \frac{2H}{\delta_{\mathrm{st}}}}$，式中的 $\delta_{\mathrm{st}} = \delta_D = \frac{Pl^3}{48EI}$。对吗？

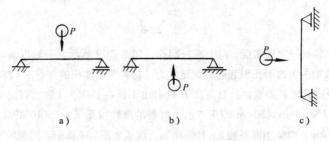

图　23-5

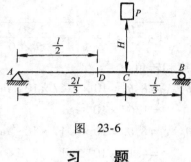

图 23-6

习 题

23-1 长 60m 的吊索以等加速度起吊 $P = 50\text{kN}$ 的重物，在 3s 内重物被提高 9m，已知吊索材料的单位体积的重量 $\gamma = 70\text{kN/m}^3$，许用应力 $[\sigma] = 60\text{MPa}$。求吊索所需直径。

23-2 一根矩形截面（$b \times h$）的钢杆，在两端分别受轴向拉力 F_1 和 F_2 的作用，如图 23-7 所示。当 $F_2 > F_1$ 时，试问此杆件内的正应力按怎样的规律沿杆长变化？设 $F_1 = 150\text{kN}$，$F_2 = 250\text{kN}$，$b = 50\text{mm}$，$h = 100\text{mm}$。试求杆中的最大正应力和最小正应力。

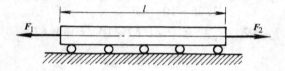

图 23-7

23-3 用两根平行的吊索向上匀加速地起吊一根 14 号工字钢，如图 23-8 所示。加速度 $a = 10\text{m/s}^2$，工字钢的长度 $l = 12\text{m}$，吊索的横截面面积 $A = 72\text{mm}^2$。若只考虑工字钢的重量，不计吊索的自重，试计算工字钢的最大动应力和吊索的动应力。

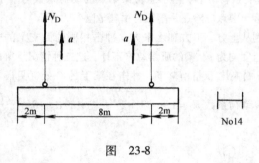

图 23-8

23-4 轴上装有一钢质圆盘，盘上有一圆孔，如图 23-9 所示。若轴以 $\omega = 50\text{rad/s}$ 的匀角速度旋转，试求轴内由这圆孔引起的最大正应力。材料单位体积的重量 $\gamma = 78\text{kN/m}^3$。

23-5 有一重量为 P 的重物，自高度 H 处自由下落在长度为 l 的直杆的下端托盘上。杆的横截面是面积为 $30\text{mm} \times 30\text{mm}$ 的正方形，材料的弹性模量 $E = 2 \times 10^5\text{MPa}$。$P = 5\text{kN}$，$H = 40\text{mm}$，杆长 $l = 4\text{m}$，弹簧刚度系数 $k = 100\text{kN/m}$。试求如图 23-10 所示两种情况下由于冲击引起的杆内的正应力。

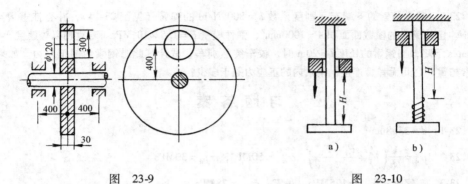

图　23-9　　　　　　　　　　　　　　　　　　图　23-10

23-6　两根长度相等、截面均为 14 号工字钢的简支梁，一根支承在刚性支座上，另一根支承在弹簧刚度系数 $k = 100\text{kN/m}$ 的弹簧支座上，如图 23-11 所示。材料的弹性模量 $E = 200\text{GPa}$，从 $H = 50\text{mm}$ 高度处自由落下冲击到梁的中点顶面上。试求两根梁的最大冲击挠度和最大冲击应力。

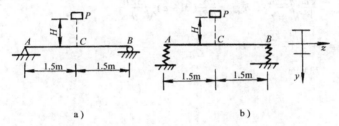

图　23-11

23-7　如图 23-12 所示圆截面杆 AB 的 A 端为固定端，在距 A 端为 a 的 C 点处受重量为 P 的物体沿水平方向冲击，物体与杆接触时的速度为 v，杆的抗弯刚度为 EI，抗弯截面模量为 W，求杆内最大冲击应力和最大冲击位移。

23-8　杆件（见图 23-13）的 EA、l 以及 H、v、P 均为已知。试求动荷系数。

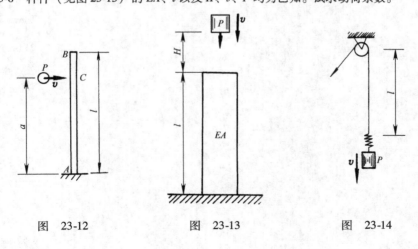

图　23-12　　　　　　　　　图　23-13　　　　　　　　　图　23-14

23-9 起重吊索的下端有一刚度系数 $k = 800 \text{kN/m}$ 的弹簧（见图 23-14），并有挂重 $P = 20 \text{kN}$。已知钢索的横截面面积 $A = 1000 \text{mm}^2$，弹性模量 $E = 1.6 \times 10^5 \text{MPa}$。若重物以等速度 $v = 1.2 \text{m/s}$ 下降，当钢索的长度 $l = 20 \text{m}$ 时，铰车突然刹车，试计算此时钢索内的正应力。如果钢索与重物之间无弹簧连接，钢索内的正应力等于多少？

习 题 答 案

23-1 $d = 33.8 \text{mm}$

23-2 $\sigma_d = \dfrac{1}{bh}\left(F_1 + \dfrac{F_2 - F_1}{l}x \right)$, $\sigma_{max} = 50 \text{MPa}$, $\sigma_{min} = 30 \text{MPa}$

23-3 工字钢：$\sigma_{max} = 125 \text{MPa}$，吊索：$\sigma_{max} = 28 \text{MPa}$

23-4 $\sigma_{max} = 20 \text{MPa}$

23-5 （1）$\sigma_d = 155 \text{MPa}$；（2）$\sigma_d = 14.5 \text{MPa}$

23-6 （a）$\delta_{dmax} = 6.69 \text{mm}$，$\sigma_{dmax} = 124.5 \text{MPa}$；（b）$\delta_{dmax} = 29.24 \text{mm}$，$\sigma_{dmax} = 39.8 \text{MPa}$

23-7 $\sigma_{dmax} = \dfrac{Pa}{W}\sqrt{\dfrac{3EIv^2}{gPa^3}}$, $\delta_{dmax} = \dfrac{Pa^2}{6EI}(3l - a)\sqrt{\dfrac{3EIv^2}{gPa^2}}$

23-8 $K_d = 1 + \sqrt{1 + \dfrac{2H_1}{\delta_{st}}}$, $H_1 = H + \dfrac{v^2}{2g}$

23-9 $\sigma_d = 173 \text{MPa}$

附　　录

附录 A　平面图形几何性质

内 容 提 要

1. 静矩、形心位置、惯性矩、惯性积计算

静矩、形心位置、惯性矩、惯性积计算如附表 A-1 所示。

附表 A-1　静矩、形心位置、惯性矩、惯性积

	计算公式	结　论
静矩和形心 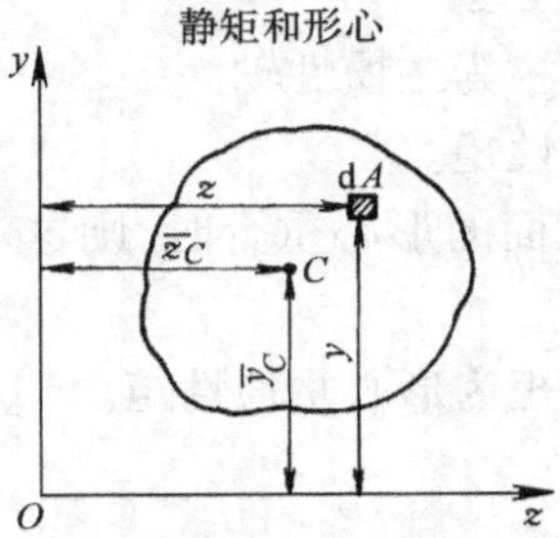 	静矩 $S_y = \int_A z\,dA = z_C A$ $S_z = \int_A y\,dA = y_C A$ 形心坐标 $z_C = \dfrac{S_y}{A}$；$y_C = \dfrac{S_z}{A}$	1) 静矩的单位是长度的三次方 2) 静矩是截面对一定的轴而言,同一截面对不同的坐标轴,其静矩不同
组合图形的静矩和形心 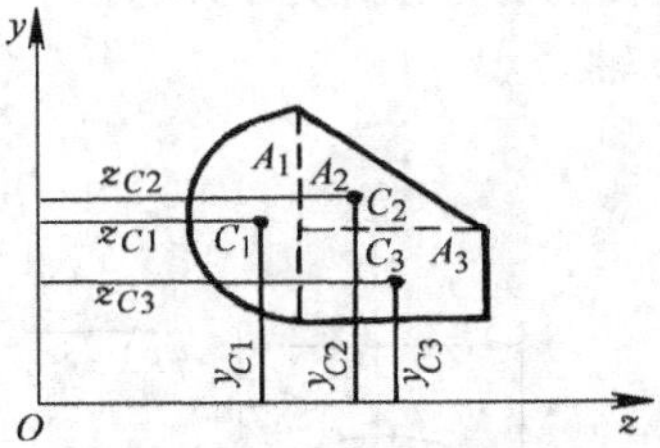 	静矩 $S_y = \sum\limits_{i=1}^{n} S_{yi} = \sum\limits_{i=1}^{n} A_i z_{Ci}$ $S_z = \sum\limits_{i=1}^{n} S_{zi} = \sum\limits_{i=1}^{n} A_i y_{Ci}$ 形心坐标 $z_C = \dfrac{\sum\limits_{i=1}^{n} S_{yi}}{\sum\limits_{i=1}^{n} A_i}$；$y_C = \dfrac{\sum\limits_{i=1}^{n} S_{zi}}{\sum\limits_{i=1}^{n} A_i}$	3) 静矩可正可负,也可能为零。图形对形心轴的静矩为零,反之,如图形对某一坐标轴的静矩为零,则该轴一定通过截面形心
惯性矩、惯性积、极惯性矩 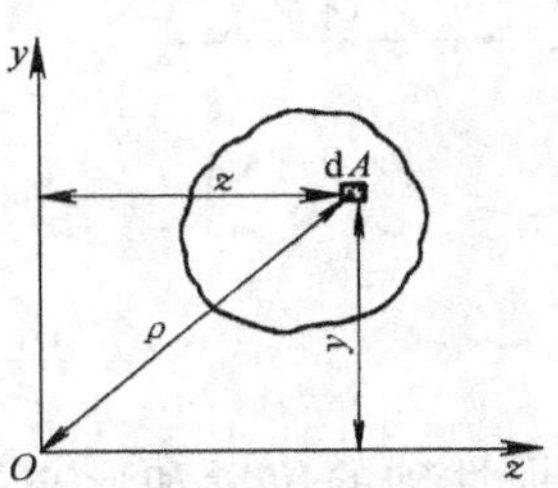 	平面图形对 z 轴的惯性矩 $I_z = \int_A y^2\,dA$ y 轴的惯性矩 $I_y = \int_A z^2\,dA$ O 点的极惯性矩 $I_p = \int_A \rho^2\,dA$ yz 轴的惯性积 $I_{yz} = \int_A yz\,dA$	1) I_y, I_z, I_p 的单位是长度的四次方。它们的值总是正值 2) I_{yz} 的单位也是长度的四次方。但其值可正可负,也可能为零。如平面图形有一根对称轴,则图形对包括此对称轴在内的任一对正交轴的惯性积恒为零 3) I_y, I_z, I_p, I_{yz} 都是对确定的坐标轴而言,对不同的坐标轴,其值不同 4) $I_p = I_y + I_z$

（续）

	计 算 公 式	结 论
平行移轴公式 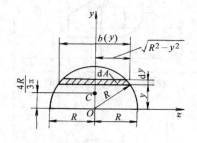	$$I_y = I_{y_C} + a^2 A$$ $$I_z = I_{z_C} + b^2 A$$ $$I_{yz} = I_{y_C z_C} + abA$$	1）I_{y_C}, I_{z_C}, $I_{y_C z_C}$ 是形心轴的惯性矩和惯性积 2）a, b 可以用 y, z 轴为参考轴确定其正负

2. 主惯性轴、主惯性矩、形心主惯性轴、形心主惯性矩

（1）主惯性轴　惯性积等于零的一对正交坐标轴称为主惯性轴。

（2）主惯性矩　图形对主惯性轴的惯性矩为主惯性矩。

（3）形心主惯性轴　当一对主惯性轴的交点和截面的形心重合时,则这对轴为形心主惯性轴。

（4）形心主惯性矩　图形对形心主惯性轴的惯性矩为形心主惯性矩。

典 型 例 题

例 A-1　求直径为 $2R$ 的半圆对与底边重合的 z 轴的静矩及形心的位置。

解　如附图 A-1 所示,过圆心 O 作 y 轴垂直于 z 轴。

1）截面对 z 轴的静矩

$$S_z = \int_A y \mathrm{d}A$$

因为 $\mathrm{d}A = 2\sqrt{R^2 - y^2}\,\mathrm{d}y$, 所以 $S_z = \int_A y\mathrm{d}A =$

$$\int_0^R 2y\sqrt{R^2 - y^2}\,\mathrm{d}y = \frac{2}{3}R^3$$

2）截面的形心坐标

$$y_C = \frac{S_z}{A} = \frac{\frac{2}{3}R^3}{\pi R^2 / 2} = \frac{4R}{3\pi}$$

附图　A-1

因为 y 轴是对称轴,故 $z_C = 0$。

例 A-2　试求附图 A-2 所示截面图形的形心主惯性轴的位置和形心主惯

性矩。

解 1）形心位置。由于截面有一根对称轴，故形心必在此轴上。现定参考坐标系 O_1yz_1，以确定形心的位置 y_C

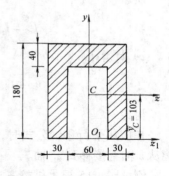

$$y_C = \left(\frac{2 \times 140 \times 30 \times 70 + 120 \times 40 \times 160}{2 \times 140 \times 30 + 120 \times 40}\right)\text{mm}$$
$$= 103\text{mm}$$

2）确定形心主惯性轴。由于 y 轴是对称轴，所以它是形心主惯性轴，另一根形心主惯性轴通过形心与 y 轴相垂直，即附图 A-2 中的 z 轴。

附图 A-2

3）计算形心主惯性矩

$$I_z = \left\{2 \times \left[\frac{30 \times 140^3}{12} + (103 - 70)^2 \times 30 \times 140\right]\right.$$
$$\left. + \left[\frac{120 \times 40^3}{12} + (160 - 103)^2 \times 120 \times 40\right]\right\}\text{mm}^4 = 3910\text{cm}^4$$

$$I_y = \left\{2 \times \left[\frac{140 \times 30^3}{12} + (60 - 15)^2 \times 140 \times 30\right] + \frac{40 \times 120^3}{12}\right\}\text{mm}^4$$
$$= 2340\text{cm}^4$$

讨论

上例若用负面积法进行计算，则运算应较为简单，也就是说，可以将该图形看作为 $180\text{mm} \times 120\text{mm}$ 的大矩形被挖去 $140\text{mm} \times 60\text{mm}$ 小矩形的一个截面图形，因此有

$$I_y = \left(\frac{1}{12} \times 180 \times 120^3 - \frac{1}{12} \times 140 \times 60^3\right)\text{mm}^4$$
$$= 2340\text{cm}^4$$

$$I_z = \left\{\frac{1}{12} \times 120 \times 180^3 + 120 \times 180 \times (103 - 90)^2\right.$$
$$\left. - \left[\frac{1}{12} \times 60 \times 140^3 + 140 \times 60 \times (103 - 70)^2\right]\right\}\text{mm}^4$$
$$= 3910\text{cm}^4$$

例 A-3 附图 A-3 所示的三角形，已知图形对底边的轴惯性矩 $I_z = \dfrac{bh^3}{12}$。试求图形对通过顶点的平行轴 z_1 的轴惯性矩。

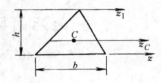

解 1）计算 I_{zC}。因为

$$I_z = I_{zC} + a^2 A$$

附图 A-3

所以

$$I_{zC} = I_z - a^2 A = \frac{bh^3}{12} - \left(\frac{h}{3}\right)^2 \left(\frac{bh}{2}\right) = \frac{bh^3}{36}$$

2）计算 I_{z1}

$$I_{z1} = I_{zC} + a^2 A = \frac{bh^3}{36} + \left(\frac{2h}{3}\right)^2 \left(\frac{bh^2}{2}\right) = \frac{bh^3}{4}$$

讨论

在应用平行移轴公式时，一定要注意先移到形心轴 z_C，再移到 z_1 轴，而不能从 z 轴直接移到 z_1 轴。

例 A-4 15 根木桩整齐排列组成一个整体截面如附图 A-4 所示。各木桩的横截面都是直径为 $d = 10\mathrm{cm}$ 的圆形，间距 $a = 50\mathrm{cm}$。试求此整体截面的形心主惯性矩。

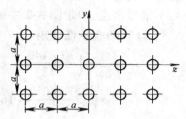

解 因为该整体截面有两根对称轴（z、y），故对称轴 z、y 就是该截面的形心主惯性轴。

附图 A-4

1）每个木桩的横截面对各自形心主轴的惯性矩为

$$\frac{\pi d^4}{64} = \frac{\pi \times 10^4}{64}\mathrm{cm}^4 = 491\mathrm{cm}^4$$

2）利用平行移轴公式计算形心主惯性矩 I_z 与 I_y 为

$$I_z = 5 \times \frac{\pi d^4}{64} + 2 \times 5 \times \left[\frac{\pi d^4}{64} + a^2 \times \frac{\pi d^2}{4}\right]$$

$$= \left\{5 \times \frac{\pi \times 10^4}{64} + 2 \times 5 \times \left[\frac{\pi \times 10^4}{64} + 50^2 \times \frac{\pi \times 10^2}{4}\right]\right\}\mathrm{cm}^4$$

$$= 1.97 \times 10^6 \mathrm{cm}^4$$

$$I_y = 3 \times \frac{\pi d^4}{64} + 2 \times 3 \times \left[\frac{\pi d^4}{64} + a^2 \times \frac{\pi d^2}{4}\right]$$

$$+ 2 \times 3 \times \left[\frac{\pi d^4}{64} + (2a)^2 \times \frac{\pi d^2}{4}\right]$$

$$= \left\{3 \times \frac{\pi \times 10^4}{64} + 2 \times 3 \times \left[\frac{\pi \times 10^4}{64} + 50^2 \times \frac{\pi \times 10^2}{4}\right]\right.$$

$$\left. + 2 \times 3 \times \left[\frac{\pi \times 10^4}{64} + (2 \times 50)^2 \times \frac{\pi \times 10^2}{4}\right]\right\}\mathrm{cm}^4$$

$$= 5.98 \times 10^6 \mathrm{cm}^4$$

习　题

A-1　求附图 A-5 所示截面图形的形心坐标。尺寸单位为 mm。

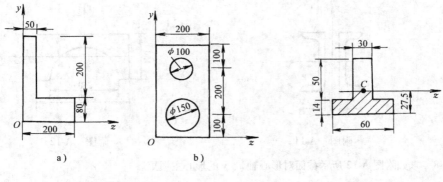

附图　A-5　　　　　　　　　　　　附图　A-6

A-2　求附图 A-6 所示阴影部分面积对形心轴 z_C 的静矩。尺寸单位为 mm。

A-3　求附图 A-7 所示截面图形对 z_1 轴和 z_2 轴的惯性矩。尺寸单位为 mm。

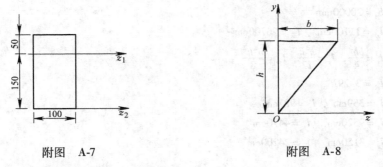

附图　A-7　　　　　　　　　　　　附图　A-8

A-4　求附图 A-8 所示三角形截面图形的 I_y，I_z，I_{yz}。

A-5　已知附图 A-9 所示的半圆形截面对底边的惯矩 $I_{z1} = \dfrac{\pi}{8} R^4$，$z_2$ 轴平行于 z_1 轴且相距为 R。试求半圆形截面对 z_2 轴的惯性矩。

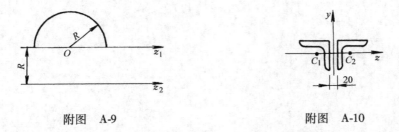

附图　A-9　　　　　　　　　　　　附图　A-10

A-6　如附图 A-10 所示截面图形由两个相同的等边角钢（100mm×100mm×10mm）组合而成，C 为单个角钢截面的形心。试求此组合截面的惯性矩 I_z 和 I_y。

A-7　如附图 A-11 所示截面图形由两个 28a 槽钢组合而成。试问当两槽钢相距为 $a = 10\text{cm}$ 时，惯性矩 I_z 和 I_y 其值各为多少？

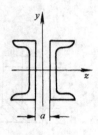

附图　A-11

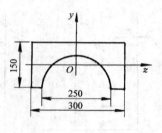

附图　A-12

A-8　求如附图 A-12 所示截面对形心轴 z、y 的形心主惯矩。

习 题 答 案

A-1　a) $z_C = 7.12\text{cm}$, $y_C = 9.38\text{cm}$

　　　b) $z_C = 10\text{cm}$, $y_C = 21.8\text{cm}$

A-2　$S_z = 20000\text{mm}^3$

A-3　$I_{z1} = 11700\text{cm}^4$, $I_{z2} = 26700\text{cm}^4$

A-4　$I_z = \dfrac{bh^3}{4}$, $I_y = \dfrac{b^3h}{12}$, $I_{yz} = \dfrac{b^2h^2}{8}$

A-5　$I_{z2} = 3.29R^4$

A-6　$I_z = 359\text{cm}^4$, $I_y = 927\text{cm}^4$

A-7　$I_z = 9520\text{cm}^4$, $I_y = 4470\text{cm}^4$

A-8　$I_z = 3150\text{cm}^4$, $I_y = 24200\text{cm}^4$

附录 B 型钢规格表

B-1 热轧等边角钢规格

热轧等边角钢规格及截面特性（根据 GB/T9787—1988 计算）

b—边宽度；
t—边厚度；
r—内圆弧半径；
I—截面惯性矩；
W—截面抵抗矩；
i—截面回转半径；
z_0—重心距离；
r_1—$t/3$（边端内弧半径）。

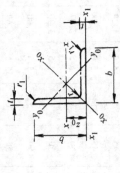

型号	尺寸/mm b	t	r	截面面积 /cm²	单位重量 /(kg·m⁻¹)	$x-x$ I_x /cm⁴	W_x /cm³	i_x /cm	x_0-x_0 I_{x_0} /cm⁴	W_{x_0} /cm³	i_{x_0} /cm	x_1-x_1 I_{x_1} /cm⁴	y_0-y_0 I_{y_0} /cm⁴	W_{y_0} /cm³	i_{y_0} /cm	z_0 /cm
∟20×3	20	3	3.5	1.13	0.89	0.40	0.29	0.59	0.63	0.45	0.75	0.81	0.17	0.20	0.39	0.60
∟20×4	20	4	3.5	1.46	1.15	0.50	0.36	0.58	0.78	0.55	0.73	1.09	0.22	0.24	0.38	0.64
∟25×3	25	3	3.5	1.43	1.12	0.82	0.46	0.76	1.29	0.73	0.95	1.57	0.34	0.33	0.49	0.73
∟25×4	25	4	3.5	1.86	1.46	1.03	0.59	0.74	1.62	0.92	0.93	2.11	0.43	0.40	0.48	0.76
∟30×3	30	3	4.5	1.75	1.37	1.46	0.68	0.91	2.31	1.09	1.15	2.71	0.61	0.51	0.59	0.85
∟30×4	30	4	4.5	2.28	1.79	1.84	0.87	0.90	2.92	1.37	1.13	3.63	0.77	0.62	0.58	0.89
∟36×3	36	3	4.5	2.11	1.66	2.58	0.99	1.11	4.09	1.61	1.39	4.67	1.07	0.76	0.71	1.00
∟36×4	36	4	4.5	2.76	2.16	3.29	1.28	1.09	5.22	2.05	1.38	6.25	1.37	0.93	0.70	1.04

（续）

型号	尺寸/mm			截面面积 /cm²	单位重量 /(kg·m⁻¹)	$x-x$			x_0-x_0			x_1-x_1	y_0-y_0			z_0 /cm
	b	t	r			I_x /cm⁴	W_x /cm³	i_x /cm	I_{x_0} /cm⁴	W_{x_0} /cm³	i_{x_0} /cm	I_{x_1} /cm⁴	I_{y_0} /cm⁴	W_{y_0} /cm³	i_{y_0} /cm	
∟ 36×5	36	5	4.5	3.38	2.65	3.95	1.56	1.08	6.24	2.45	1.36	7.84	1.65	1.09	0.70	1.07
∟ 40×3	40	3	5.0	2.36	1.85	3.59	1.23	1.23	5.69	2.01	1.55	6.41	1.49	0.96	0.79	1.09
∟ 40×4	40	4	5.0	3.09	2.42	4.60	1.60	1.22	7.29	2.58	1.54	8.56	1.91	1.19	0.79	1.13
∟ 40×5	40	5	5.0	3.79	2.98	4.53	1.96	1.21	8.76	3.10	1.52	10.74	2.30	1.39	0.78	1.17
∟ 45×3	45	3	5.0	2.66	2.09	5.17	1.58	1.39	8.20	2.58	1.76	9.12	2.14	1.24	0.90	1.22
∟ 45×4	45	4	5.0	3.49	2.74	6.65	2.05	1.38	10.56	3.32	1.74	12.18	2.75	1.54	0.89	1.26
∟ 45×5	45	5	5.0	4.29	3.37	8.04	2.51	1.37	12.74	4.01	1.72	15.25	3.33	1.81	0.88	1.30
∟ 45×6	45	6	5.0	5.08	3.99	9.33	2.95	1.36	14.76	4.64	1.71	18.36	3.89	2.06	0.88	1.33
∟ 50×3	50	3	5.5	2.97	2.33	7.18	1.96	1.55	11.37	3.22	1.96	12.50	2.98	1.57	1.00	1.34
∟ 50×4	50	4	5.5	3.90	3.06	9.26	2.56	1.54	14.69	4.16	1.94	16.69	3.82	1.96	0.99	1.38
∟ 50×5	50	5	5.5	4.80	3.77	11.21	3.13	1.53	17.79	5.03	1.92	20.90	4.63	2.31	0.98	1.42
∟ 50×6	50	6	5.5	5.69	4.46	13.05	3.68	1.51	20.68	5.85	1.91	25.14	5.42	2.63	0.98	1.46
∟ 56×3	56	3	6.0	3.34	2.62	10.19	2.48	1.75	16.14	4.08	2.20	17.56	4.24	2.02	1.13	1.48
∟ 56×4	56	4	6.0	4.39	3.45	13.18	3.24	1.73	20.92	5.28	2.18	23.43	5.45	2.52	1.11	1.53
∟ 56×5	56	5	6.0	4.42	4.25	16.02	3.97	1.72	25.42	6.12	2.17	29.33	6.61	2.98	1.10	1.57
∟ 56×8	56	8	6.0	8.87	6.57	23.63	6.03	1.96	37.37	9.14	2.11	47.24	9.89	4.16	1.09	1.68
∟ 63×4	63	4	7.0	4.98	3.91	19.03	4.13	1.96	30.17	6.77	2.46	33.35	7.89	3.29	1.26	1.70
∟ 63×5	63	5	7.0	6.14	4.82	23.17	5.08	1.94	36.77	8.25	2.45	41.73	9.57	3.90	1.25	1.74
∟ 63×6	63	6	7.0	7.29	5.72	27.12	6.00	1.93	43.03	9.66	2.43	50.14	11.20	4.46	1.24	1.78

（续）

| 型号 | 尺寸/mm | | | 截面面积 /cm² | 单位重量 /(kg·m⁻¹) | $x-x$ | | | x_0-x_0 | | | x_1-x_1 | y_0-y_0 | | | z_0 /cm |
	b	t	r			I_x /cm⁴	W_x /cm³	i_x /cm	I_{x0} /cm⁴	W_{x0} /cm³	i_{x0} /cm	I_{x1} /cm⁴	I_{y0} /cm⁴	W_{y0} /cm³	i_{y0} /cm	
∟63×8	63	8	7.0	9.51	7.47	34.45	7.75	1.90	54.56	12.25	2.39	67.11	14.33	5.47	1.23	1.85
∟63×10	63	10	7.0	11.66	9.15	41.09	9.39	1.88	64.85	14.56	2.36	84.31	17.33	6.37	1.22	1.93
∟70×4	70	4	8.0	5.57	4.37	26.39	5.14	2.18	41.80	8.44	2.74	45.74	10.99	4.17	1.40	1.86
∟70×5	70	5	8.0	6.88	5.40	32.21	6.32	2.16	51.08	10.32	2.73	57.21	13.34	4.95	1.39	1.91
∟70×6	70	6	8.0	8.16	6.14	37.77	7.48	2.15	59.93	12.11	2.71	68.73	15.61	5.67	1.38	1.95
∟70×7	70	7	8.0	9.42	7.40	43.09	8.59	2.14	68.35	13.81	2.69	80.29	17.82	6.34	1.38	1.99
∟70×8	70	8	8.0	10.67	8.37	48.17	9.68	2.13	76.37	15.43	2.68	91.92	19.98	6.98	1.37	2.03
∟75×5	75	5	9.0	7.41	5.82	39.96	7.30	2.32	63.30	11.94	2.92	70.36	16.61	5.80	1.50	2.03
∟75×6	75	6	9.0	8.80	6.91	46.91	8.63	2.31	74.38	14.02	2.91	84.51	19.43	6.65	1.49	2.07
∟75×7	75	7	9.0	10.16	7.98	58.57	9.93	2.30	84.96	16.02	2.89	98.71	22.18	7.44	1.48	2.11
∟75×8	75	8	9.0	11.50	9.03	59.96	11.20	2.28	95.07	17.93	2.87	112.97	24.86	8.19	1.47	2.15
∟75×10	75	10	9.0	14.13	11.09	71.98	13.64	2.26	113.92	21.48	2.84	141.71	30.05	9.56	1.46	2.22
∟80×5	80	5	9.0	7.91	6.21	48.79	8.34	2.48	77.33	13.67	3.13	85.36	20.25	6.66	1.60	2.15
∟80×6	80	6	9.0	9.40	7.38	57.35	9.87	2.47	90.98	16.08	3.11	102.50	23.72	7.65	1.59	2.19
∟80×7	80	7	9.0	10.86	8.53	65.58	11.37	2.46	104.07	18.40	3.10	119.70	27.10	8.58	1.58	2.23
∟80×8	80	8	9.0	12.30	9.66	73.50	12.83	2.44	116.60	20.61	3.08	136.97	30.39	9.46	1.57	2.27
∟80×10	80	10	9.0	15.13	11.87	88.43	15.64	2.42	140.09	24.76	3.04	171.74	36.77	11.08	1.56	2.35
∟90×6	90	6	10.0	10.64	8.35	82.77	12.61	2.79	131.26	20.63	3.51	145.87	34.28	9.95	1.80	2.44
∟90×7	90	7	10.0	12.30	9.66	94.83	14.54	2.78	150.47	23.64	3.50	170.30	39.18	11.19	1.78	2.48

（续）

型号	尺寸/mm			截面面积 /cm²	单位重量 /(kg·m⁻¹)	$x-x$			x_0-x_0			x_1-x_1	y_0-y_0			z_0 /cm
	b	t	r			I_x /cm⁴	W_x /cm³	i_x /cm	I_{x_0} /cm⁴	W_{x_0} /cm³	i_{x_0} /cm	I_{x_1} /cm⁴	I_{y_0} /cm⁴	W_{y_0} /cm³	i_{y_0} /cm	
L 90×8	90	8	10.0	13.94	10.95	106.47	16.42	2.76	168.97	26.55	3.48	194.80	43.97	12.35	1.78	2.52
L 90×10	90	10	10.0	17.17	13.48	128.58	20.07	2.74	203.90	32.04	3.45	244.08	53.26	14.52	1.76	2.59
L 90×12	90	12	10.0	20.31	15.94	149.22	23.57	2.71	236.21	37.12	3.41	293.77	62.22	16.49	1.75	2.67
L 100×6	100	6	12.0	11.93	9.37	14.95	15.68	3.10	181.98	25.74	3.90	200.07	47.92	12.69	2.00	2.67
L 100×7	100	7	12.0	13.83	10.83	131.86	18.10	3.09	208.97	29.55	3.89	233.54	54.74	14.26	1.99	2.71
L 100×8	100	8	12.0	15.64	12.28	148.24	20.47	3.08	235.07	33.24	3.88	267.09	61.41	15.75	1.98	2.76
L 100×10	100	10	12.0	19.26	15.12	179.51	25.06	3.05	284.68	40.26	3.84	334.48	74.35	18.54	1.96	2.84
L 100×12	100	12	12.0	22.80	17.90	208.90	29.47	3.03	330.95	46.80	3.81	402.34	86.84	21.08	1.95	2.91
L 100×14	100	14	12.0	26.26	20.61	236.53	33.73	3.00	374.06	52.90	3.77	470.75	98.99	23.44	1.94	2.99
L 100×16	100	16	12.0	29.63	23.26	262.53	37.82	2.98	414.16	58.57	3.74	539.80	110.89	25.63	1.93	3.06
L 110×7	110	7	12.0	15.20	11.93	177.16	22.05	3.41	280.94	36.12	4.30	310.64	73.38	17.51	2.20	2.96
L 110×8	110	8	12.0	17.24	13.53	199.46	24.95	3.40	316.49	40.69	4.28	355.21	82.42	19.36	2.19	3.01
L 110×10	110	10	12.0	21.26	16.69	242.19	30.60	3.38	384.39	49.42	4.25	444.65	99.98	22.91	2.17	3.09
L 110×12	110	12	12.0	25.20	19.78	282.55	36.05	3.35	448.17	57.62	4.22	534.60	116.93	26.15	2.15	3.16
L 110×14	110	14	12.0	29.06	22.81	320.71	41.31	3.32	508.01	65.31	4.18	625.16	133.40	29.14	2.14	3.24
L 125×8	125	8	14.0	19.75	15.50	297.03	32.52	3.88	470.89	53.38	4.88	521.01	123.16	25.86	2.50	3.37
L 125×10	125	10	14.0	24.37	19.13	361.67	39.97	3.85	573.89	64.93	4.85	651.93	149.46	30.62	2.48	3.45
L 125×12	125	12	14.0	28.91	22.70	423.16	47.17	3.83	671.44	75.96	4.82	783.42	174.88	35.03	2.46	3.53

型号	尺寸/mm b	t	r	截面面积 /cm²	单位重量 /(kg·m⁻¹)	$x-x$ I_x /cm⁴	W_x /cm³	i_x /cm	x_0-x_0 I_{x_0} /cm⁴	W_{x_0} /cm³	i_{x_0} /cm	x_1-x_1 I_{x_1} /cm⁴	y_0-y_0 I_{y_0} /cm⁴	W_{y_0} /cm³	i_{y_0} /cm	z_0 /cm
∟125×14	125	14	14.0	33.37	26.19	481.65	54.16	3.80	763.73	86.41	4.78	915.61	199.57	39.13	2.45	3.61
∟140×10	140	10	14.0	27.37	21.49	514.65	50.58	4.34	817.27	82.56	5.46	915.11	212.04	39.20	2.78	3.82
∟140×12	140	12	14.0	32.51	25.52	603.68	59.80	4.31	958.79	96.85	5.43	1 099.28	248.57	45.02	2.77	3.90
∟140×14	140	14	14.0	37.57	29.49	688.81	68.75	4.28	1 093.56	110.47	5.40	1 284.22	284.06	50.45	2.75	3.98
∟140×16	140	16	14.0	42.54	33.39	770.24	77.46	4.26	1 221.81	123.42	5.36	1 470.07	318.67	55.55	2.74	4.06
∟160×10	160	10	16.0	31.50	24.73	779.53	66.70	4.97	1 237.30	109.36	6.27	1 365.33	321.76	52.76	3.20	4.31
∟160×12	160	12	16.0	37.44	29.39	916.58	78.98	4.95	1 455.68	128.67	6.24	1 639.57	377.49	60.74	3.18	4.39
∟160×14	160	14	16.0	43.30	33.99	1 048.36	90.95	4.92	1 665.02	147.17	6.20	1 914.68	431.70	68.42	3.16	4.47
∟160×16	160	16	16.0	49.07	38.52	1 175.08	102.63	4.89	1 865.57	164.89	6.17	2 190.82	484.59	75.31	3.14	4.55
∟180×12	180	12	16.0	42.24	33.16	1 321.35	100.82	5.59	2 100.10	165.00	7.05	2 332.80	542.61	78.41	3.58	4.89
∟180×14	180	14	16.0	48.90	38.38	1 514.48	116.25	5.57	2 407.42	189.15	7.02	2 723.48	621.53	88.38	3.57	4.97
∟180×16	180	16	16.0	55.47	43.54	1 700.99	131.35	5.54	2 703.37	212.40	6.98	3 115.29	698.60	97.83	3.55	5.05
∟180×18	180	18	16.0	61.95	48.63	1 881.12	146.11	5.51	2 988.24	234.78	6.94	3 508.42	774.01	106.79	3.53	5.13
∟200×14	200	14	18.0	54.64	42.89	2 103.55	144.70	6.20	3 343.26	236.40	7.82	3 734.10	863.83	111.82	3.98	5.46
∟200×16	200	16	18.0	62.01	48.68	2 366.15	163.65	6.18	3 760.88	265.93	7.79	4 270.39	971.41	123.96	3.96	5.54
∟200×18	200	18	18.0	69.30	54.40	2 620.64	182.22	6.15	4 164.54	294.48	7.75	4 808.13	1 076.74	135.52	3.94	5.62
∟200×20	200	20	18.0	76.50	60.06	2 867.60	200.42	6.12	4 554.55	322.06	7.72	5 347.51	1 180.04	146.55	3.93	5.69
∟200×24	200	24	18.0	90.66	71.17	3 338.20	235.78	6.07	5 294.97	374.41	7.64	6 431.99	1 381.43	167.22	3.90	5.84

注：角钢通常长度：∟ 20～∟ 40 为3～9m；∟ 45～∟ 80 为4～12m；∟ 90～∟ 14 为4～19m；∟ 160～∟ 200 为 6～19m。

B-2 热轧不等边角钢规格及截面特性

热轧不等边角钢规格及截面特性（根据 GB/T9788—1988 计算）

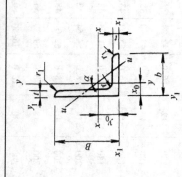

B—长边宽度；
b—短边宽度；
t—边厚度；

I—截面惯性矩；
W—截面抵抗矩；
i—截面回转半径；

x_0,y_0—重心距离；
r—内圆弧半径；
$r_1=t/3$（边端内弧半径）。

型号	尺寸/mm				截面面积 /cm²	单位重量 /(kg·m⁻¹)	x—x			x₁—x₁		y—y			y₁—y₁		u—u			tanα
	B	b	t	r			I_x /cm⁴	W_x /cm³	i_x /cm	I_{x_1} /cm⁴	y_0 /cm	I_y /cm⁴	W_y /cm³	i_y /cm	I_{y_1} /cm⁴	x_0 /cm	I_u /cm⁴	W_u /cm³	i_u /cm	
L 25×16×3	25	16	3	3.5	1.16	0.91	0.70	0.43	0.78	1.56	0.86	0.22	0.19	0.44	0.43	0.42	0.13	0.16	0.34	0.392
L 25×16×4	25	16	4	3.5	1.50	1.18	0.88	0.55	0.77	2.09	0.90	0.27	0.24	0.43	0.59	0.46	0.17	0.20	0.34	0.381
L 32×20×3	32	20	3	3.5	1.49	1.17	1.53	0.72	1.01	3.27	1.08	0.46	0.30	0.55	0.82	0.49	0.28	0.25	0.43	0.382
L 32×20×4	32	20	4	3.5	1.94	1.52	1.93	0.93	1.00	4.37	1.12	0.57	0.39	0.54	1.12	0.53	0.35	0.32	0.43	0.374
L 40×25×3	40	25	3	4.0	1.89	1.48	3.08	1.15	1.28	6.39	1.32	0.98	0.49	0.70	1.59	0.59	0.56	0.40	0.54	0.386
L 40×25×4	40	25	4	4.0	2.47	1.94	3.93	1.49	1.26	8.53	1.37	1.18	0.63	0.69	2.14	0.63	0.71	0.52	0.54	0.381
L 45×28×3	45	28	3	5.0	2.15	1.69	4.45	1.47	1.44	9.10	1.47	1.34	0.62	0.79	2.23	0.64	0.80	0.51	0.61	0.383
L 45×28×4	45	28	4	5.0	2.81	2.20	5.70	1.91	1.43	12.14	1.51	1.70	0.80	0.78	3.00	0.68	1.02	0.66	0.60	0.380
L 50×32×3	50	32	3	5.5	2.43	1.91	6.24	1.84	1.60	12.49	1.60	2.02	0.82	0.91	3.31	0.73	1.20	0.68	0.70	0.404

型号	尺寸/mm				截面面积/cm²	单位重量/(kg·m⁻¹)	x-x			x₁-x₁		y-y			y₁-y₁		u-u			
	B	b	t	r			I_x/cm⁴	W_x/cm³	i_x/cm	I_{x_1}/cm⁴	y_0/cm	I_y/cm⁴	W_y/cm³	i_y/cm	I_{y_1}/cm⁴	x_0/cm	I_u/cm⁴	W_u/cm³	i_u/cm	$\tan\alpha$
∟50×32×4	50	32	4	5.5	3.18	2.49	8.02	2.39	1.59	16.65	1.65	2.58	1.06	0.90	4.45	0.77	1.53	0.87	0.69	0.402
∟56×36×3	56	36	3	6.0	2.74	2.15	8.88	2.32	1.80	17.54	1.78	2.92	1.05	1.03	4.70	0.80	1.73	0.87	0.79	0.408
∟56×36×4	56	36	4	6.0	3.59	2.82	11.45	3.03	1.79	23.39	1.82	3.74	1.36	1.02	6.31	0.85	2.21	1.12	0.78	0.407
∟56×36×5	56	36	5	6.0	4.42	3.47	13.86	3.71	1.77	29.24	1.87	4.49	1.65	1.01	7.94	0.88	2.67	1.36	0.78	0.404
∟63×40×4	63	40	4	7.0	4.06	3.19	16.49	3.87	2.02	33.30	2.04	5.23	1.70	1.14	8.63	0.92	3.12	1.71	0.88	0.398
∟63×40×5	63	40	5	7.0	4.99	3.92	20.02	4.74	2.00	41.63	2.08	6.31	2.07	1.12	10.86	0.95	3.76	2.01	0.87	0.396
∟63×40×6	63	40	6	7.0	5.91	4.64	23.36	5.59	1.99	49.98	2.12	7.31	2.43	1.11	13.14	0.99	4.38	2.29	0.86	0.393
∟63×40×7	63	40	7	7.0	6.80	5.34	26.53	6.41	1.97	58.34	2.16	8.24	2.78	1.10	15.47	1.03	4.97	2.29	0.86	0.389
∟70×45×4	70	45	4	7.5	4.55	3.57	22.97	4.82	2.25	45.68	2.23	7.55	2.17	1.29	12.26	1.02	4.47	1.79	0.99	0.408
∟70×45×5	70	45	5	7.5	5.61	4.40	27.95	5.92	2.23	57.10	2.28	9.13	2.65	1.28	15.39	1.06	5.40	2.19	0.98	0.407
∟70×45×6	70	45	6	7.5	6.64	5.22	32.54	6.99	2.22	68.54	2.32	10.62	3.12	1.26	18.59	1.10	6.29	2.57	0.97	0.405
∟70×45×7	70	45	7	7.5	7.66	6.01	37.22	8.03	2.20	79.99	2.36	12.01	3.57	1.25	21.84	1.13	7.16	2.94	0.97	0.402
∟75×50×5	75	50	5	8.0	6.13	4.81	35.09	6.87	2.39	70.23	2.40	12.61	3.30	1.43	21.04	1.17	7.32	2.72	1.09	0.436
∟75×50×6	75	50	6	8.0	7.26	5.70	41.12	8.12	2.38	84.30	2.44	14.70	3.88	1.42	25.37	1.21	8.54	3.19	1.08	0.435
∟75×50×8	75	50	8	8.0	9.47	7.43	52.39	10.52	2.35	112.50	2.52	18.53	4.99	1.40	34.23	1.29	10.87	4.10	1.07	0.429
∟75×50×10	75	50	10	8.0	11.59	9.10	62.71	12.79	2.33	140.82	2.60	21.96	6.04	1.38	43.43	1.36	13.10	4.99	1.06	0.423
∟80×50×5	80	50	5	8.0	6.38	5.00	41.96	7.78	2.57	85.21	2.60	12.82	3.32	1.42	21.06	1.14	7.66	2.74	1.10	0.388
∟80×50×6	80	50	6	8.0	7.56	5.93	49.21	9.20	2.55	102.26	2.65	14.95	3.91	1.41	25.41	1.18	8.94	3.23	1.09	0.386
∟80×50×7	80	50	7	8.0	8.72	6.85	56.16	10.58	2.54	119.32	2.69	16.96	4.48	1.39	29.82	1.21	10.18	3.70	1.08	0.384

（续）

型号	尺寸/mm B	b	t	r	截面面积/cm²	单位重量/(kg·m⁻¹)	$x-x$ I_x/cm⁴	W_x/cm³	i_x/cm	x_1-x_1 I_{x_1}/cm⁴	y_0/cm	$y-y$ I_y/cm⁴	W_y/cm³	i_y/cm	y_1-y_1 I_{y_1}/cm⁴	x_0/cm	$u-u$ I_u/cm⁴	W_u/cm³	i_u/cm	$\tan\alpha$
∟80×50×8	80	50	8	8.0	9.87	7.75	62.83	11.92	2.52	136.41	2.73	18.85	5.03	1.38	34.32	1.25	11.38	4.16	1.07	0.381
∟90×56×5	90	56	5	9.0	7.21	5.66	60.45	9.92	2.90	121.32	2.91	18.38	4.21	1.59	29.53	1.25	10.98	3.49	1.23	0.385
∟90×56×6	90	56	6	9.0	8.56	6.72	71.03	11.74	2.88	145.59	2.95	21.42	4.97	1.58	35.58	1.29	12.82	4.10	1.22	0.384
∟90×56×7	90	56	7	9.0	9.88	7.76	81.22	13.53	2.87	169.87	3.00	24.36	5.70	1.57	41.71	1.33	14.60	4.70	1.22	0.383
∟90×56×8	90	56	8	9.0	11.18	8.78	91.03	15.27	2.85	194.17	3.04	27.16	6.41	1.56	47.93	1.36	16.34	5.29	1.21	0.380
∟100×63×6	100	63	6	10.0	9.62	7.55	99.06	14.64	3.21	199.71	3.24	30.9	6.35	1.79	50.50	1.43	18.42	5.25	1.38	0.394
∟100×63×7	100	63	7	10.0	11.11	8.72	113.45	16.88	3.20	233.00	3.28	35.26	7.29	1.78	59.14	1.47	21.00	6.02	1.37	0.393
∟100×63×8	100	63	8	10.0	12.58	9.88	127.37	19.08	3.18	266.32	3.32	39.39	8.21	1.77	67.88	1.50	23.50	6.78	1.37	0.391
∟100×63×10	100	63	10	10.0	15.47	12.14	153.81	23.32	3.15	333.06	3.40	47.12	9.98	1.75	85.73	1.58	28.33	8.24	1.35	0.387
∟100×80×6	100	80	6	10.0	10.64	8.35	107.04	15.49	3.17	199.83	2.95	61.24	10.16	2.40	102.68	1.97	31.65	8.37	1.73	0.627
∟100×80×7	100	80	7	10.0	12.30	9.66	122.73	17.52	3.16	233.20	3.00	70.80	11.71	2.39	119.98	2.01	36.17	9.60	1.71	0.626
∟100×80×8	100	80	8	10.0	13.94	10.95	137.92	19.81	3.15	266.61	3.04	78.58	13.21	2.37	137.37	2.05	40.58	10.80	1.71	0.625
∟100×80×10	100	80	10	10.0	17.17	13.48	166.87	24.24	3.12	333.63	3.12	94.65	16.12	2.35	172.48	2.13	49.10	13.12	1.69	0.622
∟110×70×6	110	70	6	10.0	10.64	8.35	133.37	17.85	3.54	265.78	3.53	42.92	7.90	2.01	69.08	1.57	25.36	6.53	1.54	0.403
∟110×70×7	110	70	7	10.0	12.30	9.66	153.00	20.60	3.53	310.07	3.57	49.02	9.09	2.00	80.83	1.61	28.96	7.50	1.53	0.402
∟110×70×8	110	70	8	10.0	13.94	10.95	172.04	23.30	3.51	354.39	3.62	54.87	10.25	1.98	92.70	1.65	32.45	8.45	1.53	0.401
∟110×70×10	110	70	10	10.0	17.17	13.48	208.39	28.54	3.48	443.13	3.70	65.88	12.48	1.96	116.83	1.72	39.20	10.29	1.51	0.397
∟125×80×7	125	80	7	11.0	14.10	11.07	227.98	26.86	4.02	454.99	4.01	74.42	12.01	2.30	120.32	1.80	43.81	9.92	1.76	0.408
∟125×80×8	125	80	8	11.0	15.99	12.55	256.77	30.41	4.01	519.99	4.06	83.49	13.56	2.29	137.85	1.84	49.15	11.18	1.75	0.407

（续）

型号	尺寸/mm				截面面积/cm²	单位重量/(kg·m⁻¹)	$x-x$			x_1-x_1		$y-y$			y_1-y_1		$u-u$			$\tan\alpha$
	B	b	t	r			I_x/cm⁴	W_x/cm³	i_x/cm	I_{x_1}/cm⁴	y_0/cm	I_y/cm⁴	W_y/cm³	i_y/cm	I_{y_1}/cm⁴	x_0/cm	I_u/cm⁴	W_u/cm³	i_u/cm	
∟125×80×10	125	80	10	11.0	19.71	15.47	312.04	37.33	3.98	650.09	4.14	100.67	16.56	2.26	173.40	1.92	59.45	13.64	1.74	0.404
∟125×80×12	125	80	12	11.0	23.35	18.33	364.41	44.01	3.95	780.39	4.22	116.67	19.43	2.24	209.67	2.00	69.35	16.01	1.72	0.400
∟140×90×8	140	90	8	12.0	18.04	14.16	365.64	38.48	4.50	730.53	4.50	120.69	17.34	2.59	195.79	2.04	70.83	14.31	1.98	0.411
∟140×90×10	140	90	10	12.0	22.26	17.48	445.50	47.31	4.47	913.20	4.58	146.03	21.22	2.56	245.93	2.12	85.82	17.48	1.96	0.409
∟140×90×12	140	90	12	12.0	26.40	20.72	521.59	55.87	4.44	1 096.09	4.66	169.79	24.95	2.54	296.89	2.19	100.21	20.54	1.95	0.406
∟140×90×14	140	90	14	12.0	30.46	23.91	594.10	64.18	4.42	1 279.26	4.74	192.10	28.54	2.51	348.82	2.27	114.13	23.52	1.94	0.403
∟160×100×10	160	100	10	13.0	25.31	19.87	668.69	62.13	5.14	1 362.89	5.24	205.03	26.56	2.85	336.59	2.28	121.74	21.92	2.19	0.390
∟160×100×12	160	100	12	13.0	30.05	23.59	784.91	73.49	5.11	1 635.56	5.32	239.06	31.28	2.82	405.94	2.36	142.33	25.79	2.18	0.388
∟160×100×14	160	100	14	13.0	34.71	27.25	896.30	84.56	5.08	1 908.50	5.40	271.20	35.83	2.80	476.42	2.43	162.23	29.56	2.16	0.385
∟160×100×16	160	100	16	13.0	39.28	30.84	1 003.05	95.33	5.05	2 181.79	5.48	301.60	40.24	2.77	548.22	2.51	181.57	33.25	2.15	0.382
∟180×110×10	180	110	10	14.0	28.37	22.27	956.25	78.96	5.81	1 940.40	5.89	278.11	32.49	3.13	447.22	2.44	166.50	26.88	2.42	0.376
∟180×110×12	180	110	12	14.0	33.71	26.46	1 124.72	93.53	5.78	2 328.38	5.98	325.03	38.32	3.11	538.94	2.52	194.87	31.66	2.40	0.374
∟180×110×14	180	110	14	14.0	38.97	30.59	1 286.91	107.76	5.75	2 716.60	6.06	369.55	43.97	3.08	631.95	2.59	222.30	36.32	2.39	0.372
∟180×110×16	180	110	16	14.0	44.14	34.65	1 443.06	121.64	5.72	3 105.15	6.14	411.85	49.44	3.05	726.46	2.67	248.94	40.87	2.37	0.369
∟200×125×12	200	125	12	14.0	37.91	29.76	1 570.90	116.73	6.44	3 193.85	6.54	483.16	49.99	3.57	787.74	2.83	285.79	41.23	2.75	0.392
∟200×125×14	200	125	14	14.0	43.87	34.44	1 800.97	134.65	6.41	3 726.17	6.62	550.82	57.44	3.54	922.47	2.91	326.58	47.34	2.73	0.390
∟200×125×16	200	125	16	14.0	49.74	39.04	2 023.35	152.18	6.38	4 258.85	6.70	615.44	64.69	3.52	1 058.86	2.99	366.21	53.32	2.71	0.388
∟200×125×18	200	125	18	14.0	55.53	43.59	2 238.30	169.33	6.35	4 792.00	6.78	677.19	71.74	3.49	1 197.13	3.06	404.83	59.18	2.70	0.385

注：角钢通常长度：∟ 25×16 ~ ∟ 56×36 为 3~9m；∟ 63×40 ~ ∟ 90×56 为 4~12m；∟ 100×63 ~ ∟ 140×90 为 4~19m；∟ 160×100 ~ ∟ 200×125 为 6~19m。

B-3 热轧普通工字钢规格及截面特性

热轧普通工字钢规格及截面特性表（根据 GB/T706—1988 计算）

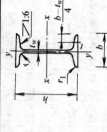

I—截面惯性矩；
W—截面抵抗矩；
S—半截面面积矩；
i—截面回转半径；

型号	尺寸/mm						截面面积 /cm²	单位重量 /(kg·m⁻¹)	$x-x$				$y-y$		
	h	b	t_w	t	r	r_1			I_x /cm⁴	W_x /cm³	S_x /cm³	i_x /cm	I_y /cm⁴	W_y /cm³	i_y /cm
I10	100	68	4.5	7.6	6.5	3.3	14.33	11.25	245	49.0	28.2	4.14	32.8	9.6	1.51
I12.6	126	74	5.0	8.4	7.0	3.5	18.10	14.21	488	77.5	44.4	5.19	46.9	12.7	1.61
I14	140	80	5.5	9.1	7.5	3.8	21.50	16.88	712	102	58.4	5.75	64.3	16.1	1.73
I16	160	88	6.0	9.9	8.0	4.0	26.11	20.50	1 127	140.9	80.8	6.57	93.1	21.1	1.89
I18	180	94	6.5	10.7	8.5	4.3	30.74	24.13	1 669	185	106.5	7.37	122.9	26.2	2.00
I20a	200	100	7.0	11.4	9.0	4.5	35.55	27.91	2 369	236.9	136.1	8.16	157.9	31.6	2.11
I20b	200	102	9.0	11.4	9.0	4.5	39.55	31.05	2 502	250.2	146.1	7.95	169.0	33.1	2.07
I22a	220	110	7.5	12.3	9.5	4.8	42.10	33.05	3 406	309.6	177.7	8.99	225.9	41.1	2.32
I22b	220	112	9.5	12.3	9.5	4.8	46.50	36.50	3 583	325.8	189.8	8.78	240.2	42.9	2.27
I25a	250	116	8.0	13.0	10.0	5.0	48.51	38.08	5 017	401.4	230.7	10.17	280.4	48.4	2.40
I25b	250	118	10.0	13.0	10.0	5.0	53.51	42.01	5 278	422.72	246.3	9.93	297.3	50.4	2.36
I28a	280	122	8.5	13.7	10.5	5.3	55.37	43.47	7 115	508.2	292.7	11.34	344.1	56.4	2.49
I28b	280	124	10.5	13.7	10.5	5.3	60.97	47.86	7 481	534.4	312.3	11.08	363.8	58.7	2.44
I32a	320	130	9.5	15.0	11.5	5.8	67.12	52.69	11 080	692.5	400.5	12.85	459.0	70.6	2.62

型号	尺寸/mm						截面面积 /cm²	单位重量 /(kg·m⁻¹)	x—x				y—y		
	h	b	t_w	t	r	r_1			I_x /cm⁴	W_x /cm³	S_x /cm³	i_x /cm	I_y /cm⁴	W_y /cm³	i_y /cm
I32b	320	132	11.5	15.0	11.5	5.8	73.52	57.71	11 626	726.33	426.1	12.58	483.8	73.3	2.57
I32c	320	134	13.5	15.0	11.5	5.8	79.92	62.74	12 173	760.3	451.7	12.34	510.1	76.1	2.53
I36a	360	136	10.0	15.8	12.0	6.0	76.44	60.00	15 796	877.6	508.8	14.38	554.9	81.9	2.69
I36b	360	138	12.0	15.8	12.0	6.0	83.64	65.66	16 574	920.8	541.2	14.08	583.6	84.6	2.64
I36c	360	140	14.0	15.8	12.0	6.0	90.84	71.31	17 351	964.0	573.6	13.82	614.0	87.7	2.60
I40a	400	142	10.5	16.5	12.5	6.3	86.07	67.56	21 714	1 085.7	631.2	15.88	659.9	92.9	2.77
I40b	400	144	12.5	16.5	12.5	6.3	94.07	73.84	22 781	1 139.0	671.2	15.56	692.8	99.2	2.71
I40c	400	146	14.5	16.5	12.5	6.3	102.07	80.12	23 847	1 192.0	711.2	15.29	272.5	99.7	2.67
I45a	450	150	11.5	18.0	13.5	6.8	102.40	80.38	32 241	1 432.9	836.4	17.74	855.0	114.0	2.89
I45b	450	152	13.5	18.0	13.5	6.8	111.40	87.45	33 759	1 500.4	887.1	17.41	895.4	117.8	2.84
I45c	450	154	15.5	18.0	13.5	6.8	120.40	94.51	35 278	1 567.9	937.4	17.12	938.0	121.8	2.79
I50a	500	158	12.0	20.0	14.0	7.0	119.25	93.61	46 472	1 858.9	1 084.1	19.74	1 121.5	142.0	3.07
I50b	500	160	14.0	20.0	14.0	7.0	129.25	101.46	48 556	1 942.2	1 146.6	19.38	1 171.4	146.4	3.01
I50c	500	162	16.0	20.0	14.0	7.0	139.25	109.31	50 639	2 080	1 209.1	19.07	1 223.9	151.1	2.96
I56a	560	166	12.5	21.0	14.5	7.3	135.38	106.27	65 576	2 342.0	1 368.8	22.01	1 365.8	164.6	3.18
I56b	560	168	14.5	21.0	14.5	7.3	146.58	115.06	68 503	2 446.5	1 447.2	21.62	1 423.8	169.5	3.12
I56c	560	170	16.5	21.0	14.5	7.3	157.78	123.85	71 430	2 551.41	1 525.6	21.28	1 484.8	174.7	3.07
I63a	630	176	13.0	22.0	15.0	7.5	154.59	121.36	94 004	2 981.47	1 747.4	24.66	1 702.4	193.5	3.32
I63b	930	178	15.0	22.0	15.0	7.5	167.19	131.25	98 171	3 163.9	1 846.6	24.23	1 770.7	199.0	3.25
I63c	630	180	17.0	22.0	15.0	7.5	179.79	141.14	102 339	3 248.4	1 945.9	23.86	1 842.4	204.7	3.20

注:工字钢通常长度:I10~I18 为5~19m;I20~I63 为6~19m。

B-4 热轧普通槽钢规格及截面特性

热轧普通槽钢规格及截面特性表（根据 GB/T707—1988 计算）

I—截面惯性矩;
W—截面抵抗矩;
S—半截面面积矩;
i—截面回转半径;
z_0—重心距离。

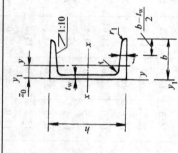

型号	尺寸/mm						截面面积 /cm²	单位重量 /(kg·m⁻¹)	x - x				y - y			y₁ - y₁	
	h	b	t_w	t	r	r_1			I_x /cm⁴	W_x /cm³	S_x /cm³	i_x /cm	I_y /cm⁴	W_y /cm³	i_y /cm	I_{y1} /cm⁴	z_0 /cm
⌊ 5	50	37	4.5	7.0	7.0	3.50	6.92	5.44	26.0	10.4	6.4	1.94	8.3	3.5	1.10	20.9	1.35
⌊ 6.3	63	40	4.8	7.5	7.5	3.75	8.45	6.63	51.2	16.3	9.8	2.46	11.9	4.6	1.19	28.3	1.39
⌊ 8	80	43	5.0	8.0	8.0	4.00	10.24	8.04	101.3	25.3	15.1	3.14	16.6	5.8	1.27	37.4	1.42
⌊ 10	100	48	5.3	8.5	8.5	4.20	12.74	10.00	198.3	39.7	23.5	3.94	25.6	7.8	1.42	54.9	1.52
⌊ 12.6	126	53	5.5	9.0	9.0	4.50	15.69	12.31	388.5	61.7	36.4	4.98	38.0	10.3	1.56	77.8	1.59
⌊ 14a	140	58	6.0	9.5	9.5	4.75	18.51	14.53	563.7	80.5	47.5	5.52	53.2	13.0	1.70	107.2	1.71
⌊ 14b	140	60	8.0	9.5	9.5	4.75	21.31	16.73	609.4	87.1	52.4	5.35	61.2	14.1	1.69	120.6	1.67
⌊ 16a	160	63	6.5	10.0	10.0	5.00	21.95	17.23	866.2	108.3	63.9	6.28	73.4	16.3	1.83	144.1	1.79
⌊ 16	160	65	8.5	10.0	10.0	5.00	25.15	19.75	934.5	116.8	70.3	6.10	83.4	17.6	1.82	160.8	1.75
⌊ 18a	180	69	7.0	10.5	10.5	5.25	25.69	20.17	1 272.7	141.4	83.5	7.04	98.6	20.0	1.96	189.7	1.88

（续）

型号	尺寸/mm						截面面积/cm²	单位重量/(kg·m⁻¹)	$x-x$				$y-y$			y_1-y_1	
	h	b	t_w	t	r	r_1			I_x/cm⁴	W_x/cm³	S_x/cm³	i_x/cm	I_y/cm⁴	W_y/cm³	i_y/cm	I_{y1}/cm⁴	z_0/cm
[18	180	70	9.0	10.5	10.5	5.25	29.29	22.99	1 369.9	152.2	91.6	6.84	111.0	21.5	1.95	210.1	1.84
[20a	200	73	7.0	11.0	11.0	5.50	28.83	22.63	1 780.4	178.0	104.7	7.86	128.0	24.2	2.11	244.0	2.01
[20	200	75	9.0	11.0	11.0	5.50	32.83	25.77	1 913.7	191.4	114.7	7.64	143.6	25.9	2.09	268.4	1.95
[22a	220	77	7.0	11.5	11.5	5.75	31.84	24.99	2 393.9	217.6	127.6	8.67	157.8	28.2	2.23	298.2	2.10
[22	220	79	9.0	11.5	11.5	5.75	36.24	28.45	2 571.3	233.8	139.7	8.42	176.5	30.1	2.21	326.3	2.03
[25a	250	78	7.0	12.0	12.0	6.00	34.91	27.40	3 359.1	268.7	157.8	9.81	175.9	30.7	2.24	324.8	2.07
[25b	250	80	9.0	12.0	12.0	6.00	39.91	31.33	3 619.5	289.6	173.5	9.52	196.4	32.7	2.22	355.1	1.99
[25c	250	82	11.0	12.0	12.0	6.00	44.91	35.25	3 880.0	310.4	189.1	9.06	215.9	34.6	2.19	388.6	1.96
[28a	280	82	7.5	12.5	12.5	6.25	40.02	31.42	4 752.5	339.5	200.2	10.90	217.9	35.7	2.33	393.3	2.09
[28b	280	84	9.5	12.5	12.5	6.25	45.62	35.81	5 118.4	365.6	219.8	10.59	242.5	37.9	2.30	428.5	2.02
[28c	280	86	11.5	12.5	12.5	6.25	51.22	40.21	5 484.3	391.7	239.4	10.35	261.1	40.0	2.27	467.3	1.99
[32a	320	88	8.0	14.0	14.0	7.00	48.50	38.07	7 510.6	469.4	276.9	12.44	304.8	46.4	2.51	547.5	2.24
[32b	320	90	10.0	14.0	14.0	7.00	54.90	43.10	8 056.8	503.5	302.5	12.11	335.6	49.1	2.47	592.9	2.16
[32c	320	92	12.0	14.0	14.0	7.00	61.30	48.12	8 602.9	537.7	328.1	11.85	365.0	51.6	2.44	642.7	2.13
[36a	360	96	9.0	16.0	16.0	8.00	60.89	47.80	11 874.1	659.7	389.9	13.96	455.0	63.6	2.73	818.5	2.44
[36b	360	98	11.0	16.0	16.0	8.00	68.09	53.45	12 651.7	702.9	422.3	13.63	496.7	66.9	2.70	880.5	2.37
[36c	360	100	13.0	16.0	16.0	8.00	75.29	59.10	13 429.3	746.1	454.7	13.36	536.6	70.0	2.67	948.0	2.34
[40a	400	100	10.5	18.0	18.0	9.00	75.04	58.91	17 577.7	878.9	524.4	15.30	592.0	78.8	2.81	1 057.9	2.49
[40b	400	102	12.5	18.0	18.0	9.00	83.04	65.19	18 644.4	932.2	564.4	14.98	640.6	82.6	2.78	1 135.8	2.44
[40c	400	104	14.5	18.0	18.0	9.00	91.04	71.47	19 711.0	985.6	604.4	14.71	687.8	86.2	2.75	1 220.3	2.42

注：槽钢通常长度：[5~[8 为5~12m；[10~[18 为5~19m；[20~[40 为6~19m。

参 考 文 献

[1] 同济大学理论力学教研室. 理论力学 [M]. 上海：同济大学出版社，1995.

[2] K 马格努斯，H H 缪勒. 工程力学基础 [M]. 张维，等译. 北京：北京理工大学出版社，1997.

[3] 王铎，赵经文. 理论力学 [M]. 北京：高等教育出版社，1997.

[4] 吴镇. 理论力学 [M]. 上海：上海交通大学出版社，1997.

[5] 清华大学理论力学教研组. 官飞，李苹，罗远祥. 理论力学 [M]. 2 版. 北京：高等教育出版社，1995.

[6] 刘延柱，杨海兴. 理论力学 [M]. 北京：高等教育出版社，1991.

[7] 范钦珊. 工程力学教程 [M]. 北京：高等教育出版社，1998.

[8] 谢传锋. 动力学：（Ⅰ），（Ⅱ）[M]. 北京：高等教育出版社，1999.

[9] 朱照宣，周起钊，殷金生. 理论力学 [M]. 北京：北京大学出版社，1982.

[10] 贾书惠. 刚体动力学 [M]. 北京：高等教育出版社，1987.

[11] Bedford A, Fowler W. Engineering mechanics [M]：Vol 2，Dynamics. New York：Addison-Wesley Publishing Company Inc.，1995.

[12] 孙训芳，方孝淑，关来泰. 材料力学 [M]. 北京：人民教育出版社，1979.

[13] 吴永生，王魏轪. 材料力学 [M]. 北京：高等教育出版社，1983.

[14] 宋子康，蔡文安. 材料力学 [M]. 上海：同济大学出版社，1998.

[15] S 铁摩辛柯，J 盖尔. 材料力学 [M]. 胡人礼译. 北京：科学出版社，1978.

[16] 吴永生，顾志荣. 材料力学学习方法及解题指导 [M]. 上海：同济大学出版社，1989.

[17] 胡增强. 材料力学800题 [M]. 徐州：中国矿业大学出版社，1994.

[18] 顾惠琳，徐烈烜，王斌耀. 工程力学 [M]. 上海：同济大学出版社，2002.